カラー版

花の品種改良の日本史

匠の技術で進化する日本の花たち

柴田道夫［編］

花の品種改良の日本史　目次

第3章　バラ

上田善弘　63

第4章 ユリ

岡崎桂一 81

第5章 リンドウ

日影孝志 109

第6章　チューリップ

浦嶋　修

第7章　ツツジ

小林伸雄

第8章　ツバキ

田中孝幸　181

第9章　ボタン

細木高志　207

第10章 ハナショウブ

田淵俊人 231

第11章　サクラ

水戸喜平　259

第12章　トルコギキョウ

第13章 ペチュニア

須田畯一郎 313

第14章 ヒマワリ

羽毛田智明 335

第17章 パンジー

第18章 アジサイ

工藤暢宏 425

第19章 青い花

中村典子・田中良和 445

はじめに

花は私たち人間の生活と深く結びついてきた。それは古今東西におよび、誕生、入学、卒業、結婚そして葬儀など、ゆりかごから墓場まで、冠婚葬祭といった人間の悲喜こもごもに関わるできごとで、花は重要な役割を果たしてきた。日常生活においても、生花のみならず花はさまざまなデザイン・装飾に用いられており、絵画、彫刻、詩歌、音楽などの芸術にもなくてはならない存在となっている(1)。それは現代の日本でも同様で、二〇一四年七月、花き(漢字での表記は「花卉《かき》」となり、観賞に供される植物の総称を示す学術用語)の振興に関する法律が国会で成立し、同年一二月に施行されたことからも、日本人にとって花のもつ意義がうかがわれる。本法は花の産業と文化の振興を目的としたもので、この中で「花きに関する伝統と文化が国民の生活に深く浸透し、国民の心豊かな生活の実現に重要な役割を担っている。」と花の重要性が謳われている(2)。

私たち人間は、いつから花に関心をもち始めたのであろうか。人類が最初に花の美しさを認識したのは六万年前に遡るとの説がある(3)。イラク北部にあるシャニダールで発掘されたネアンデルタール人の遺跡において、化石となっていた人骨の周囲の土壌の中に複数の植物の花粉が見いだされた。風や動物によって洞窟の奥深い位置まで花粉が運ばれたとは考えにくいことから、ネアンデルタール人が花を集めて死者に添えて埋葬したものではないかと推測されたのである。実際に花に関心をもち始めた最初の人類がネアンデルタール人であったかどうかは別にして、古くから私たち人間が花と深い結びつきをもっていたことは、エジプトやインドに残る古代史が如実に示しており、紛れもない事実である。

植物が花を咲かせること自体は植物の生活環の中ではほんの一瞬のできごとであるが、私たち人間はこの開花という現象になぜか特別な思いを抱くようである。不思議なことに、花はいつもよいものとみなされ、人間は花に向かって悪意を示すことはない。花が私たちの生活にうるおいや安らぎをもたらすことは古くから経験的に知られており、花によって人間の心は穏やかに、やさしくなれる。それゆえ、人間は花を愛さずにはいられないのだろう。

野山に咲く野生の植物の花は可憐で美しいものである。しかし、今日、観賞用に利用されている植物の花は野生の植物とはくらべものにならないほど、私たち人間の目を惹きつける魅力をもっている。二〇〇一年に出版された、当時新進気鋭のノンフィクション作家の最相葉月氏による『青いバラ』（二〇〇一、小学館）が話題になった。古くから「ありえないもの、不可能なもの」の代名詞的存在とされてきた青いバラの開発に対する人間の飽くなき欲求と、実際に開発に関わってきた人々の姿が注目を浴びたのである。「これまで以上に観賞価値の高い花を創り出したい」、これが花の育種家の情熱の源である。最初は野生種の中に見いだされた自然突然変異の栽培化から始まる。しかし、人間の手にかかるようになると、花の変異拡大は加速度的に進んでいく。多くの場合、花はそのサイズを大きくし、花びらの数を増やすとともに、より装飾的な形に変化していった。当初は同一種内の交雑であったが、やがて交雑範囲はさまざまな形質や特性をもった近縁そして遠縁の育種素材へと拡大していった。現在は、交雑不能な異種の生物由来の遺伝子を利用する遺伝子組換え技術による花の品種改良も実現している。このような現代の花の品種に見られるさまざまな形質や特性は、品種育成に携わった人々の並々ならぬ情熱の賜物といえよう。

本書は世界的にも需要があり、かつ日本人になじみの深い花のわが国における品種育成の歴史について、主に江戸時代から現代にいたる品種の変遷、育種技術の発展の様子を中心に紹介し、同時にそれぞれの花の美術作品（浮世絵、屛風、絵画、陶器など）における表現のされ方、さらに品評会といった庶民における花の楽しみ方まで、広く網羅している。また各章でそれぞれの花の品種改良に情熱をそそいだ人物にスポットライトをあて、彼らが試行錯誤し育種に邁進する描写をとおして、品種開発の現場を読者が実感できることも目指している。専門家だけでなく、愛好家の方から今まで関心のなかった一般の人たちまで、楽しく、実になる本となるようつくられた。

本書は悠書館の『品種改良の世界史・作物編』（鵜飼保雄・大澤良［編著］、二〇一〇）、『品種改良の日本史・作物と日本人の歴史物語』（鵜飼保雄・大澤良［編］、二〇一二）の姉妹編として企画されたものである。世界各地から日本に導入されたきた作物が、日本の風土に適するように改良されてきた経緯については花でもほぼ同様ではあるものの、花の品種改良において特筆できる点をここで三点ほど述べておきたい。

第一に、日本原産の植物が遺伝資源として重要な役割を果たしている点である。姉妹編で既に述べられているように、普通、作物や野菜や果樹といった園芸作物で日本固有のものはほとんどない。わが国原産の野菜を例にすると、ウド、セリ、フキ、ミョウガ、ミツバ、ワサビなどが挙げられるが[4]、これらは今日の野菜としてはマイナーな存在である。しかし、花については、サクラ、ツツジ、ツバキ、ユリ、キクなどが日本原産の植物であり、世界的に見て日本は花の遺伝資源の宝庫といえる。

第二に、江戸時代に大きな品種改良の進展が見られた点である。奈良時代以降、中国大陸との交流が進み、海外から多くの花の種類が導入されるようになったが、花を楽しむことは当初、貴族などの一部の階層に限られていた。しかし戦乱がおさまり、世の中が落ち着いた江戸時代になって、庶民を含め国民全体に花を楽しむ文化が一気に開花した。ボタン、シャクヤク、ツツジ、サツキ、サクラ、ウメ、アサガオ、キク、ハナショウブなどの品種育成が飛躍的に進み、当時としては欧米を凌ぐ花き園芸の文化の花が開いたのである。(5)

　第三は、現在においても世界的にレベルの高い育種が展開されている点である。日本の花産業は戦後本格的に進んだが、現在、わが国は世界の中でオランダやアメリカと肩を並べて花の生産・消費が盛んな先進国である。植物に関する特許制度ともいえる種苗法がわが国でも一九七八年に施行されているが、これまで（二〇一五年度末まで）に出願された草花類が一万八七七四件（六二％）、観賞樹が五一八九件（一七％）となっており、花に関する品種登録出願が全作物の約八〇％を占め、(6)わが国において花の品種改良が盛んに行なわれてきていることを示している。また、二〇一二年にオランダで開催された世界最大の国際園芸博覧会「フェンロー国際園芸博覧会」の品種コンテストにおいて、最優秀品種の約五分の一を日本の品種が占めるなど、日本の花の育種が高く評価されている。

　本書では、九〇〇〇種にもおよぶとされる花の中から、一八種類を取り上げることとした。まずは、世界三大花きといわれている主要なキク、バラ、カーネーションを、次にわが国で生産の多い宿根草であるリンドウ、球根花きのユリ、チューリップを、そして江戸時代に大きく発展したツツジ・サツキ、ツバキ、ボタン、ハナショウブ、サクラを、さらに、現在世界的に見て高い育種が繰り広げられている一・二年草花きのトルコギキョウ、ペチュニア、ヒマワリ、ストック、コスモス、パンジー、花木のアジサイ、以上の一八種類である。なお、最後に遺伝子組換えによる青い花についても加えた。作物生産における遺伝子組換えの利用は世界的にはかなり進んでおり、二〇一四年にはトウモロコシ、ダイズ、ワタ、ナタネなどを中心に、既に一億八五〇〇万ヘクタールにおよぶとされている[7]。わが国では遺伝子組換え技術の安全性への懸念から食用作物での利用が進んでいないものの、花では既に花色を変えたカーネーションやバラの品種が実用化している。実用化に際して、カルタヘナ法による規制に加え、高額な開発コストが必要となるものの、これまでにない画期的な品種育成を実現するために有効な技術の一つとなっている。

　各章の執筆は、それぞれの種類に詳しい大学、試験研究機関、民間の種苗会社の研究者や技術者の先生方にお願いした。編者として、各章の基本的な構成について最低限の調和を心がけたが、各執筆者がそれぞれの花の品種改良にまつわるエピソードを独自の思いを込めながらまとめていただいたことから、できる限り原文を尊重させていただいた。手前味噌になるが、花の専門家にとっても一般読者にとっても大変興味深い読み応えのある内容になっていると確信する。なお、花によっては起源不詳とされているものや起源に関してさまざまな説が唱えられているものがあるが、各執筆者の見解を尊重した。また、花の品種改良はまさに現在進行形であり、次々に新たな形質や特性を有する品種が開発されている。本書の内容は各章が執筆された時点での一場面であることもお断りしておきたい。さらに、一八種類以外にも本書で取り上げたい花の種類はあったが、編者の力量不足からこのような構成となったことをご容赦願いたい。

　さまざまな花の品種開発については、育種技術が駆使されてきている。専門用語が頻出するが、できるだけわかりやすく解説をすることとともに、随所にコラムなども設けて多面的な理解をうながす工夫がしてある。専門書ではないものの、各章における記述の出典についてできる限り示すこととした。特に、国立国会図書館デジタルコレクションが整備され、これまで直接見ることが困難であった古書における園芸植物の情報の閲覧が、きわめて容易になった。興味のある方は是非ともウェブでの閲覧を試みていただきたい。

なお、本書では、年代を原則として西暦で表記することとし、江戸時代以降についてだけ年号を併記した。また、品種名に含まれる番号はアラビア数字で表すことにした。

品種名については、本書の趣旨のひとつである品種の変遷の紹介という意図のもと、太字にして視認性を高め、一般読者にもわかりやすく読んでもらうよう工夫した。

本書の企画は、姉妹編の編著を担当された鵜飼保雄先生にお薦めいただいた。編者が長年担当してきた花の品種改良について、まとめて紹介する機会を与えていただいたことに感謝したい。悠書館編集部の岩井峰人氏には、紙面づくり、装丁などでいろいろなご提案をいただいた。読み甲斐のある内容に仕上がったことに対して厚く御礼申し上げる。

最後に、編者が尊敬するキクの育種家、小井戸直四郎がカタログの中で記載されていた「新花《しんか》なくして進化なし」について述べておきたい。花の品種育成の重要性を見事に表現した言葉であると思う。観賞が目的とされる花では、どんな傑出した品種であってもいずれは飽きられてしまうという宿命をもっている。品種育成の営みを休むことなく、新しい品種を生み続けていくこと、それに加えてこれまでにない新しい価値をもった画期的な品種を創り出していくことが重要である。本書により花の品種育成の醍醐味を一人でも多くの方々に理解してもらえればこの上もない喜びである。

二〇一六年五月

柴田　道夫

第1章

キク

柴田道夫

図 1.　1715（正徳 5）年のキク品評会　『花壇養菊集』より

はじめに

キクは日本で栽培される花の中で最も重要な種類である。キク切り花の国内生産量は約一六億本におよび輸入分を加えると日本では毎年二〇億本近いキクが消費されていることになる（農林水産省平成二五年産花き生産出荷統計）[1]。キクの花について日本はまさに世界的なキクの生産・消費大国ということができる。日本におけるキクの営利生産は一九二〇年代に始まるが、日本人とキクとのかかわりは、それよりはるか昔に遡る。パスポートの表紙や五〇円硬貨の表側にデザイン化して描かれているように、キクは日本人に古くから親しまれた花きであり、サクラとともに国花にみなされることが多い。

図1は、一七一五（正徳五）年に刊行された『花壇養菊集』に描かれた京都におけるキクの品評会の風景

である。これをみると、武士、僧侶から町人、女性にいたるまで、分け隔てなくキク見物を楽しみ、言葉を交わし合っている様子がうかがえる。これらのキクは、今日、和ギクと呼ばれることが多く、全国津々浦々で開催される菊花展でみることができる。一方、営利的に生産されているキクは海外から導入された経緯をもつことから、かつては洋ギクと呼ばれた。本章では、江戸時代に大きな発展を遂げてきた和ギク、そして今日営利生産される洋ギクの品種改良の歩みを通じて、キクのもつ魅力について紹介していきたい。

キクの植物分類学上の位置づけと特徴

今日栽培されるキクは、植物分類学上でキク科キク（クリサンセマム、*Chrysanthemum*）属に含まれる。キクの花は同じキク科のヒマワリやタンポポの花と同様に頭状花序で、多数の花弁のようにみえる舌状花と

図2. キクの野生種

染色体数	白花系		黄花系	無舌状花系
	ノジギク系	イワギク系		
十倍体 10x=90	オオシマノジギク	コハマギク		イソギク
八倍体 8x=72	サツマノギク	イワギク ピレオギク		シオギク
六倍体 6x=54	ノジギク *C. vestitum*	イワギク チョウセンノギク *C. maximowiczii* *C. chanetii*	シマカンギク *C. glabriusculum*	オオイワインチン *C. latifolia*
四倍体 4x=36	ナカガワノギク ワカサハマギク	*C. zawadskii* *C. chanetii*	シマカンギク *C. potentilloides*	
二倍体 2x=18	リュウノウギク *C. horaimontanum*	*C. zawadskii* *C. chanetii*	キクタニギク *C. lavandulaefolium*	イワインチン *C. potaninii*

表 1. キク属野生種の倍数性と分類　アンダーラインは日本固有種を示す。
広島大学植物遺伝子保管実験施設 NBR 広義キク属ホームページをもとに作成

花芯を構成する筒状花（管状花ともいう）によりなる集合花である。キク属植物は、中国、日本を中心とした東アジアに自生する。キク属植物は九本の染色体を基本とする倍数性をもち、舌状花が黄色の野生種、舌状花が白色の野生種、そして舌状花をもたない野生種の三つのタイプに大別される（**図2**）（**表1**）。表中でアンダーラインで示した一〇種は日本固有の種であり、日本はキク属植物の宝庫ということができる。しかし、近年、野生種の自生地が開発などで急速に減少しており、その多くが絶滅危惧種となってきている。

属名の*Chrysanthemum*は、「金の花」を意味するラテン語「chrysos, anthemon」に由来する。かつてのキク属は、野菜のシュンギク、蚊取り線香の原料であるジョチュウギク、ハーブのカミツレ、そして花のマーガレットやフランスギクなどの二〇〇種にもおよぶ植物を含む大きな属（広義のキク属）であったが、一九七八年に栽培ギクと交雑可能な狭義のキク属に再分類された[2]。このとき属名が一旦

Dendranthema（「木の花」の意）に変更されたが、一九九五年にセントルイスで開催された第一六回国際植物学会議で、再び *Chrysanthemum* に戻されたという経緯がある。かつてのキク属のタイプ標本はヨーロッパ原産で黄色の花を咲かせるシュンギクであったが、キクの重要性を鑑み、シュンギクの学名は *Gleobinis coronaria* へと変更され、東アジア原産の黄色の花を咲かせる野生種シマカンギク（*C. indicum*）が新しいキク属のタイプ標本となった[18]。

キクは多年生の草本で、毎年秋に花を咲かせる短日植物である。通常の栽培は挿し芽繁殖によって行なわれているが、品種育成はもっぱら交配による交雑育種で行なわれてきた。栽培ギクは染色体数が五四本の六倍体とされているが、六倍体の五四本を中心として三六から八五までの幅広い異数性を示すことが報告されており、五五本といった奇数の染色体数を有する品種も数多く存在する[4]。一般に奇数の染色体を有する植物は不稔を示すことが多いが、キクでは奇数の染色体数を示す品種においてもほぼ正常に花粉や種子が形成される珍しい特徴がある。また、キクでは突然変異による枝変わりが古くから利用されてきており、X線やガンマー線などの放射線照射による人為的な突然変異育種も盛んに行なわれてきた。大手の育種会社では交配育種によって優れた品種が育成されると放射線照射を行ない、花色の変異をそろえて一つの品種群として販売していく戦略を採用している。枝変わり品種は同一の栽培法で多くの花色の生産が可能となることから、生産者にとっても有利である。花きの枝変わり品種には茎頂の起原層の内外で異なる遺伝的背景をもつ周縁キメラ構造を有することが多いが、キクでは異数性をともなう周縁キメラも存在する[5]。これも他の植物ではみられないキクならではの特徴である。

キクの起源と日本への伝来

キクがはじめて文献にあらわれたのは紀元前一〇〇〇年頃のことで、中国の『禮記』に「季秋之月（中略）鞠有黄華」と記述されている。この頃のキクは現在の観賞用のキクではなく薬用を目的としたもので、秋に黄色の小さな花をたくさんつける中国自生のホソバアブラギクやセイアンアブラギクなどの野生種ではないかと考えられている。古来、中国ではキクは不老長寿の薬とされ、旧暦の九月九日の重陽の節句には長生きのためにキク酒を飲んだが、後にこの慣習は日本にも伝わっている[6]。

現在の栽培ギクの原型が生まれた時期については不詳であるが、中国において唐代に入るとキクをうたった詩文が増えていることから、この頃ではないかと推定されている。今日栽培されるキクの起源については諸説あり、シマカンギクやノジギクから栽培ギクが生まれたとする一系説や、チョウセンノギク、オオシマノジギク、リュウノウギク、ウラゲノギクなどが交雑して生まれたとする多系説がある。諸説ある中で、中国原産の四倍体の野生種ハイシマカンギク（黄色）と二倍体のチョウセンノギク（白色）との交雑により三倍体ができ、これが自然倍化して六倍体である栽培ギクの原型が生まれたとする説がよく引用される。丹羽（一九三二）[7]が、「キクはただ一つの種類の植物からできたというような単純なものではなく、数種の野生ギクが雑種を重ね、さらに突然変異なども加わって、ある種の中間物ができ、それが長い人為的な淘汰を受けて、今日の栽培ギクに発達してきたのではないか。この中間種は、原野に自生するには野生種よりも弱く、栽培するにはその後発達したキクに美しさが及ばないために絶滅したものと考えている」と述べているように、一〇〇〇年以上も前に成立したと思われる栽培ギクの原型を野生ギク間の交配から再現することはほぼ不可能に等しく容易ではない。しかし、最近は遺伝子レベルでの解析も開始さ

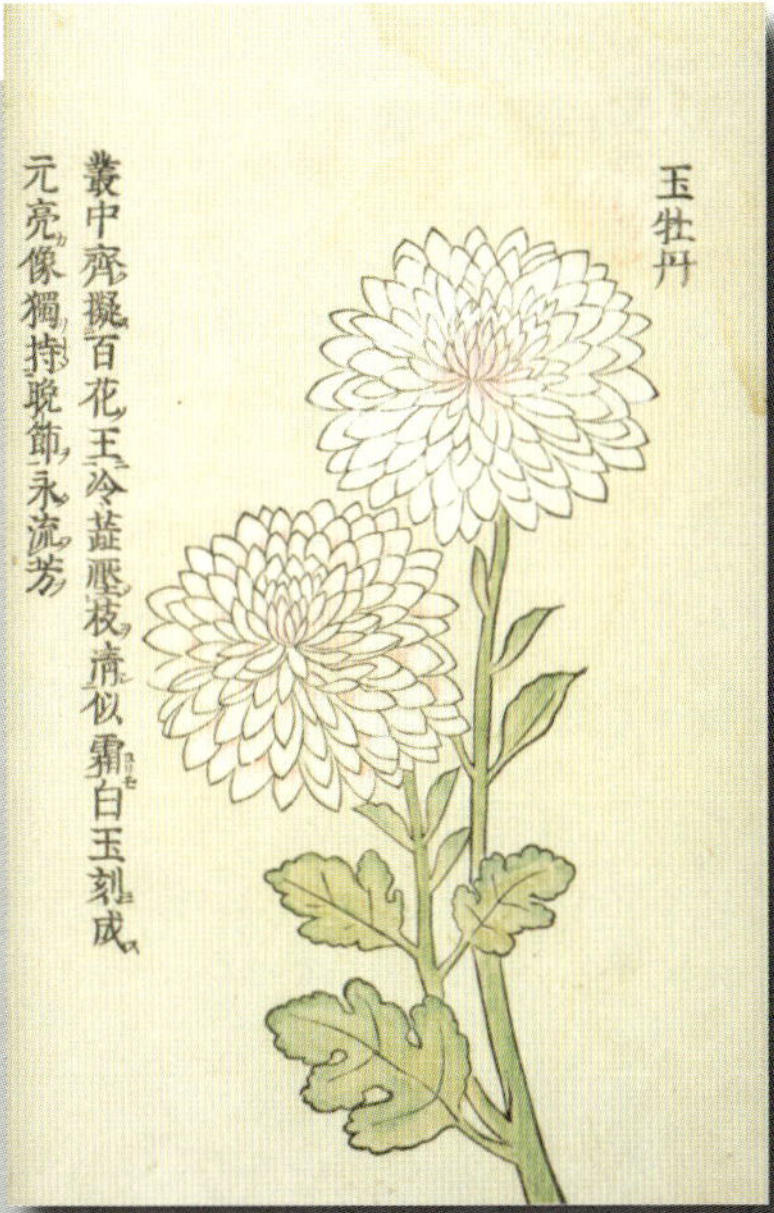

図3. 中国からの渡来品種である**玉牡丹《ぎょくぼたん》**
『畫菊』（1691）より

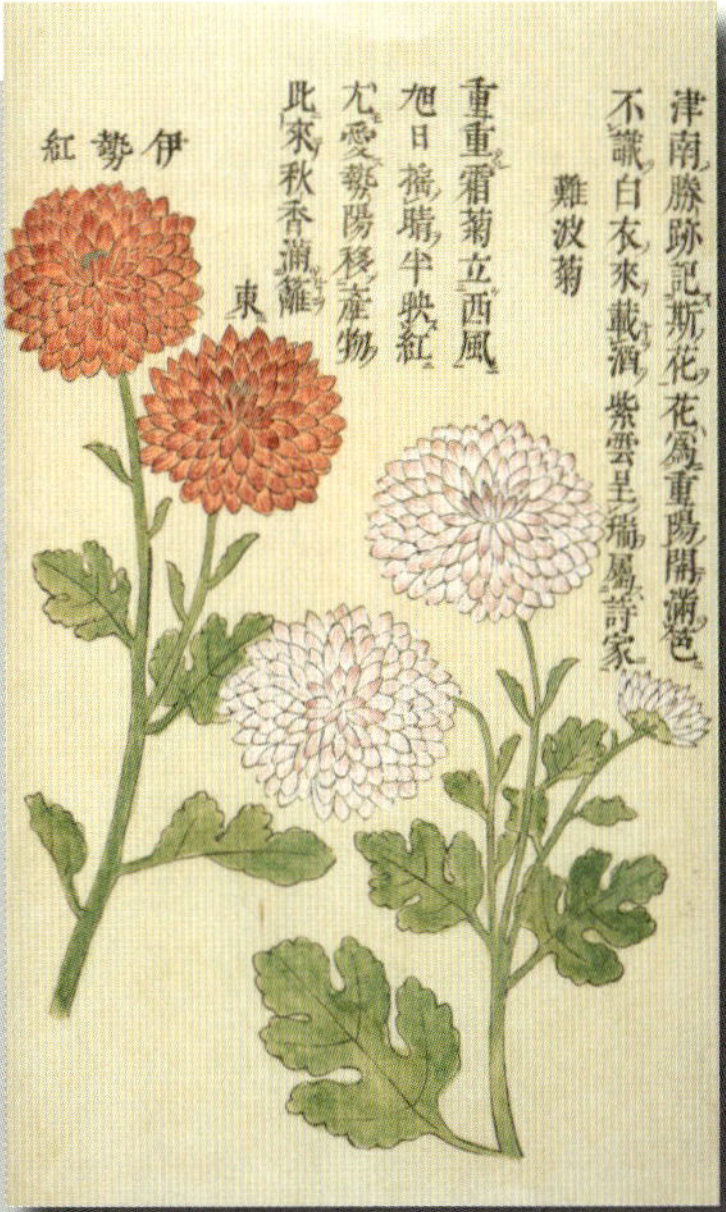

図4. 江戸中期のキク2品種　建仁寺潤甫編
『畫菊』（1691）より

れており、栽培ギクの起源にかんする新説の登場を期待したい。

日本への伝来についても諸説あるが、遣唐使などの文化交流にともなって中国から日本に導入されたのではないかと考えられている。丹羽（一九二九）は、一五〇種類以上の花が詠まれており、八世紀末に完成したと推定される『万葉集』にキクの記載がないこと、平安時代以前に日本におけるキクの栽培の証拠がないこと、キクの読みが漢音であることなどから、奈良時代の後半から平安時代にかけて日本に渡来したのではないかと推定している(8)(9)。

貴族から庶民へ——江戸時代に起こったキクの爆発的な発展

キクは導入当初、皇室や貴族など高貴な身分のあいだでわずかに栽培されてきたようで、寛平時代（八九〇年頃）の菊合《きくあわせ》の会の記録が残されている。この頃の菊合は唐にならったもので、九月九日の重陽の日に、宮中清涼殿の前にキク花壇を設け、二組に分かれた殿上人がその花を褒めたたえて歌を詠み、終わってからキク酒を飲むという格式の高い儀式であったが、江戸時代には庶民による一攫千金を狙った熱を帯びた品評会としての菊合が流行することになる。(10)

中国の宋代（一一〇〇年頃）には既にかなり大きなキクが栽培されていたようで、范正大による『菊譜』には三五品種があげられている。直径九センチ程度の花が最大で、花色には白、黄、赤、紫があり、八重や夏菊もあったとの記載がある。また、この頃、種子で繁殖すると変わりものが出ることが知られており、既に実生《みしょう》による育種が開始されていた。宋代、明代に改良されたキクの品種が栽培技術とともに、それぞれ鎌倉、室町時代に日本に入ってきたが、江戸時代に入って支配階級から庶民にいたるまでキクづくりを楽しむようになったことがキクの品種改良の飛躍的な発展の要因となり、江戸中期にキクは爆発的な発展を遂げた。

中国で出版された『菊詩百篇』（初版一四五八年）をもとに、『菊譜百詠図』が一六八六年に翻刻されている。この本には一〇〇種類の品種が解説されており、日本で最初に出版されたキクの園芸書といえる。日本最初の園芸書として知られている『花壇綱目』（一六八一）には七九種類のキクが記されている。花の大きさと花色の説明があり、当時の品種を知ることができる。中国から渡来したとされる**玉牡丹**《ぎょくぼたん》、**太白**《たいはく》、**鵝毛**《がもう》、**御愛**、**酔楊妃**《すいようひ》の五品種が「五菊」と呼ばれ、名花として珍重された。(6)『花壇地錦抄』（一六九五）では夏菊二〇品種、菊二三〇品種があげられ、『増補地錦抄』（一七一〇）ではさらに八九品種が追加されている。**図3**は、一六九一年に出版された『畫菊』に掲載されている**玉牡丹**で、白色八重の品種であることがわかる。本書では、中国から渡来した品種に加えて日本で品種改良された新しい品種も多数掲載されており、

図5．江戸中期の大輪管物品種

『扶桑百菊譜』児素仙（1735）より

図6．江戸時代の高度な接ぎ木栽培技術

『百種接分菊』歌川国芳（1865）より

この時点で既に中国の育種レベルと同等か、それをしのぐものになっていたことが理解できる（**図4**）。

江戸中期の正徳年間（一七一一〜一六）に京都の丸山近辺でキクの品評会、菊合が流行し始めた（**図1**参照）。作出した新品種の優劣を競うもので、入選した新品種は一芽一両から三両三分というとてつもない高価で取り引きされた。その後、菊合の流行は江戸にも波及し、士農工商を問わず一攫千金を夢みて人々がキクの育種に熱中し、これによりキクの改良が大きく進んだ。当時の流行は「正徳・享保のキク」と呼ばれている[11]。一七三五年に狩野素仙による『扶桑百菊譜』では、花の直径が三〇センチにおよぶ巨大輪が記載されている（**図5**）。現代の和ギクの原型はこの時代にほとんど完成しており、世界で最も立派なキクが当時の日本で栽培されていた。

江戸後期の文化・文政年間（一八〇四〜一〇）にさらにキクは発展する。東京の巣鴨、駒込といった染井一帯は、植木や鉢植えの産地であったばかりでなく、植木屋の展示場の役割を果たした。『花壇菊養種』（一八四二）などの栽培書も出されており、キクは好事家のみならず庶民に身近な園芸植物として普及した。現代も遊園地などでみられるが、一八〇〇年代にはキク人形が江戸で創作された。著名な浮世絵師、歌川国芳によって描かれた「百種接分菊《ひゃくしゅつぎわけぎく》」（一八六五）をみると、当時、既に一株にたくさんの品種を接いで咲かせるといった高度な接ぎ木による栽培技術があったことも理解できる（図6）。

新宿御苑で引き継がれている和ギクの展示会

毎年一一月に東京・新宿にある新宿御苑で菊花壇展が開催されているが、そこに江戸時代の和ギクの姿をみることができる。本花壇展は明治元（一八六八）年に、キクが皇室の紋章に定められたことを機に、明治一一（一八七八）年に皇室がキクを観賞する菊花拝観が開催されて以来、皇室ゆかりの伝統を引き継ぐ由緒あるものである。回遊式の日本庭園の中に上家といわれる建物を設け、懸崖《けんがい》作り花壇、伊勢菊・丁字菊・嵯峨菊花壇、大作り花壇、江戸菊花壇、一文字菊・管物《くだもの》菊花壇、肥後菊花壇、大菊花壇の七種類の特色あふれる花壇がある（図7）。わが国のキクの

図7　新宿御苑の菊花壇（懸崖作り花壇）。1915（大正4）年から継承されている。

図8．３種類の大輪ギク　新宿御苑にて撮影

図9．中輪ギク　新宿御苑にて撮影

品種、栽培の文化を世界に示す秀逸の展示会ということができる。

和ギクは花の大きさにより一八センチ以上の大輪ギク、九〜一八センチの中輪ギク、九センチ未満の小輪ギクに分類されている。大輪ギクには、厚物、管物、一文字ギクがある[12]（**図8**）。厚物は舌状花の先端がスプーン皿のように湾曲し、それらが中心に向かって重なりながら半球状に咲く。管物はすべての舌状花が管状になっており、細長い舌状花が放射状にまっすぐ伸びて、傘を広げたように咲く。また、一文字は一重咲きで、舌状花が重なり合わずに咲く。皇室の紋章のモチーフとされ、一六枚を中心に一四〜二〇枚程度の花弁をもつものがよいとされる。管物や一文字の栽培では花全体を受ける輪台が用いられる。大輪ギクは関西を中心に発達し、戦後には花径が五〇センチにもなる厚物や六六センチにもなる管物があったとされている。

中輪ギクは江戸を中心に発達し、その後地方に広がっていったもので、江戸ギク、伊勢ギク、嵯峨ギク、丁字ギク、肥後ギクなどがある[12]（**図9**）。江戸ギクは中

図 10. 肥後ギク花壇　新宿御苑にて

輪ギクの代表的な存在で、開花が進むに従って花形が変化していく様から、「狂い咲きギク」とも呼ばれる。咲き始めはまず舌状花が横に開くが、その後立ち上がり、花の中心部分を包み込むように折れ曲がるなど、芸をすると表現されるが、日ごとに姿を変えていくその動きを品種の開発の目標としていたことは、江戸時代ならではの育種であったといえる。中輪ギクは全国各地においても発達した。

伊勢ギクは三重県の伊勢地方でつくられたキクで、糸のように細くて長い花弁が縮れたり、よれ曲がったりしながら垂れ下がる特徴がある。

丁字ギクは筒状花が長く球状に盛り上がって咲く。筒状花の形が香辛料のチョウジに似ることから名付けられた。

嵯峨ギクは京都を中心に栽培され、細い舌状花が立ち上がってほうき状になる。嵯峨ギクの花弁は表側が外巻きになるので花色が鮮やかになる。海外にはアウトカーブする花型の品種があるが、和ギクでは嵯峨ギクのみである。

肥後ギクは熊本藩主の庇護のもと、藩士の中で普及した門外不出とされてきたキクで、管状または平弁で一重咲きで直線的に伸びる舌状花が特徴で、独特の花壇作りが行なわれる（図10）。一八一九年、秀嶋英露による『養菊指南車』に栽培法が記載されているが、大変難しい規約にしたがって仕立てられる。武士を対象としたもので、庶民に親しまれたキクとは一線を画す異色なキク文化を継承するものである。

新宿御苑の花壇の中で最も目を引く存在に大作り花壇がある（図11）。同じく大株に育てるものに、野ギクが断崖の岩の間から垂れ下がっている姿を模して、一本の小輪ギクを大きな株に仕立てる懸崖作りがあるが、一株のキクに中輪の花を五〇〇輪以上咲かせる千輪仕立ての姿は圧巻である。本花壇は明治中期に福羽逸人《ふくばはやと》が考案したとされるが、日本人のみならず外国人にも大きなインパクトを与えており、二〇一四年には海を渡りフランスのベルサイユ宮殿に飾られた。完成までに一年以上をかけて栽培される。

欧米への伝来

欧州への最初の伝来は、一六八八年、ヤコブ・ブレイユが日本よりオランダへ輸入したものとされているが、その後絶えてしまう。一七八九年にはピエール・ルイ・ブランカールにより、中国からフランスに伝えられたキクは生き残り、普及した。このとき、現在の学名 *Chrysanthemum morifolium* がつけられている。一八六〇年には有名なプラントハンターであったロバート・フォーチュンらによってイギリスに日本のキクが伝えられ、一九世紀後半にキクの栽培・育種が盛んになった。[12] その後、キクはアメリカに渡り、更なる発展を遂げて、細かい花弁が小球状になるポンポン咲きの品種が作出された。江戸時代に進んだ日本における育種改良が、その後の欧米における品種改良に大きく貢献している。

二〇世紀に入るとアメリカが世界の園芸をリードし、切り花産業が始まった。温室で切り花を大量に生産し、花屋に供給するという営利生産のシステムの中にキクが取り込まれた。一九二〇年に、植物が日長時間に反応する性質（光周性）が発見された

図 11. 大作り花壇（千輪仕立て、品種・**裾野の輝**、518 輪）新宿御苑にて

ことから、短日植物であるキクはその直後の一九三〇年代に、日長調節による周年栽培技術が開発されることになる。大正末期に切り花ギク品種が日本に導入されたが、日本では趣味栽培用が中心であり、輪台や支柱をつけなくても丈夫なキクということで評判になった。東アジア原産のキクであるが、アジサイと同様に、一旦西洋に渡り、商業生産用に育種改良されて逆輸入された経緯がある。

その後、日本においても、短日処理によって開花期を前進させる遮光栽培が一九二八年に、暗期中断による長日処理で開花期を遅らせる電照栽培は一九三八年に始められている。[13] さらに時代が下って、一九六〇年には鉢物生産用のポットマム品種がアメリカから、一九七四年には切り花生産用のスプレーギク品種が新たにオランダとアメリカから導入されている。

欧米からの再導入と切り花ギクの品種改良

切り花ギクは仕立て方により、一本の茎に一つの花を仕立てるスタンダードタイプ（ディスバッドタイプ）と、一本の茎に多数の花を着生させるスプレータイプに大別されるが、わが国では前者を輪ギク、後者を小ギクとスプレーギクとして三種類に分類している。種類別の割合は、輪ギクが八億六一一〇万本（五三・九％）、小ギクが四億八六三〇万本（三〇・四％）、スプレーギクが二億五一四〇万本（一五・七％）で、輪ギクが半分以上を占めている（農林水産省平成二五年産花き生産出荷統計）[1]。輪ギクはわきに生じる花芽を取り除いて生産する必要があることから、海外ではスプレータイプの生産が主であるが、日本では例外的に輪ギクの割合が高い。

前述したように切り花ギク品種の原型はアメリカで生まれ、開花調節技術とともに日本に大正末期に導入され、**ラスター**、**レモンクイン**などの品種による日本での切り花生産が始められた[12]。それ故、導入当初の切り花ギクは「洋ギク」と呼ばれていたが、今日では輪ギクは日本的なイメージを与える花の代表格になっている。導入当初の品種は、花は豪華であったものの、茎葉とのバランスが十分でなく、伝統的な生け花の花材には適さなかった。また、耐湿性が弱く、日本の湿潤な気候下での露地栽培が難しいなどの問題があった。一九三〇年頃に日本での輪ギクの育種が磯江景敏によって開始され、**新東亜**などの品種が作出された[12]。現代の輪ギクは、ほとんどの品種の茎が剛直で節間が短く、葉柄は短く立ち葉であるなどの優れた茎葉形質を有している。また、日本のような湿潤な気候下での露地栽培が可能なように、長年の育種選抜の結果により耐湿性が強化されてきている。現代の輪ギクの育種業者のカタログをみると、「木姿」や「木性」といった単語が頻出しているが、輪ギクの育種で草姿の改良が重要視されたきたことを反映しているものといえよう。これら草姿や耐湿性の改良は、日本独自の育種の成果といえる。

図12. 小井戸直四郎

欧米では自然開花期が秋である秋ギクを利用した周年栽培が成立してきたが、わが国では夏季に高温による開花遅延や品質低下が起こり、同一地域での周年生産が困難という問題があった。それ故、夏は高冷地、冬は温暖地といった異なる地域における生産分担による周年供給が主になされてきた。

昭和初年から行われてきた長野県の小井戸直四郎（**図12**）による夏秋ギク品種の育成も、日本独自の特筆できる育種の成果といえる。同氏は、秋ギク実生の早咲き系統の選抜によって、まず一九四六年頃に九月咲きを発表、次いで一九四八年頃には八月咲きを、さらに一九五六年頃には七月咲きを発表した。約三〇年の年月をかけて、秋に開花するキクから初秋から初夏にかけて自然開花するキク（夏秋ギク）をつくり上げたのである。これらのキクは、新盆、旧盆、秋の彼岸といた輪ギクの需要期に開花調節を必要とせずに開花したことから、秋ギクにおいて行なわれていた人為的に日長時間を短くするシェード栽培に急速にとって代わっていった。その後、夏秋ギクの育成の波及効果はさらに広がっていく。農林水産省野菜試験場の川田ら（一九八七）[14]によって、それまで電照による花芽分化抑制ができないと考えられてきた夏秋ギクが電照によって開花調節できること、柴田（一九九七）[15]により高温下でも遅延せずに正常に開花できる高温開花性を有することが次々と明らかにされ、高温長日条件となる日本の夏季においても計画的に生産できる優れた特性を夏秋ギクがもつことがわかったのである。現在は秋から春にかけての二作を秋ギク、夏の一作を夏秋ギクとする世界に例のない日本独自の輪ギク周年生産体系が成立するようになった。

なお、輪ギクの生産割合が多い日本では、同じく小井戸直四郎による無側枝性ギク（同氏は「芽なしギク」と紹介）品種の作出も重要である。輪ギクにおける摘蕾作業は生産時間のおよそ四分の一を占めるとされ、手間のかかる摘蕾作業からの解放はキク生産者にとって夢であった。同氏は九月咲きギク品種の中に側芽がほとんどつかない無側枝タイプを見出し育種を進めた結果、一九七九年に最初の無側枝タイプ、**松本の月**などの品種を発表した。その後、同氏は八月咲き、七月咲きとすべての夏秋ギクへの無側枝性タイプの作出に成功した。現在は夏秋ギクのみならず秋ギクにおいても無側枝性が育種目標に導入されてきており、輪ギク生産の省力化に貢献している。ただし、無側枝性形質の導入により、花の奇形化や親株での挿し穂生産力の低下といった新たな問題も生じつつあり、品種育成の困難さが一層増してきている。

激化する輪ギクの新品種育成――二一世紀に起こった大きな品種変遷

前述したように、四季が豊かで寒暖の移り変わりが激しい日本では、欧米型の秋ギクの周年生産が困難であり、秋から春の間は秋ギク、夏は夏秋ギクを組み合わせて生産する独特の周年生産体系が確立した。この体系に大きく貢献してきた品種が**秀芳《しゅうほう》の力**と**精雲**である。

秀芳の力は、広島県にある山手秀芳園の山手正則により、一九六四年に**松の雪**を母（父は不明）にして交配され、一九七〇年に一〇月下旬咲きの白色輪ギクとして発表された。三〇年近くもの長い間、電照栽培用輪ギクの代表品種として栽培され、咲き始めの美しい姿はまさに葬儀用のキクの代名詞的存在であった。

生態型は秋ギクで、温暖地で九月下旬から六月上旬までの長期間出荷できた。一方**精雲**は、同じく広島県にある精興園の山手義彦により、一九七四年に**白雲山**を母に、**白精山**を父として育成され、一九七七年に白色輪ギクとして発表された。生育がきわめて旺盛で、自然開花期が露地で七月中旬、施設で六月下旬、当初、晩生の夏ギクとして栽培されたが、一九八〇年代に農林水産省や愛知県により本品種の電照抑制栽培技術が開発されて以降、約二〇年にわたり夏に出荷される輪ギクの代表品種となった。

ちょうど二一世紀に入った頃、輪ギクの生産において大きな品種変遷の波が訪れた。安定した周年生産体系を確立してきた前述の二品種に、**神馬**と**岩の白扇《はくせん》**の二品種がとって代わったのである。**神馬**は静岡県にある浜松特花園の宮野喜久夫により、一九八六年に**日銀**を母に、**名水**を父として育成され、一九九〇年より生産が開始された一〇月下旬咲きの純白色輪ギクである（**図13**）。一九九三年頃、鹿児島県枕崎市の産地に導入されて以来、徐々に生産が広がり、二〇〇二年に生産量第一位の秋ギク品種となった。電照栽培において低温条件下でもよく伸長し、密植栽培が可能で良品生産率が高い点が生産現場から、花色が開花

図 13. 現代の輪ギク No.1 品種の**神馬**

始めから純白で水揚げのよい点が流通および消費現場から高く評価されている。**岩の白扇**は愛知県にある岩田農園の岩田義明により、一九八八年に**精雲**を母とした自然交雑実生の中から選抜され、一九九二年に白色輪ギクとして発表された。自然開花期は六月下旬で、**精雲**と同様に電照抑制栽培が可能であることに加え、高温期において頂芽付近を除いて側芽が消失する無摘蕾性を有する。水揚げおよび花持ち性に優れ、葬儀用のキクとして品質が優れている点も普及に貢献している。

図 14. 多彩なスプレーギク品種

もともとキクの品種は成立後二〇~三〇年が経過すると、栄養繁殖の繰り返しやウイルス・ウイロイド病の複合的な感染により劣化することから、新たに育成された実生品種に更新される。近年は優良品種の母株が試験管内で長期的に維持されるものもあるが、長くても数十年というのがキク品種の寿命である。前述した主要品種の変遷をみると、育成から全国的な普及までにまず一〇年近くを要すること、生産現場および市場での評価が一旦確立すると二〇年近く主要品種として安定すること、さらに有力な新品種が現れると一気に品種変遷が起こることが理解できる。

一九七八年にわが国はＵＰＯＶ条約に加盟し、植物の特許に相当する種苗法が制定された。当初、自家育苗が主体であったキクではロイヤリティ収入に対する関心が必ずしも高くなかったが、日本の切り花生産の過半数を占める輪ギクの主要品種となると莫大なロイヤリティ収入が見込まれることから、白色輪ギクの育種については激烈な品種開発競争が繰り広げられている。主要品種にとって代わった**神馬**や**岩の白扇**についても既にさまざまな改良点が明らかになってきており、突然変異を利用した部分的な改良や新たな実生品種の育成が盛んに取り組まれている。江戸時代の和ギクの育種の流行とは形を変えているが、キクの育種業者間では熾烈な品種開発競争が繰り広げられている。

進む花色および花形の多様化

一九七四年に日本に導入されたスプレーギクは、輪ギク同様に施設における周年生産が確立され、順調に生産が伸びてきた。スプレーギクの導入当初はキクと区別するためにコスモスやマーガレットのようなイメージをもつ一重咲き品種を中心に栽培された。しかし、現在は花色や花形の多様化がさらに進み、花色では覆輪や斑入りなどの複色や緑色の品種などが登場するようになった（図14）。一方、多様な色彩の管咲きやデコラティブ咲きやピンポン玉を思わせるポンポン咲きの品種を、輪ギク同様に仕立てるディスバッドタイプのキクの生産も増加してきている。開花初期の段階で出荷される輪ギクと異なり、ほぼ満開状態に開花が進んでから出荷され、その状態であっても花弁が脱落しにくい点も大きな特徴で、花型、花色、品種のみならず生産者も異なる。かつて小ギクとの区別をつけるためにスプレーギクという新しい分類が設けられたが、ディスバッドタイプは今後新しい輪ギクの分類群に発展する可能性も秘めている。

1　ヨーロッパ市場を独占する日本産スプレーギク

ここでスプレーギクの品種育成において導入元であったオランダの花き生産に大きな影響を与えた例を紹介しよう。精興園の山手義彦（前出）（**図15**）により、一九七八年に日本名、**精興の翁**が種苗交換によりオランダのレベク社に譲渡され、一九八二～八七年にオランダの二〇％のシェアを超える品種**レフォール**として注目された。純白丁字咲きの中輪品種は白さび病抵抗性を有し、一時欧州市場を席巻した。また、一九八二年に登録された**セイローザ**（オランダでの品種名**レーガン**）は、さまざまな意味でこれまでの品種にはない高い生産性を有したことから、約一〇年間にわたってオランダで毎年五億本が生産された。もともとはピンク一重の品種であるが、二〇以上の枝変わり品種が生まれ、**レーガンファミリー**として普及した（**図16**）。その生産量はヨーロッパのキク生産量の半分以上におよび、海外の種苗会社の盛衰にも大きな影響を与えた。ヨーロッパ市場を独占する品種が日本で育成されたことは誇りといえよう。

図 15. 山手義彦

2　古典ギクや野生種を用いた新品種の展開

歴史の長いキクである。「故きを温ねて新しきを知る」という意味で、古典ギクや野生種を利用した品種育成についても紹介する。同じく山手義彦は肥後ギ

図 16. レーガンとその枝変わり品種

図17．キク属野生種イソギクとの種間交雑

クを育種素材として、花弁がスプーン（さじ）のようになるさじ弁咲きの新しいタイプのスプレーギクである風車ギクを育成し、一九八九年に発表した。風車ギクは花弁基部の管状部分と先端の平弁部分との鮮明な花色のコンストラクトが人目を惹き、洋風のフラワーアレンジメントにも、和風の生け花にも幅広く利用できる新しいタイプのスプレーギクとして普及した（**図14**参照）。多様な日本の古典ギクの中にはまだまだ利用可能な素材が残されていると思われる。

農林水産省野菜・茶業試験場では、日本に自生する野生種のもつ有用特性の栽培種への導入を目的として、一九七五年頃からキクの種間交雑が取り組まれた。その中で、関東から東海にかけての太平洋沿岸に自生し、小輪多花性で分枝性に優れるキク属野生種イソギク（*C. pacificum* Nakai）と、花色が鮮明で茎の伸長性の高い栽培品種のスプレーギクとの種間交雑によって、両者の特性を兼ね備えた新しいタイプの小ギクが開発された[16]。主な品種に**沖の白波**があるが、これらの品種はイソギクの血を四分の一、スプレーギクの血を四分の三もつ種間雑種で、一九八〇年代終わりから沖縄を中心に瞬く間に普及し、一九九〇年代にはその栽培面積が二〇〇〇ヘクタール以上に達し、今日の沖縄の小ギク産地の形成に大きく貢献した（**図17**）。イソギクのもつ小輪多花性、旺盛な分枝性に由来する優れた繁殖性が短期間での普及を実現した。

一〇〇〇年以上の長い品種改良の歴史を有するキクでは栽培種のレベルが高く、当初、種間雑種の実用化は難しいと思われたが、雑種第一代の栽培種への戻し交雑によって実用性の高い種間雑種が得られることが実証された。なお、イソギクの血は、オランダで育成されてきている小輪多花性品種群の**サンティニー**（クリサンセマムの「サン」と、かわいいを意味する「タイニー（tiny）」からつけられた）にも利用されていると考えられる。

おわりに——科学的知見の蓄積の進展と今後の展望

図18はキク育種業者の実生の栽培圃場である。育種業者は毎年数万から数十万におよぶ実生を栽培する。六倍体に近い異数性をもち、かつ自家不和合性を示すキクでは、交配親が遺伝的に雑種性に富むために計画的な育種が進めにくい問題がある。したがってキクの育種では大量の実生の中から偶然に優れた品種が出現することを期待する面が強い。また、現在さまざまな花きでゲノム解析が開始されており、科学的知見にもとづいた育種の効率化が期待されている。ただし、キクは花きの中でもゲノムサイズが大きく、二倍体の野生種キクタニギクでさえ、モデル植物であるアラビドプシスの数十倍のゲノムを有する。

しかしながら、二一世紀に入ってキク育種の推進にとって大変重要な新知見が次々に得られてきている。その一部を紹介したい。キクではなぜか白色の花色が黄

図18．キクの実生圃場

色に対して優性的で、突然変異も白色から黄色の変化は起こるもののその逆は起こらないことが経験的に知られていた。二〇〇六年に農研機構花き研究所の大宮らにより、白色のキクでも一旦黄色の色素であるカロテノイドが生成されていること、舌状花特異的にカロテノイドを分解する遺伝子が働いて、キクの白色花が成立していることが明らかにされた[17]。この研究成果により、長年謎とされてきた黄色の花色発現のメカニズムが一挙に解き明かされた。また一九三七年、ソ連の植物生理学者チャイラヒャンにより、葉が日長に感応して花芽を誘導する物質、いわゆる花を咲かせるホルモン（フロリゲン）の存在が提唱されたが、それが生成されるメカニズムなどは七〇年以上にわたり謎とされてきた。二〇〇七年にシロイヌナズナやイネでフロリゲンの分子実体がＦＴ（*Flowering Locus T*）遺伝子であることが明らかになったが、六倍体でゲノムサイズの大きいキクにおけるフロリゲンの解析は困難を極めた。農研機構花き研究所の研究グループでは、二倍体のキク属野生種キクタニギクからフロリゲンおよびアンチフロリゲンをコードする遺伝子を単離し、キクにおける花芽形成のメカニズムの概要を明らかにした[3][19]。これらの研究成果により、日長や温度などの環境条件に複雑な反応をするキクの開花特性の解明が飛躍的に進むことが期待される。

栽培ギクの特徴そして和ギクと洋ギクの品種育成の発展経過について述べてきた。キクという花き、そしてその育種について少しでも興味をもっていただけたのであれば幸いである。本稿では触れることができなかった、キクの生産・流通現場では、病害虫抵抗性、流通適性などについてもさまざまな問題が山積しており、育種による解決が待たれている。さらに急速に進む国際化により、海外からのキクの輸入が急増している。今後も日本がキクの育種にかんして、世界的なイニシアティブを握っていくことを期待してやまない。

第2章

カーネーション

小野崎　隆

カーネーション（*Dianthus caryophyllus* L.）は日本の切り花生産において、キクに次いで出荷量の多い主要花きの一つである。日本だけでなく世界的に見ても、キク、バラと並んで生産量が多く、世界三大花きの一つに挙げられる。

品種が多様化しており、花色、草姿、花型が非常に豊富であるが、現在の品種は八重で四季咲きのものがほとんどである。用途により切り花用と鉢物用に分かれる。切り花用は、花房の特徴から一茎一花のスタンダード系と一茎多花のスプレー系に大きく分かれる。カーネーションと野生種との種間交雑育種も盛んで、ソネット系などの「ダイアンサスタイプ」と呼ばれる小輪系品種群が作出されている。

現在のカーネーションは交雑種であり、その基礎となっているのは、原産地は不明であるがシチリア島、南ヨーロッパ、北アフリカ、西アジアなどの地中海沿岸で長く栽培され自生化してきた *Dianthus caryophyllus* である。この原種にセキチク（*D. chinensis*）など数種の野生種が多元的に交雑されて、今日のカーネーションが育成されたと推定されている。

ダイアンサス属野生種について

カーネーションの属するダイアンサス属（*Dianthus* L.）は約三〇〇種が主としてヨーロッパ、地中海沿岸から日本にかけてのアジア地域に分布する。カーネーション、セキチク、ヒゲナデシコ（*D. barbatus*）をはじめ、多くの種類が切り花、鉢物、花壇に利用されており、園芸素材として非常に重要である。日本には、エゾカワラナデシコ（*D. superbus*）、ハマナデシコ（*D. japonicus*）、ヒメハマナデシコ（*D. kiusianus*）、シナノナデシコ（*D. shinanensis*）の四種が自生し、ほかにカワラナデシコ（*D. superbus* var. *longicalycinus*）、タカネナデシコ（*D. superbus* var. *speciosus*）などの変種が分布している（図1）（図2）。

自生種の一つであるカワラナデシコは、万葉の時代から秋の七草の一つとして親しまれてきた。また、江戸時代にはセキチクの園芸種であるトコナツ（*D. chinensis* var. *semperflorens*）、セキチクとカワラナデシコとの雑種に由来するといわれているイセナデシコ（*D.* × *isensis*）の改良が盛んに行なわれていた。イセナデシコは花弁が細長く伸びて下垂し、先は細裂するという特徴がある。江戸時代に伊勢松阪地方で改良された伝統園芸植物の一つで、三重県の天然記念物に指定されている。江戸時代後期の光格天皇（在位一七八〇〜一八一七年）はことのほかこのイセナデシコを愛顧し、京都市内の宝鏡寺（京都市上京区百々町）に下賜されたものが、現在まで保存栽培されている。

野生種には現在の栽培品種にはない形質（耐病性、耐寒性、耐暑性など）をもつものもあり、在来品種と同様に、品種改良には不可欠である。一般にダイアンサス属は種間交雑が容易であり、自生地や形状の著しく異なる種間でも交雑が可能であることが知られている。したがって、野生種に有望な形質が見いだせ

図1．カワラナデシコの自生地（下：三重県津市白塚海岸）と自生株の開花状況（上）

図2．日本自生野生種ハマナデシコ（上）とヒメハマナデシコ（下）

れば、種間交雑によりカーネーションやダイアンサスの栽培品種にその形質を導入できる可能性がある。

ダイアンサス属の染色体基本数は x ＝ 15 であり、二倍体（2n=2x=30）、四倍体（2n=4x=60）、六倍体（2n=6x=90）の種が存在する。[1][2] 近年、ヨーロッパのイベリア半島に自生する *D. broteri* に、十二倍体（2n=12x=180）が存在することも報告されている。[3] 一方、切り花カーネーション品種については、そのほとんどが二倍体である。[4][5]

日本へのカーネーションの来歴

日本におけるカーネーション栽培の歴史は、江戸時代にまでさかのぼる。伝来は、江戸時代初期（一七世紀後半）にオランダ人を通じてのものだった。[6] 有名な儒学者にして本草学者でもあった貝原益軒《かいばらえきけん》の『大和本草』（一七〇九年）に、「紅夷石竹（オランダセキチク）は大にして香あり……」との記載がある。園芸家の伊藤伊兵衛の『地錦抄附録《じきんしょうふろく》』（一七三三年）に、「おらんだ石竹」、「あんじゃべる」の名称と図録がみられ、当時の花容をうかがい知ることができる。「カーネーション」の名称は、明治末期～大正時代まで一般的ではなく、香りの良さから「麝香撫子《じゃこうなでしこ》」とも呼ばれた。[6] 芥川龍之介の『軽井沢で』（一九二五［大正一四］年）に「朝のパンを石竹《せきちく》の花と一しよに食はう。」という一節がある。この「石竹」は「オランダ石竹」つまりカーネーションのことであり、大正時代にはまだ日本でカーネーションという呼び方が定着していなかったことがわかる。一九〇二（明治三五）年頃には、福羽逸人《ふくばはやと》がフランスのマルメイゾンカーネーションを輸入して、明治政府直轄の植物試験場であった新宿御苑で栽培したという記録がある。[7][8]

「母の日」の起源

カーネーションといえば「母の日」の花を連想する人も多いと思うが、その起源をここに紹介しよう。

一九〇五年五月九日に、アメリカ・フィラデルフィアにある教会の日曜学校教師であるアン・ジャーヴィスという女性が亡くなった。その娘アンナ・ジャーヴィスが、自分を苦労して育ててくれた母親の命日翌日の日曜日（一九〇八年五月一〇日）の礼拝に、「亡き母を偲ぶ」という花言葉の白いカーネーションを霊前にたくさんたむけ、母親を偲んだ。このことは参列者に感動を与えるとともに、アメリカ各地で五月の第二日曜日に母親を感謝する礼拝が広がった。その後、「母の日」を制定する動きにまで発展し、一九一四年に第二八代アメリカ大統領ウィルソンが合衆国議会で五月の第二日曜日を「母の日」と定めた。

日本には一九一五（大正四）年に、当時青山学院の教授であったアレクサンダー女史により「母の日」が紹介され、広がっていった。一九三一（昭和六）年に大日本連合婦人会が結成されたのを機に、昭和天皇の皇后（香淳皇后）の誕生日である三月六日が「母の日」とされた。終戦後の一九四九年頃からアメリカにならって、日本でも五月の第二日曜日が「母の日」となり、定着した。当初は母親が健在な人は赤いカーネーションを、亡くなった人は白いカーネーションを胸に飾り、母親への感謝を表わしたが、その後、赤いカーネーションを贈るスタイルに変わっていった。

営利生産の始まり

日本の切り花用カーネーション営利生産は、アメリカ・シアトルに在住していた澤田が一九〇九（明治四二）年に帰国する際、**ホワイト・エンチャントレス**、**ビクトリー**等の品種を持ち帰り、東京市外中野町城山に小規模な温室を建てて栽培を始めたのが発端である。[9] 澤田が志半ばに一九一二（明治四五）年に没した後は、伊藤貞作が栽培を引き継いだ。一九一〇（明治四三）年には、土倉龍次郎が**プレジデント・マッキンリー**、**マリア・インマキュリット**の二品種をニューヨークのヘンダーソン商会から取り寄せて、東京市外上大崎で菜花園を開園し、栽培に着手した。さらに同年秋、土倉は当時、駐米全権大使夫人であった妹の政子の仲介で、**ホワイト・エンチャントレス**等六品種を輸入して栽培した。一九二五（大正一四）年には、アメリカ・オレゴン州で二〇年間カーネーション栽培を学び、アメリカの品種を多数持ち帰った犬塚卓一が、アメリカ式の軒の高い大規模な温室を東京郊外の多摩川沿い（現・大田区田園調布四〜五丁目付近）に建て、栽培を始めた。この地は「玉川温室村」と呼ばれ、企業的花き園芸の発祥の地として知られている。澤田と同時期に生産を開始した土倉は、玉川温室村でのカーネーション生産の指導にもあたった。温室村は、昭和初期には経営者約三〇名、温室八〇〇〇坪、敷地一〇万坪で年間二〇万円を生産する一大花き生産地へと発展した。[10] 最盛期の一九三七（昭和一二）年には一万五〇〇〇坪の温室があり、全国各地からカーネーションなどの洋花栽培技術を学ぶために、花き園芸をになう若者が研修生として集まった。

開発した技術は著書『カーネーションの研究』[9]にまとめられ、その内容は研修生により神奈川、千葉、静岡、兵庫をはじめ全国に広められていった。[11] 一九三〇（昭和五）年には、石井勇義によりカーネーション栽培法にかんする書籍『カーネーション・スイートピーの作り方』が出版された。[12] 石井は、花き専門の技術普及誌『實際園藝』を一九二六年に誠文堂新光社から創刊したことでも知られている。

一九三二（昭和七）年には、優良種苗の配布、生産者の情報交換、品評会の開催等を目的とする大日本カーネーション協会が組織された。会長には土倉龍次郎、副会長には犬塚卓一が就任した。その後カー

図3. 土倉龍次郎　カルピス社社長室に掲げられている肖像画
提供：宇田花づくり研究所、宇田明

ネーションの栽培は急速に増加していき、一九三四（昭和九）年の『農業及び園芸』に掲載された鈴木譲の記事[13]によると、一九三三（昭和八）年には日本国内のカーネーション作付面積は一万七六一〇坪（五・八二ヘクタール）に達した。このうち東京、神奈川を中心とした関東地方が一万四六〇〇坪（四・八三ヘクタール）と全体の八三％を占めていた。特に田園調布の玉川温室村のカーネーション作付面積は六一五〇坪（二・〇三ヘクタール）と、戦前のカーネーション生産の一大中心地であった。

戦前は東洋一と謳われた玉川温室村であるが、戦後は都市化の波、地方の大産地形成などから優位性がなくなり、一九九四年（平成六）年にはカーネーション温室はすべて取り壊され、約七〇年の歴史に幕を閉じた。現在では、多摩川堤防上にある東急バスのバス停に「玉川温室村」の名が残るのみである。ちなみに、一九五三年（昭和二八）年から東京銀座で営業を続ける老舗の花屋、スズキフロリストの代表取締役会長・鈴木昭は、一九二六（昭和元）年に玉川温室村のカーネーション農園経営者の長男として生まれた。子供の頃の玉川温室村の様子が氏の著書『花屋さんが書いた花の本』[14]や『カーネーション生産の歴史』のエッセイ「私のひと言」[15]に紹介されており、興味深い。先に引用した鈴木譲は鈴木昭の父親である。

品種改良の始まり——「カーネーションの父」土倉龍次郎

当初アメリカより導入された品種は、日本の気候風土、特に夏の高温と多湿に適せず、栽培には非常に苦労していた[16]。そこで、日本に適した品種育成を目標に、カーネーション育種が一九一八年以降、土倉龍次郎、伊藤貞作をはじめとする少数の栽培家により着手された。

日本におけるカーネーション育種の先駆者は、なんといっても土倉龍次郎である。一九一八（大正七）年に土倉がアメリカから輸入した種子より実生選抜を行ない、**ドグラス・スカーレット**を作出したのが品種育成の始まりである。土倉は大正から昭和初期にかけて次々と新品種を発表した。『カーネーションの研究』には、営利生産に適する品種として、輸入五一品種、国産一五品種が紹介されている[9]。交配方法や実生法についても詳しい解説がある。戦前の国産品種のほとんどは土倉により育成され[16]、その数は約三〇品種におよぶ。土倉は一九一〇（明治四三）年の栽培開始から、一九三八（昭和一三）年に六八歳で亡くなるまで、栽培技術を完成させ、体系化し、数多くの品種を育成するなど、その功績は極めて大きく、日本におけるカーネーション栽培・育種の先駆者として「日本のカーネーションの父」と呼ばれている（**図3**）。

土倉の人生や経歴については、宇田明の著書『カーネーション生産一〇〇年史』[17]に詳しいが、大変興味深い話なので、宇田の文献から要約してここに紹介する。

土倉龍次郎は一八七〇（明治三）年、奈良県吉野郡川上村に生まれた。父・土倉庄三郎は「吉野林業の父」、「日本の造林王」と呼ばれた大山林地主であった。自由民権運動や同志社大学・日本女子大学の創設に、多額の資金援助を行なったことでも知られている。龍次郎は一八九五（明治二八）年に二五歳で当時日本統治下の台湾に渡り、山岳部に一万町歩の借地権を得て、植林事業を始めた。さらに、台湾の工業化を進めるために、当地で初めての水力発電会社を設立した。現在も「台湾の林業・水力発電の先駆者」として、台湾の歴史に名を残している。一九〇九（明治四二）年、土倉本家の財政が傾くと、その要請に応じて台湾から帰国し、翌年からカーネーション栽培を始めた。なぜ龍次郎のような有能な実業家が、カーネーションに興味を持ったのか。龍次郎の末子・正雄は、実業界に嫌気がさし、もともと植物に興味があったため花作りに転身したと推測している。龍次郎はカルピス社の創業にも大きくかかわった。龍次郎の弟、五郎と北京に「日華洋行」という雑貨業の事業を設立した三島海雲は、軍馬の調達のため内モンゴルを訪問し、そこで口にしたのがカルピスのヒントになる遊牧民の飲んでいた乳酸発酵物であった。三島は一九一七年にカルピス社の前身となるラクトー株式会社を設立した。この設立には龍次郎が事業資金を援助し、最大の後援者として尽力した。また龍次郎の長男・冨士雄は一九八三（昭和五八）年までカルピス社の社長・会長を務めている。

国産の画期的品種――名花コーラルの誕生と育成者・井野喜三郎

カーネーションの品種改良の日本史は**コーラル**抜きには語れないというくらい重要な、国産の代表品種である（**図4**）。

育成者の井野喜三郎（**図5**）は一九〇二（明治三五）年に神奈川県横浜市磯子区中原の農家に生まれた。一時、東京大田の鉄工所（鋼材問屋）で働いていたが、一九三一（昭和六）年に中原に戻り、六〇坪の温室でカーネーションの営利栽培を始めた。当時の品種はがく割れが多く、茎が細くて軟弱で、病気にも弱いという難点があり、経営を不安定なものにしていた。そこで、日本の気候風土に合った強健な品種の育成を思い立ち、土倉龍次郎の指導を受けつつ、努力を重ねた。その甲斐あって、一九四〇（昭和一五）年に、鮮明な赤色の中輪品種**コーラル**を作出した。育成経過については、**ベティルー**に**ノーススター**と**スペクトラム**の混合花粉を交配し、得た実生から選抜したという説と、**ベティルー**に**ノーススター**を交配して得た実生に

図 5. **コーラル**の育成者、井野喜三郎

図 4. **コーラル**
『農耕と園藝』誠文堂新光社、1950 年 2 月号口絵写真より

スペクトラムを交配し、その実生個体から選抜したという二説がある。[18] この新品種は**新スペ**（当時の赤の代表品種**スペクトラム**に替わる新品種という意味）と名付けられたが、後に兵庫県山本（現・宝塚市）の椙山誠治郎により、花色が珊瑚（コーラル）に似ていることから、**コーラル**と命名された。

最初は横浜市富岡付近で試作され、その後横浜市の杉田農園・佐藤庄太郎により一九四二年頃に神奈川県秦野の産地に導入されて、普及が始まった。[19] 戦争中は厳しい統制下にもかかわらず、秦野の東秦農園園主・桐山廣保などの篤農家によって株が維持され、一九四五年の終戦後、いち早く生産が再開された。桐山は、切り花生産の傍ら、**コーラル**の苗供給・販売も行なって、全国的な**コーラル**の普及に貢献した。林勇は著書『もうすぐ八〇年――秦野のカーネーション歴史散歩』[20]で、「名花**コーラル**が戦後に伝えられ日本一の品種に発展したのは、桐山廣保の熱意と努力があったからであり、育成者の井野喜三郎を**コーラル**の父とすれば、桐山廣保は**コーラル**の母ともいうべき人物であった。」と述べている。

コーラルは日本の気候風土に適し、がく割れがなく、肥料不足や低温など栽培条件が悪くても生産可能なほど強健であり、[19] 切り花としての評価も高く、代表的な品種として戦後の日本各地で爆発的に栽培が伸びた。一九七一年の全国カーネーション研究会誌によると、一九七〇年における生産地一〇県の**コーラル**の品種別栽培面積は五五ヘクタールで、全品種の栽培面積中の四一%を占める作付け第一位の品種であった。戦後の復興期から一九七〇年代までの長い期間にわたり**ピーターフィッシャー**（桃）と並ぶ主要品種として全国に広く普及し、盛んに栽培された。これほどの大面積に長期間にわたり普及したカーネーション品種は**コーラル**以外にはなく、おそらく今後も現れないであろう。

優れた品種を育成して日本のカーネーション生産を発展させた大きな功績にもかかわらず、井野喜三郎は「自分が**コーラル**を開発した」と自ら名前を売るようなことをしなかった。そのため、晩年になるまでその名はほとんど知られなかった。井野の名が表に出たのは、一九八二年に八〇歳で神奈川県花き園芸組合連合会の表彰を受けてからで、**コーラル**育成から実に四二年も後であった。一九八四年にはカーネーションの品種改良による花き園芸技術の発展への功績で、第三三回神奈川文化賞を受賞しているが、一一月三日の贈呈式を目前に控えた一〇月五日に、入院先の横浜市内の病院で亡くなった。翌日一〇月六日の神奈川新聞に、井野喜三郎逝去を伝える記事と最期を看とった妻イナの話が掲載されている。[21] 病床で受賞を聞いたときに「郷土の神奈川県に認めてもらえた、贈呈式までには病気を治す」と受賞に大喜びであったそうである。贈呈式には、妻イナ、娘婿の利満が井野の遺影を抱いて列席したという。

コーラルは全国で長年栽培されるうちに、早晩性、切り花の草姿などで系統間の差が大きくなり、優良系統の選抜が行なわれた。主な**コーラル**の特産地には、千葉県安房郡鋸南町保田、神奈川県秦野、静岡県川津、兵庫県淡路島などが挙げられるが、各地域で特徴的な優良系統が存在した。

戦後のカーネーション生産と病害対策

玉川温室村に代表される戦前のカーネーション産業の隆盛も、一九四一年に始まった第二次世界大戦により生産はほとんどなくなった。しかし、一九四五年の終戦とともに花き産業は復興し、作付面積が急速に回復していった。一九六〇（昭和三五）年には、初めて花きの種類別の統計が出され、カーネーションは栽培面積で一三六ヘクタール（露地七七ヘクタール、施設五九ヘクタール）、生産額で九億円の水準に達していた。[22] 一九五五年頃からはビニールフィルムによるハウス栽培が始まり、露地栽培は次第に減少していった。特に、一九五六（昭和三一）年から制度化された農業近代資金や総合施設資金（昭和四三年）の恩恵で、生産量が急増した。[23]

世界的にみると、この時期のカーネーション研究の中心地はアメリカで、コロラド州立大学教授のW・D・ホーリーとR・ベーカーによって一九六三年に出版された『Carnation Production』は、名著として日本のカーネーション研究者に愛読され、多くの研究に影響を与えた。

カーネーションは、萎凋病（*Fusarium oxysporum* f. sp. *dianthi*）、萎凋細菌病（*Burkholderia caryophylli*）を中心とする立ち枯れ性の病害に特に弱く、重大な被害を受けてきた。一九六〇年代初期までは土壌管理技術が確立しておらず、年ごとに作土を全て入れ替えて栽培していた。アメリカでの連作試験成績が紹介されるとともに、一部の国内生産者の事例判断から連作に向けた意識が高まった。高度経済成長の時代になって労賃が高騰し、同時に経営規模の拡大により労力が不足したため、土の入れ替えをやめて同じ土壌で連作するようになり、立ち枯れ性の土壌病害が多発した。[24] 全国の公立試験場などで、菌の同定、切片テスト法などによる保菌苗の除去法、隔離ベッド（ベンチ栽培）の導入、土壌消毒の徹底等の対策が研究された。

ウイルスによる汚染も生産性を低下させる大きな要因となった。ウイルス病は切り花品質を低下させ、生育を抑制し、生産力、収量を減少させる。一九六五年前後から各生産地でこの病害が目立ち始めた。当時、栽培品種は**コーラル**、**ピーターフィッシャー**などの中輪品種が大部分を占めていたが、これらの品種は生産者が切り花生産に用いた株を、同時に苗生産の親株として次作の苗を増殖するような栽培法で長年にわたり栽培され続けたために、汚染が広がった。

ウイルスに汚染された株でも、生長点とその近傍ではウイルスが存在しない。この生長点付近の組織を切り取り、試験管内で培養すれば、ウイルスに汚染されていない無病苗を得ることができる。ウイルス病対策としての茎頂培養の必要性が全国的に認識され、一九七〇年代に茎頂培養による苗生産が実用化され、実際栽培に普及した[25]。現在の苗生産においては、切り花生産と苗生産は完全に分離され、苗はすべて茎頂培養由来の無病苗となっている。

戦後における多様な新品種の作出

カーネーションの育種は、主に交雑育種法と優良品種からの枝変わりにより行なわれてきた。カーネーションは園芸植物の中でも特に、枝変わりの多い植物であることが知られている。例えば、一九三九年にアメリカで作出された**ウィリアムシム**からは、枝変わりにより三〇〇以上の品種が作出され、シム系品種群として世界中に普及した[6]。一九五〇年頃から日本に導入され、一九七〇年代から切り花カーネーションの中心的な存在となった品種群である。

栽培される品種については、戦後しばらくは**コーラル**、**ピーターフィッシャー**、**粧**《よそおい》などの中輪品種が中心であった。その後、昭和四〇年代（一九六五〜七四年）には大輪のシム系へ、さらに昭和五〇年代（一九七五〜八四年）には地中海系とスプレー系へと進化していった。一九八〇年代からはオランダ等海外の種苗会社育成品種が主体となった。

1 世界における育種の情勢

大輪カーネーションでは、一九六〇年頃よりイタリア、オランダ、フランスなどで新たに地中海系と称される交雑品種群の育成が手がけられ、形態や耐病性などシム系にはない優れた特性によって一九八〇年代から急速に普及し始めた[6]。ヨーロッパを中心に全世界のカーネーション生産に多大の損害を与えた萎凋病抵抗性の導入が大きな育種目標とされた。シム系品種は本病害に対して罹病性であり、立ち枯れが多発して生産を脅かされ、世界的に生産上の問題となった。そこで、オランダ、フランス、イタリアなどのカーネーション育種業者によって、萎凋病抵抗性育種が一九六〇年頃から取り組まれ、地中海系と総称される萎凋病抵抗性品種群が育成された。その育成過程は明らかではないが、コートダジュール、リビエラ地方のカーネーションブリーダーによって古くから露地栽培されていた病気に強い系統とシム系との交配により育成されたと考えられている[26]。抵抗性の実用品種が現在までに数多く育成され、日本国内へも導入された。地中海系はシム系にくらべ花にボリューム感があり、花色も多彩で、がく割れも少ない。

また、この時代の欧米における育種のもう一つの動きとして、一茎多花のスプレー系品種の開発が始められたことが挙げられる[6]。スプレー系は、一九五二年にアメリカのシム系品種**ウィリアムシム**から房咲きの枝変わりとして選抜された紫色ぼかしの品種**エクスキジット**に始まる。さらに枝変わりで一九五八年に濃ピンクの**エレガンス**、一九六一年に赤に白覆輪の**スカーレット・エレガンス**が作出された。一九六〇年頃にスイスで栽培が始められ、日本へは一九六五年頃から導入が始まった。その後ヨーロッパで育成が盛んになり、一九七七年には主力品種**バーバラ**がオランダで育成された。一九八〇年頃からスプレー系品種の日本への導入が急増した。花色が豊富であること、フラワーアレンジメントや花束、ブーケなどに利用しやすく用途が広いことから人気が高まり、栽培・消費とも年々増加し、現在では全出荷量の約半数をこのスプレー系が占めている。

2　個人育種家による育種

戦後になると個人育種家による育種が盛んになった。長野県埴科郡埴生町（現・千曲市）の西村進は、一九四六年にボーダーカーネーション・**屋代の里**に**コーラル**を交配して**乙女の笑**《えみ》（紅桃）、**黄金の波**（黄に紅斑）を育成し、**黄金の波**の枝変わりから**ずい星**（黄）を育成した。[27] これらの品種は「西村カーネーション」と呼ばれ、高冷地露地栽培用として普及した（**図6**）。西村はカーネーションのほか、一九三九年にシンテッポウユリを育成したことでも知られている。また熊本県の大野宝作は一九五八年に**ダイアナ**に**ピーターフィッシャー**を交配して**粧**《よそおい》を育成した。明るいピンク色の大輪品種で、**ピーターフィッ**

図6.　西村カーネーション　『農耕と園藝』誠文堂新光社、1951年3月号表紙写真より

図7.　**せとのはつしも**　提供：香川県農業試験場

シャーにかわるピンク色の主要品種として、一九七〇年代まで全国で栽培された。

3　公立試験研究機関における育種

一九五〇年代以降は、大分県、福岡県、山口県、香川県、静岡県などの公立農業試験場で精力的に育種が進められた。香川県では山本保らが一九六八（昭和四三）年から育種を開始し、一九七二（昭和四七）年に**せとのはつしも**を育成した（**図7**）。本品種は立ち枯れ性病害に弱い欠点があったが、濃いピンク地に白ぼかしという花色の良さと豊産性が評価され、香川県だけでなく全国に普及した。また福岡県では松川時晴らが一九五九（昭和三四）年から育種に取り組み、**希望**、**希望の光**などを育成している。静岡県では静岡県有用植物園に古里和夫が園長に就任した一九六一（昭和三六）年にカーネーション育種が開始され、古里園長のもと肥田和夫らが育種に取り組み、一九七一（昭和四六）年までに**伊豆の踊子**、**伊豆ピンク**など一一品種を育成した。

4　ダイアンサスタイプの小輪系品種エンゼルの育成

カーネーションの属するダイアンサス属は種間交雑が容易であることから、野生種を利用した種間交雑育種も盛んである。**エンゼル**は福岡県の木村保種が一九六四年に育成した小輪、八重、鮮濃桃色の品種であり、一九六九年に福岡県ブルーリボン賞を受賞している（**図8**）。｛（切り花用伊勢なでしこ×ミカドナデシコ）×（マーガレットカーネーション×ミカドナデシコ）｝の交配から選抜した**木村11号**に**アンファンドニース**を交配して育成された[28][29]。育成後しばらくはあまり普及しなかったが、一九六八年頃、ミヨシの創設者・三好靱男が福岡県園芸試験場（現・福岡県農業総合試験場）を訪問した際、松川時晴の案内で**エンゼル**

を見て興味を持ち、組織培養での増殖の提案を承諾され、その後苗生産が行なわれ、ミヨシから発売にいたった。一九七〇年代後半からの小輪系カーネーションの人気の高まりとともに全国的に栽培が広がった。[28] ミヨシでは花色変異を狙い、**エンゼル**へのガンマ線照射により、一九八〇年に赤色の**スカーレットベル**を育成している（**図9**）。

なお、**木村11号**からの枝変わり品種にダイアンサスタイプの小輪一重咲き品種**楊貴妃**があり、ミヨシのロングセラー品種となっている（**図10**）。後に、農研機構花き研究所（現・野菜花き研究部門）における研究で、**スカーレットベル**は三倍体品種、**楊貴妃**は四倍体品種であることが判明した。[5]

5　種子系切り花用ダイアンサスの育成

ミカドナデシコは、日本で戦後に生まれた雑種起源の切り花用ダイアンサス系統であり、カーネーションとセキチクの交配から作出されたといわれている。[1] **ミカドナデシコ**を母体として、京都の深草地区でさらに草丈の高い切り花向きの系統が選抜されて、**フカクサダイモンジ**（深草大文字）として普及し、これが**大文字ナデシコ**と呼ばれるようになった。[30] タキイ種苗では、伊藤秋夫らが切り花用ダイアンサス育種に取り組み、一九八四年

図8. 小輪系カーネーション、**エンゼル**
提供：ミヨシ 羽田野昌二

に**大文字ナデシコ**初のF_1品種**ミスビワコ**を育成した。また、一九九〇年にカワラナデシコとヒゲナデシコの種間交雑により、白からピンクに色変わりする切り花用F_1品種、**初恋**を育成した。伊藤秋夫らは、花壇用ダイアンサスの育種でも成果を上げ、ヒゲナデシコとセキチクの種間交雑F_1品種**テルスター**を一九八二年に育成している。通年出荷できる優れた四季咲き性品種として、発売以来現在まで販売され続けている。

サカタのタネでも高木誠らが一九九〇年頃からカワラナデシコの切り花用F_1品種開発に取り組み、一九九七年にミーティアシリーズ、フォトンシリーズを育成している。前者はカワラナデシコ選抜系統どうしの交雑品種、後者はヒゲナデシコとカワラナデシコとの種間交雑品種であり、**フォトンピンク**は二〇〇〇年に**メロディーピンク**の品種名でオールアメリカセレクションズに入賞している。

二〇世紀後半からの改良技術・育成者の多様化

平成期（一九八九年以降）の主要品種はスタンダード系では**フランセスコ**、**ピンクフランセスコ**など、スプレー系では**バーバラ**、**テッシノ**とその枝変わり

図9. **スカーレットベル**
提供：ミヨシ 羽田野昌二

図10. ダイアンサスタイプの小輪一重咲き品種、**楊貴妃**

図11．萎凋細菌病抵抗性野生種 *Dianthus capitatus* ssp. *andrzejowskianus*（左）および抵抗性中間母本、**カーネーション農1号**（右）

品種などであり、引き続きオランダやイタリアなど海外の種苗会社育成品種が導入されて、国内の切り花生産が行なわれた。その一方で、国内でもさまざまな品種改良が取り組まれた。

1　農研機構野菜花き研究部門における育種研究

農研機構野菜花き研究部門（旧・花き研究所）ではカーネーションにおいて、花持ち性、病害抵抗性、ＤＮＡマーカー利用育種など、民間ではなし得ない育種技術の開発、先導的パイロット品種の開発や、優秀な国産品種育成のための育種素材の開発を行ない、これまでに中間母本一品種、実用品種四品種を育成している。

萎凋細菌病抵抗性育種

Burkholderia caryophylli（旧学名：*Pseudomonas caryophylli*）によって発生するカーネーション萎凋細菌病は、夏の高温期に発病が多発する立ち枯れ性の土壌伝染病害であり、日本でのカーネーション栽培上最も重要な病害とされている。日本では一九六四年に神奈川県秦野地方で最初に発生が報告され、病原となる細菌が分離同定され、萎凋細菌病と命名された[31]。また、静岡県でも一九六九年に発病が認められ、一九七一年からは本格的な被害が発生している[32]。一九七〇年代には全国のカーネーション産地で被害が発生し、被害面

積が増大した。その後、茎頂培養による無病苗の利用、隔離ベッド（ベンチ栽培）の導入、土壌消毒の徹底などの対策が出され、被害は軽減された。しかし、近年でも暖地の産地では、苗からの菌の持ち込みなどが原因の発生が多々みられる。発病してからでは有効な薬剤、防除法等がないので、抵抗性品種開発が強く望まれてきた。しかし、海外におけるカーネーションの主産地は冷涼な地域が多いので、本病害による被害は日本以外ではほとんどみられず、その抵抗性育種は国際的に未着手の状態であった。

野菜・茶業試験場花き部の研究室長であった山口隆は一九八八年に、当時の部下の姫野正己に抵抗性簡易検定法を研究させ、一九八九年に新規採用で研究室に配属になった筆者に、抵抗性育種素材の探索と抵抗性野生種を用いた種間交雑育種を行なうよう指導した。

まず一九八八年に、浸根接種による抵抗性簡易検定法が開発され、その検定法による育種素材の検索の結果、野生種の中に有望な抵抗性素材 *Dianthus capitatus* ssp. *andrzejowskianus* が見いだされた。そこで一九九一年にカーネーションとの間で種間交雑を行なったところ、得られた雑種第一代から強度の抵抗性を有する系統が得られ、野生種の有する抵抗性をカーネーションに導入することに成功した[33]。さらに、強度の抵抗性を有し、かつ草姿、形態、生産性等の形質の優れる種間雑種系統を選抜し、二〇〇〇年に萎凋細菌病抵抗性中間母本**カーネーション農1号**として品種登録した[33]（**図11**）。

次に、抵抗性育種の効率化を図るため、一九九七年からDNAマーカー選抜の研究に取り組んだ。例えば、ヒトのDNA塩基配列にはひとり一人わずかな違いがあり、その違いが個人差や「ある病気になりやすいかどうか」といった遺伝的体質にも影響している。カーネーションの交雑個体も同じで、各個体によりそれぞれ違ったDNA塩基配列をもつ。このような個体間のDNA塩基配列の違いを検出する「目印」のことをDNAマーカーと呼ぶ。萎凋細菌病抵抗性遺伝子のすぐ近くの位置にあるDNAマーカーを見つけることができれば、病原菌接種試験を行なわなくても、ＤＮＡを抽出してＤＮＡマーカーの有無を調べるだけで、小さな苗の段階で抵抗性遺伝子をもつ病気に強い個体を選び出すことができる。筆者らは、七年間にわたる研究の末、STS-WG44と名付けたＤＮＡマーカーの開発に成功した[34]。

カーネーションの染色体基本数はx=15であり、一五対の染色体のどこかに萎凋細菌病抵抗性の遺伝子があることになる。染色体上でのさまざまな遺伝子座やＤＮＡマーカーの位置関係を示した図のことを連鎖地図と呼ぶ。筆者らの研究グループでは、世界で初めてカーネーションの連鎖地図を作成し、さらに統計遺伝学的方法を用いて、第六連鎖群のSTS-WG44マーカーのごく近傍に萎凋細菌病抵抗性の主働遺伝子座が存在し、第二、第五連鎖群にも抵抗性に関わる作用の小さい因子が存在することを明らかにした[35]。

開発した抵抗性中間母本である**農1号**を材料に、抵抗性は維持したまま野生種の有する不良形質を排除するため、カーネーションの戻し交雑と抵抗性検定による選抜を繰り返した。二〇〇四年の選抜からはＤＮＡマーカー選抜を育種に導入し、抵抗性検定にかかる時間と労力を大幅に削減することに成功した。**農1号**にカーネーションの戻し交雑を五回行なった世代から優良系統を選抜し、二〇一〇年にカーネーション農林三号の**花恋《かれん》ルージュ**を育成した[36]（**図12**）。

本研究は、抵抗性育種素材の探索から抵抗性新品種育成まで二二年という長い年月を要した。一九八九年から二〇〇三年までが筆者、二〇〇四年から二〇一〇年は八木雅史が主担当として取り組んだ。ＤＮＡマーカーを利用した花きの実用品種育成については世界的にもほとんど例がなく、世界初の萎凋細菌病抵抗性カーネーション品種を、近縁野生種を利用してＤＮＡマーカー選抜により育成した本研究成果は高く評価されている。

図 13. 花持ち性の優れる品種、**ミラクルルージュ**

図 12. 萎凋細菌病抵抗性品種、**花恋ルージュ**

花持ち性向上を目標とした育種　海外からの安い輸入カーネーションに国産品が対抗する上で、優れた花持ち性などの高付加価値を有する新品種開発が望まれている。

花持ち性は花きの重要形質の一つであり、消費者は花持ちの良い切り花を求めている。しかし、民間の花き育種では花色や花型等の外的形質の改良に偏り、世界的に見ても花持ち性の育種はほとんど取り組まれていなかった。そこで一九九二年に、筆者の研究指導者であった山口隆は、研究室赴任三年目の筆者にカーネーションの花持ち性育種の研究を行なうよう命じた。

筆者らは一九九二年から交雑育種を開始し、花持ち性による選抜と交配を繰り返し、二〇〇五年に従来品種の約三倍の優れた花持ち性を示すカーネーション農林一号**ミラクルルージュ**（赤）（**図13**）、同二号**ミラクルシンフォニー**（白に赤条斑）を育成した。[37] 気温二三℃、相対湿度七〇％、一二時間日長の条件で、**ミラクルルージュ**の花持ち日数は、一七・七～二〇・六日、**ミラクルシンフォニー**の花持ち日数は一七・九～二〇・七日と、

図 14. 花持ち性の比較

シム系品種**ホワイトシム**の三・二〜三・六倍の優れた花持ちを示す（**図14**）。**ミラクルルージュ**、**ミラクルシンフォニー**が三倍長持ちする理由は、両品種の老化時のエチレン生成量が極めて少ないこと、花の加齢に伴いエチレン感受性が急激に低下し、エチレンに対する花弁の反応性が消失すること、の二つが挙げられる。

エチレンは気体の植物ホルモンであり、植物の成熟や老化を促進する生理作用をもつことが知られている。カーネーションは代表的なエチレン感受性花きであり、エチレンはカーネーション切り花の老化に深く関与している。両品種における老化時のエチレン生成は、花弁、雌ずいとも開花から老化までの全期間

図15. 長崎県育成品種、**だいすき**　提供：長崎県農林技術開発センター

図16. 香川県育成品種、**ミニティアラピンク**　提供：香川県農業試験場

を通じて極めて低レベルであり、通常の品種で花弁の老化が始まるときに起こるエチレン生成量の急激な上昇が全くみられない。老化を促進するエチレンの生合成がほぼ完全に止まっており、エチレンが花からほとんど生成されないために、優れた花持ちを示す。また、両品種では、花の加齢に伴いエチレンに対する感受性が急激に低下し、エチレンに反応しなくなるという、興味深い現象が見いだされた。このことも優れた花持ち性に関係していると考えられる。

農研機構花き研究所で育成された育種素材は、愛知県、長崎県などの共同研究先へも提供され、育種に用いられている。二〇一五年には、花持ち性が極めて優れる桃色のスプレー系品種**カーネ愛農1号**を愛知県との共同研究で開発している。

2　公立試験研究機関における育種研究

ダイアンサス属は一般に種間交雑が容易ではあるが、両親の組み合わせによっては雑種胚が正常に発育せず、種子が得られない場合も多い。そのような場合の雑種獲得のため、雑種胚を包み込んでいる胚珠を取り出し、人工培地で培養を行なう胚珠培養法が開発され、多くの植物で実用化されている。

千葉県の神田美知枝らはその胚珠培養を利用して、カーネーションとカワラナデシコの種間雑種を作出し、それに**インプルーブドホワイトシム**、**コーラル**を種子親とした戻し交雑を行ない、多収で低コスト栽培ができる一重咲きスプレー系品種**アクアレッド**、**アクアイエロー**を一九九七年に育成した。[38]

近年では、愛知県、長崎県、香川県等で地域ブランドをめざした新品種育成が行なわれている。優れた品種を育成すれば、他産地との差別化や有利販売につなげることができる。愛知県では一九九七（平成九）年から育種に取り組み、二〇〇五～一四年にかけてスプレー系品種**エアーズロック**（ベージュに赤条斑）、

ドリーミーピンク（桃に白覆輪）、**ファーストラブ**（白に赤覆輪）、**カーネアイチ4号**（紫ピンク）、**カーネアイチ5号**（鮮黄緑）、**カーネアイチ6号**（淡黄緑に鮮紫ピンク覆輪）、**カーネアイチ7号**（鮭桃）、**カーネアイチ8号**（黄緑）の八品種が育成された。

長崎県では、二〇〇四（平成一六）年から育種に取り組み、スプレー系品種**マシュマロ**（白に桃覆輪）、**こんぺいとう**（白に緑鮮紅）、**ミルクセーキ**（濃黄）、**だいすき**（ピンク）（**図15**）、**あこがれ**（明紫赤）が育成された。**だいすき**を用いて北海道の産地との周年リレー出荷を手がけている。

香川県では、一九六八（昭和四三）年からオリジナル品種の育成に取り組み、これまで、**せとのはつしも**、**ベルベットルージュ**など十数品種を育成している。瀬尾龍右らは、一九九四年からダイアンサス属野生種を交配親として導入してスプレー系品種の育成を開始し、二〇〇七年に新しい剣咲きタイプの花型を示す**ミニティアラピンク**、**ミニティアラクリーム**を育成した（**図16**）。その後も花色を追加し、ミニティアラシリーズとしてシリーズ化を図っている。従来のカーネーションのイメージをくつがえす、少しとがった、剣のような形をした花弁が特徴の品種である。二〇一四年一月には、**ミニティアラコーラルピンク**と**ミニティアラライラック**の二品種で、オランダの大手種苗会社ヒルベルダ・コーイ社と、苗の生産・販売にかんする契約を締結するなど、海外展開も行なっている。

3　生産者育種

生産者が経営安定化の手段として本業のかたわらに行なう育種を「生産者育種」と呼ぶことが安藤敏夫（もと千葉大学園芸学部教授）により提唱され、花き育種用語として定着している。

カーネーションの生産者育種については、スプレー系の**ミュール**や**キャンドル**、**ホワイトキャンドル**、**ラ**

図 17．生産者育種の品種

イトクリームキャンドルなどのキャンドルシリーズを育成した愛知県西尾市の稲垣長太郎、スプレー系品種**ひよこ**等を育成した茨城県小美玉市の沼田弘樹、スプレー系品種**アメリ**等を育成した長野県下伊那郡の昼神活由等が知られており、オリジナル品種は生産者の経営安定化に役立っている（**図17**）。

長野県上山田町力石の個人育種家・中曽根和雄が育成したソネット系は小輪一重のダイアンサスタイプの品種群であり、一九九〇年代後半から普及した。タツタナデシコ（*D. plumarius*）、ヒゲナデシコ、**大文字ナデシコ**等が複雑に関与して育成されたといわれている。ミヨシが中曽根による育種系統の中より一重のソネット系に注目し、一九九〇年に**アヤコ**の増殖販売を提案し、承諾された。一九九二年から発売され、翌年以降はソネットシリーズとして複数品種が発売された。ミヨシでは中曽根の育種素材を用いた交配により、独自にソネット系の育種を継続している（**図18**）。

広島県の農業生産法人久井新花園の桑原泰行らは一九八二年から育種に取り組み、二〇〇〇年代には**ジュリエットローズ**などのスタンダード系品種を全国に普及させた。近年では香川県の農業組合法人香花園の真鍋光裕、佳亮が育種に取り組んでいる。育成品種**オレンジミナミ**は二〇一二年に大田花きの主催する「フラワー・オブ・ザ・イヤーOTA」優秀賞を受賞している。

和歌山県日高郡印南町の古田嚢治が二〇〇三年にヒゲナデシコ、**プロバンス**の枝変わりから選抜して育成した**テマリソウ**は、花弁が全くなくなった総包葉だけの緑花を持つ葉もの用品種で、フラワーアレンジメントなどのグリーン商材として人気が高い（**図19**）。ミヨシから販売されている。

図18. ソネット系カーネーション

図19. ヒゲナデシコの枝変わり品種、**テマリソウ**

4　民間種苗会社による育種

第一園芸、日本たばこ産業、サカタのタネは、昭和末から育種を開始し多数の品種を作出してきたが、三社とも切り花用カーネーションの育種事業を終了している。ブリーダーとしてそれぞれ池田宗平、吉田洋之、高木敬一郎などが活躍した。中でも一九九八年に品種登録されたサカタのタネの**エクセリア**は、赤の豊産性主要品種として二〇〇〇年代から全国に普及した。

ミヨシは前節で紹介したように、ソネット系など小輪のダイアンサスタイプの品種育成に特色がある。最近では極小輪のマイクロカーネーション、ラフィーネシリーズを育成している。

フジ・プランツはイスラエルのブライヤー社と共同で育種を行なっている。中でも一九九九年に品種登録された巨大輪品種**シルクロード**は、白の代表品種となっている。キリンアグリバイオは二〇〇四年に第一園芸のカーネーション種苗事業を取得し、スペインのバルブレ&ブラン社と共同で育種に取り組んできた。同社は二〇一〇年にジャパンアグリバイオに社名変更している。フジ・プランツ、ジャパンアグリバイオとも交配自体はそれぞれの提携先のイスラエル、スペインで行ない、現地での一次選抜後、日本での試作を行ない、日本での生産に適した品種を二次選抜する方法をとっている（サントリー育成の青いカーネーション、**ムーンダスト**については、「第19章　青い花」を参照）。

5　イオンビームを利用した育種

突然変異育種は、ガンマ線などの放射線や化学薬剤などを用いて突然変異を人為的に誘発させる育種法である。一九九〇年代より突然変異育種に利用可能な新しい放射線としてイオンビームが注目されるようになり、研究が進められている。イオンビーム育種は、炭素原子やネオン原子などから電子をはぎ取った原子核（イオン粒子）をサイクロトロンなどの巨大加速器で光に近い高速度まで加速し、ビーム状にして植物の種子や細胞に当てて突然変異を引き起こし、有用な品種を育成する技術である。ガンマ線よりもエネルギーが高く、収束性や深度制御に優れているといわれている。カーネーションでは、キリンアグリバイオ（現・ジャパンアグリバイオ）の岡村正愛らが日本原子力研究所・高崎研究所との共同研究を行ない、スプレー系品種**ビタル**（チェリー桃）を材料として、組織培養法とイオンビーム照射法を組み合わせ、二〇〇三年にさまざまな花色、花弁形状をもつビタルイオンシリーズを作出・実用化することに成功した。[39]

ポットカーネーションの品種改良

カーネーションには、これまで解説してきた切り花用品種のほかに鉢物用品種もあり、「ポットカーネーション」と呼ばれる。主に五月の「母の日」向けの鉢物として栽培が増加してきた。花き流通統計調査によると、二〇〇八年には約五二二万鉢が日本の花き卸売市場で販売されており、鉢物花きの中でも主要品目の一つである。

一九七〇年の松川時晴の総説によると、一九七〇年までは雑ぱくな種子系露地カーネーションを鉢物用として利用していたが、品質、花容などは切り花用カーネーションにくらべるとかなり劣り、需要も低調であった[40]。

サカタのタネでは高木誠らが矮性カーネーションの育種に取り組み、一九七〇年に種子系の矮性カーネーションである**ピカデリースペシャルミックス**、一九七三年に**ピカデリースカーレット**を育成した[41]。一九七五年にはオールアメリカセレクションズに**ピカデリージュリエット**が入賞した。本品種の登場によって、ポットカーネーションが「母の日」の贈答用鉢物品目として定着したといえる。花は大輪で豪華であり、しかも耐寒性が強く、無加温ハウスでの栽培も可能なことから、オイルショック後の省燃料時代の時流にも乗り、生産が急増した[42]。さらに同社は一九八五年に種子系品種**スカーレット・リリポット**、栄養系品種**フィーリングピンク**（**図20**）を発売した。これらの品種は花形が整っていることや花色が鮮明であること、栽培しやすいことなどが高く評価され、ポットカーネーションの需要は飛躍的に伸びた[43]。ちなみに、この**フィーリングピンク**はラナンキュラスの育種家として有名な綾園芸代表の草野修一の父である草野総一が、サカタのタネ・中井農場で育成した品種である。

平成以降は栄養系品種が主体となり、現在では種子系品種はほとんど生産がなくなった。ジャパンアグリバイオ、M&Bフローラ（ミヨシの鉢物・花壇用種苗販売会社）、サカタのタネ、雪印種苗などが種苗を取り扱っている。ジャパンアグリバイオはスペインのバルブレ&ブラン社、雪印種苗はカリフォルニア・フロリダ・プラント社と提携関係にある。雪印種苗の品種は提携先で育種されている。

ジャパンアグリバイオ、ミヨシ、サカタのタネは国内育種も行なっており、国内で育成された主な品種には、**レモンソフト**、**クレア**、**フォセットレッド**（ジャパンアグリバイオ）、**ディアママレッド**（ミヨシ）、**バンビーノ**、**ルビーベル**、プリティシリーズ（サカタのタネ）などがある。ジャパンアグリバイオで**クレア**、**フォセットトレッド**などを育成した竹下大学は、北米のフラワーシーンを一変させたといわれるペチュニアのウェーブシリーズを育成したことでも知られ、二〇〇四年にオールアメリカセレクションズが北米の園芸業界に多大な貢献をした育種家に贈る、「第一回ブリーダーズカップ」を受賞した世界的な育種家である。

個人育種家の品種では、岩手県の著名な育種家である橋本昌幸が育成した**ベイビーハート**がある。ボーダーカーネーション、**グレナダン**に種子系矮性カーネーションを交配して育成された濃桃色の品種で、一九九一年からミヨシで苗が発売されている。

福島県東白川郡矢祭町の矢祭園芸代表・金澤美浩は、一九九八（平成一〇）年頃からポットカーネーションの育種を始め、マジカルチュチュシリーズ、**ラトゥール**、**シュガーオレンジ**などを育成している。**マ**

図20. ポットカーネーション
フィーリングピンク
提供：サカタのタネ

ジカルチュチュ（図21）はナデシコとカーネーションとの交雑品種で花色が色変わりする特性をもち、**マジカルチュチュパープルアロマ**のように非常に香りの良い品種もある。金澤は、シクラメン、シュウメイギク、プリムラ、ルクリアなどの育種家としても有名である。

農研機構花き研究所における研究で、ポットカーネーション品種には、通常の二倍体に加え、三倍体、四倍体の品種が多数存在することが判明した。これまで挙げた品種では、**ベイビーハート**、**ルビーベル**は三倍体品種、**バンビーノ**、プリティシリーズの**プリティローズ**は四倍体品種である。[44]

終わりに——近年の生産・研究の動向

カーネーションは輪ギク・バラなど、他の主要切り花の国内消費量が年々減少している中で、約六億本の国内消費量を維持している（図22）人気品目であるが、近年では、コロンビア、中国など海外からの輸入切り花が増加し、国内産の相対的地位が低下している。国内のカーネーション栽培面積の減少傾向が続き、二〇一五年には三一八ヘクタールとピーク時の面積（六一六ヘクタール・一九九〇年）の約五二％に減少している。[45]植物防疫統計[46]の二〇一五年輸入植物品目別・国別検査表によると、二〇一五年のカーネーション切り花輸入数量は三・四二億本であり、二〇一五年のカーネーション切り花国内消費量約六・一三億本に対する輸入物の占める割合（輸入比率）は、五五・八％に達

図21．ポットカーネーション
マジカルチュチュ　提供：矢祭園芸　金澤美浩

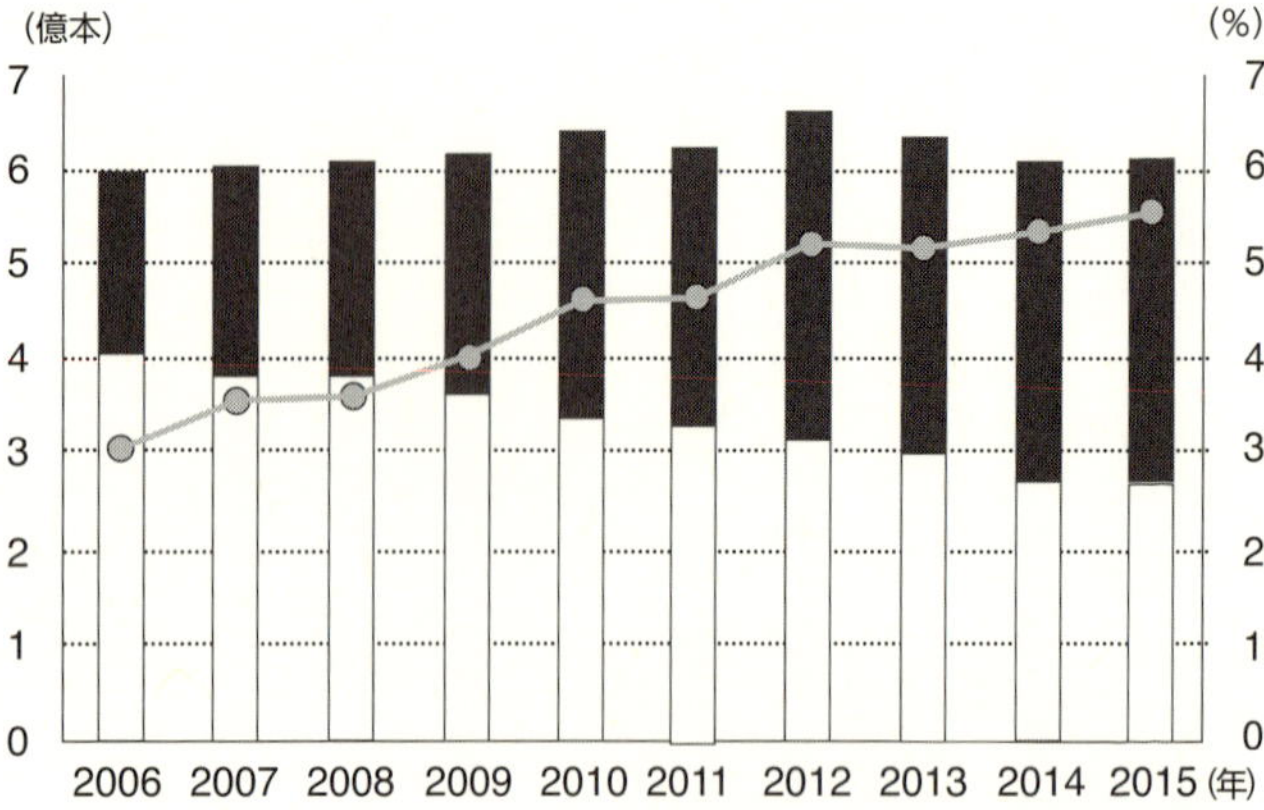

図22．カーネーション切り花の国内産、輸入物別の国内消費量（億本）と輸入比率（%）の推移

している（図22）。国内の農家は早急に国際競争への対応も考慮する必要がある。外国産の安い切り花との差別性をつけるためには、花持ちや鮮度などの品質面で対抗していくことが不可欠である。近年では、輸入切り花の増加、生産コストの増加、景気後退などの要因により、カーネーションの市場価格は低下・平準化の傾向にある。このため、カーネーションの育種では、優れた花持ち性や施設の利用率を高めるための早生性、収量性向上の重要性が高まりつつある。

カーネーションは、中世のヨーロッパでは、その特有の香り（オイゲノールを主成分とする甘くスパイシーな芳香）によっても重用され、ワインやビールの香り付けに利用された歴史があり、日本でも「麝香撫子《じゃこうなでしこ》」の別名をもつほど香りの良い花であったが、近年の品種では、その特徴が失われている。芳香性をもつ品種を選抜し、収穫後の香りの減少を抑える技術開発や、育種による芳香性の向上など、新たな視点からの研究も始まっている。

二〇一三年一二月には、農研機構花き研究所、かずさDNA研究所、東京農工大学、サントリーの研究グループが、カーネーションの全ゲノム解読に成功している。観賞用花きの全ゲノム解読は世界初であり、遺伝子の機能を解明することで、今後のカーネーションの育種研究が大きく前進すると期待される。

第3章

バラ

上田善弘

植物学的特性

バラはバラ科のバラ属（*Rosa*）に属し、南はエチオピアから北はシベリア、アラスカまでの北半球に分布する植物である。北半球の亜熱帯から寒帯にかけ、砂漠のような乾燥地から高山帯、森林、海岸まで非常に幅広い環境に適応して、さまざまな野生種が自生している。バラ野生種の数は植物分類学者により見方が異なっていたが、徐々に種の記載が整理され、現在では一五〇～二〇〇種とみられている。バラ科にはイチゴ、リンゴ、モモ、ナシ、ウメ、キイチゴなどの果実を食用とする植物や、ボケ、ヤマブキ、サクラ、ユキヤナギなどの花を楽しむものまで含まれている。実際にこれまでの育種史で用いられてきた野生種は一〇種前後といわれている。

バラの花の構造をみると、花茎の先端の花の器官（がく、花弁、雄しべ、雌しべ）が付く花托が筒状にくぼみ、壺のような形をしている。この壺状の花托のなかに雌しべの子房が入り込み、柱頭は花托の外に抽出する。花弁と雄しべは花托の縁の肥厚した花盤の上に付く（**図1**）。受粉し、受精すると子房のなかに種子ができ、子房は果実（そう果）となる。同時に花托が肥大し、「ヒップ」と呼ばれる果実となる。交雑育種は花粉を柱頭につけ受精させ果実を収穫し、そう果（種子状）を播種し、発芽した実生を選抜することから始まる。

育種学的基礎

バラ属植物の染色体数は七本を基本とし、これを基本数とする倍数体系列があり、二倍体（$2n = 2x = 14$）から八倍体（$2n = 8x = 56$）までの種がある。なお倍数体とは、生存に必要な基本となる染色体組を二組以上もつ個体で、三組で三倍体、四組で四倍体となる。品種は倍数体として分化してきていて、現在栽培される品種の多くが四倍体である。二倍体を主とする野生種には自らの花粉で受精できない自家不和合性があり、本来一個体だけでは着果、種子形成はしない。しかし、四倍体以上に倍数化した野生種や品種では、自家受粉により種子を稔らせることができる。なお自家不和合性とは、植物界に普通にみられる特徴で、自らの花粉では受精、結実しない性質のことである。

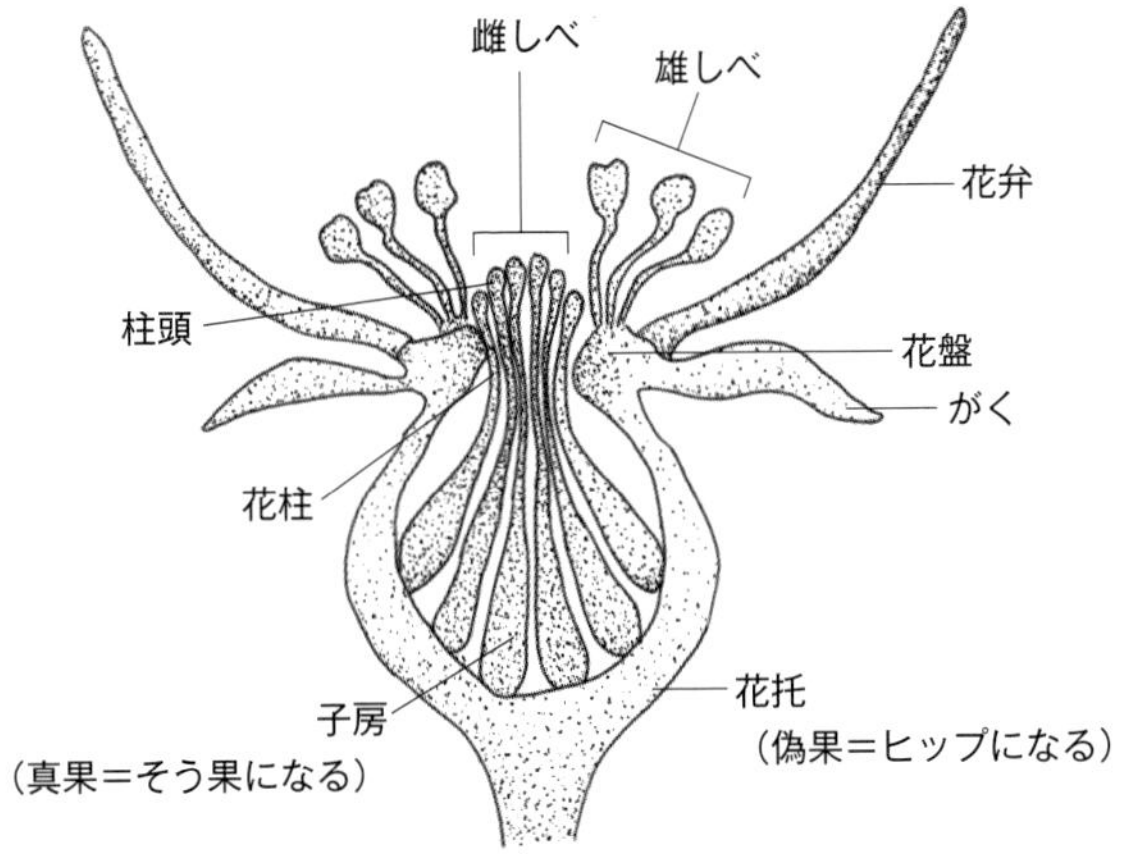

図 1．バラの花の構造

バラでは形質の遺伝関係については、あまりわかっていない。木本性の植物で交配実験が容易でないこと、栽培される品種が複雑な種間交雑により成立してきた四倍体であることなどがその理由である。後述するバラの四季咲き性は劣性で、ミニバラのような草丈が大きくならない矮性は優性であることが知られている。

バラの育種においては、突然変異による枝変わりが発生しやすい。長い歴史をとおした複雑な交配により、遺伝的に雑ぱくとなっているためであろうか。なお枝変わりとは、突然変異により一つの枝のみが母株と異なる特徴（花色、花形など）をもったものが現われることである。一方で挿し木や接ぎ木で繁殖できるバラは、ひと枝変わったものが出れば、それが新品種として成立する。

ヨーロッパと中国での品種改良

バラはもともと香料用または薬用に栽培された植物である。その歴史は紀元前一二世紀に遡るといわれ、イランを中心とする西アジアに始まり、イスラム教の伝播とともに北アフリカさらにヨーロッパに伝わっていった。今もこの香料用に栽培されるバラが、ダマスクローズ（*Rosa* × *damascena*）である。ヨーロッパではこの香料用のバラをもとに、花の美しさを愛でる観賞用バラとして改良され、発展してきた。おそらく一八世紀後半までは、栽培されているバラのなかから変わりものを選び育成していったと思われる。ところが、一九世紀前後から人工的な交配による品種改良が行なわれることとなった。その中心になったのがフランスや英国である。フランスでは一八世紀の終わりから一九世紀にかけて、ときのナポレオン皇帝の妃ジョセフィーヌが、その当時集められる限りのバラを収集し、住まいであるマルメゾン宮殿の庭に植栽していた。その種類は二五〇種類にのぼり、雇われた園芸家がそれらのバラの間で交配し、新しい品種の育成を始めた。この時期以降、このような交雑による品種改良はフランスを中心にヨーロッパで盛んに行なわれるようになった。

一方、東洋でも中国において紀元前からバラの栽培は行なわれていて、花文化が興隆した宋の時代には、古都・洛陽だけで四一品種もあったようである。[1] この中国の栽培バラは、原生のロサ・キネンシス（*R. chinensis*）とロサ・ギガンテア（*R. gigantea*）をもとに発展してきている。中国の栽培バラにはヨーロッパのバラにない大きな特徴として、四季咲き性がある。バラの四季咲き性は新たな側枝が伸長すれば、そ

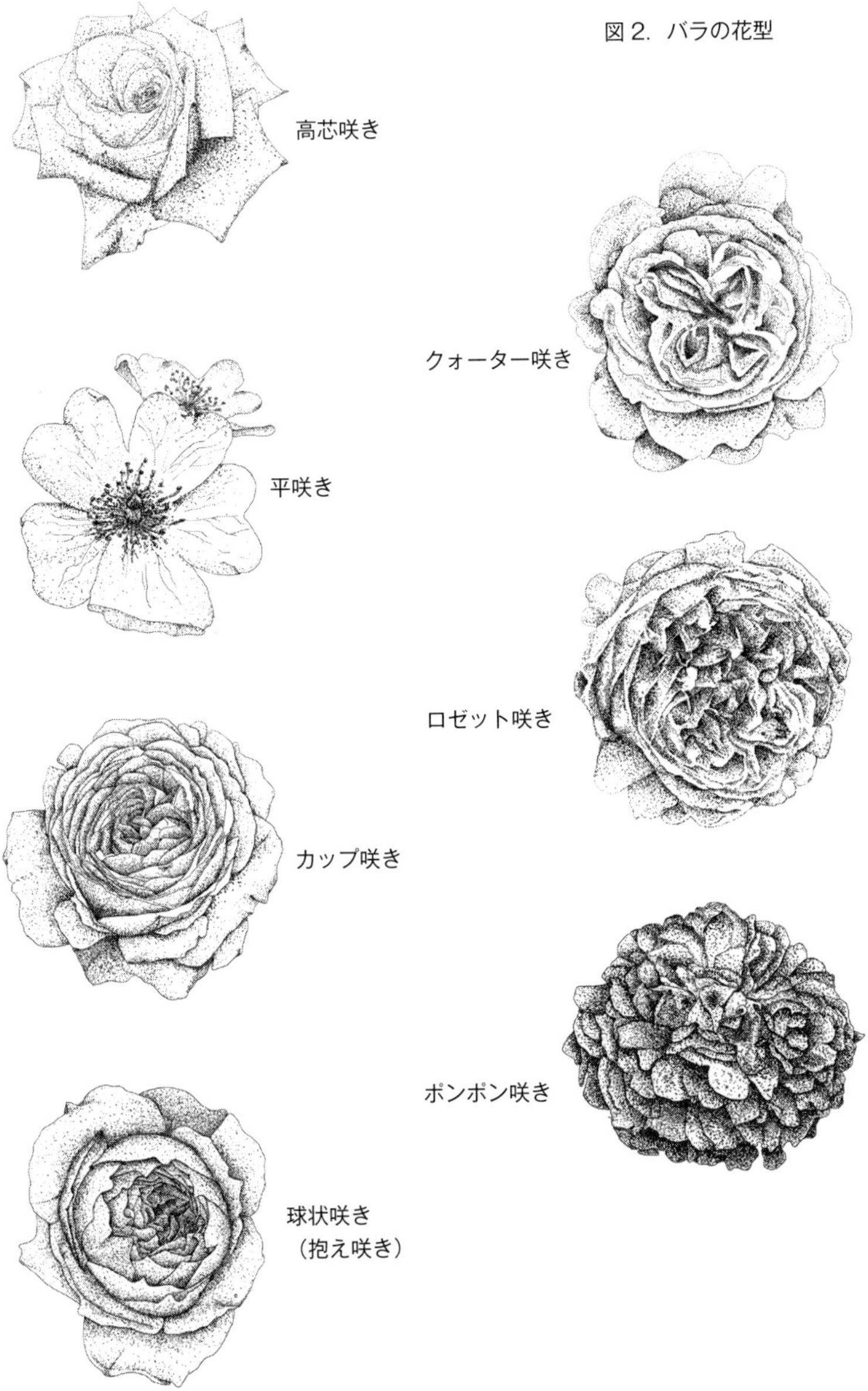
高芯咲き
クォーター咲き
平咲き
ロゼット咲き
カップ咲き
ポンポン咲き
球状咲き
（抱え咲き）

図2. バラの花型

の先端に必ず花芽をつけ開花する性質で、冬の休眠期を除き繰り返し花を咲かせ続ける。この中国の四季咲き性バラが一八世紀の終わりから一九世紀にかけ、ヨーロッパによるアジア進出を契機としてヨーロッパに渡ることになった。ちょうど先述のジョセフィーヌが世界中のバラを収集した頃のことである。中国からのバラはヨーロッパのものと交雑されて四季咲きのバラが育成されることになり、いわゆる現代バラの時代に入ることになった。

もともとのバラの野生種は五枚の花弁をもつ一重咲き（平咲き）のものだったが、ヒトによる栽培と種子から芽生えた個体を選抜することにより最初の育種が始まり、その後、積極的な交雑育種へと進展し、

図3. バラの樹型

今日見られるような八重咲きで花型の多彩なバラへと改良されてきた。これらのバラの栽培は紀元前から始まっていて、花型（図2）、花色、香り、樹形（図3）と多彩なものになってきた。

日本のバラ野生種——その特徴と現代バラの発達に果たした役割

日本には約一二種三変種の野生バラが自生し、ノイバラ（*R. multiflora*）（図4）を代表に、テリハノイバラ（*R. luciae*）、ハマナス（*R. rugosa*）などがある。このうち日本人に最もなじみのあるノイバラはいつ頃から認識されていたのであろうか。古くは、『常陸国風土記』（七一五〜一八年）にノイバラと思われる茨棘《うばら》の記載がある。『万葉集』（七四五〜八二五年）に詠まれている「美知乃倍乃　宇万良能宇礼迩　波保麻来乃　可良麻流伎美加呼　波加礼加由加牟（道の辺の　うまらの末に這ほ豆の　からまる君を　別れか行かむ）」（丈部鳥作）にある「宇万良《うまら》」はノイバラと考えられている。また、日本最古の本草書『本草和名《ほんぞうわみょう》』（九一八年）に、「営実　一名薔薇　和名宇波良乃美」とあり、バラの字「薔薇」が初めて出てくる。「営実《えいじつ》」はノイバラの果実のことを指し、成熟果実は漢方で瀉下薬、利尿薬

図4. 日本の代表的な野生種、ノイバラ

になる。エイジツエキスは、おでき、にきび、腫れ物に効果があるといわれていて、化粧品成分に利用されている。

このノイバラの *R. multiflora* という学名を命名したスウェーデンの植物学者ツンベルグは、リンネに生物学を学び、オランダの東インド会社の医師として江戸時代の一七七五年から来日している。彼は日本滞在中に日本の植物を採集し研究を行ない、日本産植物を記録した『日本植物誌』（*Flora Japonica*）を著している。なおノイバラは北海道から九州まで広く分布し、朝鮮半島や中国にも産する。山野の林縁、河原、原野などに生育し、樹木やフェンスなどに登はんすることもある。日本では自生種で丈夫なことから、バラ苗生産の場では接ぎ木用の台木として利用されている。

一八六二年に日本政府に雇われていたフランス人技術者がノイバラの種子をリヨン市の市長に送り、その種子はリヨンのバラ育種家ギヨーに渡された。彼はそれをもとにコンパクトで小輪房咲きのポリアンサ系統を育成した。このポリアンサ系統は後にガーデンローズの中心となる中輪房咲き系統、フロリバンダ系統につながる。

一方、テリハノイバラは本州以西に分布し、海岸や河原なのど日当たりのよいところに自生し、茎は地上を長く這い、葉には光沢がある。この茎の特徴がつるバラの改良に欠かせない形質である。このテリハノイバラは一八八〇年にプロシアの外交官、マックス・エルンスト・ヴィキュラによって日本からミュンヘンとブラッセルの植物園に送られた。このテリハノイバラがもとになって新しいつるバラの育種が始まった。

ハマナスは北海道から本州（太平洋側は茨城県以北、日本海側は島根県以北）、北東アジアの海岸砂地に自生し、英国に一七九六年に最初に導入され、その後、ヨーロッパで耐寒性、耐病性（黒星病、うどんこ病）

品種育成のための素材として利用された。

以上のように、日本原生のバラはヨーロッパでバラの品種改良の貴重な遺伝資源として重要な位置をしめてきた。

日本におけるバラ品種改良

1 明治時代以前

バラが日本で初めて栽培されたのは平安時代から鎌倉時代の頃と思われる。中国の栽培バラであるコウシンバラの記載が初めて文献上に出てくるのが一二一四年、藤原定家の『明月記』の中の記載で、おそらくそれ以前の平安時代に遣唐使により中国からバラがもたらされたと思われる。その後、時代が下り、織田信長により伊吹山に薬草園が開設され、ヨーロッパより導入された薬草の中にバラも入っていたといわれている。豊臣の頃にも朱印船により、博多や堺から中国のバラが入ってきたようである。

徳川の世になると、薬草の研究、本草学が盛んとなり、その書物の中に薬草としてのバラの記載がみられる。また、園芸書の中にも観賞植物としてのバラが出てくる。それらには日本のノイバラ以外に、中国からのバラである長春（コウシンバラ）の品種やモッコウバラ、マイカイ（玫瑰）、ナニワイバラなどがある。江戸時代は日本が世界に先駆けて花き園芸植物の改良を行なった時代であるが、バラについては一切、改良を行なっていない。その理由として、刺のある植物を仏前に供えなかった習慣などからバラがあまり一般には栽培されなかったことや、観賞用というより薬用植物としてとらえられていたことなどがあげられている。

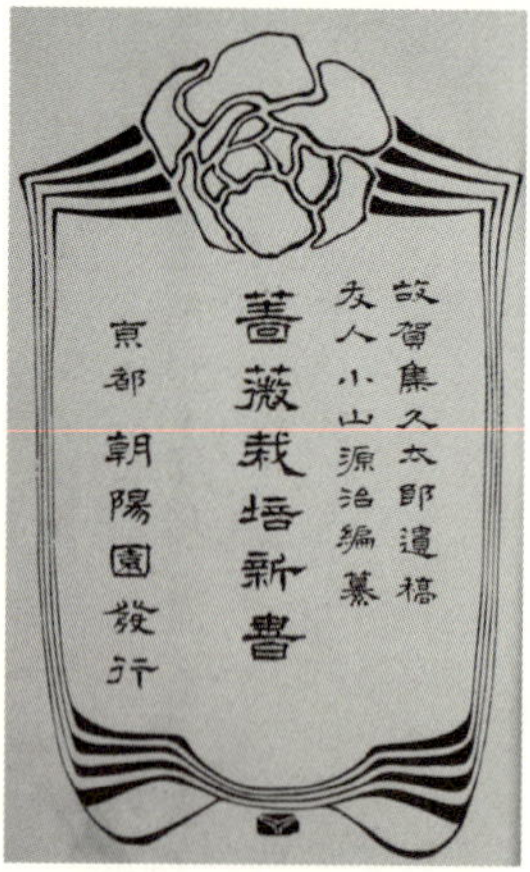

図 5．日本人が著した初めてのバラ栽培専門書『薔薇栽培新書』（1902〔明治 35〕年）

2　明治時代以降

開国され明治維新となると海外との交易が自由になり、来日、滞在する欧米人を通して欧米文化が積極的に移入されるようになった。それにともない、ヨーロッパで育成されたバラも伝わって来た。

一八七五（明治八）年には『薔薇培養法』（ヘンデルソン著、水品梅処訳）および『図入薔薇栽培法』（サミュール・バンソン著、安井真八郎訳、上下二冊）が刊行され、この二書が日本で初めてのバラ栽培にかんする専門書であった。[2] これらの出版を機に新たなバラの品種が欧米より導入され、バラの栽培熱が高まってきた。その当時の人気の品種を知る手がかりとして、バラ業者やバラ同好会から発表された「西洋各国薔薇見立競」などの番付がある。そのような導入されたバラを扱う苗業者として、東京では、長春園、東花園、ばら新、美香園などがあった。ばら新では一八八九（明治二二年）には八八品種が栽培されていた。[2] そこでみられる主な品種として**ラ・フランス**（日本名・天地開）、**マレシャル・ニール**（日本名・大山吹）、**ニフェートス**（日本名・白黄）、**デュシェス・ドゥ・ブラバン**（日本名・桜鏡）などがあった。また、一九〇二（明治三五）年には、日本人が著した初めてのバラ栽培専門書『薔薇栽培新書』（賀集久太郎企画、小山源治著）が京都の種苗業者、朝陽園から出版された（**図5**）。

ところが、ヨーロッパからいろいろなバラの品種が導入されたが、日本独自の本格的な新品種育成は第二次大戦後まであまりみられなかった。その理由として、バラ苗業者による秘密主義から輸入バラに勝手な和名を付けて販売していたため、バラの品種系統にかんする知識普及が遅れたこと、バラ栽培が一部の趣味愛好家による栽培だけで大衆に普及しえなかったこと、作出者に対する保護が全くされないこと、などがあげられている。[2] 実際には、明治時代に向島のバラ業者、長春園の朝倉豊義はいくつか品種を育成しており、実生や枝変わりからの変異を選んでいたようである。[2] 昭和初期から戦前には元帝国ばら会会長の有沢四九郎が品種を作出していた。[3] 彼は昭和七年に『ばらの実生法』を出版しており、この中で「ばらの品種改善」として、実生や交配のことをとりあげている。おそらく、日本で最も早くバラの交雑育種を行なった人物であろう。

図6. 岡本勘治郎作、珍しい濃茶色のバラ、**ブラックティー**

3　戦前から現代に

バラ育種の創始者　日本での本格的なバラ育種は、二名の先駆的なバラ育種家・研究者によるところが大きい。一人は岡本勘治郎で、千葉高等園芸学校（現・千葉大学園芸学部）を卒業後、フランスと英国に留学し、帰国後、関西で大日本薔薇協会を設立している。岡本は一九三〇年には、京都伏見に「桃山花苑」を開園し、バラの育種研究を始めている。第二

図7. 鈴木省三。日本を代表するバラの育種家、鈴木省三（京成バラ園芸研究所、選抜温室にて）

次世界大戦によりそのバラ園もイモ畑へ転換しなければならなかったのだが、バラを他の場所に移植させ守った。一九五五年には京阪電鉄が「東洋一のバラ園」を目指し、開園することになり、岡本がバラ園造営の監督をすることになった。その後、岡本の指導のもと京阪園芸でバラの育種が進められ、**花嫁**、**八坂**、**ブラックティー**、**金閣**、**高雄**などの品種が作出された。そのうち**ブラックティー**は珍しい濃茶色の花で、今も各地のバラ園に行くと見ることができる品種である（**図6**）。

もう一人は有名な育種家である鈴木省三（**図7**）で、彼も園芸学校（東京府立園芸高等学校、現・東京都立園芸高等学校）を卒業し、三ヵ所の園芸業者のところに勤務・修業し、一九三八年、二四歳で「とどろきばらえん」を創業している。創業前には前述の岡本勘治郎や有沢四九郎を訪ね、育種を学んだり情報を収集している。大戦中には従軍していたが、その間、妻の晴世がバラ園を引き継ぎ、三〇〇品種のバラを守ったといわれている。大戦後の一九四八（昭和二三）年、すぐに「新日本バラ会」（現・日本ばら会）を発足させ、銀座の資生堂ギャラリーで第一回バラ展を開催している。早くも一九五六年には自らの育成品種、**天の川**でドイツのハンブルグ国際新品種コンクールで銅賞を受賞している。一九五八年には京成電鉄の子会社、京成バラ園芸の創設に参画し、翌年には京成バラ園芸研究所所長に就任した。それとともに本格的にバラ育種に専念し、一九七〇年にはオランダのハーグ国際コンクールにて**かがやき**が銀賞受賞、一九七二年のニュージーランド国際コンクールにて**聖火**が金賞受賞、一九八二年のローマ国際コンクールにて**乾杯**

がローマ大賞金賞受賞、一九八八年の全米バラ審査会（ＡＡＲＳ）にて**光彩**が金賞受賞と華々しい受賞歴を誇ることになり、世界で育成品種が評価されることになった（**図8**）。遅れていた日本のバラ育種が、鈴木の功績によって世界で戦えるレベルとなったのである。

この間、彼は日本にも世界基準の植物特許法制定の必要性があることを訴え運動を行ない、現在の新種苗法成立に貢献した。

京成バラ園でのバラの新品種開発は当初、ガーデンローズを主としたものであったが、その後は切り花用品種の開発も並行して行なわれている。一九八〇年代の終わり頃から切り花用品種が発表されるようになり、**シルバ87**、**パレオ90**、**レーザー**、**イエロー・ミミ**、**フルムーン**、**ブラボー**などがある。鈴木により始められた京成バラ園での品種開発は、その後、平林浩、そして現在の三代目育種家・武内俊介へと引き継がれている。鈴木省三作出とされる（登録およびカタログ発表）品種は一二九におよぶ。それらの多くがガーデンローズであるが、後世に残る寿命の長い品種はガーデンローズで、鈴木作出の品種は日本より海外で高く評価されており、海外の育種家の間では「ミスターローズ」と呼ばれていた。

上記、日本のバラ育種の創始者とも呼べる岡本と鈴木のバラ育種を支えていたのが東西の電鉄会社であるというのも、何かの蓋然性を感じるものである。

ガーデンローズの育種　ガーデンローズでは、伊丹ばら園の寺西菊雄や河本ばら園の河本純子などが数多くの品種を育成している。寺西は六〇年以上にわたりバラの育種を行なっていて、代表的な育成品種に、**天津乙女**、**マダムヴィオレ**、**ニューウェーブ**、**ローズオオサカ**、**フレグラントヒル**など一〇〇品種近くを育成し、日本を代表するガーデンローズのトップブリーダーとして知られている。河本は二〇〇二年に青

図8．鈴木省三作、**光彩**。全米バラ審査会（AARS）で金賞受賞。

いバラとして**ブルー・ヘブン**を発表し話題となったが、育成品種には**サイレント・ラブ**、**ガブリエル**、**ラ・マリエ**、**クチュール・ローズ・チリア**などがあり、波状弁の品種に特徴がある。一方、アマチュアで世界的に知られる育種家に小野寺透がいる。彼が一九七〇年に育成した**のぞみ**はつる性のミニチュア系統で、世界中のバラ園で植栽されている。

切り花育種　切り花品種の育種では、何といっても一時日本の切り花市場を席巻した、浅見均育成の**ローテローゼ**である。(4)(5) 一九八六年に育成されたが、今でも切り花として根強い人気があり、生産もされている赤花品種である。その特徴は何といってもビロード状の赤色にある。

切り花生産者である白川猛も切り花品種の育成を古くから行なっており、育成品種の**トボネ**は、前述の鈴木の**光彩**と同時、一九八八年に日本人として初めてＡＡＲＳで受賞している。その後、**トボネ**の枝変わりとして**スィートドリマー**がある。木本懿は切り花生産者で、**あかね**や**ミスさつき**など、杉本仁史は**BSフォーエバー**や**BSメモリー**など、徳永勲は**トクスター**や**シフォン**などを育成している。

農業試験場での育種　公の試験研究機関でもバラの育種は進められており、主な機関としては、神奈川県園芸試験場（現・神奈川県農業技術センター）や岐阜県農業総合研究センター（現・岐阜県農業技術センター）などがある。神奈川県園芸試験場では、一九七〇年代から林勇を中心として切り花バラの育種が進められ、**湘南ファンタジー**、**ラブミーテンダー**、**ブライダルファンダジー**などが育成されてきた。岐阜県農業

図9．小林森治作の青いバラ・**ターンブルー**

図 10．遺伝子組み換えによる青いバラ、**アプローズ**
提供：サントリーホールディングス、田中良和

総合研究センターでは、**ハイネス雅**や**ロゼビアン**などの切り花品種が育成された。

青いバラ　これまでバラの育種家が長年にわたり挑みながら実現できなかった青花のバラだが、人生をかけてそれにのぞんだアマチュア育種家がいる。小林森治で、若い頃から（一九五〇年代から）夢中になって青いバラの育成にかけてきた。**たそがれ**や**わたらせ**などの一連の藤紫系の品種があり、その後代には交配育種で最も青いといわれる品種、**青龍**、**ターンブルー**（**図9**）などがある。彼は育種の手法として、青色を発現する色素遺伝子がないなら、赤色を発現する色素でできる限り青に近づけてやろうと、交配親に赤みの少ない品種を選び交配し、後代で青味の強いものを選んできた。その結果、本来、赤を発現する色素が細胞の中で他の物質と結合することによって青く発現するようになっていたことが確認されている。

4　現代

遺伝子組み換えによる青いバラ　理論的には可能であるといわれていた遺伝子組み換えによる青花のバラ作成に、世界で初めて挑んだのが日本の大手酒造会社、サントリーである。サントリーは一九九〇年にバイオ技術による青いバラの開発に着手し、試行錯誤のうえ、二〇〇四年に成功したことを公表した。その後、生産販売について認可され、二〇〇九年から**アプローズ**の名で販売されている（**図10**）。本来、バラには青い色素を合成する遺伝子をもたないことがわかっていたので、交雑育種では淡い青紫色または藤色系の花色までが限界であった。それならばということで、青い色素を合成する遺伝子を他の植物から導入し発現させたのが、**アプローズ**である。

ガーデンローズ　ガーデンローズでは若い育種家が育ってきており、その代表として河合伸志《たかし》がいる。学生時代からミニバラを中心に育種を行なっており、卒業後、大手種苗会社にて草花の育種を手掛け、その後、イベント会社のバラ育種部門でガーデンローズの育種を行なってきた。現在はフリーな立場で育種を行なっており、数多くの品種を作出している。日本人の感性に根差した独特の色合いと樹の姿から、「禅シリーズ」と称し、数々の品種を世に送り出してきた。これらの品種の多くが国内の新品種コンテストで受賞されている。代表的な品種に、茶系の**禅**、**チャーリー・ブラウン**、**空蝉**《うつせみ》、紫系の**真夜**《まよ》、**ベルベティ・トワイライト**などがある。小山内健は京阪バラ園芸の育種家として、**トロピカル・シャーベット**や**だんじり囃02**などを育成してきている。最近ではバラ苗業者である木村卓功《たくのり》が、**わかなやシェラザード**などの新たな色合い、花型の品種を発表している。

切り花　輸入切り花バラ攻勢の中、生産者の生き残り戦略としてオリジナル品種を育成し（生産者育種）、国内切り花市場に打って出ている生産者がいる。これらの生産者に、今井清、メルヘンローズ、國枝啓司、市川恵一、徳永和宏などがあげられる。今井清は大手バラ苗業者の下請け苗生産者でもあるが、非常に多くの切り花品種を毎年発表している。彼の育成品種として代表的なものに**スィート・オールド**、**バンビーナ**、**トア・カップ**などがあり、毎年かなりの数の新品種を発表している。

メルヘンローズは大分県玖珠町《くすまち》にある小畑和敏を代表とする生産法人であり、独自のオリジナル品種を生産、出荷している。國枝啓司は独特の柔らかい茎とオールドローズのような花型で、香りのある品種を中心に「和バラ」と称して育成し、**友禅**、**葵**、**美咲**、**いおり**などの品種がある。市川恵一はバラらしくないバラやフラワーアレンジに向く花茎の柔らかい曲線美をもつ品種育成を行なっている。スカビオーサや

図 11．市川恵一作、バラらしくない花型の切り花品種、**アンダルシア**

グロリオーサのような特殊な花型に似せた品種**アンダルシア**（図11）、柔らかい花型の**オードリー**や**シルエット**、一重咲き小輪の**ティータイム**など、バラエティーに富んだ独自の切り花品種を育成している。徳永和宏は父・勲の後を継ぎ、スプレー系品種を中心にオリジナル品種を育成、生産している。

趣味園芸の世界でバラ栽培は大きな位置を占め、その栽培人口は大変な数である。毎年、西武ドームで開催される「国際バラとガーデニングショー」には数日で二〇万人以上の人々が集まり、新しい品種を買い求めていく。また、国内では国際的なガーデンローズの新品種コンテスト（ぎふ国際ローズコンテストや国営越後丘陵公園国際香りのばら新品種コンクール）も盛んで、毎年世界中から新たな品種が導入されてきている。このようなバラブームに合わせ、アマチュアのバラ育種家もずいぶん増えてきている。

第4章

ユリ

岡崎桂一

はじめに

ユリは人に強い印象を与える花のひとつであるが、その理由は、カサブランカリリーやテッポウユリに代表される純白花からの清楚なイメージ、大きな花や草姿からの豪華な印象、テッポウユリのラッパ型の花、フレッシュで芳醇な香りなど、他の花にないユリ独自の特徴による。このため、西洋のユリは西洋で、日本のユリは日本で、古くから注目され、紋章のシンボルや文芸・芸術の題材として取り上げられている。たとえば、地中海沿岸に自生する原種ユリで、純白の筒状花をもつマドンナリリーは、天使ガブリエルが聖母マリアにイエスの受胎を告知する宗教画に描かれ、純潔の象徴とされている。古代エジプトでは、南部王国（前六〇〇〇～前四〇〇〇年）が紋章のシンボルにユリを用いているほか[1]、ユリの花から香水をつくったという記録もある。

日本において、ユリを古くから愛でてきたことが『万葉集』にみられる。大伴家持《おおとものやかもち》は七四六年に越中国（現・富山県）に国司として赴任した際、ササユリをみて、

百合といえば、後で（原文では後でをゆりと読み、百合と掛ことばになっている）逢えると期待できなければ、今日という日を過ごせなんかできません

と歌を詠んでいる。ササユリが家持の故郷、大和地方に自生し見慣れたものであったため、望郷の思いを募らせて詠んだ歌である。ユリに関連した歌は、『万葉集』には短歌九首、長歌二首が収められている[2]。

日本の宗教との関わりとしては、奈良市の率川神社《いさがわじんじゃ》でユリを神事に用いた三枝祭《さいくさのまつり》が毎年六月一七日に行なわれている。三枝とは三つに分枝したユリの花を指しており、祭りの起源は大宝年間（七〇一〜〇四年）にさかのぼる。一時途絶えたが、一八八一（明治一四）年に復古した。この神事ではササユリを手にした四人の巫女が神に舞を捧げるほか、酒樽に活けられたササユリが奉納される。

美術品としては、正倉院の宝物の中にある「花樹孔雀文刺繍」にササユリと思われるユリが刺繍されている。江戸時代に活躍した鈴木其一《すずききいつ》（一七九六〜一八五八）の「夏秋渓流図屏風」、伊藤若冲《いとうじゃくちゅう》（一七一六〜一八〇〇）の双幅「牡丹・百合図」（京都・慈照寺蔵）にはカノコユリ、ハカタユリがそれぞれ描かれているほか、狩野山楽《かのうさんらく》（一五五九〜一六三五）の襖絵（京都・妙心寺天球院）には、ハカタユリが描かれている。

このように、人は古代からユリを愛でてきた。まず山野に自生するユリを観賞することからはじまり、山堀したユリの球根を庭園で栽培することにつながり、近代に入ってから種球生産や品種改良が実施され、ユリの園芸利用が進んできたといえる。

原種と分類

ユリ属（*Lilium*）の分布は北半球に限られているが、北米大陸、ユーラシア大陸と周辺の列島や島嶼部の寒帯から亜熱帯（山地）まで広く分布し、アジアに五九種、ヨーロッパに一二種、北米に二五種、合計一〇〇近い種が数えられるが、その半数は中国や日本などアジアが原産地である。山野に主に自生し、湿地や瓦礫の多い山地などにもみられるが、乾燥地帯には分布せず、総じて高温を嫌い温暖あるいは寒冷な気候を好む。実際に暖地原産のユリでも寒さには強く、たとえば南西諸島（九州南端から台湾にかけて連な

る島々）原産のテッポウユリでも、寒冷なオランダで商業的な球根生産地が可能となっている。

コンバーの分類に従うと、ユリの祖先は日本の高山にみられるクルマユリのように輪生葉であり、ユーラシア大陸の中国あたりで生じたこのタイプのユリ祖先種が、各地域へ分布を広げる過程で地理的に隔離され、種がさまざまに分化したと考えられている。日本に自生するユリ固有種は、氷河時代の氷期と間氷期が繰り返されるときの海退によって生じた陸橋をつたってきたと考えられていて、中国からの経路では沖縄、南西諸島、本土へと分布を拡大する過程でそれぞれ分化していき、一方ユーラシア大陸と共通するクルマユリなどは朝鮮半島経由あるいはカムチャッカ経由で日本に分布するようになったと考えられる。[3]

1　日本固有のユリ

日本には貴重なユリ一五種が自生する。[4] ササユリ、オトメユリ、ウケユリ、タモトユリ、ヤマユリ、イワユリ（イワトユリ）、サクユリの七種は本州ならびに南西諸島に、テッポウユリは一部台湾に自生するが、分布の中心は南西諸島である。カノコユリは、その変種が中国にも分布するが、基本種は鹿児島県甑《こしき》島を中心に分布するので、この二種を含め、日本固有のユリが九種になる（**図1**）。サクユリとヤマユリは近縁種とされ、サクユリをヤマユリの亜種とする報告があり、これを採用するのであれば、サクユリとヤマユリで一種と数える必要がある。ま

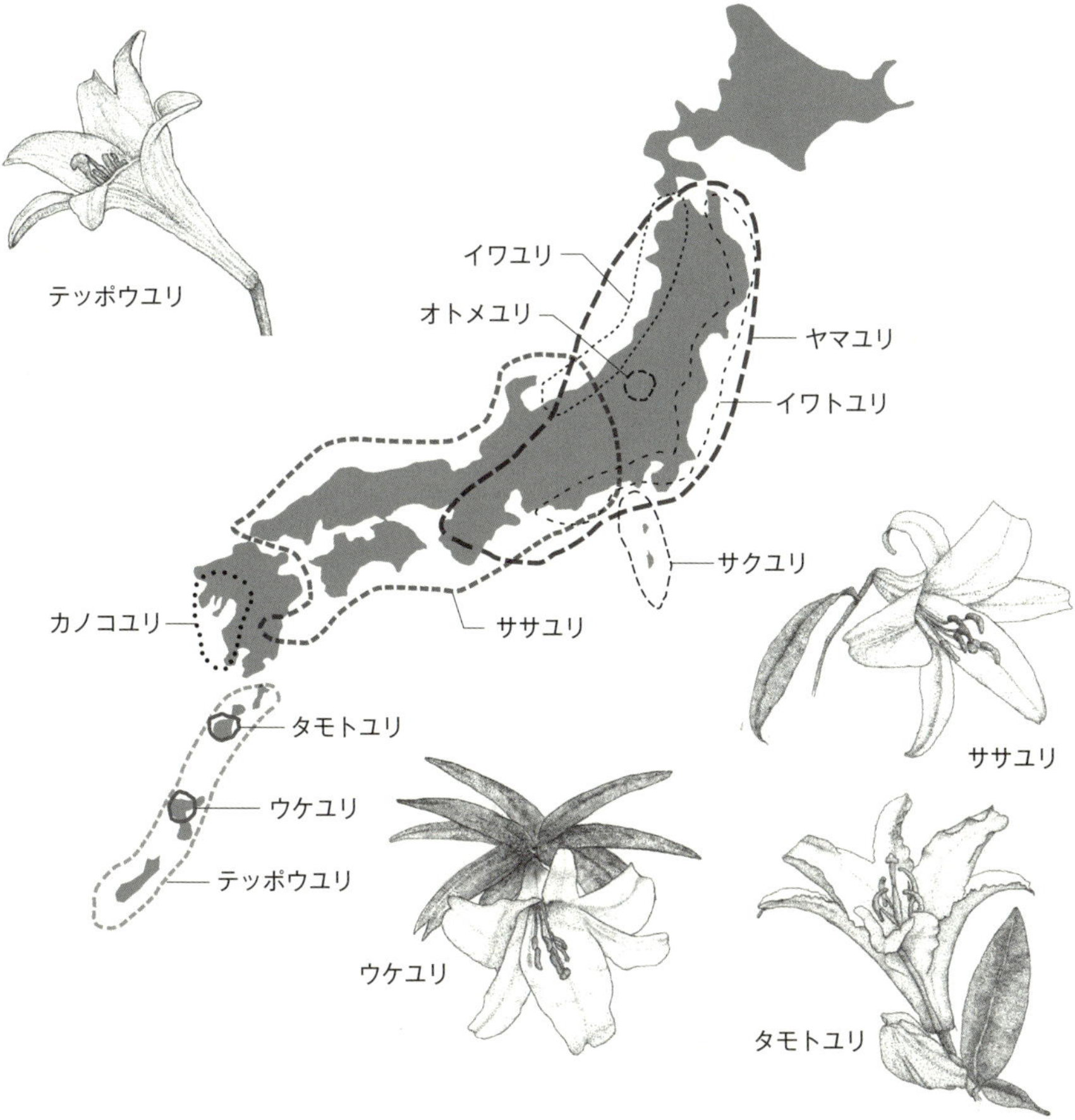

図1. 日本に自生する9つの固有種。イワトユリとイワユリは *L. maculatum* に含まれ、日本海および太平洋沿岸に自生する本種の呼称。

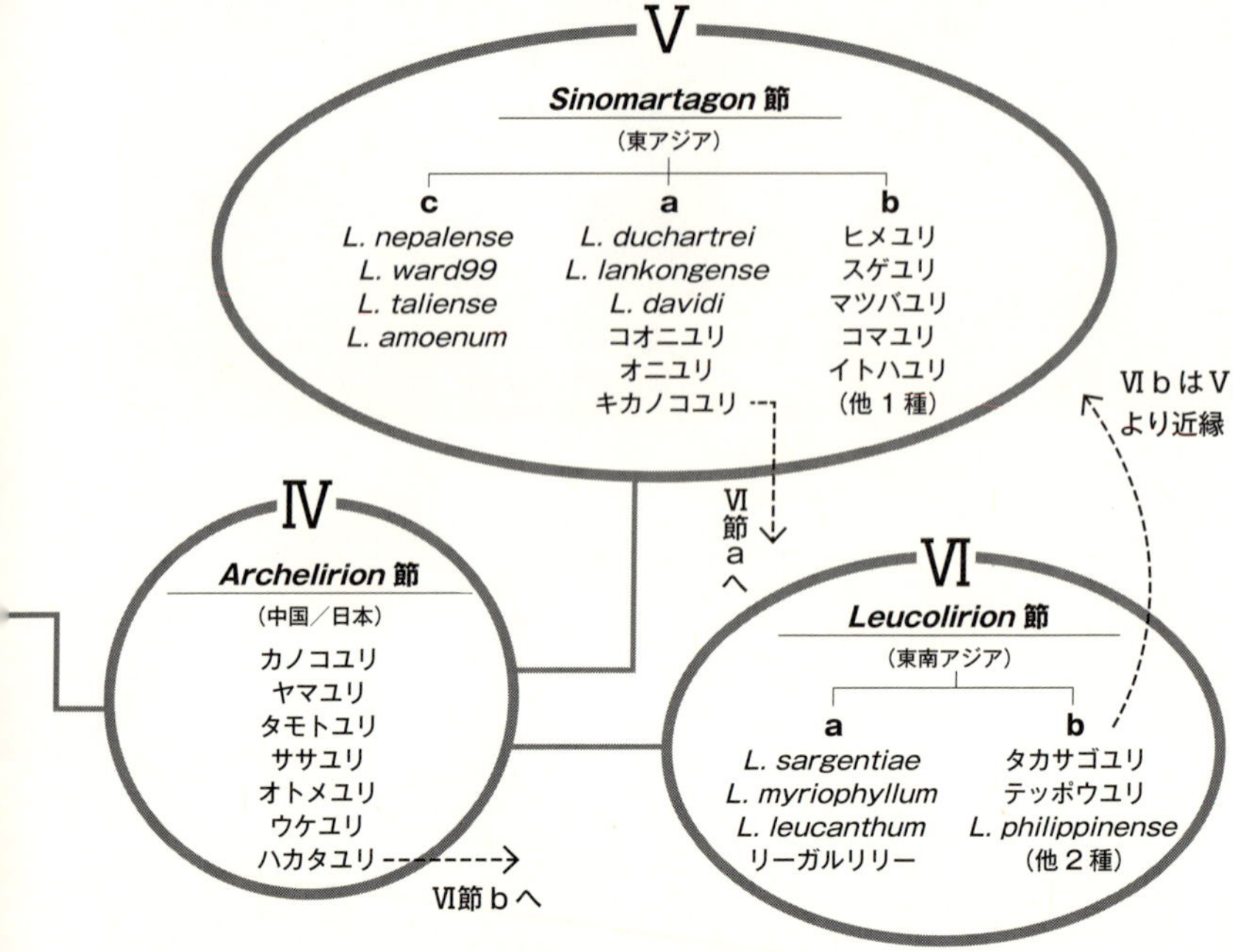

図２. コンバーの分類（1949 年）。Ⅰ～Ⅶは節を、a～d は亜節を示す。矢印で示した線は分子系統解析で分類上の位置づけを移動すべき種を表わす。

た、イワユリ（イワトユリ）とエゾスカシユリは容易に交雑でき、形態が類似しているものの細部は異なるため別種とされるが、北海道とユーラシア大陸にわたり広範囲に分布するエゾスカシユリを基本種とし、本州のイワユリ（イワトユリ）をエゾスカシユリの亜種とする報告もある。サクユリとイワユリの分類上の問題はあるが、この両種を単独の種として扱うと、九種が日本の固有種と判定できる。これらの固有種に加え、オニユリ、コオニユリ、クルマユリ、ヒメユリ、ノヒメユリ、エゾスカシユリの六種が日本とユーラシア大陸に共通して分布する。

2　世界のユリと分類

ユリを花形によって、筒状花（テッポウユリ群）、漏斗状花（ヤマユリ群）、盃状花（スカシユリ群）、釣鐘状花（カノコユ

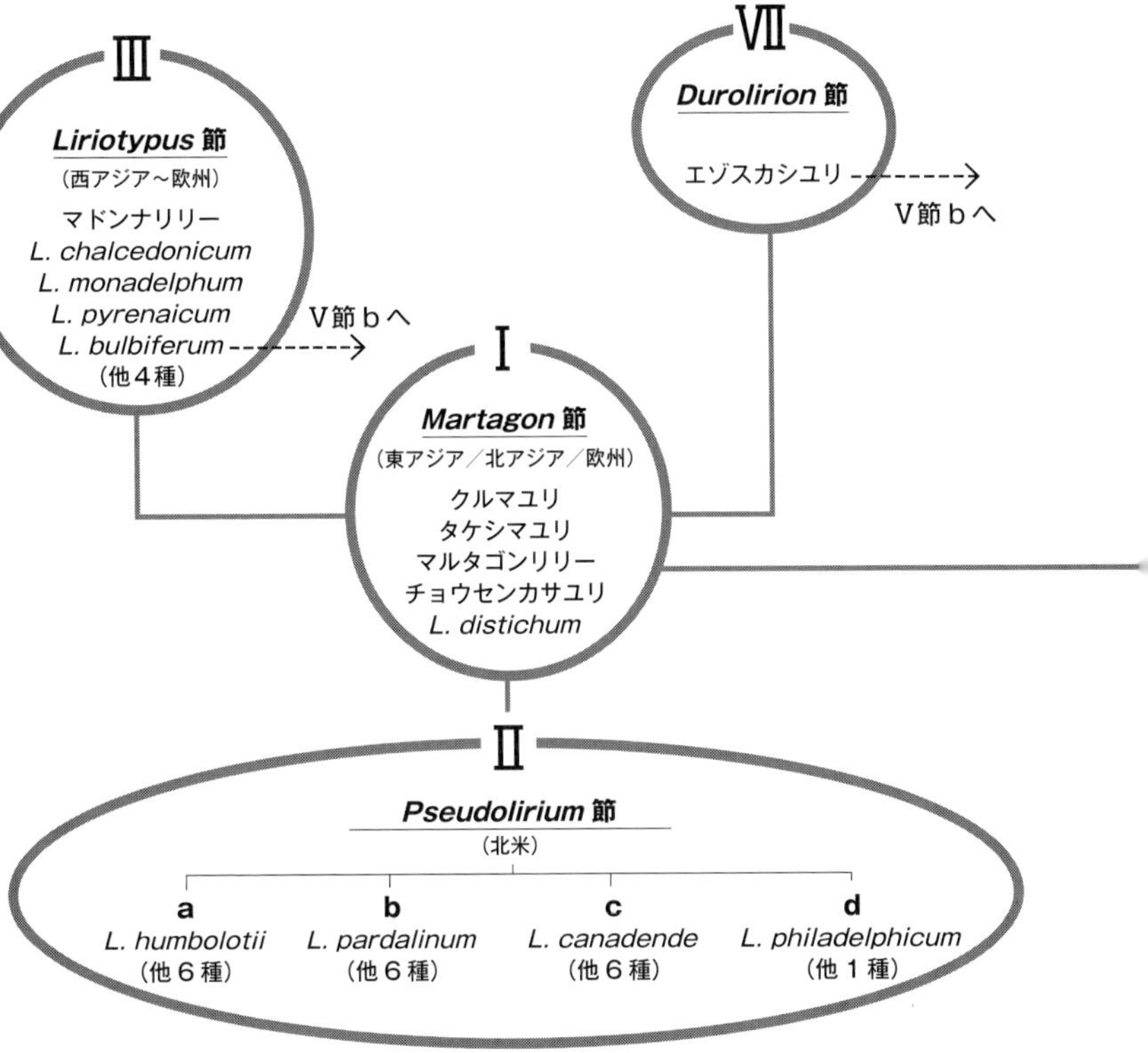

リ群）に分類することが行なわれたが、この分類法では本来の類縁性を表していないため、コンバーは一九四九年に、種子の発芽様式、リン片の形状、着葉性、等々一五の形質にもとづき、ユリ原種を七節に分けた（**図2**）。近年、日本の研究者がコンバーのユリの分類をＤＮＡ塩基配列（リボソームＤＮＡのＩＴＳ領域）の違いにもとづいて検証し、ユリの分類学に大きく貢献した。[5][6] その分子系統解析の結果、概ねコンバーの分類を支持する結果となっていたが、以下の点の修正が必要である。すなわち、コンバーの分類のⅥ節に含まれるテッポウユリやタカサゴユリを含むグループⅥｂの種はオニユリなどが含まれるⅤ節と最も近縁

であるため、Ⅵ節とは異なる系統として扱うことが適当である。このことは、テッポウユリとⅤｂの野生種との間の雑種が容易に育成されることからも追認される。次に、Ⅴ節のキカノコユリは、Ⅵ節のリーガルリリーが含まれているⅥａに属すと考えられる。このことも、キカノコユリとカノコユリ、ヤマユリは容易に交雑ができて雑種が存在することから追認できる。また、Ⅶ節のエゾスカシユリとⅢ節の内のヨーロッパに自生する *L. bulbiferum* はⅤ節に含める必要がある。Ⅳ節のヤマユリと近縁であるとされたハカタユリ（**図3**）は、Ⅵ節のテッポウユリやタカサゴユリのグループ（Ⅵｂ）として扱うべきである。最後に、コンバーの分類でⅤａ、Ⅴｃに分類され、四川・雲南などの中国南西部やヒマラヤ山系に自生する *L. nepalense* などは、オニユリやヒメユリなどのⅤ節グループとは区別する必要がある。

スカシユリの改良

1　江戸時代

欧米におけるユリの育種が開始されたのは一九世紀後半からであるが、日本では江戸時代からスカシユリの育種が行なわれていたこ

図3．ハカタユリ

図4. エゾスカシユリ

とが、『花壇綱目』(一六八一年)や『花壇地錦抄』(一六九五年)といった古い文献に示されている。これらにはスカシユリの数品種が記載されており、最盛期には二〇〇品種余りが育成されたが、当時のスカシユリの育種は、スカシユリを盆栽仕立てにして楽しんだものであり、商業生産ではなかった。[4]

江戸時代に育成されたスカシユリ品種はその育成の経過がはっきりしないが、スカシユリは北海道の海岸地帯に自生するエゾスカシユリ(図4)と本州の東日本沿岸に自生するイワユリとの交雑種であると考えられている。イワユリとイワトユリは同一種であるが、日本海沿岸に自生するものをイワユリ、太平洋側に自生するものをイワトユリという呼称が明治の頃から用いられている(図1参照)。エゾスカシユリとイワユリは、一見すると形態的な区別は難しく、エゾスカシユリは蕾や茎に綿毛が密生するが、イワユリ(イワトユリ)は生育初期にはわずかに粗毛があるのみで、開花期までに消失する。両種とも花は盃状で、エゾスカシユリの花は黄燈~燈赤色であり、まれに深紅色のものもあり、花の直径はイワユリよりやや小さい。イワユリは花が大がらで、弁の先が細く尖り気味になっており、黄燈~燈赤色をもつ。開花期はエゾスカシユリが六月下旬~七月上旬(北海道)、イワユリが六月上旬~七月上旬、イワトユリは七月中旬~八月上旬で、イワトユリには早生種と晩生種があるのが特徴である。

タツタユリ(*L. batemaniae*)という品種が江戸時代につくられていたことが、『地錦抄附録』(一七三三年)で知ることができる。清水(一九七一)が記述するタツタユリの形態を見てみると、茎は直立し葉は披針形、濃緑色で一〇〇枚以上を密生し、茎の上部や蕾には綿毛があり、花色は無斑で朱赤色、花は盃形の上向き咲きで、花径一二〜一三センチ、七〜一〇輪以上、開花期は七月上旬となっており、タツタユリがオニユリ（あるいはコオニユリ）と晩生スカシユリとの雑種であるか、この雑種に再びスカシユリを戻し交雑して生まれたことを示している。この推定は、熊沢氏と進化論で有名な木村資生《きむらもとお》が行なったタツタユリの染色体観察の結果からも支持される。(7) 江戸時代にこのような雑種が成立していたということは特筆すべき事実である。

2 明治〜昭和時代

明治に入ると、江戸時代に育成されたスカシユリは、外来花卉の導入などによって大部分の品種は淘汰された。ただ新潟県中蒲原郡小合《なかかんばらぐんこあい》、小須戸《こすど》地区（現・新潟市秋葉区）では、明治二〇（一八八七）年代に、橙黄花（**黄透**《きすかし》、**満月**、**毛ユリ**、**樺透**《かばすかし》）、緋赤花（**千草**、**紅透**《べにすかし》）、二重咲き（**金獅子**）などのスカシユリ品種が次々と導入され、りん片繁殖法により増殖され販売が行なわれた。(8) その後、小合、小須戸地区へは、一九三三（昭和八）年に山口県から**千草**が導入されたほか、**黄透**、**紅透**から選抜改良された**大正紅透**が切り花用品種として導入された。このように新潟県でスカシユリ栽培が始められたものの、上述の品種に限られた栽培であった。

スカシユリの育種は戦後の混乱期を過ぎてから再開始された。北海道では一九五三（昭和二八）年度頃から、道立岩宇《がんう》園芸試験場でエゾスカシユリ × スカシユリの交雑育種が行なわれ、後に**大井**（橙色）、**雷電**（朱色）などの品種が育成された。(9)

一九五六（昭和三一）年に新潟県農業試験場（農試）佐渡支場では**佐渡千草**（イワユリ × 千草）が育成された。新潟県園芸試験場（新潟園試）は、一九六三（昭和三八）年より交雑育種を開始し、実生系統の各種特性調査を経て、一九七〇（昭和四五）年代から多数のスカシユリ品種を発表した。その中には、スカシユリの純粋な血統を受け継ぐ**千草**×**黄透**から育成された**紅陽**（深赤）や、**千草**×**黄透**の雑種にもう一度**黄透**を戻し交雑して育成した**越**《こし》**の紅**《べに》（赤）、**苗場の月**（黄）などの品種が含まれていた。筆者が知るかぎり、タツタユリや江戸時代のスカシユリ品種は現存しないと思われるが、スカシユリの直系である**紅陽**などの品種は新潟園芸研究センターで現在も保存されており、スカシユリの原型を推察する上で貴重な遺伝資源となっている。

一九五五（昭和三〇）年頃、米国のジャン・デ・グラフが育成したミッドセンチュリーハイブリッドの**エンチャントメント**（橙朱赤色、一九四九年育成）や**デスティニー**（純黄色、一九五四年育成）が日本に導入された。ミッドセンチュリーハイブリッドは、オニユリの血が入っていたため強健な性質であったことと、赤、橙、黄など花色の変異が豊富であったので、スカシユリとの交雑の片親に使われた。その結果育成された品種は、スカシユリと同じく上向き咲きで盃状の花をもつが、オニユリなどの血を取り込んでいるので、本章ではスカシユリ系交雑品種という。

北海道栗山町の藤島昇吉は、**明錦**《あけにしき》（**エンチャントメント**×**オレンジトライアンフ**、一九六六年育成）、**金扇**《きんせん》（**図5**）（**デスティニー**×〔**黄金オニユリ**×**こがね**〕）、一九六七年育成）など多数の品種を育成した。栗山町では一九八四（昭和五九）年には、約五〇ヘクタールでユリ栽培が行なわれていたが、栽培された品種のほとんどが藤島の育成した品種であった。[10] この功績により、藤島は二〇〇〇（平成一二）年に農林水産省から民間部門農林水産研究開発功績者として表彰されている。

新潟県北魚沼郡（現・魚沼市）堀之内は中山間地の気候をいかして、昭和三〇（一九五五）年代から朝鮮ヒメユリの栽培が行なわれており、その後、スカシユリ系交雑品種の栽培が盛んになった。一九六〇

図5. 金扇

図6. 滝沢久寛

（昭和三五）年には**越路透**《こしじすかし》（〔**エンチャントメント** × **千草**〕× スカシユリ系）が、滝沢久寛《たきざわひさひろ》（**図6**）によって育成された。この品種は親株を保存しておき、その交雑実生から球根を一年間養成してその球根を切り花に用いる実生系の品種であった。開花期など形質にばらつきがあったが強健であり、実生栽培によってウイルスフリー球根の供給が可能であったので、当時の切り花の主要品種になった。この品種に加え、昭和四〇（一九六五）年代に入り、アメリカから導入した**エンチャントメント**の球根と切り花の生産が軌道に乗り、堀之内はスカシユリ系交雑種の国内主産地となり、一九八四（昭和五九）年には球根と切り花生産がそれぞれ五五ヘクタール、二七ヘクタールで行なわれるようになった。この産地化の過程で、鈴木和太郎は一九八二年に**紅の舞**や、日本における初めてのピンク色のスカシユリ交雑品種である**マイプレティ**を育成している。滝沢久寛が**サマーキング**（一九八七年育成）を育成するなど堀之内では民間育種家が活躍し、一九九三（平成五）年までに種苗登録されたもので四五品種、登録以外の品種や新潟県育成品種、北海道育成品種、輸入品種などを含めれば一〇〇品種以上が生産されていた。[11]

前述した、一九六三（昭和三八）年より開始された新潟園試でのスカシユリの育種が一九七〇年代には実を結び、**清津紅**《きよつべに》（**エンチャントメント**×〔**魁**×**バーミリオン・ブリリアント**〕）などの品種が多数育成されたほか、長野県では小田切芳直が一九七六年に、名花として名高い**小田切黄透**（**図7**）を発表した。詳しい育成経過は、成書を参照されたい。[4][8][10]

日本におけるテッポウユリの栽培と改良

1　テッポウユリの栽培と輸出

図7．小田切黄透

江戸時代の園芸書『花壇地錦抄』にテッポウユリが琉球百合として紹介されており、南西諸島原産のユリが古くから本州でも知られていたことがわかる。東インド会社の医師であったツンベルグが、一七九四年にテッポウユリを欧米にはじめて紹介し、[12]その後、一九世紀の初頭にはイギリスに導入された。一八七三（明治六）年にはウィーン万国博覧会、一八八四（明治一七）年にはペテルブルク万国博覧会にテッポウユリが出展され、その美しさのため、キリスト教の復活祭（イースター）の象徴として用いられるようになった。このため、テッポウユリの英名はイースター・リリーである。

一八七一（明治四）年からテッポウユリの輸出が開始された。当初は山掘りした球根を輸出していた。[13]最初の輸出を手がけたのは外国人バイヤーであったが、しばらくして横浜植木株式会社（明治二四、一八九一）など輸出を専門に扱う種苗商がいくつか設立された。南西諸島から収集した球根をそのまま輸出していたが、その後、種苗商があった神奈川県で一旦栽培し輸出するようになり、一八九七（明治三〇）年には五〇〇万球、当時の金額で一五万円が輸出された。[13]その後、埼玉、長崎、佐賀、鹿児島県沖永良部島などで球根の増殖と栽培が行なわれるようになり、一九三七（昭和一二）年に輸出された球根は三六五〇万球に達した。[14]この頃の日本産球根はウイルスに罹病していることが多かったので、アメリカ国内での品種改良が開始された。同時に太平洋戦争の勃発によって日本からの輸入が途絶えたことから、**クロフト**（一九二八年クロフト氏育成）などの品種を用いた球根生産がカリフォルニア州やオレゴン州ではじまった。一九四〇〜五〇年代には**ジョージア**、**ネイリ・ホワイト**などのテッポウユリがアメリカで選抜された。日本では戦時中、ユリ球根生産は穀物栽培への転換を余儀なくされていた。

戦後、一九四七（昭和二二）年には沖永良部島で生産が再開されたほか、長崎、佐賀県で球根生産が行なわれたものの、昭和三〇年代後半から他県の生産は漸減し、沖永良部島が主産地となった。昭和三九（一九五四）年の時点では、全国で一六〇〇万球、鹿児島県で一二〇〇万球が生産され、全国での生産数のうち五〇〇万球が輸出された。最盛期には約五五〇〇万球が生産されたが、一九九一（平成三）年には約三〇〇〇万球に減少し、オランダからの新品種の輸入増加によってさらに漸減し、現在の生産量は三四〇万球（平成二七年）である。

2　テッポウユリの育種

前述したように、球根の輸出産業は外貨を獲得できる産業のひとつだったので、官民で育種の機運が高まり、一九〇七（明治四〇）年頃には、沖永良部島では自生品種の中から選抜した優良なものを増殖し系統とし、**植村青軸**《うえむらあおじく》や**喜美留**《きびる》**黒軸**などが栽培された。**喜美留黒軸**は、沖永良部島和泊町喜美留安川《アンゴー》で選抜されたため、別名はアンゴーあるいは永良部ユリと呼ばれ、沖永良部島の主要品種となり、一九五八（昭和三三）年には沖永良部島産球根の九割以上を占めていた。

千葉県で青軸鉄砲より選抜した**柳葉鉄砲**、静岡県で柳葉鉄砲から選抜した**県**《あがた》**鉄砲**など、栄養系品種からの分離系統がいくつも選抜された。沖永良部島では、昭和三五（一九六〇）年～四〇（一九六五）年代は、導入した**ジョージア**（アメリカ）、**殿下**（徳島）、**佐伯三〇号**（種子島）が主要品種であり、昭和五〇（一九七五）年代から現在までは、以下に述べる**ひのもと**が主要品種になった。

野生ユリの選抜品として有名な**ひのもと**は、一九四四（昭和一九）年に屋久島から採取され、福岡県の前原町多久の中原が人づてにもらい受け保存していたものを、一九六〇年に福岡県農業試験場の松川時晴が見いだし、六年間にわたる各種試験を実施した。その結果、優秀性を確認し世に出した品種（一九六五年に品種登録）である。[14] **ひのもと**は本州の栽培には適せず、沖永良部島へ委譲され主要品種になり、一九八九（平成元）年には全生産量の九割を占めるにいたった。[15]

交雑育種としては、一九五二（昭和二七）年に佐賀県で**エース**×**鹿児島二号**の交雑から**佐賀**が育成された。また、佐賀県にあった農林省農事改良実験所では、一九四九年からテッポウユリの育種が開始されたが、一九五一年には九州農試園芸部（現・農研機構九州沖縄農業研究センター野菜花き研究施設）に移管された。鹿児島県では、県単事業として一九六三年からユリ育種試験を開始し、一九七一年には県単事業のユリ育種が国の指定試験事業の支援を受けることになった。この際、九州農試園芸部で行なっていたユリ育種を取りやめ、育成系統を鹿児島県の農水省ユリ育種指定試験地へ引き継いだ。[16] ユリ指定試験地では一九八四年に、**ユリ農林二号おきのこまち**、**ユリ農林三号おきのかおり**、一九八一年に**ユリ農林四号おきのしろたえ**が育成された。その後、ユリ育種指定試験事業は廃止されたが、テッポウユリ育種は鹿児島県農業開発総合センター花き部で精力的に行なわれ、上向き咲きの**エンゼルホルン**（二〇〇二年）、花粉（葯）をつけず、花弁を汚さない**クリスタルホルン**（二〇〇八年）などが品種登録されている。

カノコユリの園芸種

カノコユリは、江戸時代の園芸書、『花壇綱目』や『花壇地錦抄』などにも記され、また伊藤若冲（一七一六～一八〇〇）の掛け軸にも描かれており、日本では古くから知られていた。オランダから出島へ医師として派遣されていたドイツ人医師シーボルト（一七九六～一八六六）は、日本地図を国外へ持ち出そうとして一八二九年に国外追放となるが、その際、カノコユリなど日本の植物を多数持ち帰った。そのカノコユリが当時オランダ領であったゲント（現在はベルギーの一都市）のゲント植物園で一八三二年に開花した。カノコユリはその美しさで人々を驚嘆させたため、種小名には美しいという“speciosum”という名が付けられた。

テッポウユリの輸出に携わっていた横浜植木株式会社はカノコユリも扱うようになり、一八九〇年に一五万球を輸出した。[17] 横浜植木は、鹿児島県甑島から収集した球根を、神奈川県、千葉県、静岡県で一年間養成し輸出していた。一九二八（昭和三）年には三七五万球が輸出され、[17] その後、戦中は輸出が途絶えていたが、戦後になって鹿児島、神奈川、奈良、北海道などで栽培が再開された。一九五三（昭和二八）年には、輸出された球根は三七五万球に達した。その後、昭和三〇（一九五五）年代後半以降は、主産地が富山県に移り、昭和五〇（一九七五）年には一四八戸の農家で二五〇万球が生産され、そのほとんどがオランダなど海外に輸出された。

野生ユリの山掘り球根を輸出している時代には、赤鹿の子、白鹿の子、丸葉鹿の子、峯の雪など花色や形態的特徴によって系統を分けていたが、戦後になると、野生ユリから優良個体を選抜・増殖し品種として育成するようになり、**うちだかのこ**（神奈川県の内田昌夫選抜、一九五六年名称登録）、**べにこしき**（鹿児島県の長浜秀徳選抜、一九六二年）、**ローズ・ビューティー**（神奈川県園試選抜、一九七七年）などが栽培された。富山県では交雑育種が行なわれ、**うちだかのこ** × **正徳**の交雑から**氷見二号**、**となみ** × **峯の雪**の交雑から**ホワイト・エンゼル**などが育成されたが、神奈川県から導入した**うちだかのこ**が最も多く栽培された。

園芸種の分類

日本のユリが欧米に導入された時期が一九世紀後半と遅かったため欧米でのユリの品種改良の歴史は浅いが、その後の対応は早く、導入後現在までに何千何万という異種間交雑が行なわれた。その結果、**表1**

ディヴィジョン (Division)	雑種群名	雑種の交雑親および原種
1	アジアティック ハイブリッド	オニユリ、マツバユリ、*L. davidii*、コオニユリ、イワトユリ、*L.* × *maculatum*（スカシユリ）、*L.* × *hollandicum*、コマユリ、イトハユリ、ヒメユリ、*L. bulbiferum* に由来する雑種
2	マルタゴン ハイブリッド	タケシマユリ、マルタゴンリリー、クルマユリ、リリウム チンタオエンセ
3	ユーロ・コーカシアン ハイブリッド	マドンナリリー、リリウム カルセドニカム、リリウム、モナデルファム
4	アメリカン ハイブリッド	リリウム ハンボルティー、リリウム ケロギィーなど北米のユリ類
5	ロンギフローラム ハイブリッド	テッポウユリ、タカサゴユリ、*L. philippinense*、他 1 種
6	トランペット・オーレリアン・ハイブリッド	リリウム ローカンツム、リーガルリリー、キカノコユリなど
7	オリエンタル ハイブリッド	ウケユリ、ヤマユリ、ササユリ、タモトユリ、オトメユリ、カノコユリ
8	その他の遠縁雑種	上記の雑種群に含まれない遠縁交雑による雑種群（LA、LO、OA、OT ハイブリッド）
9	原種	原種とその変種

表 1．ユリ園芸種の分類

RHS, https://www, rhs. org. uk/Plants/Plantsman ship/Plant-registration の分類表を改変

のような近縁の種間交雑から生じた品種グループが形成された。一九七〇年代後半になるまで遠縁種間に起こる交雑不稔性を解消する有効な技術がなく、もっぱら種子が得られやすい近縁種間の交雑から雑種が作出されていた。これらの雑種群を分類するため、イギリスの王立園芸協会（Royal Horticultural Society：RHS）が、九群からなる分類方法をInternational Lily Register and Checklistで示している。雑種群は近縁種に由来するので、RHSの分類に用いられるディヴィジョンは、コンバーの分類で示されている節とある程度対応関係がある。

ディヴィジョン2にはMrs. R. O. Backhouse hybrids（一九一四年）、ディヴィジョン4にはBellingham hybrids（一九三三年）等があり、ディヴィジョン2と4の雑種は、下垂した花をたくさんつける庭園用の品種群である。ディヴィジョン3には、*L.* × *testaceum* が含まれる。このユリは一八三六年にマルタゴンユリの栽培集団の中に混在して見つかり、日本原産の新種ではないかと取りざたされたが、後に雑種の染色体解析から地中海原産のマドンナリリーと *L. chalcedouicum* との交雑種であることが明らかにされた[18]。百数十年前に生じたこの雑種が自然交雑によるものか人工交雑によるものかは不明であるが、日本のタツタユリと同様な希有な例である。ディヴィジョン6には、フランスのM・E・デブラスよって育成された *L.* × *aurelianense* (*L. sargentiae* × キカノコユリ、一九二五年頃）がある。このオーレリアン・ハイブリットは、後述するOTハイブリッドの片親である。これらの交雑種の詳しい特性・育成については、成書（清水一九八七）を参照されたい。

ディヴィジョン1には、ジャン・デ・グラフが、*L.* × *hollandicum*、オニユリ、日本から導入したスカシユリ（黄透など）を交雑親に用い、育成したミッドセンチュリーハイブリッド（一九四四年）が含まれている。ミッドセンチュリーハイブリッドは日本に導入され、スカシユリ系交雑種の片親として利用され、多数の品種が育成されたことはすでに述べた。ディヴィジョン1の雑種群は、総称としてアジアティックハイブリッドと呼ばれている。

パシフィックハイブリッドの育成

ディヴィジョン7の雑種は、日本原産のカノコユリやヤマユリを用いて育成されている。カノコユリがシーボルトによって欧州へ持ち込まれたことはすでに述べたが、そのときシーボルトはいっしょにヤマユリを持ち帰っていた。ただ帰路の途中、ヤマユリの球根が腐敗し、開花にはいたらなかった。その後、ヤマユリはベイチによって一八六一年に英国とベルギーに紹介され、翌年開花している[4]。アメリカへはデクスターによって一八六一年に導入され、そのヤマユリの花粉をC・M・ハーヴィがカノコユリに交雑し、その雑種が一八六四年に開花した[19]。同様な組合せから、米国では*L.* × *parkmannii*（一八六九）、オーストラリアでは**ジュリアンウォーレス**（一九四〇年）、ニュージーランドでは**ジェニースエンド**（一九六四）が育成された。日本でも同様な組合せから**緋鹿子山百合**《ひかのこやまゆり》（山本庸三、一九三九年育成）が育成された。これらの雑種群は、ヤマユリの花型にカノコユリの濃紅、濃桃、桃色の花色をつけ、香りが強い点が特徴である。その後、交雑はより遠縁な種を使うようになっていき、ヤマユリ、サクユリ × ササユリ、オトメユリなど難度の高い交雑が行なわれ、得られた少数の種子から雑種が育成された（**図8**）。

日本では、農水省園芸試験場の阿部定夫・川田穣一が一九六六年にカノコユリ × ヤマユリ、ササユリ、オトメユリ、タモトユリの雑種を育成した。この交雑のうち、カノコユリ × オトメユリ、タモトユリの交雑は、雑種胚が未熟なまま生育を停止する交雑組合せで、交雑後さく果をそのまま結実させた場合には、

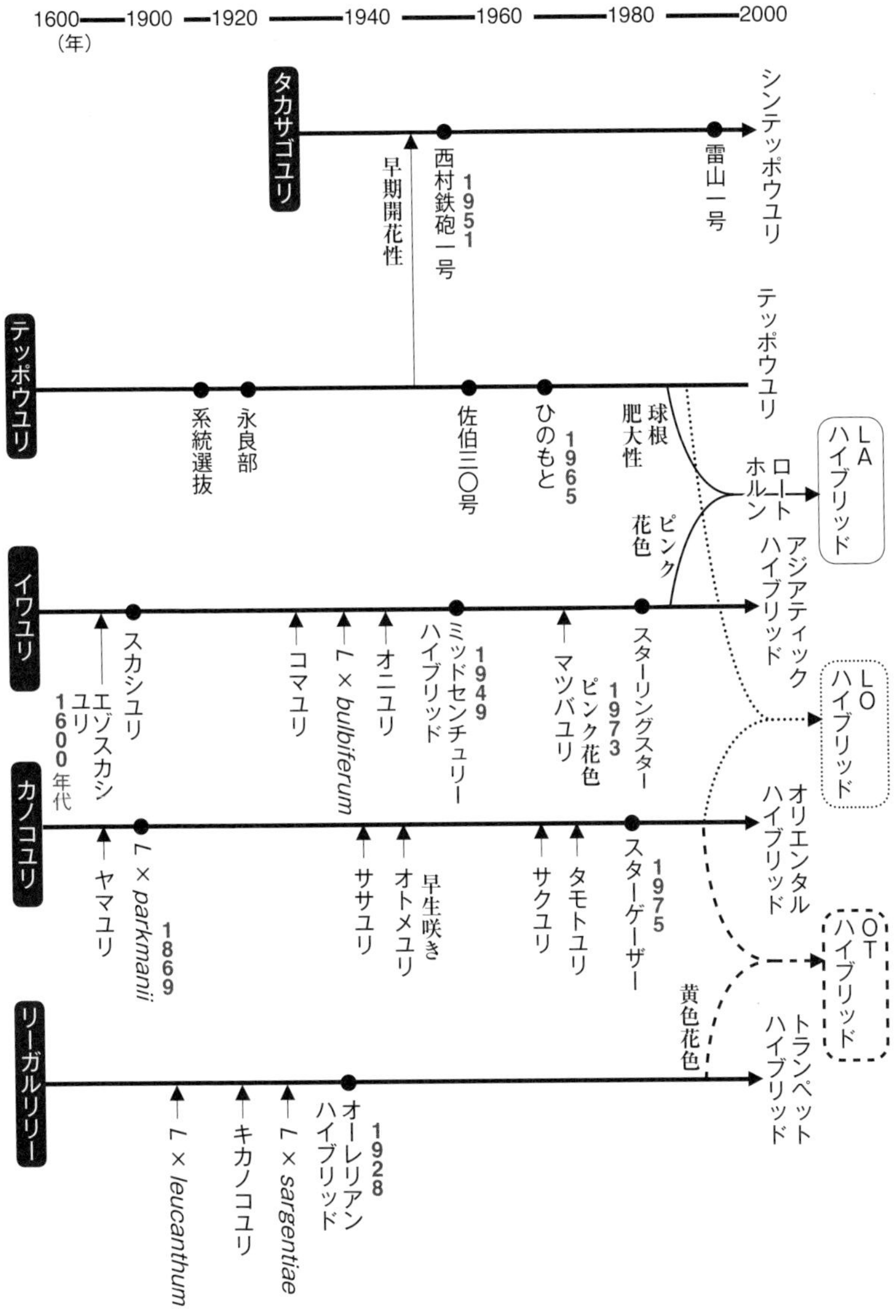

図 8. ユリの育種経過。数字は品種の育成年。明朝体の文字は原種から栽培種へ導入された形質を示す。

発芽能力のある種子は決して得られない交雑であった。しかし、阿部・川田は、この交雑のさく果から未熟種子を菌が混入しないように切除し、人工培養する方法（胚培養）を用い、カノコユリ×オトメユリ、タモトユリの交雑から雑種の育成に成功した。自然には雑種ができない交雑組合せから、胚培養を用いユリの雑種を得たという先駆的な交雑試験であった。

また、阿部、川田らは、一九五四年にカノコユリ×サクユリのF_1を胚培養によって作出し、その後一九六五年に、そのF_1にサクユリを戻し交雑して雑種を得た。四つのタイプの雑種が得られ、それぞれの花容は、①純白無斑、②無斑であるが白地の花被中央に黄条、③白地に鮭橙色の条斑に赤褐色の斑点があるもの、④白地に深紅色の条斑に赤褐色の斑点があるもの、であった。分離集団には大型の盃状花をつけ、純白花をつける優れた個体が現れたため、カノコユリ×サクユリのF_1を保存しておき、これにサクユリを交雑して市販用の種子を確保する実生系品種**パシフィックハイブリッド**（**ユリ農林一号**）（**図9**）として一九七一年に種苗登録した。この品種の純白無斑のものは、純白花の名花である**カサブランカ**（おそらく**パシフィックハイブリッド**と同じ交雑組合せより育成）に、その可憐さにおいて匹敵するものだったので、この品種の純白花の栄養系が品種として国内に流通しなかったのは残念である。一九七〇年代では、品種を短期間に増殖するメリクロン技術が普及していなかったことや、花の洋風な装飾習慣が普及する前であり、純白大輪花の登場が早過ぎたことが要因と思われる。

一九八〇年代に入り、オランダ種苗メーカーが米国から導入した上向き咲きの深紅花をもつ**スターゲーザー**（一九七五年）やニュージーランドから導入したとされる純白大輪花の**カサブランカ**（王立園芸協会のリリーレジスターにはオランダの育種会社が育成者になっている）が増殖され、市場に流通した。日本には一九八二年頃に前者が、翌八三年頃に後者が導入された。**スターゲーザー**はカノコユリにくらべ早生咲きで、上向き咲きという性質が切り花生産に適しており、ユリ切り花の世界市場を席巻した。**スターゲーザー**の交配組合せは明かされていないが、タモトユリ×カノコユリから育成されたとされている。タモトユリがもつ上向き咲き性は、横・下向き品種にくらべ観賞性に優れるほか、温室栽培で密植できる利点があり、オランダでのユリ育種を成功に導いた重要な形質であった。**スターゲーザー**やタモトユリを用いたオランダの民間育種会社での新品種育成が進展し、カノコユリ、ヤマユリ、タモトユリなど日本のユリの遺伝的背景を持つユリ品種を、オリエンタルハイブリッドということになった。

当時の経済状況に目を向けると、一九八五年のプラザ合意で一気に円高が進み、一ドル二三五円だったものが、一年後には一五〇円台で取引されるようになった。さらに、従来は外国産ユリ球根を輸入する際には、ロット毎に国内で試験栽培しウイルス等感染の検疫を受けてから輸入する必要があったが、このオランダ産球根の隔離検疫制度が一九九〇（平成二）年一月に撤廃された。これによって、実質的にオランダ産球根の輸入が自由化された。一九八〇年代後半～一九九〇年にかけて起こった、円高、オランダ産ユリ球根の隔離検疫制度の撤廃、オランダで行なわれたアジアティック、オリエンタルハイブリッドの新品種改良の三つの要因が相まって、日本からのユリ球根の輸出はほぼなくなり、国内の切り花用ユリ球根の需要も、テッポウユリを除き、大部分がオランダ産球根でまかなわれるようになった。

日本で発達したユリの交配技術

ユリの通常交配では、育種目標にあった母本を二品種選び、あらかじめ雄しべを取り除いた花の雌しべの柱頭に花粉を受粉し、他の花粉が混ざらないように袋を掛ける。この場合、同一種に含まれる品種間交

図9. パシフィックハイブリッド

雑や近縁種間の交雑であれば、花粉管が花柱（雌しべ）内を伸長し、数日以内には受精が完了し、子房が肥大して、交配から五〇日後には完熟種子が得られる。他方、遠縁交雑の場合は、①花柱（雌しべ）内で花粉管が伸長を停止し受精できず種子が得られない、②受精が起こるが胚乳の不形成により胚が成長できず雑種胚が致死になる、といった結果になる。このような現象を交雑不親和性というが、②の胚乳ができず胚が枯死にいたる場合には、前述したように胚培養が有効である。遠縁交雑の雑種胚は、胚の大きさが小さい場合や、腫瘍状の奇形になっている場合などさまざまな異常が見られ、胚培養したとしても未熟胚から雑種が育つ確率は高くない。ユリの雑種育成に胚培養を利用したのは、一九三九年に東北大学の山本庸三が**緋鹿子山百合**の育成のため行なったものが世界で最初である。

①の不親和性の場合、ユリの花柱（雌しべ）は一〇センチ前後と極めて長く、受粉後に花粉管が柱頭から進入したとしても、ある程度伸長した後に花柱内で伸長が停止してしまう。不受精では胚培養は不可能なので、不十分な花粉管伸長でも受精できるよう、カミソリ刃で花柱を子房上端

から一センチ程残して切断する。さらに受粉しやすくするため、残った花柱の上部を数ミリ縦断し、ここを開きながら花柱溝内に花粉を押し込む。そしてビニールテープで切断面を覆い乾燥を防ぐ。この方法は花柱切断受粉法といい、ユリでは極めて有効であることを元北海道大学の浅野義人が明らかにした（図10）。ユリの花柱切断法は、V・M・ワット（一九六七）が先行研究[20]で発表しているが、浅野はテッポウユリとスカシユリ系交雑種など、多くの遠縁交雑に花柱切断受粉法を適用し、通常の交配では花粉管の伸長不足で受精にいたらない交雑組合せでも、花柱を短縮化することによって雑種胚が得られることを明らかにした。さらに、遠縁交雑の場合、花柱切断受粉法で胚が得られたとしても、胚乳は形成されないので、得られた雑種胚の培養が必要である。浅野は、花柱切断受粉法と胚培養を組み合わせることにより、アントシアニン系のピンク花色をもつテッポウユリ型品種**ロートホルン**を育成した。この研究成果は、『ユリの遠縁種間交雑に関する研究』（第一～四報）として発表され[21]ている[22][23][24]。この論文は日本語で書かれているにもかかわらず、オランダ人研究者らのユリ育種研究で引用されるなど、ユリ種間交雑研究においてマイルストーン的な論文である。この論文以降、オランダや日本でテッポウユリ×アジアティックハブリッドなどの交雑が盛んに行なわれ、いわゆるLAハイブリッドが育成されたほか、LOハイブリッドやOTハイブリッドの育成につながった。これらの雑種は、コンバーの分類の節間雑種にあたり、極めて遠縁の種間でできた雑種にな

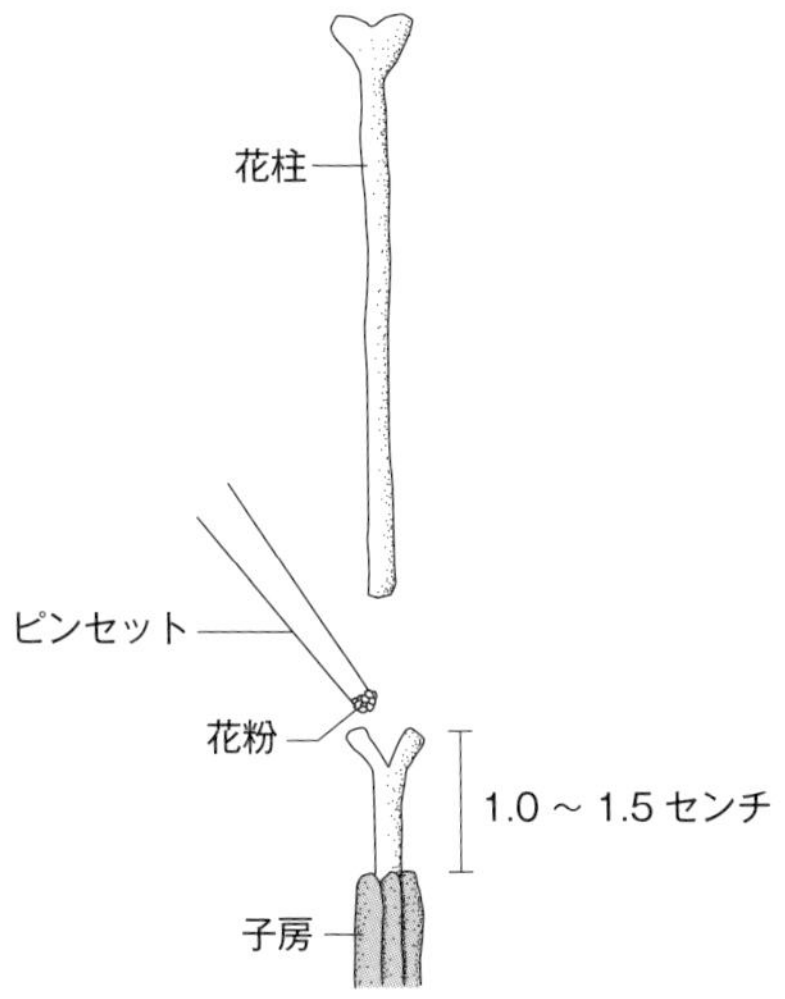

図 10. 花柱切断授粉法

る。ＲＨＳの園芸品種の分類では、ディヴィジョン８に含まれる。

日本で育成され、自然交雑ではできず、胚培養を用いて育成されたディヴィジョン８に含まれる雑種としては以下のものがある。ＬＯハイブリッドでは、シンテッポウユリ×オトメユリから**乙女の姿**（富山県、一九九四年）、**杜の乙女**（宮城県、一九九九年）、Ｂｓシンテッポウユリ×ヤマユリの交雑による**ゆきのひかり**（滝沢久寛、一九七六年に育成されたＬＯハイブリッドで世界最初の品種）、シンテッポウユリ×**ルレーブ**の交雑から育成された**ピンクプロミス**（タキイ種苗、二〇〇三年）などがある。

シンテッポウユリの育成

台湾原産のタカサゴユリは、テッポウユリよりやや細身の筒状の白花をつけるが、花弁の中肋（中心を走る主脈）に赤紫色を帯びる。タカサゴユリは播種後八から一〇ヵ月以内に咲く性質をもっているので、一年草のように実生で栽培ができるため、昭和の初め頃には、白花で広葉のタカサゴユリを選抜して切り花用の品種とし利用された。[25] 長野県の西村進は、タカサゴユリの早期開花性をそのままにして花や葉の形を改良するため、タカサゴユリにテッポウユリを交雑して、目的の系統（シンテッポウユリ）を得て一九三八年に発表した。西村は戦後も速やかに育種を再開し、シンテッポウユリに青軸テッポウユリを一回戻し交雑し（B_1）、一九五一年にB_1**西村鉄砲一号**を種苗登録した。実生系シンテッポウユリは、一年以内に開花し種子繁殖性による低コスト生産が可能なうえ、球根伝染性ウイルス病害に罹患する問題もなく、球根繁殖性テッポウユリの端境期（七〜一〇月）に出荷できる。これらの特性によって、シンテッポウユリは切り花の新規需要の開拓に成功し、現在では重要な花き園芸作物となった。シンテッポウユリは、諸外国には見られない日本独自のものであり、ディヴィジョン5に含まれる。

現在では、種苗会社がシンテッポウユリ品種を販売するほか、生産者組合や個人育種家などがシンテッポウユリの品種を育成し、早生~晩生までいろいろな開花期の品種が育成されていることがこのユリの特徴である。岡山の育種家・岡田による**津山鉄砲**(一九六五年育成)、長野の今井による**今井鉄砲**(一九七三年育成)、福岡の満生昌一による上向き咲きの**雷山シリーズ**(一九八七年育成)などのほか、長野や兵庫のシンテッポウ生産組合では、産地独自の品種を育成し、採種も自らの手で行ない、切り花を生産している。

おわりに

本章では日本における品種改良の歴史や、日本原産のユリが海を渡り、その美しさで欧米の人を魅了し、育種がはじまったことを述べた。たくさんの試行錯誤の結果、アジアティックとオリエンタルハイブリッドが育成され、切り花としてのユリの魅力は大いに高まった。この二つのハイブリッドユリは極めて完成度の高いものと思っていたが、最近では、遠縁交雑技術を利用して育成された、LAハイブリッドがアジアティックハイブリッドに、OTハイブリッドがオリエンタルハブハイブリッドに置き換わりつつある。これは、より美しい花の探求ばかりでなく、耐病性に優れ、よりつくりやすいユリを求めたことによる。新品種の育成は、人の好奇心を満足させ、市場での差別化を達成するための飽くなき挑戦であることを示している。
ゆきのひかり(シンテッポウユリ×ヤマユリ)を育成した滝沢久寛は、この品種を育成する際、ヤマユリの花粉管がシンテッポウユリの花柱内で停止する交雑不親和性を打破するため、ヤマユリの雌しべに花粉を受粉し花粉管がある程度伸びた後、ヤマユリ雌しべを数センチの長さで切除し、それをあらかじめ雌しべを除去したシンテッポウユリの子房の上に接ぎ木した。接ぎ木部分を固定する道具がないので、炎天下の畑でヤマユリの受粉済み雌しべとシンテッポウユリの子房の接ぎ木部分を手で押さえて受精を待ったというエピソードがある。新品種育成や産地形成の陰には、寝食を忘れ努力した人間のドラマがあったことを忘れていけない。また、日本原産ユリの遺伝資源としての重要性に鑑み、その保全を進めるべきである。紹介できなかった品種もたくさんあった。また、国内でのユリ育種の新しい取り組みは別途記事を参照されたい。(26)

第5章

リンドウ

日影孝志

リンドウ自生種の原産地と特徴

リンドウ属（*Gentiana*）の自生種は、アフリカを除く世界のほぼ全域に約四〇〇種あるといわれている。日本で育成されているリンドウの切り花および鉢物品種の原種は、日本に自生しているエゾリンドウ（*Gentiana triflora* Pall. var. *japonica*）やササリンドウ（*Gentiana scabra* Bunge var. *buergeri*）が品種の原種となっている（**図1**）。これらの原種は、リンドウ属のなかでも、根茎を持ち、葉は対生、花は五数性、根出葉はなく、種子は両端に突起があって披針形をなすリンドウ節 Sect. Pneumonanthe という節に属している。(1)

これまで品種に使用されてきた種について特徴をまとめると、以下のとおりである。(2)また、それぞれの分布図を**図2**に示す。

1　エゾリンドウ（*G. triflora var japonica*）

本州中部から北海道、千島等の比較的低標高地の酸性土壌の湿地帯に群生している。草姿は自生地や個体によってかなりの差があるが、草丈七〇～一五〇センチ程度のものが多い。花は花茎上部の葉腋（葉と葉のついている茎とのまたになった部分）に数個ずつ、三～五節ぐらい着生するものが多い。花の形態は漏斗形～広漏斗形で、長さ四～六センチ、幅一～二センチ程度である。他の特徴としては、開花時に花弁の先端が外側に反転しない、花色は濃紫青～淡紫青、開花期は自生地では八月～九月、といったものがあげられる。葉は対生で披針形～広披針形のものが多く、長さは五～一〇センチ、幅は二～四センチ程度である。

2　エゾオヤマリンドウ（*G. triflora var japonica f. montana*）

エゾリンドウの亜種とされている。[3][4] エゾリンドウの高山型がこのエゾオヤマリンドウである。国内では山形県以北に分布し、草丈一〇～四〇センチと小さく、花が頂部にだけ少数付くのが特徴である。花が大きく開くことはないが、満開時の日中には花の頂部が開く。長さ四センチにもなる大きな花が頂部に纏まって咲くので、視覚的なインパクトは強い。

エゾリンドウとエゾオヤマリンドウは同種なので容易に交雑し、交雑した個体の自殖でも容易に種子が得られる。

3　ササリンドウ（*G.scabra var. buergeri*）

国内では北海道を除く本州、九州、四国の原野に分布する。草丈は野生のものはあまり長くなく、五〇～一〇〇センチ程度である。茎は分枝するものが多く、広披針形～心臓形をとり、長さは五～一〇センチ、幅は一・五～三センチである。花は鐘形で、長さ四～六センチ、幅一・五～二センチであり、花弁の先が開花時に外側に反転する。花色は、花弁の内側は青紫色であるが、外側はくすんだ緑紫色のものが多い。開花期は九月下旬～一〇月で、遅く開花するものが多い。この種はエゾリンドウとの交雑も容易であるが、交雑した個体の自殖では、得られる種子数は極端に少なくなる。

4　キリシマリンドウ（*G. scabra var. buergeri f. procumbens*）

ササリンドウの変種で、霧島で発見された固有種である。山野草として庭園植えや鉢植えとしても愛好されている。草丈は一〇～三〇センチ程度で、披針形をとる。花は筒形で色は濃い青、茎先や葉の脇に一つないし数輪をつける。開花時期は八月～一〇月である。

5　モモイロイシヅチリンドウ（*G. scabra var. burergeri subvar. orientalis*）

ササリンドウの亜変種である。四国の石槌山《いしづちやま》に自生し、一〇月頃に草丈一〇～二〇センチになり、紫色を帯びた桃色の花をつける。

6　チャボリンドウ（*G. acauris L.*）

種名のアコーリス（acauris）は「無茎の」という意味である。アルプスおよびピレネー山脈の高山に分布している。春、濃青色で、喉に緑色斑のある五センチ程度の長さのラッパ形の花を、一〇センチ程度の短い茎につける。本属の高山種としてはもっともよく知られている。

7　プネウモナンテ（*G. pneumonante*）

ヨーロッパ全域、西アジア、コーカサス地方の湿地に自生している。湿ったピートの酸性土壌を好む。草姿は変異に富み、草丈は数センチのものから六〇センチ程度のものまである。茎は細く直立するものが

図1．日本の切り花用リンドウの野生種

エゾリンドウ
（岩手県八幡平市安比高原中の牧場）提供：堤賢一

ササリンドウ
（岩手県宮古市区界高原）提供：堤賢一

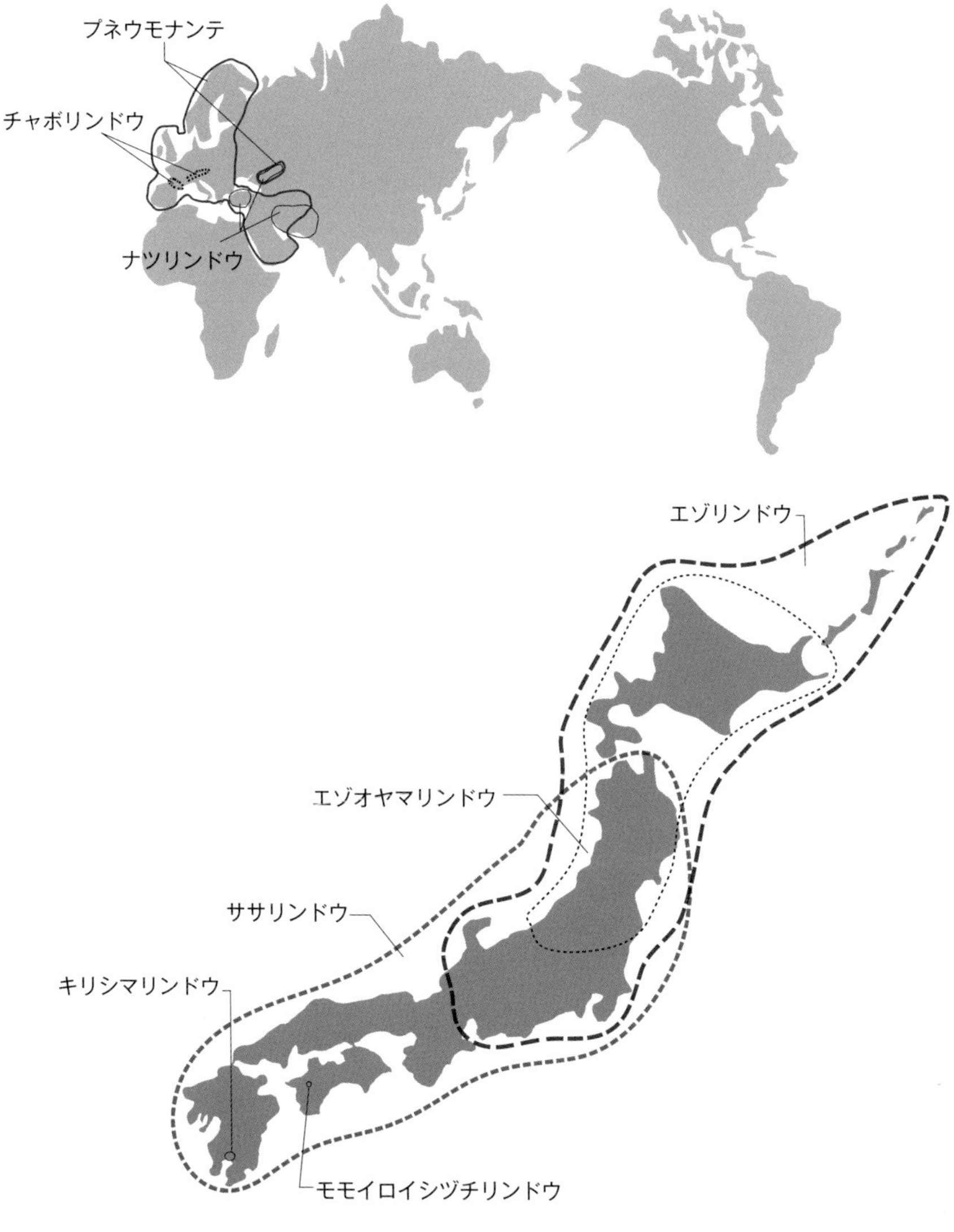

図2. リンドウ自生種の分布

多く、分枝するものもある。葉は線形、濃緑で対生し、厚みがあって、長さは三〜六センチ、幅は〇・六〜〇・七センチと細く長い。

つぼみは茎頂と上部の葉腋に着生するが、エゾリンドウのように対に着生することはほとんどなく、葉腋のいずれかの一方につくものが多い。花は鐘形、長さ三〜三・五センチ、幅二センチ程度でエゾリンドウより小さいが開いて咲く。花色は花弁の内外とも鮮明な濃青紫色である。開花期は原産地では八月〜九月頃であるが、岩手県の八幡平市で栽培しているものは七月下旬〜八月上旬頃である。

エゾリンドウとの種間交雑も容易であるが、交雑個体の後代はほとんどできない。

8 ナツリンドウ（*G. septenfida*）

小アジア、コーカサス、イランの亜高山帯に自生する多年草。草丈は一五〜三〇センチとなり、茎は直立するものもあるが、大部分は斜上する。葉は広披針形のものが多く、長さは三〜四センチ、幅一・〇〜二・〇センチである。花は茎頂に一〜二花つける。花冠は広鐘形、長さ三・五センチ、幅二・五センチ程度である。リンドウの花冠は先端が五裂しており、この裂片と裂片の間にさらに短い裂片があり、これを副裂片というが、その副裂片に細かい切込みがある。花色は淡青紫色から濃青紫色まであり、花冠の内部には斑点がある。開花期は岩手県の内陸平坦地で七月中旬である。

日本におけるリンドウ栽培ことはじめ

リンドウの栽培は一九五五（昭和三〇）年頃に長野県で始まり、各地の自生株を栽培し、切り花として販売していた[2]。その後、実生からの栽培方法が確立され、交配による品種改良が行なわれるようになった。栽培地域は、岩手県、福島県、長野県および山形県などの冷涼な地域であるが、島根県、鳥取県および栃木県などでも栽培されている。これら栽培されているリンドウの用途は、大部分が切り花である。

品種の変遷

1　山採り株利用時代

本格的な栽培が始まったのは一九五五年頃とされている。当初は、長野県を中心に県内に自生している株や北海道に自生している株を採集し、圃場で栽培し切り花を販売していた。この時代はまだ実生からの栽培は確立されていなかった。

2　自生株の実生利用時代

実生からの栽培法が確立したのは一九六五年（昭和四〇）年頃である。生産者は圃場で栽培した中で、花色、草姿等が優れている株から採種し、採種母株の自生地の名前をつけた。たとえば、北海島産では北海道早生、中生、晩生系等、長野県産では志賀、浅間、八ヶ岳系等、福島県産では吾妻、磐梯系、秋田県産では鳥海山系、岩手県産では矢巾《やはば》、松尾、竜ヶ森系等と呼んで栽培していた。

この栽培方法では、母株は明らかであったが花粉親が明らかでないので、実生株はかなりのばらつきが大きかった。一部の生産者は株ごとに袋をかけて採種したが、一般にこれを続けると株が弱くなり、この点も問題となった。

3　品種誕生時代（一九七七〜一九九〇年）

日本でリンドウが品種としてはじめて発表されたのは、一九七七（昭和五二）年に岩手県園芸試験場（現・岩手県農業研究センター）で育成された切り花用品種**いわて**（図3）が最初である。これはエゾリンドウにエゾオヤマリンドウを交配して育成した一代雑種である。[2] さらに岩手県園芸試験場では一代雑種品種として、一九八四（昭和五九）年に鉢物用品種**いわて乙女**、一九八六（昭和六一）年に切り花用品種**イーハトーヴォ**および**ジョバンニ**を登録した。

一九八〇（昭和五五）年に鉢物用品種として種苗登録されたのが、久保田精男の育成した**竜峡《りゅうきょう》クイン**である。一九八二（昭和五七）年には、ササリンドウの切り花品種として今井満行らの育成した**晩信濃《おくしなの》**が登録された。同年に久保田宗次郎らの育成した**アルペンブルー**が種苗登録されているが、これはヨーロッパ産のチャボリンドウを中心に改良された固定種である。一九八四（昭和五九）年には人見角一の育成した**那須の乙女**が登録さ

図3. 一代雑種品種および種間雑種品種

種間雑種品種
アルビレオ
提供：岩手県農業研究センター

れている。これはピンク系リンドウの最初の品種であり、多くの品種の交配親としても利用された。同年は豆田菊美の育成した**ハイジ**も品種登録されている。これは九州に自生するササリンドウの選抜系統から育成したものであるが、固定種であることから、以降多くの品種の親となった。一九八七（昭和六二）年には複色系品種としてはじめて瀬戸尭穂《たかほ》が育成した**初冠雪**が登録されている。白色品種では、一九八七（昭和六二）年に那須町農業協同組合が育成した**那須の白麗**が登録されている。

一九八六（昭和六一）年には和佐野勝次が育成した**晩福寿**《ばんふくじゅ》と**福寿盃**《ふくじゅはい》が登録されている。これらは**シンキリシマ**の実生から選抜した大輪系に**司**の選抜系を交配して育成された大輪系の鉢物用品種である。**シンキリシマ**はキリシマ系の姿をしたツカサリンドウにキリシマリンドウを交配し、さらに小アジア系のナツリンドウの選抜系を交配したものとされている。(5) 一九九〇（平成二）年には早藤忠幸の育成した鉢物用品種、**瑞紅**《ずいこう》が登録されている。この品種は、モモイロイシヅチリンドウから変異株を発見して育成されたものである。

一代雑種品種
安代の秋
提供：八幡平市花き研究開発センター

一代雑種品種
いわて
提供：岩手県農業研究センター

4　品種続出時代（一九九〇～）

集団選抜法と交雑育種法（一九九〇～二〇〇五）　リンドウは交配により比較的容易に種子を得ることが可能であることから、数個体から数十個体を選抜して交配することで、形質のよりそろった集団を育成する育種方法（集団選抜法）を用いて系統を育成することが一般的である。リンドウは他殖性植物であることから、系統を維持するには網室等で隔離して人工交配をすることが必要である。またリンドウは近交弱勢が起こりやすいとされていて、形質をそろえ過ぎると性質等が弱くなってしまう欠点がある。したがって、この育種方法では育成者の選抜眼が重要になってくる。

交雑育種法は、優れた形質をもつ二つの品種や系統の特性を併せもつ新しい品種を育成するときに用いる。すなわち、親品種を選定し、交配を行ない、雑種第一代を得て、自殖して選抜していく方法である。選抜の過程は集団選抜法と同じ方法で行なうのが一般的である。

この集団選抜法と交雑育種法により一九九〇年から二〇〇五年まで多くの品種が登録された。

以下、農林水産省の品種登録情報から集団選抜法や交雑育種法により育成された品種をみてみると、瀬戸尭穂が一九九〇年に**スカイブルーしなの**、一九九二年に**マイ・ファンタジー**を登録している。またスカイブルーセトは二〇〇二年に**初冠雪グリーン**を、二〇〇三年に**パステルベル二号**、**サマーファンタジー**などの複色系のリンドウを登録している。また、瀬戸尭穂と豆田菊美は**ハイジ**の変異株から**グリーン・ハイジ**、**ハイジ二号**を育成している。また、大宅宗吉は育成系統の中から花色の濃い紫青の系統を選抜し、**尾瀬の愛**、**尾瀬の輝《かがやき》**および**尾瀬の夢**を一九九八年に品種登録している。また那須町農業協同組合は**那須の白涼《はくりょう》**など白色の切り花品種を育成し一九九〇年に品種登録している。

一代雑種利用　集団選抜法と交雑育種法の組み合わせで品種を育成するには、リンドウの場合一〇年近くかかることから、二〇〇五年以降、種子繁殖による品種の登録は一代雑種利用による品種が主流となっている。

一代雑種利用で特筆すべきことは、リンドウの一代雑種で雑種強勢の効果もみられることを最初に確認した吉池貞蔵を中心とする岩手県の取り組みである。[6] 岩手県園芸試験場では、一九六三（昭和三八）年頃から栽培に関する研究に取り組んだが、産地化のためには優れた品種を有することが不可欠であると考え、市場性の高い品種の育成を目的として一九六七（昭和四二）年に育種を開始した。当初目的とした固定種の育成は、自殖と選抜の反復だけでは困難であったが、集団選抜法によることで比較的安定した特性を有する個体群を育成することが可能となった。さらに、選抜集団間の交配による一代雑種育種法を試みたところ、雑種第一代の形質や栽培特性が優れ、極めて有効な育種法であることが明かとなった。

この方法の採用により、一九七七年に全国に先駆けてリンドウの一代雑種、**いわて**を育成し、その後、早生種から極晩生種までの切り花用品種を開発し、七月下旬～一一月上旬の長期出荷体系が確立された。一九八四（昭和五九）年には、岩手県は先進地である長野県を抜いて生産量、生産額、栽培面積とも日本一となった。また、八幡平市でも一九九九年に**安代《あしろ》の夏**を登録、一九九六年に安代町農業協同組合が**安代の秋**（**図3**）を登録し、市町村単位で日本一の産地になっていることから、この育種法の産地の形成への貢献は、はかり知れないものがある。

二〇一六年四月七日現在の農林水産省の品種登録情報にもとづき、一代雑種により育成された品種のうち、一〇年以上登録を維持した品種または現在も登録を維持している品種を調べてみると、瀬戸尭穂が五品種、スカイブルーセトが一四品種（三倍体F_1品種は除く）と圧倒的に多いが、岩手県が一二品種、八幡平市が五品種、西和賀農業振興センターが八品種、信州うえだ農業協同組合が三品種、福島県が六品種となり、組織的に育種することが可能な県、市または農協が育種していることがわかる。

栄養系利用　鉢物品種では、栄養系品種が当初から多く育成され登録された（**図4**）。特に甘木市の和佐野勝次の育成品種が、花も大きく開くことから注目された。

また、ササリンドウの一代雑種品種の育成には、形質のそろいや越冬生存率に問題があったこと、エゾリンドウとササリンドウの種間交雑品種は後代の展開に問題があったことから、一九九五年以降は切り花においても組織培養と挿し木を単独または組み合わせて増殖する栄養系品種が多数育成され、利用されるようになった。栄養系品種は育成過程で欠株個体は除かれることから、欠株の問題は大きな課題になっていない。しかし一般的に栄養系品種の苗代が高いことから、高単価の見込めるピンク花色系統で育種が進められており、栄養系品種のバリエーションが乏しいのが課題である。

図4①　赤花品種・恋紅
提供：八幡平市花き研究開発センター

これまで育成された栄養系品種のうち、一〇年以上登録を維持した品種または現在も登録を維持している品種について調べてみると、前述の和佐野勝次が八品種の鉢物を育成しており、鉢物での育種への貢献が大きかった。また、スカイブルーセトも八品種を育成している。組織培養による増殖品種を育成している高橋俊一も一七品種を育成しており、切り花での栄養系品種の育成という分野での貢献が大きかった。また、岩手県奥州市の旧・衣川村でもピンク系切り花品種を中心に育種して、衣川村が二品種、菅原廣輝が三品種を登録しており、産地の形成に貢献している。

人為倍数体の利用　瀬戸尭穂・中山昌明は組織培養苗をコルヒチン処理して作成した四倍体個体を選抜して、一九九七年に四倍体品種**ハイブルー**を登録した。さらにスカイブルーセトは同様の方法で二〇〇三

図４②　鉢物用品種**ブルーアイ**
提供：株式会社 T&G バイオナーサリー

図４③　鉢物用品種**メルヘンアシロ**
提供：八幡平市

年に**グランホワイト**、**マイファンタジー4X**を、二〇〇五年に**深山《みやま》ラブ**、**しなのラブ**を登録している、その後もスカイブルーセトは二〇〇五年に四倍体と二倍体を交配して三倍体品種**マイティイラブ**を登録している。二〇〇八年には**マイフェアレディー**、**ハイジラブ2**、**ホワイトラブ2**を、二〇〇九年には**グリーンラブセト**（**図5**）、**スカイラブ**を、二〇一〇年には**ハイジラブ3号**、**ホワイトハイジラブ**を、二〇一二年には**深山ラブ3**を育成するなど、数多くの三倍体を育成し品種登録した。四倍体や三倍体は一般的に葉や花が大きくなりボリュームを確保できるため、今後さらに注目される育種手法である。

種間雑種利用　リンドウでも種間交雑を容易に行なうことができる種もあることに注目し、育成した品種が一九九〇（平成二）年に岩手県園芸試験場で育成した**アルビレオ**（**図3**参照）である。それ以降多くのエゾリンドウとササリンドウとの種間雑種品種が誕生した。種間雑種品種については、親株を維持する際に集団選抜法で維持していると交配しても種がとれなくことがあり、親株の維持を種の生産能力を維持しながら集団選抜で維持すること、または親株そのものを組織培養等で行なうことが大事である。

5　バイテクを活用した育種

雑種胚救出法の利用　異なる種の間で交配すると、受精した胚が途中で成長を停止し枯死することが多い。この胚の成長が停止する前に胚を培養することにより植物体を得ることができる。この技術を雑種胚救出法という。ニュージーランド（以下ＮＺ）のジョン・モファットとThe New Zealand Institute for Plant and Food Research Limitedは、この雑種胚救出法を用いて、紫ピンクのエゾリンドウに未公開の育成者所有の種を交配して、**ショウタイムスポットライト**を二〇〇八年に日本で品種登録した。これによって、これまでなかった赤ピンク系花色の品種が誕生した。さらにササリンドウと未公開の育成者所有の種との種間雑種系統から複二倍体を作出し、さらにこれと未公開の育成者所有の種とを交配して雑種胚救出法により三倍体性の種間雑種**ショウタイムスターレット**という赤系の花色の品種を育成した。

日本でもNZで育成された、花色が赤いリンドウをはじめとするリンドウ近縁種との交配系統を八幡平市で試験栽培し、活用しようという研究が二〇〇一年にスタートした。しかし、これらの種間雑種品種は開花期が極端に遅いことから、さらなる品種改良を行うことを目的に、二〇〇六年、八幡平市・生産者・NZ独立行政法人・NZ生産者の四者が出資し、Rhindo International Limited を設立した。同社が育成し、二〇一五年に品種登録されたRI0405128（商品名、**恋紅**《こいべに》）は、世界ではじめて販売された赤花リンドウとして注目されている（**図3**参照）。今後、近縁種との交配や複二倍体利用が進み、多様な用途に活用できる品種の開発が期待される。

倍加半数体の利用　八幡平市では**安代二〇一〇の一号**を二〇一二年に品種登録したが、この品種の片親はエゾ系リンドウ系統の葯培養から得られた**Aki-6PS**という倍加半数体個体にササ系リンドウ系統を交配して得られた種間雑種品種である。**Aki-6PS**は倍加半数体なので自殖してもすべての個体が同じ遺伝子型となる。したがって親株の維持は容易であり、つねに安定した採種が可能となった。**Aki-6PS**の誕生の後、効率的な倍加半数体の作出技術も確立されてきた（次節参照）。

改良技術の進歩

1　組織培養による親株の増殖

一代雑種品種の親株は当初は集団選抜で育成していたため、選抜に経験が必要で、時として重要形質の変化や品種の崩壊をまねく危険性がある。そこで、これらの一代雑種品種の親株を組織培養で増殖する研究が行なわれた。エゾリンドウの親株を組織培養するときの課題は、試験管内の株を鉢等に移植した年の冬までに越冬芽を形成せず、結果として株が枯死してしまうことであった。そこで、福島県農業試験場では茎頂組織を一五℃で培養すると効率的に越冬芽を形成することを明らかにし、親株を組織培養で維持することが可能となった。[7] 八幡平市花き研究開発センターでは、他産地に先駆けて**安代の秋**、**安代の夏**、**安代の初秋**、**安代の晩秋**等の品種の親株を一〇～一五℃の低温で培養して株を維持しており、産地の拡大に貢献している。[8] 八幡平市では「雪冷房リンドウ培養育苗

図5.　三倍体品種

生産施設」を建設し、福島県農業試験場の方法をさらに改良した二℃での低温による培養苗の保存、一五℃での培養および順化時の夜温一五℃以下での生育などを組み合わせて親株を効率的に維持している。(9)

2　未受精胚珠培養による倍加半数体の作出

一代雑種品種については県立の試験研究機関を中心に組織的なリンドウ育種が行なわれ、さらに各県では、市町村や農協単位で組織的な育種に取り組むところが増えてきている。そのため、多数の「青」の品種が誕生し、開花期の幅も広がってきている。しかし「ピンク」や「白」の一代雑種品種はまだ極端に少ないこと、維持・増殖の困難な親株があること、および親株によっては均一性に問題があることが課題になっている。筆者らは、一代雑種品種の親株の維持には抜本的な技術開発が必要と考え、岩手生物工学研究センターの西原昌宏を代表者とするコンソーシアムをつくり、農

グリーンラブセト
提供：スカイブルーセト

初冠雪ラブ
提供：スカイブルーセト

林水産省の委託研究事業「新たな農林水産政策を推進する実用技術開発事業（課題番号二〇四〇）」により集中的に問題解決に取り組んだ。その結果、未受精胚珠培養という方法により、これまでよりもずっと容易に倍加半数体を得ることが可能になった。[10][11][12] この技術でまっさきに期待できることは、いうまでもなく一代雑種品種の親としての利用である。それ以外にも連鎖地図の作成等が始まっており、[13] 花色等のマーカー育種への応用も期待できる。[14] このように、今後この技術開発の成果をいち早く活用することにより、一代雑種品種の均一性と親株の維持の問題が解決されると思われる。またマーカー育種などを用いた高品質の品種が開発されるであろう。

第6章

チューリップ

浦嶋　修

はじめに

チューリップはユリ科に属する植物で、園芸品種の学名は *Tulipa gesneriana* L. とされている。しかし、ゲスネリアナ（gesneriana）の種名を冠した自生種そのものは存在せず、ヨーロッパに導入された時点で、いくつかの野生種との交雑種であったとみられる。この種名はチューリップについて初めて完全な記載を行なったコンラート・ゲスナー（一五一六～六五）に因んで付けられたとされている。

オランダ王立球根生産者協会が国際園芸学会の委嘱を受けて発刊する『チューリップ品種名の国際登録および分類表』には、チューリップ属の野生種として、重複した種名を除き約一五〇種が挙げられている。それらの地理的分布は、東は天山山脈、パミール高原などの中央アジアから、西はイベリア半島、北アフリカ地中海沿岸にわたる北緯四〇度線に沿うように細長く分布している。また、北は西シベリアから南はイラン、アフガニスタン北部にかけて分布している。ただし、イベリア半島にいたる間のフランスやイタリアなどのヨーロッパ諸国にも自生していることについては、自生種あるいは園芸種が野生化したものであると考えられている。種の数としては、中央アジア、小アジアにかけてが最も多く、分布地域の気候は地中海型に属し、夏の高温期は降水量が少なく、乾燥し、秋から春にかけての低温期に降水量が多い。チューリップ属は、この気候型に適応した生育習性をもち、夏は球根の状態で乾燥に耐え、その内部では次の季節に生育する茎葉、花、根、球根などの原基が分化発達する。水分が多くなる秋には、まず根が急速に伸び、芽は春までかかってゆっくりと地中を伸びる。春になり温度が上がると急速に地上部を伸長させて開花し、開花後短い生育期間に球根は盛んに養分を蓄積して本格的に肥大し、高温乾燥期が近づくと

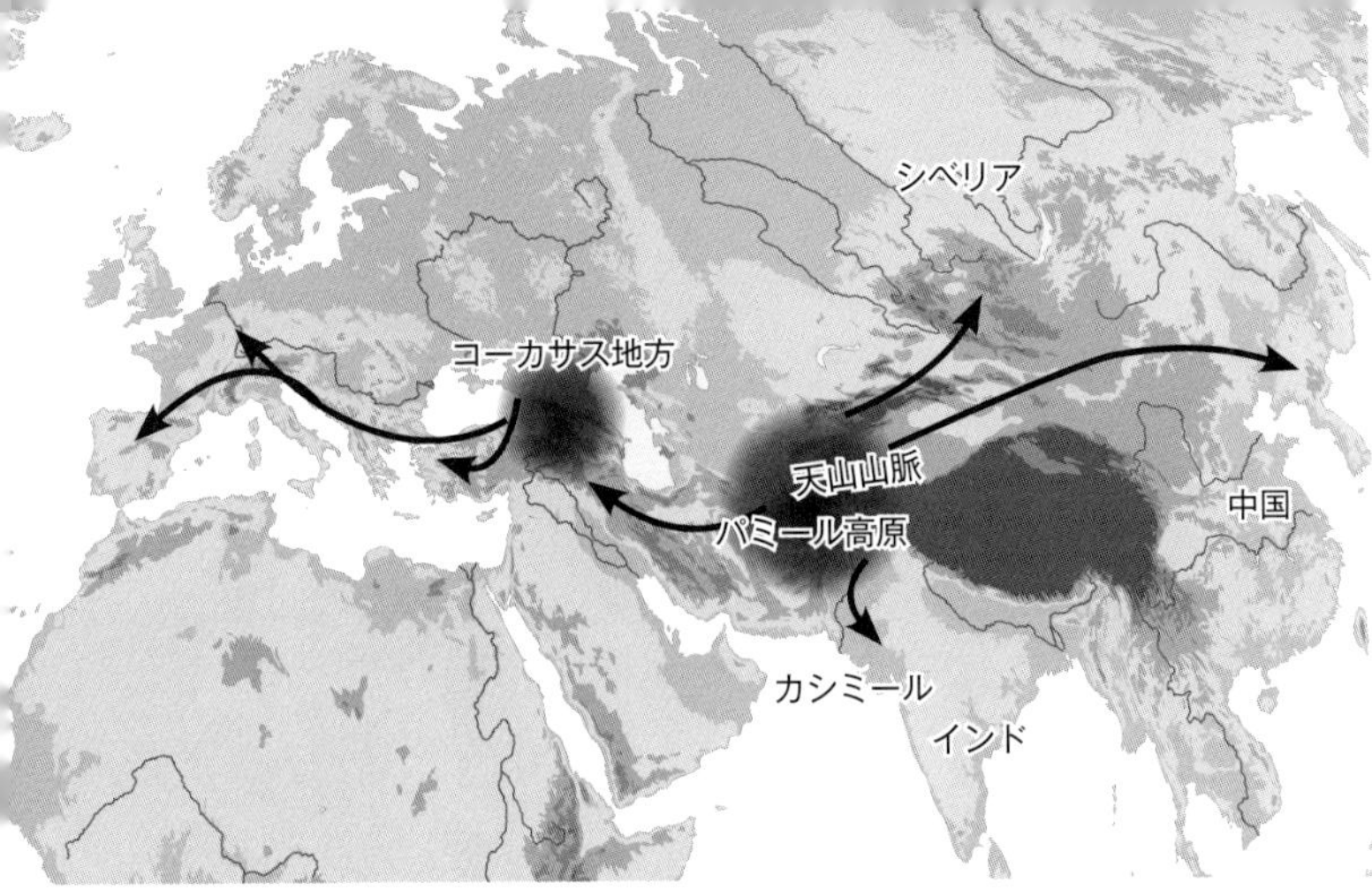

図 1. チューリップの故郷と世界への伝播

地上部は枯れあがって球根は休眠に入る。種によって最適とする温度や土壌条件に違いはあるが、これが基本的な生育パターンである。

日本への伝来

日本にとって、チューリップ産業の生産基盤となった球根王国オランダは、「チューリップの故郷」といえるかもしれない。しかし、今から五〇〇年程前には、そのオランダでもチューリップは知られておらず、一六世紀になって初めてトルコから紹介され、栽培が始まった。その当時、トルコではすでに数多くの種類のチューリップが栽培されており、世界のチューリップ栽培の中心地であったことが知られている。しかし、元々のチューリップの故郷は、数多くの野生種が自生しているカザフスタン、ウズベキスタンなどの中央アジアを中心とした地域である。(6) 一説によれば、チューリップは行商人や旅行者によって一二世紀前後に中央アジアからシルクロードを経てトルコに紹介され、園芸化が進んだとされている。現在、チューリップの野生種は約一五〇種といわれ、その半分以上が天山山脈の西側からパミール高原一帯を中心とする中央アジアに自生しており、北はシベリア、東は中国、南はカシミールやインド、西はコーカサス地方へと伝播した。特にコーカサス地域は約二割の野生種の故郷。ここからトルコやバルカン半島へ、さらに人の手によってヨーロッパに持たらされ、オランダを中心にチューリップは黄金の歴史を刻むこととなる(**図1**)。

チューリップが日本に初めて渡来したのは、江戸時代末期の一八六三年二月、幕府の遣欧使節団がフランスからヒヤシンスやスイセンなどとともに持ち帰った時とされている。しかし、これらの球根は、植付け時期が過ぎて消耗も激しく、その後の栽培につながることはなかった。日本でチューリップが植付けられるようになったのは明治時代後期に一部の種苗商によってオランダより輸入されてからであり、これ以降、チューリップが球根という形態で毎年秋に植付ける植物として知られるようになり、やがて日本での栽培が始まる端緒となったのである。

チューリップの園芸植物としての品種群分類

チューリップの植物学的な分類は、一九四〇年にアルフレッド・ダニエル・ホールによって発表されたイギリス王立園芸協会の『The Genus Tulipa』において整理され[4]、二〇一三年にはイギリス王立キュー植物園のダイアナ・エベレットらによる『THE GENUS TULIPA TULIPS OF THE WORLD』に最新の情報としてまとめられている[1]。一方、これらとは別に園芸植物としてのチューリップ品種がオランダ王立球根生産者協会によって開花期や花型などにもとづいて分類整理されている。これまで何度かの品種群分類の再編を経て、現在は同協会が一九八七年に発行したチューリップ品種リストにもとづいた分類(品種群)が

表1．チューリップ品種群
オランダ王立球根生産者協会発行のチューリップ品種リスト（1987年）より作成

開花期	品種群	略語
早生	一重早生　Single early tulips	SE
	八重早生 Double early tulips	DE
中生	トライアンフ群 Triumph tulips	T
	ダーウィン・ハイブリッド群 Darwin hybrid tulips	DH
晩生	一重晩生 Single late tulips	SL
	ユリ咲き Lily-flowered tulips	LF
	フリンジ咲き Fringed tulips	FR
	ビリディフローラ Viridiflora tulips	V
	レンブラント Rembrandt tulips	R
	パーロット咲き Parrot tulips	P
	八重晩生 Double Late tulips	DL
野生種群	カウフマニアナ群 Kaufmanniana, varieties and hybrids	K
	フォステリアナ群 Fosteriana, varietis and hybrids	F
	グレイギー群 Greigii, varietis and hybrids	G
	その他の野生種群　Other species and their varietis and hybrids	S

用いられており[8]、以下の記述もこの分類に沿うものとする（表1、図2）。

チューリップ育種の始まり

日本におけるチューリップ球根栽培は、明治時代後期から太平洋側の関東各地で試みられたが、いずれの地でも二〜三作するとアブラムシの媒介によるモザイク病が大発生し、優良な球根が生産されず失敗に終わっている。一方、一九一八年に新潟県小合村（現・新潟市）の小田喜平太によって、ほぼ時を同じくして富山県庄下村（現・砺波《となみ》市）の

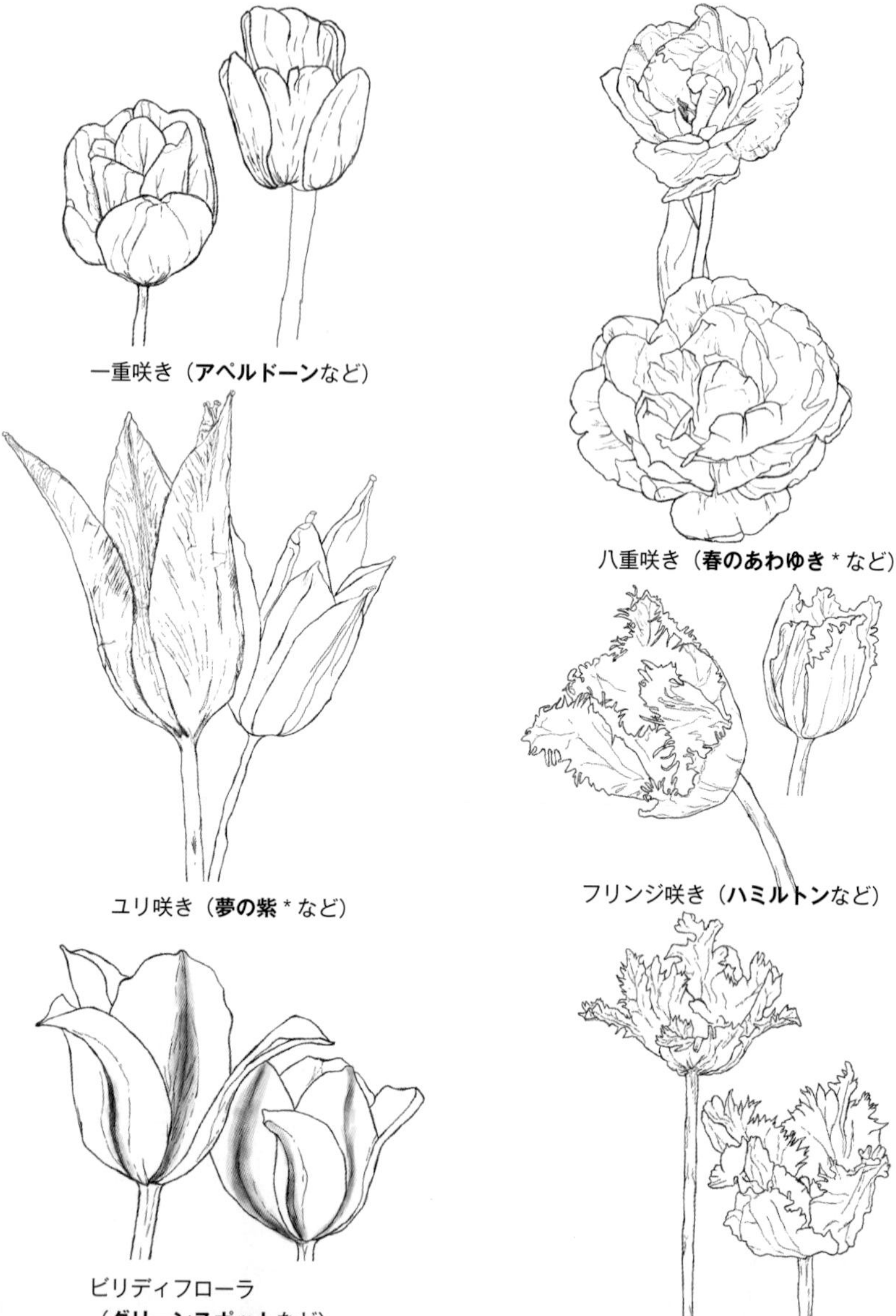

図 2. チューリップの花型
* は富山県育成

水野豊造《みずのぶんぞう》（図3）によって球根栽培が始められ、立地条件に恵まれた日本海側の各地に波及し、今日にいたっている。しかし、大正~昭和初期は品種に関する知識が乏しく、栽培品種の大部分は早生系の品種で占められていた。早生品種は繁殖は良くないが早咲きであるため、生育期がアブラムシが多く飛来する時期より早く、モザイク病への感染が少ないことから球根単価が高く有利であるとの種苗業者の提案で、高い種球根を買い入れて増殖したが、アメリカへ輸出してはじめてカリフォルニア州の暖地に適さないことがわかり、ようやく品種に対する認識を新たにしている。このため、一九三五年頃から急遽、中・晩生品種の導入更新が図られた。このように、チューリップ球根の生産地では、栽培や輸出などの経験を通して徐々に品種の重要性が認識され、オランダからの新品種導入を図るともに、日本独自の品種育成への期待が高まっていった。

その流れを逸早く認識して日本で初めてチューリップの新品種育成を手掛けたのは、富山チューリップ育ての親といわれる水野豊造である。水野は昭和初期から導入品種を組み合わせた交配を試み、第二次世界大戦中も育成中の球根を維持し、その中から、一九五二年に**王冠**、**天女の舞**、**黄《き》の司《つかさ》**の三品種を種苗登録し、翌一九五三年にも**紫雲閣《しうんかく》**、**雲竜《うんりゅう》**、**平和**などの新品種を発表している。

公的機関におけるチューリップ育種

一九五〇年代当時、本場オランダでは、多くの民間育種会社によって

図3. 水野豊造

毎年三〇～五〇品種近い新品種が発表され、常に八〇〇品種前後が栽培されているのに対して、日本では現在でもその半分の四〇〇品種程度しか栽培されておらず、しかも、ほとんどの品種はオランダから導入されたものである。したがって、これらの導入品種だけに依存していては常にオランダの下請け産業の域を出ず、日本のリーダーシップはとれないことになる。また、オランダで育成された品種は気候風土の異なる日本で必ずしも適するとは言えず、日本の立地条件に合った、品種の生産能力を十分に発揮できる新しい品種を育成することが必要となっていた。しかし、新品種の育成は、交配して得られた種子を播いて養成した実生球が開花球に達するまで六年、これを選抜、増殖して新品種として発表できるまでに約二〇年の長年月と資本、労力を要する。オランダのように歴史的な大産業となった基盤があれば広範な民間育種も可能であるが、日本のように未だ発展途上のチューリップ業界ではそれが出来難く、公的機関による育種事業に頼らざるを得なかった。

以上のような背景の中で、一九三六年に設立された富山県立農事試験場園芸分場では交雑育種が始められ、一九五九年にこれらの中から**ブリリアントプリンス**（赤）、**シルバーピーク**（白）、**バイオレットジム**（紫）など八品種が命名発表された。しかし、本格的に品種育成が始められたのは、一九四九年四月に設置された農林省富山農事改良実験所出町試験地（富山県立農事試験場園芸分場に併設）で、「輸出向けチューリップ育種」事業が開始されてからである。一九五一年四月、農事改良実験所制度の廃止に伴い、チューリップ育種事業は国の委託事業である農林省指定試験として富山県農業試験場に移管され、そのまま出先機関である出町園芸分場（現・富山県農林水産総合技術センター園芸研究所）に引き継がれ、全国唯一のチューリップ育種研究機関として二〇一〇年に指定試験事業が廃止されるまで精力的に取り組まれた。

チューリップ育種事業の開始当初は、遺伝・育種に関する知識や情報はほとんどなく、かつ交配親となる優良品種が少なく、品種の収集やその品種の特性調査から出発せざるを得ない状況であった。そのため、富山県ではチューリップ品種の導入が積極的に進められ、輸出向けとして花が大きく、草丈が高く、草姿雄大で、球根生産が容易なものとして一重晩生品種を中心に**ウィリアムピット**（赤）、**クインオブナイト**（黒紫）、**ママサ**（黄）、**アルビノ**（白）などの品種が多く導入された。一九五〇年代にはトライアンフ群が中生咲き、草丈高性で草姿雄大であり、特に覆輪花《ふくりんか》の優良品種が多いので年々多くの品種が導入された。ユリ咲き品種は茎の軟弱さが問題視され、一九五五年から大輪かつ強茎の品種が導入されるようになった。八重晩生咲きは、一九五〇～五七年に優良品種が導入されて非常に注目され、八重早生咲き品種に代るものとして一九五五年以降も年々導入され、八重咲きの主体をなしていった。パーロット咲きは、一九五一～一九五三年に草丈高性の品種が注目され、主要品種はほとんど導入されている。ダーウィン・ハイブリッド群はオランダでも新しい品種群として大変な人気を呼び急激に増殖されていたが、日本には一九五六年に**オックスフォード**（赤）、**レッドマダドール**（赤）、一九五七年に**アペルドーン**（赤）、**ホーランズグローリー**（橙赤）が導入されて大変な関心を集め、早速大量に原種球根が導入増殖された。フォステリアナ群、カウフマニアナ群、グレイギー群などの野生種の血が入った品種は一九六一年から急に導入されている。この結果、一九六五年頃まで七〇〇品種余り導入されたが、オランダでの品種構成からみると、まだごく一部であり、今後の品種導入に期待がかけられたが、同時に日本独自の品種育成が極めて重要であることが再認識された。また、チューリップ球根の栽培技術、実生の養成・肥大に関する基礎的な知識も乏しく、促成栽培技術に関する試験なども育種と並行して行なう必要があった。

1 **観賞作物としての新規性**
・花色（覆輪、ビリディフローラ、色彩の変化を含む）
・花型（一重咲き、八重咲き、ユリ咲き、フリンジ咲き、パーロット咲き）
・草姿（大型、ミニ、矮性、枝咲き）
・芳香性
・花持ち性
・開花の早晩性（早生、中生、晩生）

2 **球根生産性**
・主球の肥大性と分球性のバランス
・ほ場裂皮、ドロッパーの発生が少ないこと

3 **促成適応性**

4 **病害虫抵抗性**
・球根腐敗病
・微斑モザイク病
・条斑病
・モザイク病
・チューリップサビダニ

5 **機械化適応性**
・外皮の厚さ
・古皮、古茎、古根の離脱性

図 4. 1980 年代以降の育種目標

育種目標

指定試験事業開始当初の育種目標は、一九五一年の試験成績書によれば「輸出向きとして必要な諸条件を具備し、かつ従来の品種より色彩鮮麗にして芳香を有し、開花促成の目的を以てする低温処理に敏感な新品種を育成する」という極めて漠然としたものであった。これは、当時、チューリップの品種特性や輸出向けとしての必要条件などについて、十分な知識が得られず、また、チューリップの観賞作物としての性格から花色をはじめとして非常に多様な品種が要求されるので、その育種目標は極めて広範かつ漠然としたものにならざるを得なかった。チューリップは芳香のないのが大きな欠点と考えられるが、当時かなり芳香のある二～三品種があったので目標に入れられた。さらに、第二次世界大戦前から、日本産チューリップ球根が輸出先において開花が遅いという情報があり、また、クリスマス用として促成開花の可否が品種の価値を左右するということから、促成のための低温処理に敏感なことが目標とされた。し

かし、年を追うごとにオランダから多数の品種が導入され、その特性が知られるようになるにつれて育種目標が整理検討され、一九五〇年代後半には次の五項目にまとめられた。①各花色において色彩鮮麗、大花強健であること、②茎葉は雄大で草姿良く、特に花梗が強健であること、③球根は繁殖力が旺盛、かつ大球性で球根生産容易なこと、④耐病性があり、特にモザイク病や球根腐敗病に強いこと、⑤低温処理に敏感で促成栽培に適すること、である。

その後、用途の多様化や変化する消費者ニーズへの対応、球根生産面での機械化の推進などによって育種目標が細分化し、一九八〇年代以降は、概ね**図4**のような項目（キーワード）にまとめられた。

以上のような多様な育種目標を目指すためには遺伝資源の収集・保存及び特性評価を一層進めなければならない。そのため、富山県では一九九五年に世界各地のチューリップの遺伝資源を収集して保存・管理することを業務とするチューリップ遺伝資源センターを現在の富山県農林水産総合技術センター園芸研究所の附属施設として設置し、世界的にも貴重な遺伝資源を二〇〇〇品種以上保有するにいたっている（**図5**）。

図5．チューリップ遺伝資源の保存圃場

チューリップ育種の経過

チューリップ育種を手掛けはじめた当初の一九四七～五一年は、既存品種と導入品種の特性調査を行なう中で相互に交配して得られた実生の養成を行なった。一九五一～五九年は、各品種群内での品種間交配によって得られた実生の養成を行なった。また、一九五八年から数年間、富山県農業試験場（富山市）のアイソトープ実験室において、照射による育種試験が進められたが新品種として発表するまでにはいたらなかった。一九六〇～七〇年は、各品種群間の品種間交配に加えて、当時オランダからの導入品種で一世を風靡した種間雑種のダーウィン・ハイブリッド群に刺激を受けて、主に花色の豊富なトライアンフ群とフォステリアナ群との種間交雑を行った。一九七一～八一年は、従来の品種間交配、種間交雑に加えて、既存の四倍体品種を利用した倍数体育種も試みられるようになった。さらに一九八二年以降は、野生種と栽培種との遠縁交雑や花粉母細胞前減数分裂期の高温処理によって誘発された非還元性花粉を利用した倍数体育成も試みられている。

このようにして得られた実生系統は、球根養成、栽培管理され、特性調査を行なう中で、時代の要請や消費者ニーズなどにも考慮しながら選抜が重ねられた。一九六五年五月の開花期には指定試験事業の中で育成された有望系統に、試験場の所在地である富山県砺波市に因んで「砺波育成」番号を冠した系統名を付与したチューリップ**砺波育成一号**から**砺波育成二一号**までが発表された。このうち優良と判断された系統については、**オリエント**、**パープルレディー**、**フラワーアトラクション**などの品種名が付けられ、特に優秀と認められた**サクラ**、**ウィステリアメイド**、**プリンスオブニッポン**の三品種については一九六九年に農林登

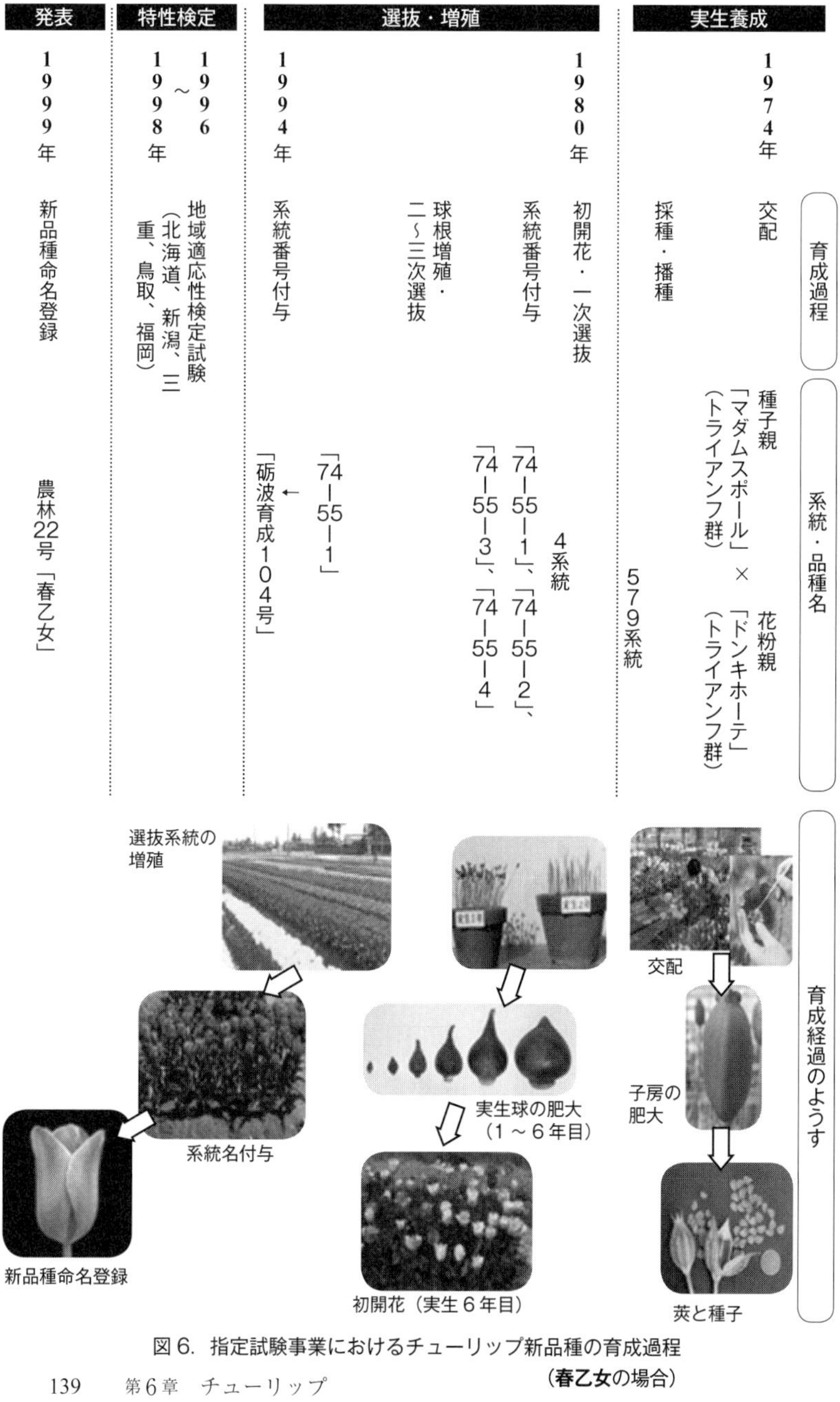

図6. 指定試験事業におけるチューリップ新品種の育成過程
（**春乙女**の場合）

録（新品種命名登録）された。その後、優秀な系統については順次発表され、一九七一年には、**トナミシティー**、**クリスマスレッド**、**オトメ**の三品種が農林登録された。

一九七二年からは指定試験地（富山県）の育成系統について、新潟県、鳥取県および埼玉県の各試験場において、一九九一年からは農林水産省の北海道農業試験場、野菜・茶業試験場（所在地：三重県）および野菜・茶業試験場久留米支場（所在地：福岡県）も加えられて地上部特性、球根収量性および促成適応性等の地域適応性検定試験が実施されるようになった（**図6**）。この検定試験を概ね三年間継続して優秀な成績を得た系統については、農林登録と併せて種苗法にもとづく品種登録の手続きがとられることとなった。この結果、一九八〇年には**三姉妹**、**神通**《じんずう》、**薄化粧**、**白雪姫**、**五郎丸**、**紫水晶**の六品種が一度に農林登録された。その後、一九八二年には**黄小町**《きこまち》、一九八六年には**紅輝**《こうき》、**紫雲**《しうん》、一九九一年には**初桜**《はつざくら》、**白雲**《はくうん》と、以降二〜三年毎に農林登録品種が発表され、指定試験事業の中では二〇〇六年発表の**春天使**《はるてんし》まで育成された（**表2**）。この間、一九九一年には、**黄小町**が日本で育成されたチューリップ品種としては初めてオランダでの品種登録が認められ、以降二〇〇四年には**初桜**と**白雲**、二〇〇六年には**夢の紫**が後に続いている。

これらの公的機関において育成された品種は、農林登録発表後の球根増殖、品種登録を経て生産現場への普及が図られた。とりわけ、試験地がある富山県内においては、栽培面積でオランダからの導入品種を凌ぐ品種も現れている（**表3**）（**図7**）。

二〇一〇年に指定試験事業が廃止されて以降、富山県は県単独予算に加えて、農林水産省の競争的資金制度の支援を得てチューリップ育種を継続しており、その中から白色の八重咲き品種である**春のあわゆき**や覆輪の赤紫色が咲き進んでも広がらない特性をもつ**赤い糸**などの新規性の高い品種を発表している。

新潟県においては、新潟県園芸試験場（農業試験場）で一九四九年からチューリップ交配を手掛け、そ

紫水晶

白雪姫

白雲

黄小町

紅輝

図 7. 主な富山県育成品種

の成果は、一九六三年に**コシジビューティー**など三品種、一九六五年には**スノーニイガタ**など六品種を発表しているが、これらの品種は一般に普及することなく、その後、新潟県における品種育成は中断されたが、促成切り花生産の進展により、オリジナル品種の重要性が高まり、一九八五年から再開され、主に品種間交配により新品種が育成されている。[13] 育成品種の多くは露地花壇だけでなく、年内出荷可能な促成切り花としても利用でき、二〇一〇年秋から販売が始まっている（**表4**）。

地域農業の技術的支援も担っていた新潟大学農学部においては、一九五七年から、萩屋薫教授によって、まずは品種間交配を中心にチューリップ育種が手掛けられた。しかし、見るべき成果が得られないことから、当時、オランダにおいてもまだ歴史の浅い種間交雑に重点を置いた育種が進められた。その結果、野生種系のアクミナータ（*T. acuminata*）（**図8**）を花粉親とし、栽培品種を種子親とした交配により新しいユリ咲き品種が育成され、**星シリーズ**として命名され、品種登録された。また、第二次世界大戦後にオランダで登場したダーウィン・ハイブリッド群が、花や草姿が巨大で、生育も旺盛であることから人気を博したことがきっかけで、フォステリアナ群の品種**ピューリシマ**を花粉親として栽培品種と交配することによって、従来のダーウィン・ハイブリッド群の品種に比較して花色の変化に富んだ雑種が多数得られ、**メルヘンシリーズ**として命名され、品種登録された[3]（**表5**）。これらの育成品種は新潟県内において栽培されたが、大きく生産が広がることはなかった。この他、チューベルゲニアナ種（*T. tubergeniana*）やプラエスタンス種（*T. praestans*）を花粉親とした交雑によって、草姿が雄大で多彩な花色の雑種が得られたが、品種化されることはなかった。

民間によるチューリップ育種の広がり

富山県内では、水野豊造に続いて意欲的な球根生産者が球根生産の傍ら、交配や枝変わり株の発見・増殖などによって品種育成を手掛け、一九六〇年代から現在にいたるまで、数多くの育成品種に自ら命名して発表している。その中には、新品種を育成した球根生産者自らが品種登録を行ない、富山オリジナル品種の優秀性をアピールしている事例もある。近年、富山県育成品種で長らく栽培面積のトップを続けている**黄小町**の中から、球根生産者が赤色の花色をもつ枝変わり個体を見出して球根増殖して品種登録し、**とやまレッド**の商品名で販売を始めている。

新潟県下では生産者による育種事例はみられないが、農業高校教諭であった雨木若橘（新潟市）が勤務の傍ら交配を続け、**白鳥**、**福娘**、**古都**の三品種を育成し、品種登録している（**表6**）。

おわりに

栽培用の球根類などの種苗は、輸入時の検査だけではウイルス病などに汚染されている個体を完全に除外することは難しい。また、国内のほ場に直接植え付けられ、長期間栽培されることから、病害侵入の危険性がより高まる。このため、重要な種苗については輸入に際し、隔離されたほ場で一定期間栽培し、病害検定を行なう。一九八八年、それまでは外国産球根を日本国内で栽培するには一年間の隔離栽培が必要であったが、その隔離検疫制度が緩和され、オランダからのチューリップ球根が自由に輸入できるようになった。これによって数多くの品種がオランダから導入されることに対して、日本では国内の作付け品種

図8. アクミナータ

構成を見直し、日本のオリジナル品種あるいは消費者ニーズに合った品種で対抗しようとの動きが顕著になった。その意味では、日本における球根生産の危機的な転換点をオリジナル品種が下支えしたとも考えられるのである。

品種育成は、交配から新品種として世に送り出すまで約二〇年の年月、資本、労力を要する。まさに、アレクサンドル・デュマの小説『黒いチューリップ』の中で「もっとも優雅で、もっとも金のかかる気違い沙汰の仕事」と表現されるほどの一大事業である。しかしながら、チューリップ品種改良の日本史を振り返ると、その多くが富山県を中心とした北陸方面の歴史でもある。その意味では、あの「気違い沙汰の仕事」も北陸の厳しい風土に育まれた人々であったからこそできたとの感を強くするのである。

このようにチューリップ品種育成の取り組みは、その重要性が理解され公的機関だけではなく、球根生産者にまで広がり、その中から今や本場オランダからも注目される品種が育成されつつある。この流れに勢いをつけることでチューリップ産業が今後さらに発展していくことを期待したい。

表2. 富山県育成品種

（* は品種登録年）

品種名	品種群	花色	主な特性	農林番号	登録年	交配組み合わせ			交配年
サクラ	SL	赤紫	促成栽培に適する	農林1号	1969	ウイリアムコープランド	×	ファンタジー	1948
ウイステリアメイド	SL	青紫	草丈高性	農林2号	1969	ウイリアムコープランド	×	ブルーアイマーブル	1950
プリンス オブ ニッポン	T	黄に赤覆輪		農林3号	1969	イエロージャイアント	×	アーサーマイナー	1950
トナミシティー	T	淡黄		農林4号	1971	カメリア	×	クラモイシブリリアント	1951
クリスマスレッド	SL	赤	促成栽培に適する	農林5号	1971	ウイリアムピット	×	ミスターバンジール	1951
オトメ	SL	赤紫		農林6号	1971	ブルーアイマーブル	×	ミスターバンジール	1954
三姉妹	SL	赤紫	枝咲き	農林7号	1980	マダムモッテ	×	インサーパッサブル	1951
神通	SL	濃紫	草丈高性	農林8号	1980	ブルーパーフェクション	×	レッドマスター	1956
薄化粧	DH	淡黄	大輪	農林9号	1980	ニフェトス	×	レッドエンペラー	1961
白雪姫	DH	白	大輪	農林10号	1980	ニフェトス	×	レッドエンペラー	1961
五郎丸	DH	橙赤	わい性、大輪	農林11号	1980	テレスコピューム	×	ピューリシマ	1962
紫水晶	SL	青紫	促成栽培に適する	農林12号	1980	モダンタイムス	×	クインオブナイト	1963
黄小町	DH	黄	わい性、大輪、促成栽培に適する	農林13号	1982	カムカーデ	×	ピューリシマ	1965
紅輝	DH	赤	早期促成栽培に適する	農林14号	1986	パウルリヒター	×	ピューリシマ	1965
紫雲	T	白に紫覆輪	花色が咲き進むにつれ変化	農林15号	1986	モダンタイムス	×	バレンタイン	1965
初桜	DH	白に桃覆輪	大輪、促成栽培に適する	農林16号	1991	カメリア	×	ピューリシマ	1966
白雲	DH	白	大輪、促成栽培に適する	農林17号	1991	マウントエレバス	×	ピューリシマ	1966
紅豊	SL	赤	大輪、草丈高性	農林18号	1993	ママサ	×	ギャラントレディー	1965
雪壺	T	白	わい性、促成栽培に適する	農林19号	1993	アルビノ	×	フジヤマ	1970
夢の紫	L	濃赤紫	ユリ咲き、大輪、促成栽培に適する	農林20号	1995	デメーター	×	アクミナータ	1973
恋茜	T	赤に黄覆輪	土壌伝染性病害に強い	農林21号	1997	平和	×	7311(オランダ)	1974
春乙女	T	赤紫	土壌伝染性病害に強い、促成栽培に適する	農林22号	1999	マダムスポール	×	ドンキホーテ	1974
ありさ	T	赤紫	球根腐敗病・土壌伝染性病害に強い、促成栽培に適する	農林23号	2002	ドンキホーテ	×	ベンバンザンテン	1979
ウェディングベール	L	白	ユリ咲き、促成栽培に適する	農林24号	2002	アスリート	×	アクミナータ	1983
春万葉	SL	赤に橙覆輪	3倍体、極晩生、球根腐敗病・微斑モザイク病に強い	農林25号	2004	アドバンス	×	ミセスジョンティーシーパース	1984
白ずきん	SL	白	3倍体、極晩生	農林26号	2004	チャパカ	×	ミセスジョンティーシーパース	1984
紅ずきん	SL	橙赤	3倍体、極晩生、球根腐敗病・土壌伝染性病害に強い	農林27号	2005	ナウシカオ	×	ミセスジョンティーシーパース	1984
春天使	T	白	条斑病に強い、促成栽培に適する	農林28号	2006	クリスマスレッド	×	アルビノ	1984
春のあわゆき	DL	白	八重咲き、茎葉強健、促成栽培に適する		2012*	ローズビューティー	×	モンテカルロ	1988
赤い糸	T	白に赤覆輪	咲き進んでも花色が変化しない		2014*	スイートハーモニー×アルビノ	×	スイートハーモニー×スノースター	1990
春の火まつり	DL	白に赤覆輪	八重咲き、茎葉強健		2014*	ローズビューティー	×	フリンジドビューティー	1988

表 3. 富山県における栽培面積上位 20 品種の変遷

	1980 年			1990 年			2000 年			2010 年		
順位	品種群	品種名	面積 (ha)	品種群	品種名	面積 (ha)	品種群	品種名	面積 (ha)	品種群	品種名	面積 (ha)
1	DH	レッドマタドール	13.0	T	ローズビューティー	9.9	DH	黄小町	23.8	DH	黄小町	7.3
2	F	レッドエンペラー	9.6	DH	ゴールデンエンパイヤステート	9.6	DH	白雪姫	13.5	DH	レッドインプレッション	4.4
3	T	ローズビューティー	8.4	T	ベンバンザンテン	8.4	T	紫水晶	10.9	DH	ゴールデンエンパイヤステート	4.3
4	DH	ゴールデンオックスフォード	6.0	DH	レッドマタドール	6.6	T	ベンバンザンテン	9.6	DH	ピンクインプレッション	4.0
5	DH	エンパイヤステート	5.4	DH	黄小町	6.2	DH	ゴールデンエンパイヤステート	7.2	DH	白雪姫	3.4
6	SL	ママサ	5.2	DH	エンパイヤステート	5.7	SL	ピンクダイヤモンド	6.9	T	紫水晶	3.3
7	SL	レナウン	4.9	T	イルドフランス	5.1	DH	ピンク インプレッション	6.7	SL	ピンクダイヤモンド	3.1
8	SL	バラライカ	4.3	T	アルビノ	4.8	T	ジュディーレスター	6.5	T	ベンバンザンテン	3.1
9	DH	パレード	4.2	DH	白雪姫	4.6	DH	カムバック	6.4	T	クンフー	2.9
10	T	ケスネリス	4.1	SL	クインオブナイト	4.3	DH	紅輝	6.2	FR	ハウステンボス	2.2
11	T	パールリヒター	3.3	SL	ママサ	4.2	T	フランソワーゼ	5.0	T	プリンスクラウス	2.2
12	T	アスリート	3.0	DL	アンジェリケ	4.1	DL	アンジェリケ	4.2	T	ジュディーレスター	2.0
13	T	プレルデューム	2.8	T	ガンダー	4.1	T	イルドフランス	3.8	L	バレリーナ	1.9
14	SL	ハルクロ	2.7	T	レーンバンデルマーク	3.8	T	セビィラ	3.7	DL	アンジェリケ	1.8
15	DH	スプリングソング	2.6	DH	ゴールデンオックスフォード	3.8	T	ホーランディア	3.7	DH	白雲	1.8
16	T	アドルノ	2.5	DH	スプリングソング	3.6	DH	エンパイヤステート	3.7	T	アルカディア	1.6
17	SL	ピンクシュープリューム	2.4	L	コンプリメント	3.6	T	レーンバンデルマーク	3.2	DH	ワールドフェバリット	1.5
18	SL	クインオブナイト	2.4	SL	バラライカ	3.0	L	バレリーナ	3.2	T	フェーバス	1.4
19	T	オラフ	2.3	T	紫水晶	3.0	DE	モンテカルロ	2.8	T	ストロングゴールド	1.4
20	DH	ゴールデンパレード	2.2	T	フランクフルト	2.9	T	レオフィッシャー	2.7	T	フランソワーゼ	1.3

表 4. 新潟県育成品種　　(* は品種登録年)

品種名（愛称）	品種群	花色	発表年	交配組み合わせ		
コシジビューティー	T	白に赤覆輪	1963	ミシシッピー	×	不明
プライドオブニーツ	SL	赤紫	1963	テレスコピューム	×	プリンスオブオーストリア
アキバホワイト	T	白	1963	カンサス	×	プリンスオブオーストリア
ホワイトミョウコウ	T	白	1965	ミシシッピー	×	プリンスオブオーストリア
パープルヤヒコ	SL	紫	1965	テレスコピューム	×	プリンスオブウエルス
スノーニイガタ	SL	淡黄	1965	ホワイトシティー	×	ホワイトビューティー
ピンクコシジ	SL	赤桃	1965	不明	×	不明
イエローナカシズカ	T	黄	1965	ミシシッピー	×	アーサーマイナー
スカーレットカタオカ	SL	赤	1965	ベラドンナ	×	ジャイアント
新潟 1 号（桜小雪）	SL	白に桃覆輪	2007*	ジョーゼット	×	ホワイトドリーム
新潟 2 号（メリープリンス）	T	赤に白覆輪	2007*	メリーウィドーの枝変わり		
新潟 3 号（アルビレックス）	L	橙	2009*	アラジン	×	ゴールデンメロディー
新潟 4 号（越爛漫）	DL	赤紫	2009*	バレンタイン	×	メイワンダー
新潟 6 号（キャンドルルージュ）	L	赤	2009*	バストン	×	ダイアニト
新潟 7 号（ホワイトスワン）	L	白	2009*	レッドシャイン	×	ジャクリーン
新潟 8 号（サンセットビーチ）	L	赤に黄覆輪	2009*	クインオブナイト	×	アラジン
新潟 9 号（スプリングファンタジー）	SL	白に赤紫覆輪	2009*	マギール	×	ダイアニト
新潟 10 号（ナイトダンス）	T	赤茶	2009*	レクレアード	×	ノースゴー
新潟 11 号（恋心）	P	白に桃覆輪	2009*	プレルジューム	×	レッドパーロット
新潟 13 号	DL	赤に白覆輪	2011*	メリーウィドー	×	カールトン
新潟 14 号	L	黄	2011*	バストン		ダイアニト

表 5. 萩屋薫氏（新潟大学農学部）育成品種

品種名	品種群	花色	品種登録年	交配組み合わせ		
あこがれ星	L	赤紫	1987	テレスコピューム	×	アクミナータ
星影	L	赤	1987	マダムモッテ	×	アクミナータ
兄弟星	L	桃黄	1987	マダムモッテ	×	アクミナータ
星の宿	L	橙赤	1987	アルゴー	×	アクミナータ
星明り	L	黄	1987	アルゴー	×	アクミナータ
星の精	L	黄	1987	アルゴー	×	アクミナータ
星のささやき	L	桃	1987	コーデルハル	×	アクミナータ
星占い	L	紫桃	1987	センチナイヤー	×	アクミナータ
星の願	L	赤紫	1987	センチナイヤー	×	アクミナータ
星の使	L	赤	1987	クインオブナイト	×	アクミナータ
希望の星	L	黄	1987	マーセリナ	×	アクミナータ
叶い星	L	赤	1987	ユートピア	×	アクミナータ
夢の星	L	赤	1987	ユートピア	×	アクミナータ
明の明星	L	橙赤	1987	プライドオブハーレム	×	アクミナータ
星の瞳	L	赤茶	1987	クインオブナイト	×	アクミナータ
魔法のランプ	DH	赤	1995	プライドオブハーレム	×	ピューリシマ
ビネピア	DH	白に桃覆輪	1995	プライドオブハーレム	×	ピューリシマ
クランボン	DH	赤	1995	プライドオブハーレム	×	ピューリシマ
ヤン坊	DH	赤に黄覆輪	1995	プライドオブハーレム	×	ピューリシマ
キララ	DH	淡黄に桃覆輪	1995	プライドオブハーレム	×	ピューリシマ
オデッタ姫	DH	朱赤	1995	プライドオブハーレム	×	ピューリシマ
ヨリンデ	DH	桃赤	1995	ウイリアムピット	×	ピューリシマ
セドリック	DH	朱赤	1995	プライドオブハーレム	×	ピューリシマ
ヨリンゲル	DH	赤	1995	プライドオブハーレム	×	ピューリシマ
羅須地人	DH	桃	1995	プライドオブハーレム	×	ピューリシマ
カンパネルラ	DH	白に桃覆輪	1989	プライドオブハーレム	×	ピューリシマ
ムーシカ	DH	淡黄	1989	デュークオブウエリントン	×	ピューリシマ
シンデレラ	DH	赤	1989	プライドオブハーレム	×	ピューリシマ

表6. 日本における主な民間育成品種

(* は品種登録年)

品種名	品種群	花色	発表年	育成者（品種登録者）	育成地	交配組み合わせ		
王冠	T	乳白	1952*	（水野豊造）	富山	ウィリアムピット	×	ポットベーカースカーレット
天女の舞	T	白に桃覆輪	1952*	（水野豊造）	富山	ミスタージンマーマン	×	ネリンダ
黄金閣	T	黄	1952	水野豊造	富山	アーサーマイナー	×	イエロージャイアント
黄の司	T	黄	1952*	（水野豊造）	富山	イエロージャイアント	×	アーサーマイナー
雲竜	SL	茶紫	1953	水野豊造	富山	ザビショップ	×	イエロージャイアント
紫雲閣	SL	紫	1953	水野豊造	富山	ザビショップ	×	イエロージャイアント
平和	T	赤	1953	水野豊造	富山	ウィリアムピット	×	ポットベーカースカーレット
ハマナカホワイト	SL	白	1954	日下部菊治郎	京都	ザーネンバーク	×	ゼミス
ハマナカレッド	SL	赤	1955	日下部菊治郎	京都	レッドピットの枝変わり		
紫宸殿	SL	紫	1968	吉川小左ヱ門	富山	インサーパッサブル	×	パリッサ
黒部川	SL	紫	1969	小林直助	富山	ローズコープランド	×	デメーター
レインボー	SL	黄に赤覆輪	1969	石田甚三	富山	ゴールデンメジャーの枝変わり		
ザ　グレゴールミズノ	T	黄に赤覆輪	1972	水野豊孝	富山	(アーサーマイナー×イエロージャイアント)の枝変わり		
銀嶺	T	白	1978	古田喜義	富山	アスリートの枝変わり		
福寿	SL	橙	1978	山本利雄	富山	ゴールデンメジャーの枝変わり		
庄川	SL	白	1980	松井源右ヱ門	富山	パックス	×	ホワイトロック
立山の雪	SL	白	1980	松井源右ヱ門	富山	マウントエレバス	×	ミセスグルレマンス
八乙女	SL	赤	1980	松井源右ヱ門	富山	クインオブナイト	×	パウルリヒター
あけぼの	DL	黄	1981	青木長次	富山	ジュエルオブスプリングの枝変わり		
紫の君	SL	紫	1982	小林与三雄	富山	センチネイヤ	×	ウィリアムコープランド
紅獅子	DE	赤	1982	清都常好	富山	オールゴールドの枝変わり		
さざなみ	SL	白	1984	清田忠雄	富山	マウントエレバスの枝変わり		
ゴールドアーダー	T	黄	1986*	（タキイ種苗）	オランダ	ルイ　ドール	×	無名実生種
プリンセスサルファート	T	橙黄	1986*	（タキイ種苗）	オランダ	プレリウディアン	×	バロック
ボッケリーニ	T	藤桃	1986*	（タキイ種苗）	オランダ	バロック	×	ヘンリーダナント
白鳥	SL	白	1987*	（雨木若橘）	新潟	ウィリアムピットの自然交雑実生		

プロフェッサー アインシュタイン	T	橙赤に黄覆輪	1987*	（タキイ種苗）	オランダ	インプレッサリオ	×	（デンボラ×プロフェッサーブルー）
マリー　ポピンス	T	赤紫	1987*	（タキイ種苗）	オランダ	ドンキホーテ	×	（シャルウインカ×リフェーバー）
福娘	SL	赤に白覆輪	1990*	（雨木若橘）	新潟	バイオラの自然交雑実生		
古都	T	赤茶	1990*	（雨木若橘）	新潟	ロードカーナバンの自然交雑実生		
化粧桜	F	赤に白覆輪	1990	青木長次	富山	ゾンビーの枝変わり		
火の舞	DH	赤	1991	小林与三雄	富山	スプリングタイムの枝変わり		
紅姿	SL	赤	1992	石田甚三	富山	プリンセスマーガレットローズの枝変わり		
かがり火	SL	黄に赤フレーム	1992	藤田隆正	富山	バラライカの枝変わり		
レッド ダイヤモンド	SL	赤	1993*	（スバル商事）	オランダ	プロミネンス	×	アバンチ
マダム・ミドリ	SL	桃紫	1993*	（タキイ種苗）	オランダ	バロック	×	ドンキホーテ
隆貴	SL	赤	1995	石田隆紀	富山	ローズィーウイングスの枝変わり		
由子	T	白に桃覆輪	1997	清都和文	富山	ローズビューティーの枝変わり		
紅美人	DH	白に赤覆輪	1997	浦滝俊雄	富山	白雪姫の枝変わり		
楊貴妃	L	桃	1998	藤田隆正	富山	チャイナピンクの枝変わり		
レッド インプレッション	DH	橙赤	2002*	（ワールドフラワー社）	オランダ	ピンク　インプレッションの枝変わり		
春のかざぐるま	L	淡黄に桃紫覆輪	2006*	（清都和文）	富山	コンプリメントの枝変わり		
明日香	T	赤に白覆輪	2006	高嶋　洋	富山	銀盃	×	ラッキーストライク
玉鬘	T	赤に黄覆輪	2008	高嶋　洋	富山	ケスネリス	×	不明
杉原 S1051 号	FR	黄に桃覆輪	2009*	（杉原重信）	富山	ファンシーフリルス	×	アンジェリケ
月浪漫	T	淡黄に黄覆輪	2009*	（清都和文）	富山	フランソワーゼの枝変わり		
S111 杉澤 01	DL	黄	2010*	（杉澤忠司）	富山	あけぼのの枝変わり		
高木 W 中林 S 育成 1 号	T	赤	2013*	（高木正夫、中林弘）	富山	黄小町の枝変わり		

第7章

ツツジ

小林伸雄

はじめに――最も身近な花木ツツジ

ゴールデンウィーク前後の日本の庭や公園を多彩に彩るツツジやサツキの植栽、多様な花色で愛好家を魅了するサツキ盆栽、また、全国各地のヤマツツジ、ミツバツツジ、レンゲツツジなどの自生地やツツジ公園の花名所など、ツツジは日本の春から初夏を華やかに彩る花木である。観賞するだけでなく、かつては春の農作業開始における農耕儀礼に用いられ、また、昭和世代以前の子供らが空腹を紛らわす遊びとして、ヤマツツジの花冠やもち病の葉を食べる習慣が本州各地に残っていることからも、ツツジは我々日本人に最も身近な花木の一つであるといえよう。

日本の野生ツツジから生まれた多様な園芸品種群

ツツジやシャクナゲとして知られるツツジ科ツツジ属（*Rhododendron* L.）の植物は、北半球を中心に約一〇〇〇種が分布し、日本には約五〇種が自生している。一般にツツジあるいは常緑性ツツジと呼ばれるヤマツツジ、サツキ、ミヤマキリシマ、キシツツジ、モチツツジ、ケラマツツジ等の一七種は、ツツジ亜属ヤマツツジ節（subgenus *Tsutsusi* section Tsutsusi）に分類され、このうちタイワンヤマツツジ、コメツツジ、チョウセンヤマツツジを除く一四種は日本の固有種である。(1)(2)

日本の山野に自生し、花が美しく観賞価値が高く、栽培が容易で、しかも種間交雑が可能な、これらの常緑性ツツジのグループからは、江戸時代を中心に多様な園芸品種が作出されてきた。

図1．ベルギーのゲント市で開催されるアザレア中心の国際園芸博覧会「フロラリア」において、華やかな色彩と花容をみせるベルジアン・アザレア　第33回「フロラリア」（2005年4月）にて

代表的な品種グループとして、ヤマツツジ、ミヤマキリシマなどから成立した**江戸キリシマ**や**クルメツツジ**のような小型の花をつける小輪系の園芸品種群、モチツツジ、キシツツジおよびケラマツツジなどが関与したリュウキュウツツジ、**オオキリシマ**（**大紫**）、**ヒラドツツジ**のような大輪系の園芸品種群、また、サツキ、マルバサツキに由来する**サツキ**の園芸品種群などが生み出された。これらは日本国内の愛好家によって栽培・観賞されただけでなく、江戸末期以降は海外に持ち出され、ヨーロッパやアメリカにおいて、日本や中国から導入された野生種や品種を用いた交雑育種よって多くの品種群が育成された。なかでもタイワンヤマツツジ、リュウキュウツツジ、サツキ等から一八六〇年代以降のベルギーにおいて育成されたベルジアン・アザレアは、代表的なヨーロッパの品種群で現在でも周辺諸国のクリスマス時期の重要な鉢花の位置を占めている[3]（**図1**）。

本章では、日本の野生ツツジをもとに、日本で発達し、日本人に愛されてきた多様な常緑性ツツジの園芸品種とその成立過程について、歴史ストーリーを交えながら以下に紹介したい。

コラム　西洋で改良され逆輸入されたアザレア

西洋で改良されたベルジアン・アザレア等は、日本へは明治以降にインド原産の花「アザレア」*Azalea indica* として導入され、当初は外国語の品種名を和名の品種名に付け替えて普及された。

万葉時代からのツツジ

水伝う磯の浦廻《うらみ》の石躑躅《いわつつじ》もく咲く道をまたも見むかも」
（水が伝う岩に咲くツツジが生えるこの道をまた見ることができるのだろうか）

『万葉集』（八世紀末）には、サツキと推定されるこの歌の「石躑躅《いわつつじ》」以外に、「丹管仕《につつじ》」、「白管仕《しらつつじ》」など、ツツジを詠んだ一〇首が収められている。花の色や生育地により区別されて観賞され、比喩の文学表現にも用いられていることからも、当時からツツジが人々の生活にも身近な存在であったことが明らかである。

鎌倉時代初期に藤原定家が著した『明月記』には、清定朝臣が三寸程の「八重躑躅」を持ってくること（一二三〇）や、また翌年（一二三一）に八重躑躅が開いた日記があり、現在のところ園芸的に栽培化した最古の記録が出てくる。

一方、室町時代の庭園に関する資料には、各処にツツジの植栽・観賞についての記述がある。第六代将軍・足利義教《あしかがよしのり》や第八代将軍義政の御所にツツジが植栽されたこと、伏見宮《ふしみのみや》貞成親王《さだふさしんのう》の邸宅、一条東洞院《ひがしのとういん》の庭園に商人が持参したツツジを植えて観賞し、蹴鞠《けまり》の懸り（蹴鞠を行なう場所の四隅の樹木）として移植したこと、二条殿には「八重躑躅」が盛んに咲いたこと、足利義教の造立した蔭涼軒《いんりょうけん》庭園には杜鵑花、躑躅、蓮華躑躅、岩躑躅、紅躑躅の植栽があったことが記録されている。[5] また、朝鮮・李朝時代の園芸書『養花小録』（一四七四）には、日本国から献上された大輪花のツツジ盆栽を朝鮮国王が褒め称え、珍重して栽培された記録が残っている。

このように鎌倉から室町時代には、複数種のツツジが庭園植栽として利用され、その中には八重咲き等の品種も栽培されていた。[4][5]

コラム　躑躅（ツツジ）の名称の由来

ヤマツツジの花冠を食する習慣がある北陸地域では、ヤマツツジを別名「クイバナ（食い花）」と呼ぶ。一方、花や葉に有毒成分を含み、牛馬も食い残すレンゲツツジは、庭への植栽も忌み嫌われる地域がある。ちなみに漢字の「躑躅（つつじ／てきちょく）」には足踏みして立ち止まる意味があり、これは羊が毒のある中国原産の羊躑躅（*R. molle*）を食べて、もがくこと、あるいは食べることに躊躇することに由来するといわれる。

江戸時代に開花したツツジ園芸

1　園芸書にみるツツジブーム

元禄五（一六九二）年一〇月に出版されたツツジの専門書『錦繍枕《きんしゅうまくら》』は、巻一の序として以下の文に始まる。

万歳《まんせい》と治れるなれば、国富《くにとみ》、民もゆたかにして四節の遊興、花見などせんは唯此御代《ただこのみよ》にや待らん。かゝるいミしき時にこそと、その名を集見待れバ、つゝじさつきの二種よりして、昔今年々増加して、千変万化なる事、すべて三百余品あり。[6]

安定期に入った江戸時代では庶民の生活も豊かになり、季節の行事や花見に興ずる余裕が生まれ、園芸も大流行した。「花の名を集録してみると、ツツジ・サツキの二種にしても昔から年々増加して、千変万化、全部で三百余種あり」とのことであるが、このいわゆる江戸の園芸ブームでは、ツバキ、キク、ツツジ、ボタンをはじめ、多様な古典園芸植物で数多くの園芸品種が

作出され、現在の園芸文化の基礎が築かれた。(2)

特にツツジにおいては、一七世後半の寛文期から延宝そして元禄（一六六一～一七〇四）にかけて大流行したことが、江戸後期の戯作者柳亭種彦（一七八三～一八四二）の随筆、『足薪翁記』(7)の躑躅のはやりし事の項目に

躑躅の花を愛で、さま〴〵の奇花のいでしきは、寛文のころよりはじまり、延宝の頃盛ンにてありしなり。（柳亭種彦〔一七八三～一八四二〕）

と記されていることからも確認できる。諸国大名の参勤交代制により地域間交流が発達し、幕府から拝領した江戸屋敷には広大な庭園が造られ、植木の需要増大する背景の中で、全国各地の野生種の中から、白花、色変わり、八重咲き、采咲きといった、花色や花形などの変異品種が選抜・収集され、江戸、大阪、京都などに集積された。また、一方ではこれらが増殖、あるいはさらなる変異が見出されて各地に広まったと考えられる。(8)

延宝九（一六八一）年に、大阪の好事家、水野元勝によって著された日本で最初の園芸総合書『花壇綱目』には、一四七のツツジ園芸品種名が初めて記載される。

その一一年後の元禄五年（一六九二）に、江戸染井（武蔵国豊島郡上駒込村染井〔現・東京都豊島区駒込〕）の植木屋、伊藤伊兵衛によって書かれた『錦繍枕』は、「ツツジ」一七四種、「サツキ」一六三種について、開花時期、花の大きさ、色彩ならびに花形等の特徴を区別し、図入りで詳細に集録した世界初のツツジ専門園芸書であり、品種数の増大とその詳細な記録は、当時のツツジ園芸品種の隆盛を示す貴重な証拠であ

る[6]（図2）。

また、最近復刻された『津ゝじ絵本』（国会図書館所蔵）にはツツジ・サツキ三八二品種が掲載され、うち一三六品種については彩色図と簡単な解説があることから原色での品種情報を得ることができる。底本に成立年代の記載はないが、掲載品種の比較や、「当年出た」、「さつまより」「琉球もの」等の品種説明から、一七世紀後半から一八世紀初頭のツツジブームにおける図譜資料であることが推察される[9]（図3）。

2　江戸染井の植木屋——きり嶋屋と伊藤伊兵衛三之丞

このツツジ園芸発達の中心となったのは江戸染井の植木屋、伊藤伊兵衛である。

『東都紀行』（一七一九）によると、つつじや伊兵衛家は、はじめは伊勢国津藩主、藤堂高久《とうどうたかひさ》の江戸下屋

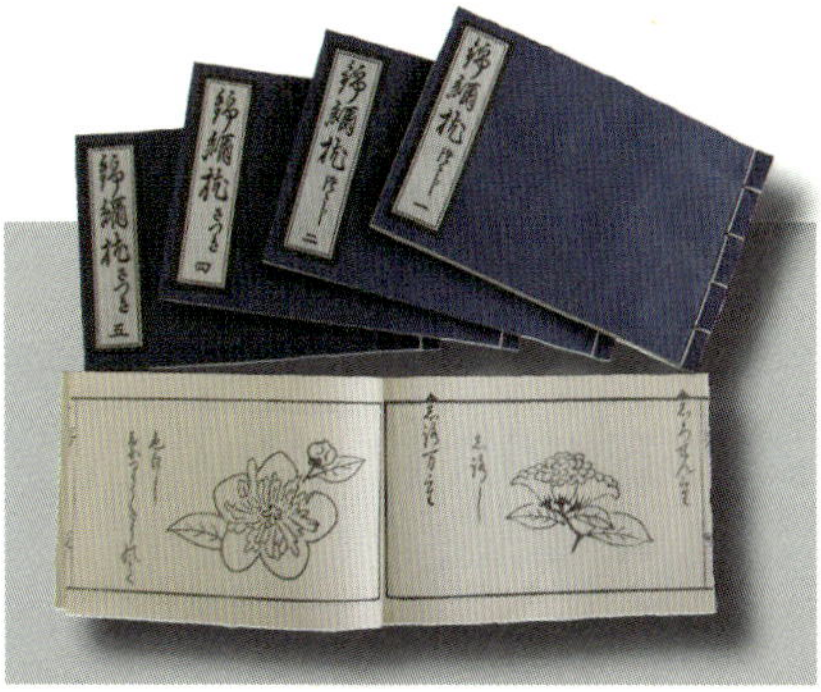

図2. 世界初のツツジ専門園芸書『錦繍枕』

図3. ツツジ流行期の出版と推定される彩色図譜『津ゝじ絵本』。掲載された品種数は395にのぼり、5つに分類して紹介している。
1. 代表品種（36品種）　2. さつきの分（98）
3. つつじの分（2）　4. つつじの名寄（165）
5. 五月の分（94）　国立国会図書館より

敷に出入りした「露除」と呼ばれる下男のような職で、庭掃除をしながら不用になった植木や草花を自分の庭に運び植えためているうちに、次第に霧島つつじ、百椿《ひゃくちん》、カエデといった多くの植物を集めるようになったとされている。

図4. 染井之植木屋による『絵本江戸桜』に所収された図版。享和三（1803）年、北尾政美による作画で、十返舎一九による序がある。「花屋の伊兵衛といふ、つゝじを植しおびたゝし、花のころハ貴賤群集す、其外千草万木かずをつくすとなし、江都第一の植木屋なり、上々方及御庭木鉢植など大かた此ところよりさゝぐること毎日〳〵なり」と伊藤伊兵衛を紹介している。　国立国会図書館より

特にツツジ・サツキを得意とした三代目の伊藤伊兵衛三之丞は「きり島屋」を自称し、元禄五（一六九二）年にツツジのモノグラフ『錦繍枕』、元禄八（一六九五）年に総合園芸専門書『花壇地錦抄』を板行している。また、息子の政武はカエデの収集育成に尽力し、『増補地錦抄』、『広益地錦抄』、『地錦抄付録』等を板行している。経験にもとづくこれらの園芸専門書の執筆だけでなく、植木・草花類の生産管理や展示販売、大名屋敷の庭園管理の活躍ぶりは当時の多くの文献に残っており、「江都第一の植木屋」と称されている[10]（図4）。

『武江染井翻紅軒霧島之図』（図5）は伊藤伊兵衛政武が画工の近藤助五郎清春に依頼作成したもので、一八世紀前半の伊兵衛家の敷地におけるツツジ栽培の図である。キリシマツツジの花見遊覧客への観光案内パンフレットに相当するものと考えられ、推定二ヘクタールの敷地の半分以上を朱色に着色されたキリシマが占めているほか、草花や薬草鉢植えの記載がある。花の季節には貴賤を問わず多くの見物客が来訪し、その中には享保八（一七二三）年に八代将軍、徳川吉宗の来訪記録もあることから、キリシマツツジの情報発信の拠点となったことが推定される[11]。

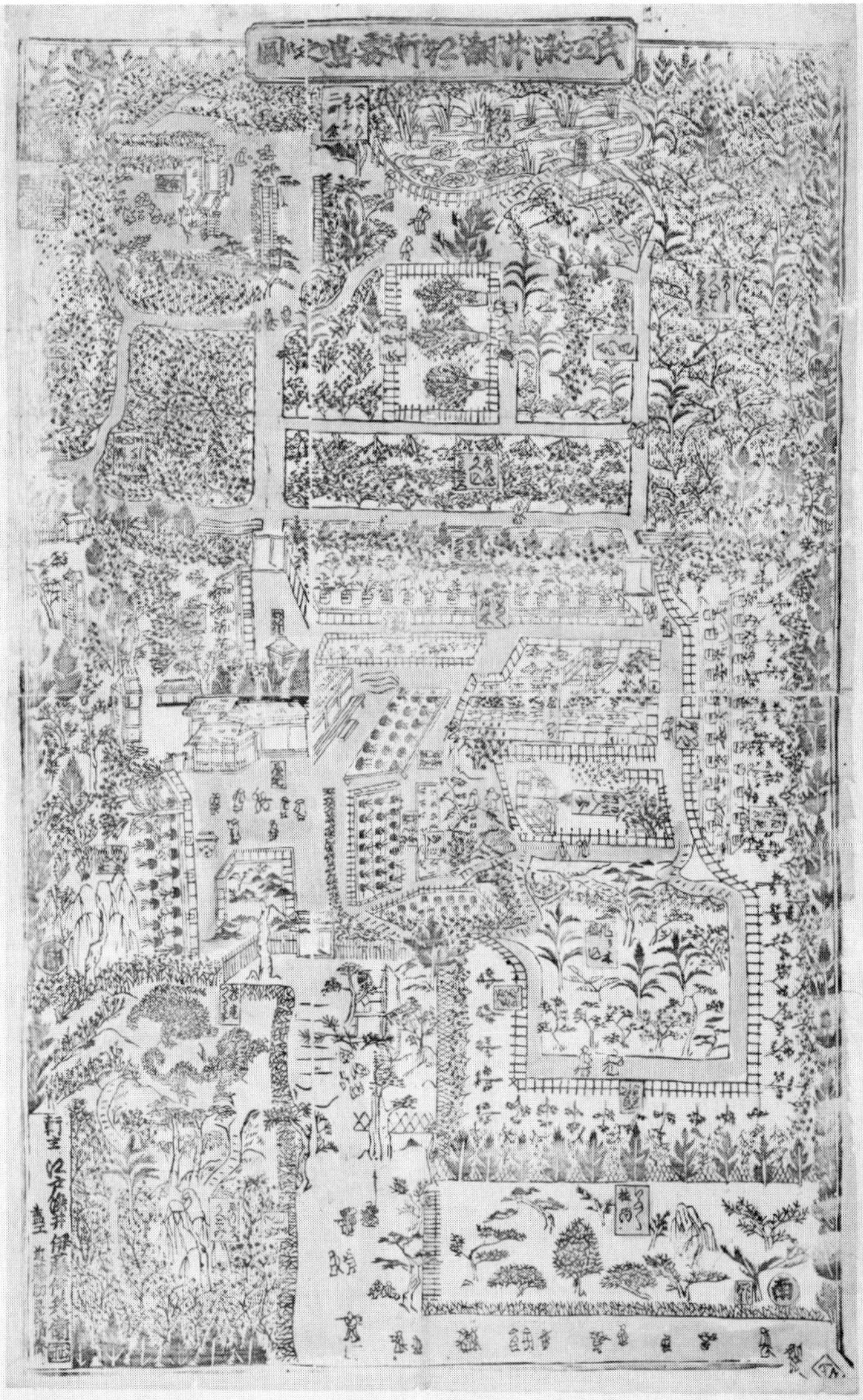

図 5.『武江染井翻紅軒霧島之図』。18 世紀前半の伊藤伊兵衛家の敷地におけるキリシマツツジの花見遊覧客への観光案内パンフレットに相当する。中央上部の柵中に、**面向**、**無三**、**唐松**がある。　豊島区立郷土資料館より

3　世間を魅了した霧島

一桐島二番に源氏つゝじかな
（意朝『古糸屑集』延宝三〔一六七五〕年、
重安撰　柳亭種彦〔一七八三～一八四二〕）(7)

『錦繍枕』巻一の「躑躅之部」の第一番に掲載されているのが霧島であり、また、巻五の「つゝじの五花」の筆頭が霧島であることからも、当時のツツジブームは霧島が中心であったといっても過言ではない(6)。現代の我々でさえ、鮮やかな朱赤色の花で覆い尽くされた満開の霧島古木の前に立つと、その美しさと迫力に圧倒されるのであるから、いかに江戸の人々の心を掴む魅力的な花であったかは容易に想像できる（図6）。

この霧島の由来については、菊岡沾涼《きくおかせんりょう》の『続江戸砂子《えどすなご》』（享保二〇〔一七三五〕年）に以下のような記述がある。

霧島は薩摩国霧島山の産木なれば此名あり。正保年中、薩州より大阪へ一本来る。取木にわけて大阪より五本、京都に登る。号て富士山、麟角、面向、無三、唐松と呼。富士山、麟角の二種は、禁廷に植させられたり。

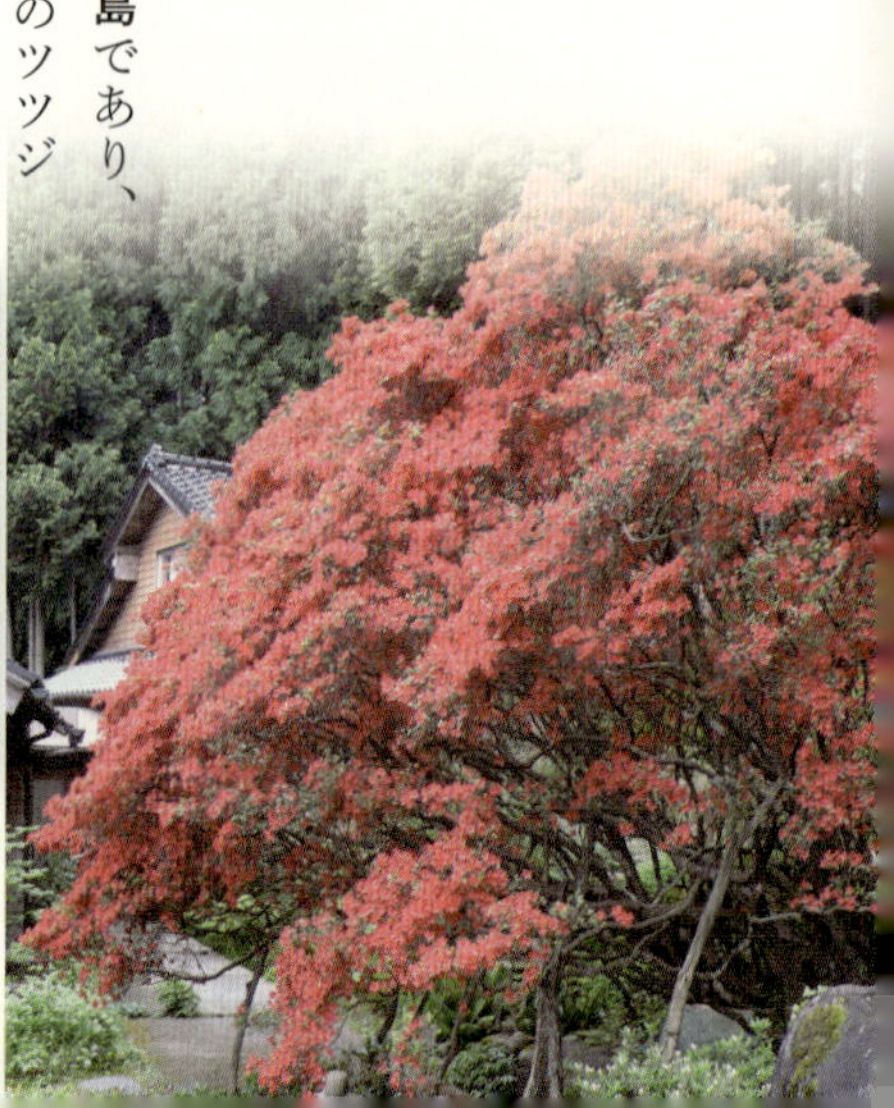

図6.『錦繍枕』巻一、ツツジの部に登場する霧島（上）。その開花時の迫力には圧倒される（右）。

残る三種は、明暦二申（一六五六）年、武江染井に下す。それより接木指枝として、数品にわかりて諸州に樹る。三種の元木、今に存す。面向（高壱丈〔三・〇三メートル〕、はばり一丈、根まはり二尺九寸〔八八センチ〕）、無三（高一丈三尺〔三・九メートル〕、はばり丈二尺〔三・六メートル〕、根まはり二尺三寸〔七〇センチ〕）、唐松（高一丈二尺〔三・六メートル〕、はばり一丈二尺〔三・六メートル〕、根まはり二尺五寸〔七六センチ〕）。いつれも紅花也。今は古木となりて、春毎に花開て猶色ふかし(10)

正保年間（一六四四〜四八年）に薩摩（鹿児島）から大阪へキリシマツツジ一株が移入され、取り木で五株に分けられた。二本は宮中に植えられたが、三本は染井に下り、それをもとに接ぎ木、挿し木により各地に分けられた。いずれも紅色の三本の原木が古木となって現存し、毎春開花している旨を説明しているが、『武江染井翻紅軒霧島之図』（**図5参照**）の中央上部にこの三本が「きり嶋古木三本」として記載されているのが確認できる。

『花壇綱目』には一五の品種の名前、こてふ切嶋・八重の切嶋・二重の切嶋・千よの切嶋・万よの切嶋・藤切嶋・白切嶋・紫切嶋・うす切嶋・花切嶋・山切嶋・野切嶋・め切嶋・大切嶋・小切嶋、が掲載され、さらにその一一年後の『錦繍枕』にはキリシマの名がつく以下の一九品種、霧嶋・とよきり嶋・紫きり嶋・しろきり嶋・大きり嶋・ふぢきり嶋・かわり藤きり嶋・二順きり嶋・桜きり嶋・めきり嶋・かごしま・べにきり嶋・八重きり嶋・中きりしま・おときりしま・くちばきり嶋・ももきり嶋・はつきり嶋・こてうきり嶋、が掲載されており、キリシマブームにおける品種の発達が推察される。(9)

なお、約一〇〇年後の文政元（一八一八）年には、**面向**、**無三**、**唐松**の三本の霧島古木は消失しており、染井の植木屋の衰退とツツジブームの終息が以下の文献から伺える。

染井の植木家伊兵衛がもとに、享保の頃、拝領せしといふ、躑躅の大きなるが三本あり。面向、無三、唐松といふ木なり。其のち尋ね見れば、其木もいづちゆきけんみえず。伊兵衛は地錦抄つくりしものなりしが、其子孫おとろへて、植木もすくなし。花屋十軒の内、小左衛門、八五郎などが、植木よろしくありしが、是また久しくみざれば、いかゞにや。（『奴師労之《やっこだこ》』一六[12]）

有名な霧島の古木は伊藤家からはなくなり、染井の植木屋の衰えてきたこの時代になると大久保が栽培の中心となった。当時の庶民のツツジ見物に関する記録や浮世絵が残っている。

4　現存する江戸のツツジ園芸――江戸キリシマ

江戸時代に流行したツツジ栽培において、人気の中心であった**霧島**とそれに関連する品種は、現在、江戸キリシマ品種群と呼ばれ、**本霧島**、**八重霧島**、**蓑霧島**、**紅霧島**、**紫霧島**、**白霧島**、**東錦《あずまにしき》**、**田舎げら**等の品種が知られている。小輪で端正な花型と小葉先丸で光沢のある葉が共通性のある特徴といえる。[3]

現存するこれらの古品種とその古木は希少で、古木群については歴代城主の時代からツツジが保護されてきた「つつじが岡公園」[13]（群馬県館林市）（**図7**）や五代将軍・徳川綱吉の側用人・柳沢吉保の大名庭園「六義園《りくぎえん》」（東京都文京区）など、関東地域の庭園が有名である。

5　奥能登の秘花――のとキリシマツツジ

一方、近年、石川県能登地方には、江戸キリシマの古木が民家の各戸に現存し、地域全体で五〇〇本以上存在することが筆者らの調査によって明らかになった。古文献調査からは、能登地方に一七三八年以前から**霧島**が存在したことや、江戸および関西から移入されたことが明らかとなり、その園芸文化と品種の伝播においては北前船などの影響もあったものと推察される。また、能登地域に数多く存在する「けら性」と呼ばれる朱紅色のキリシマは、その形質や遺伝子型の多様性から能登地域独自の系統であることが示唆されている。(14)

二〇〇六年より開始されたこれらの学術研究成果の公表により、この「のとキリシマツツジ」(**図8**)の学術的・文化財的価値が再認識され、ツツジ古木の県文化財への新規指定や古木の保護保存や調査研究を目的としたNPO法人設立など、地域全体のツツジへの愛着心や保護意識の醸成を促進した。地域独自の選抜優良品種**紅重**《べにがさね》の発表や、奥能登の重要な観光資源としてオープンガーデン等による地域活性化も推進している。(15)

6　キリシマの起源に関する研究

明治から昭和初期にかけて、キリシマの起源地にまつわる問題をめぐり、牧野富太郎をはじめとする植物学者らによる議論が展開され、宮澤文吾は霧島地方における踏査の結果から、キリシマはヤマツツジの一変形であることを発表し収束に至っている。(16)(17)(18)

常緑性ツツジの園芸品種の代表的な起源地である九州霧島山系の野生ツツジ集団については、その後も多面的な研究が展開している。山頂域のミヤマキリシマと山麓域のヤマツツジの中間帯に分布する花色や形態の変異に富むキリシマツツジ集団について、形態形質、花色色素、放花昆虫さらにDNA分析等により、遺伝的多様性の評価や江戸キリシマ品種群、クルメツツジ品種群の起源としての裏付けを得る結果が

図7．ヤマツツジや江戸キリシマの古木が現存する国名勝「つつじが岡公園」（群馬県館林市）。

図8．代表的な「のとキリシマツツジ」の古木。池上家の**本霧島**（珠洲市大谷、樹高4メートル、枝張5.1メートル）。石川県指定天然記念物。

得られている。(19)(20)

久留米で発達し、世界に普及したクルメツツジ

1　九州の地方都市で発達した園芸品種群

江戸のツツジブームから約一〇〇年後の天保年間（一八三〇〜四四）、地方にはまだ熱心なキリシマツツジ愛好家がおり、この中からその後の世間を風靡する新しいツツジが誕生し始めた。

四月の中下旬から公園の植込みや庭園を赤、白、ピンク、紫など多彩な花色で埋め尽くすクルメツツジ品

コラム　コケの上でのみ発芽するツツジ種子

微細でなおかつ発芽に光が必要な好光性種子であるツツジでは、自生地においては林縁や岩上の苔の上に落ちた種子のみが発芽する。現在の実生栽培では、細かなミズゴケやピートを敷き詰めた播種床に播種する。一般の苗床に播種し、ましてや覆土したらほとんど発芽しない。

図 9.　ミズゴケの上で発芽したツツジの実生

種群は、その名の通り福岡県久留米市で発達した品種群で、江戸時代後期（天保年間）から明治期に発達し、昭和にかけて全国に普及した。

花は直径三〜四センチ前後の小輪系で多彩な花色を有し、全樹冠を満開の花が覆い尽くす高い観賞性から、日本だけでなく世界にもKurume azalea（クルメアザレア）として広く知られている。頂芽だけでなく枝先の脇芽まで花芽となる多花性で、先端が丸く光沢が強い葉、花持ちに優れる萼《がく》が花弁化した二重咲きの品種が多い点も特徴して挙げられる。[3]

2　始祖坂本元蔵に無情の春風が教授した苔播き法

明治三八（一九〇五）年に赤司廣樂園の初代園主・赤司喜次郎が発行した『久留米躑躅誌』には、クルメツツジの由来について以下のように記されている。

> 久留米藩馬廻り役であった坂本元蔵（一七八六〜一八五四年）は、当時流行の霧島躑躅の栽培に着手し愛賞していたが当時は天然自生の花容色彩を観賞するに過ぎず、氏の熱烈な嗜好を充分に満たすことが出来なかった。熱心工夫を凝らし人工栽培に着手し、市内各地の寺庭社園にある霧島躑躅の種子を採集し、苗床を作って再三播種を試みた。初年は春風秋雨、氏に酬いず苗床には一苗の影も留めなかった。次年もまた失敗し、失敗に失敗を重ねること数年に及んだが、屈せず撓まず種子を播こうとする際に、憐

図10．赤司喜次郎（右）とE・H・ウィルソン（左）

れ無情の一陣の春風は、氏の掌上より種子を奪い去り、一粒も残さなかった。流石に熱心なる氏も終に気挫け心屈し、最早また播種しようとはしなかった。然るに日を経て氏は偶然庭園青苔の裏に異様の発芽を発見し、子細に検すれば是こそ氏の宿昔の希望にして数年の失敗を経てツツジの実生であった。氏の掌中より種を吹き散らした無情の春風は氏に播種法を教授せる有情の恩師となり、多年の宿望を達せしめ、新花栽培の道を開いたのである。

この苔播き播種による実生栽培により、ほとんど千差万別の花容色彩を持つ新花が生み出されるようになり、周囲の同好の藩士に門戸を開いて、新花作出や栽培法が研究された。

これまで野生集団中の変異個体や庭園等の栽培地における自然実生からの選抜に依存していた品種発達において、この苔播き法による人工播種法の発見により各段に花色変異の多様性が拡大したのである。[21]

3　E・H・ウィルソンにより世界に紹介されたKurume Azalea

その後、明治時代には赤司喜次郎（図10）を中心とする花木生産業者が交配技術も導入して、品種改良をさらに発達させた。度重なる宮中への献上や国内外へのカタログ販売、さらに「錦光花」の名で国内外の博覧会への出展などによる積極的な商業活動により、坂本時代には九州の一地方のツツジ品種群が「クルメツツジ」として国内外に名を広めることとなった。

屋久杉のウィルソン株を発見したことでも有名な米国ハーバード大学のE・H・ウィルソン（一八七六

〜一九三〇年）（図10）は、それまでの訪日の際に接したクルメツツジに魅了され、大正七（一九一八）年五月、横浜植木社長・鈴木濱吉とともにクルメツツジ品種群調査に満開時の赤司後楽園を訪れた。

「西洋躑躅は遠く及ばず、花を極めて多く着け、株がすべて花で覆われ、花色が華麗な色彩を極めている。このように改良が進歩した花であり、また改良以来百有余年を経ているのに、世界の名花となっていないのはむしろ不思議である。」と『久留米躑躅誌』中に賞賛の辞が記されている。氏の著著『Monograph of Azalea』中にも同様の評価が記載され、クルメツツジ品種群はすべてのツツジの中で最愛のものであると述べている。また、坂本の没後、赤司に引き継がれた坂本コレクションには貴重な留花**吾妻鏡**の原木が樹勢も良好に管理されており、自分はそれを所望したが入手はできなかったエピソードも記されている。[22]

ウィルソンはその園で自らがベストと思う五〇品種を選抜し、二セットの苗木が大正八（一九一九）年四月にアーノルド樹木園に到着している。この「Wilson 50（fifty）」と呼ばれる品種セットが、欧米そして世界にクルメアザレアとして名を馳せ、普及するベースとなった。

4　緑化樹として国内普及したクルメツツジ

当初「霧島躑躅」「小霧島」「映山紅」と呼ばれたクルメツツジは、本来は鉢植え、盆栽用ツツジとして発達したもので、これまでの園芸資料から七〇〇以上の品種名が記録されているが、現存するのは約三〇〇品種である。

戦後はゴールデンウイークに満開になる植込み材料として公園等の行楽地や公共緑化樹としての需要が高くなり、生産量も急増した。反面に植栽材料としての利用に偏ったために、クルメツツジ本来の観賞方法であった鉢植え、盆栽用としての価値が忘れ去られ、庭公園用に適した花色が鮮明で、開花期が一斉に揃う数品種のみが増産された。**麒麟**《きりん》（桃色二重咲き）、**若楓**《わかかえで》（赤色一重咲き）、**小蝶の舞**（紫色二重咲き）、**暮の雪**（白色二重咲き）、**今猩々**《いましょうじょう》（赤色二重咲き）などが挙げられるが、いずれの品種も坂本時代あるいは明治期に育成された品種であることが興味深い。昭和から平成に発表された品種には、クルメツツジ×サツキの桑野中間種や農林水産省野菜茶業試験場久留米支場の**筑紫紅**《ちくしべに》、また久留米市世界つつじセンターの**紅かすり**、**夢かすり**のような品種がある。[3]

江戸時代も現代も愛好家を魅了するサツキ

1　野生サツキとサツキ園芸品種

園芸的な利用面から「さつき」といえば、庭園や公共の植栽のほかに、立派な樹形や多彩な花色を咲き分ける「さつき盆栽」が一般的に知られているが、これらはヤマツツジ亜節のサツキとマルバサツキを基礎に発達した園芸品種群に含まれる（図11）。

朱赤花の野生サツキは、関東以西の本州と屋久島の川沿いに分布しており、一方、紫色花のマルバサツキは九州南部から屋久島、トカラ列島にかけて分布する。いずれも五月末から六月にかけて開花することから、陰暦五月を示す皐月（サツキ）が名称の由来となった。[4]

図 11. 1本の木で多様な花色や絞りを楽しめることもサツキ盆栽の魅力。写真の品種は**明日香**。

図 12. 『錦繍枕』巻四にあるサツキ品種の解説。**しょくこう**は現在の**蜀紅錦**に相当すると考えられている。

『花壇綱目』（一六八一年）にはツツジとサツキの品種の区別はないのに対し、一一年後の『錦繍枕』（一六九二年）では、全五巻のうち「躑躅《つつじ》」三巻、「さつき」二巻として、初めて「ツツジ」と「サツキ」が区別されて登場する。加えて、この『錦繍枕』巻一の目録凡例には、以下のような明確な区別の記載がある。

いわゆる春咲く類をつつじと云い、初夏より咲くをさつきと云うとぞ。然あれど春咲くさつきあり、木の性さつきなればさつきの内に記す。又夏咲くつつじあり　これも性つつじなればつつじのうちに記する　奥に詳らか(6)

当時のツツジブームにおいて、各地より多様な選抜系統収集され、増加する品種を栽培する中で、現在まで引き継がれるこのような明確な区別がなされたのであろう（図12）。

2　貴賤を問わず浸透した江戸のサツキブーム

江戸時代のサツキ・ツツジ栽培が庶民まで普及していたことが以下の資料から読み取れる。延宝五（一六七七）年、印本『秋の夜の友』三の巻に、

此ごろ世にはやるものは五月つゝじにて、上下もてあそぶ。いたりてまづしき人は蚫貝に植てなりとも、さつきつゝじもたねば人でないと思へり。さればもとむるにきたり、愛するにひかりをますといふが如く、赤き、白き、紫、うす色、八重、千重、万葉、咲わけ、いろ〳〵ありて、何れもおの

図13. 宇都宮で数々のサツキ銘花を生みだした青山好衛。『心の花　銭の花――サツキの魔力を探る』をもとに作図

〵の色をあらそふ、さらば我ももとめて見ばやとおもひ、二三種、四五種とあつめければ、（中略）かやうのしな〴〵おほくなりて、余の草木の花どもは顔色なきが如くなり云々。是ほどはやれども、世に白き千葉のさつきつゝじなき故に諸国をあまねくもとむる……云々
（『足薪翁記』中収録、柳亭種彦〔一七八三〜一八四二〕）

「貧しい庶民はアワビ貝に植えてまでも、サツキツツジ持たねば人でない」と言うほどに下層階級にまで普及し、他の草木が翳《かす》むほどの多様な品種が入手できたことや、全国的な新品種収集が行なわれていたことからも、当時のサツキ・ツツジの流行が再認識させられる。(7)

天下泰平を享受した元禄文化に発展を遂げたツツジ園芸も、江戸後期には天災や貧富の格差が拡大する社会混乱により有産階級の投機的趣向が強い趣味となり、文化文政期の『草木錦葉集』（文政一二〔一八二九〕年）中には、ツツジ・サツキの斑入りをはじめとする珍奇品が取り上げられている。(23) その後、幕末にかけては衰退の様相を呈する。

3　愛好家による明治以降の皐月復興

幕末から明治維新の混乱期を過ぎ、久留米地方ではクルメツツジの復興に続いて明治三〇年代からサツキ古品種の保護収集と生産販売が始まり、明治四一（一九〇八）年には『久留米皐月品種銘鑑』が発行されている。クルメツツジと同時に人工交配技術が導入され、大正期には赤司廣楽園などから多くの新品種が発表された。花冠の奥が白色となる底白品種の銘花・**八咫《やた》の鏡**やマルバサツキ系母樹の影響を受けた**玉織姫《たまおりひめ》**などの銘花を輩出した。

関東でも明治後期にはサツキの愛好者が増加し、中でも「盆栽王」・「皐月王」と呼ばれた安行（現・埼玉県川口市安行地域）の大寶地山《たいほうちさん》躑躅園の秋元新蔵は、明治維新によって滅びかけた古品種を収集し、大正一二（一九二三）年の関東大震災の影響を乗り越えて、各地でのサツキ盆栽陳列会の開催等による啓蒙普及活動に尽力した。これらの活動とその成果は『躑躅要覧』（大正一一〔一九二二〕年一〇月）にまとめられているほか、大正一三年には日本皐月協会の前身となる大日本皐月同好会の結成といった組織活動へつながった。中央での活動に呼応して、栃木、群馬、新潟、山形などの地方の愛好会が組織され、各地で陳列会が開催されることにより、サツキの流行が始まっていく。

江戸時代にサツキが伝わった東北各地でもサツキ園芸が活発化し、山形県では江戸時代に伝わったサツキ古木をもとに、明治三〇年代から実生育成が行なわれ、**華宝**、**栄冠**など数々の銘花が輩出されている。栃木県宇都宮では明治四〇年代から青山好衛《よしえ》（図13）らが地域の銘花・**旭光錦《きょくこうにしき》**や**護美錦《ごびにしき》**等を交配親として実生育成を始め、大正三（一九一四）年に皐月実生研究会を発足している。大正五（一九一六）年六月に、宇都宮でアメリカの飛行家アート・スミスの飛行大会が開催され、歓迎の皐月陳列を観賞したスミスが「この花に香りがあれば」と残念がったのを機に、アザレアを交配親に用いた大輪新花色育成に、「芳香」や「黄花」の新たな育種目標が加わって愛好家の交配実生による育種に拍車をかけたことは有名な逸話である。(4)

4　挿し木増殖と新品種普及に貢献した鹿沼土

栃木県にサツキの流行が始まって間もない大正三年頃、鹿沼市の福富源治が鹿沼土《かぬまつち》を利用したサツキの挿し木に成功し、当時、接ぎ木苗が主流であったサツキ繁殖に、挿し木苗による大量増殖の道を開いた。関東ローム層の中間層から産出する鹿沼土は、赤城山の火山噴出物が鹿沼地域から北関東にかけて降り積もった鹿沼軽石層のことで、酸性で保水性、通気性に優れた性質はサツキ・ツツジの挿し木増殖や鉢栽培に適したことから、良苗の量産と新品種の普及に大きく貢献した。

地域で「井戸土」と呼ばれていた鹿沼土の生産・流通に関与していた野口郡市から情報を得た「盆栽王」秋元新造は、大正八年に福富を訪ね、皐月盆栽会の影響力を利用して鹿沼土の利用を全国的に普及し、これを機にサツキ栽培必須の培養土となっていった。(4)(24)

5　戦後の復興と流行品種の変遷

多くの愛好者を得て流行しはじめたサツキ園芸も、第二次世界大戦の戦時体制下では抑圧され、中心組織「帝国皐月協会」の活動も戦後まで空白期間が続く。宇都宮の青山好衛によると「サツキをいじっていると非国民扱いされるので、止むを得ず畑に植えつけたが、それも食料をつくるために抜かねばならなかった。大事なものだけを裏の杉林の中に植えた。」とのことで、多くの愛好者が同じように戦争を乗り越えている。

敗戦後は昭和二四年より日本皐月会の花季陳列会が日比谷公園で開催され、品種育成奨励の目的で新花に対する農林大臣賞の制度が開始された。宇都宮でも同年に栃木県皐月会が発足し、市内中心地の二荒山《ふたらさん》神社境内で花季展覧会を開き、大輪系の新花が人気を呼び愛好家が急増した。

各協会では「新品種登録制度」を設け、陳列会の前に新花として公表される推奨品種の審査会が行なわれた。この新花として登録されることを最高の名誉として各地で新品種が育成され、その新花を求めようとする愛好家により、サツキ園芸ブームが過熱していったのである。

コラム　多様な枝変わり品種の発達とその背景

サツキ品種においては、晃山系枝変わり品種に代表される花色や絞り具合、また花器や葉の変異を含む多様な枝変わり品種が発達している。このような品種育成の背景には、日本のサツキ園芸の歴史が育んだ豊富な変異遺伝資源と愛好家の熱意・選抜能力がある。

江戸期以前から選抜されてきた
変異品種（遺伝資源）の蓄積

↓

流行下での大量挿し木増殖による
変異遺伝子の分離と発現

↓

投機熱に後押しされた育成者の鋭い観察眼による
新たな変異（新品種）の選抜

上記の過程により多様な変異＝新品種が生み出されたと考えられる。

当初の受賞品種や登録品種は戦後の社会復興期を象徴する、四倍体品種の**万華**《ばんか》のような豪華な巨大輪品種が主流であり、この傾向は昭和三五年の**桐の光**まで継続した。その後は枝が粗く徒長しがちな大輪系品種から、枝が細く密生し初心者でもつくりやすい中・小輪系の品種への趣向の変化が明瞭に現れた。特に、日光の輪王寺に由来する古品種・**晃山**《こうざん》とその枝変わり品種・**日光**、**女峰山**《にょほうざん》などは小輪系を代表する人気の品種系統で、昭和四二年に**晃山の光**、四三年に**白玲**《はくれい》、四四年に**光琳**《こうりん》が新花登録を待てずに認証種として栃木県皐月協会に登録され、また、**日光**の剣弁変異・**光の司**は「剣弁ブーム」を巻き起こした。そして、これらの品種の流行はさらに他の小・中輪系品種にも波及し、昭和のサツキブームが到来する。[4][24]

6　金より高い「銭の花」――投機的サツキブーム

狂気ともいえるサツキブームは昭和四六年頃から五〇年にかけて巻き起こった。愛好者の増加により苗木の需要が急増し、特に新品種の苗に人気が集中したことから、未登録でも流行が見込まれる品種は競って購入され、投機的な苗木生産が行なわれた。当時、栃木県農業試験場鹿沼分場の赤羽勝によると、昭和三七（一九六二）年秋の栃木県内の苗木生産は三〇戸で三〇万本であったのに対し、昭和四八（一九七三）年には六〇〇戸で約三〇〇〇万本と、急激な生産が示すように地域経済を巻き込んだブームとなった。

新花・**晃山の光**が流通し始めた時には、マッチ棒ほどの大きさの挿し芽が「一芽一万円」の噂が流れるほどに高騰し、苗木の重さから一グラム当たりの価格は金より高価になったといわれる。展示即売会の売上が何千万、何億円となり、サツキ盆栽を狙った泥棒も横行したサツキは、まさに「銭の花」とも呼ばれた。

その後、純粋なサツキ本来の魅力を楽しんでいた愛好家らは、あまりの流行性と投機性に嫌気がさし、昭和五〇年頃からは生産・流通が減少し始め、急激な減産を経て現在に至っている。

流行時にはサツキ品種や栽培に関する出版物も一〇〇点を超えて氾濫した。現在ではサツキ単一の月刊専門誌『さつき研究』（栃の葉書房）が唯一継続し、根強い愛好者と生産・流通者を支援している。[4][24]

7　公共緑化用のサツキ――「三重サツキ」

昭和三〇年代の高度成長期には公共緑化樹の需要が増加し、東京オリンピックを契機とした大量需要期にはクルメツツジと同様に植込み材料としてのサツキも増産された。明治期からの植木産地である三重県鈴鹿地方では**大盃**《おおさかずき》とその選抜系統「三重サツキ」等の生産が盛んで、植栽用サツキ・ツツジの全国一の生産地である。また、三重県科学技術センターは六月上旬に咲く三重サツキと四月下旬に咲くクルメツツジを交配し、五月上中旬に開花する伊勢シリーズ、**伊勢小町**、**伊勢路紅**、**伊勢路紫**を二〇〇四年に品種登録し、地域で生産されている。[25]

8　黄花サツキ・香りサツキの育種研究

昭和のサツキブームを当時、公職の立場で栽培・育種技術面から支援した赤羽勝は、現役中に不可能であった育種の壁を退職後に乗り越えることに成功した。黄花や香りの常緑性ツツジへの導入は長年の育種目標であるが、これまで不可能であった落葉性の黄花種キレンゲツツジや有香種 *R. viscosum* 等との亜属間交配において、サツキ雑種を用いることによって雑種実生を得ることができた。これらの研究は以後、筆者を含む大学研究者によって継続され、黄色色素・香り成分の遺伝性の確認や、効率的な雑種獲得に関する研究技術が確立されている。近い将来には常緑性の黄花ツツジや香りツツジの育成が期待されるであろう。[26][27][28]

豪華な花容の大輪系ツツジの発達

1　強健性から広域に普及した起源不祥な大紫《おおむらさき》

全国的に昭和期に設立されたツツジ公園や公共緑化の大半は**大紫**とその変異品種である桃色の覆輪花の**曙**、白花の花冠にかすかに紫のスポットが入る**白妙**《しろたえ》で占領されているといっても過言ではない。大輪の豪華な花は観賞期間が長く、北関東まで栽培可能な耐寒性をもち、さらに他のツツジには向かない土壌環境でも根系を発達させ、旺盛に生育することから公共植栽に多用された。[29] しかしながら、この**大紫**の成立や産地については諸説があり不明な点が多い。[3]

『錦繍枕』巻一中の**大きり紫**が現在の**大紫**に相当するものと考えられ、**大紫**の名称は明治以降の文献に登場してくる。宮澤文吾は宮崎県児湯郡西米良村で野生の**大紫**の変異系統の発見をしており、また、長崎県下でも変異系統の存在が報告されていることから、これらの中から選抜された系統が普及したとも考えられる。[30][31]

2　琉球原産ではないリュウキュウツツジ品種群

一方、リュウキュウツツジ品種群は、モチツツジとキシツツジの性質をあわせもち、大型の花の子房や萼片《がくへん》には腺毛があるためベタベタ粘つく特徴をもつ品種群である。江戸時代の文献にも多数の品種が掲載されており、関東の歴史的な庭園では白あるいは桃色から紫系の花の品種が現存している。[3]

中心的な品種は**白琉球**で耐寒性があり丈夫なため、江戸時代から白花ツツジの代表として各地に普及し、山形県や新潟県にも古木が残っている。「りうきう」として『錦繍枕』巻一に初めて掲載されているが、成立に関しては不明である。ウィルソンはキシツツジの白花変異として欧米に紹介しており、また、モチツツジとキシツツジの雑種起源とする説もある。[2][22]

3　交流の地　長崎県平戸島で発達したヒラドツツジ品種群

ヒラドツツジ品種群は、歴史的に南方交易の要衝であった長崎県平戸島（現・平戸市）の武家屋敷の庭にもち込まれた多様なツツジ原種、品種の自然交雑実生から選抜された大輪系の品種群である。

昭和二六（一九五一）年、当時の農林省九州農業試験場園芸部長の熊沢三郎は、郷里の平戸には多彩なツツジがあった少年時代の記憶をもとに、阿部定夫技官と長崎県の油屋吉之助技官を現地調査に派遣したところ、旧武家屋敷を中心に極めて変異に富んだ大輪性ツツジが多数生育していることが判明した。翌年から本格的な系統選抜を行ない、昭和二八（一九五三）年には一尺ほどの開花枝をもち寄った第一回審査命名会が開催され、以後、大村市、長崎市古賀での調査を含めて約三〇〇品種が命名された[32]。

当時の田村輝夫技官による詳細な研究からケラマツツジ、キシツツジ、リュウキュウツツジ、シナノサツキ（タイワンヤマツツジ）、**大紫**、モチツツジ等がヒラドツツジの成立に関与したと考えられる[30]。その後は地域における苗生産も手がけられたが耐寒性が弱いため優良系統の普及は進まず、現在は平戸市の団体により地域振興に活用されている。

なお、「平戸躑躅」の名は『和漢三才図絵』（一七一二年）に初出し、異名として「琉球躑躅」が記載されている。現在もヒラドツツジというと一般的には、前述の**大紫**やリュウキュウツツジ、トウツツジなど大輪系ツツジの総称として用いられているが、これも往時からの習慣であるとも考えられる[32]。

日本におけるツツジ品種の発達

1　多様な園芸品種の成立過程

本章では主要なツツジ園芸品種群の成立過程について解説してきたが、これらの品種発達の特徴は以下のようにまとめることができる。多種の常緑性野生ツツジが豊富に自生し、優秀な品種育成能力と熱意をもった愛好家が存在する日本という条件下で、①野生種から突然変異を選抜し栽培される品種化、②栽培

園芸品種成立過程	園芸品種群（成立に関与が推定される原種や品種）
野生種からの突然変異選抜	ヤマツツジ、モチツツジ、キシツツジ、ミヤマキリシマ等の各品種（各野生種）
自然雑種からの選抜	キリシマツツジ（ヤマツツジ・ミヤマキリシマ等） ミヤコツツジ（ヤマツツジ・モチツツジ）
庭園等の自然交雑実生からの選抜	ヒラドツツジ（ケラマツツジ、リュウキュウツツジ、キシツツジ、キリシマツツジ等） サツキ（サツキ・マルバサツキ）
人為的大量播種による選抜	クルメツツジ（キリシマツツジ・ヤマツツジ・ミヤマキリシマ・キシツツジ等） サツキ（サツキ・マルバサツキ）
人為的な交配	アザレア（タイワンヤマツツジ・リュウキュウツツジ等の園芸品種） クルメツツジ（キリシマツツジ・クルメツツジ・サツキ品種等） サツキ（サツキ・マルバサツキ・アザレア品種）

図 14. ツツジにおける野生種から園芸品種成立過程の各例

植物の自然交雑実生や枝変わりからの選抜、③さらに人為的な大量播種による品種の選抜、④最終的には人為的な交雑育種、という野生種から園芸品種が成立する過程のいずれかあるいは組み合わせにより、多様な品種が発達してきたといえよう。以下にこれらの品種成立過程と関連の研究について最後に紹介したい[1][2][33]（図14）。

2 種間雑種による花色の多様化

ツツジ園芸品種が多彩な花色等の形質をもつ理由として、常緑性ツツジの野生種では種間交雑が可能で比較的容易に種間雑種が得られること、各園芸品種群の成立には二種以上の花色の異なる野生種が関与している例が多いことが挙げられる。ツツジ野生種において、ヤマツツジ、サツキ、ケラマツツジなどの朱赤色の花色の野生種では、シアニジンという赤色系のアントシアニン色素だけを有するのに対し、ミヤマキリシマ、マルバサツキ、モチツツジ、キシツツジなどの桃色から赤紫色の花色の野生種はシアニジンに加えて、青色を示すデルフィニジン系の色素を有することが知られている。これらの朱赤色と赤紫色の野生種が交雑することにより、それらの雑種実生は、赤—朱赤—桃—赤紫—紫におよぶ花色変異幅が拡大し、多彩な花色の品種発達の基礎となって

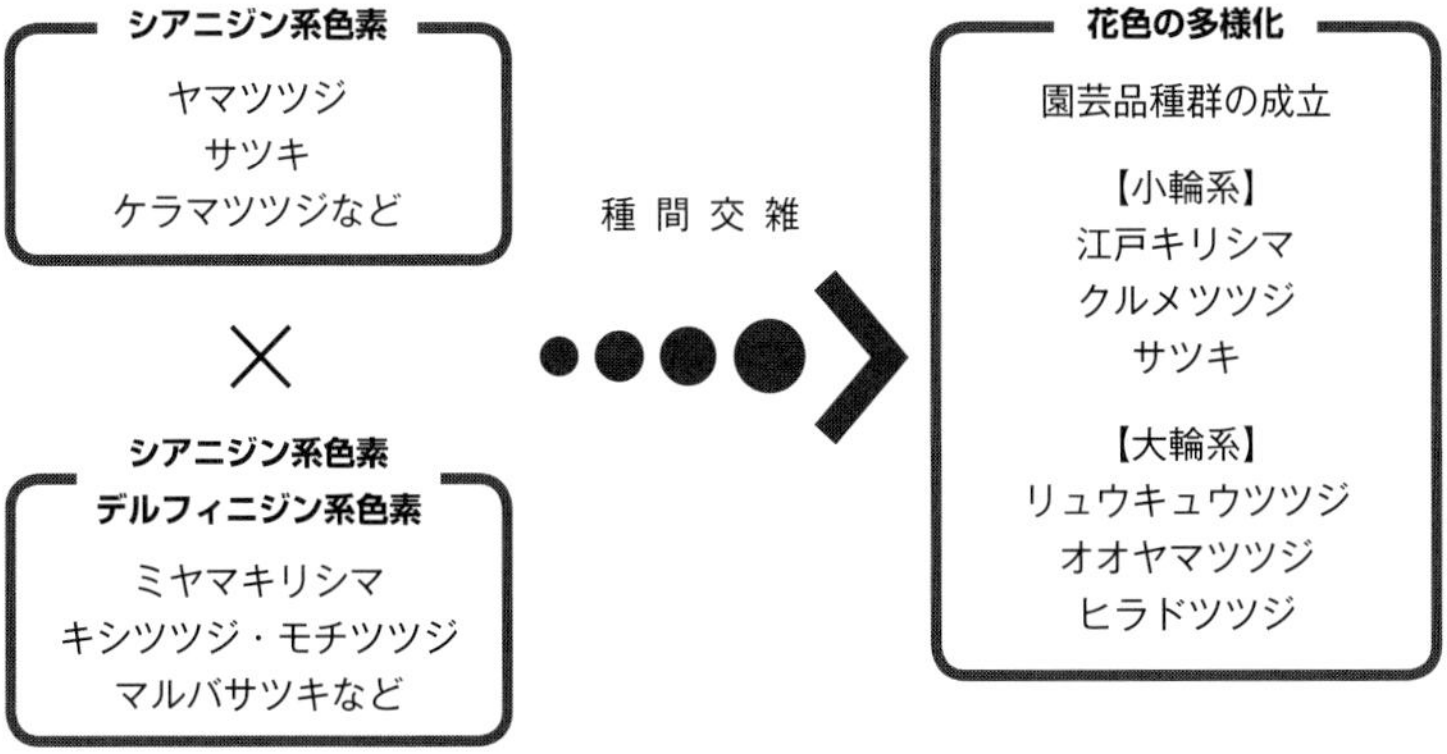

図 15. 野生種の色素構成と種間交雑による花色の多様化と園芸品種の発達

いる[34][35]（図15）。

3 多様な花器変異形質の解析と育種活用

特に江戸時代に発達した園芸品種の中には、特殊な花器形態変異を有する品種が存在していることも興味深い（図16）。筆者の研究グループでは、これらの遺伝資源に着目し、古品種の収集、形質評価と遺伝性の解明、遺伝子レベルでの機構の解明に取り組み、この花器変異形質を新たな育種に役立てる研究を推進している。これまでの研究で花器変異は、二重咲き＝がくの花弁化、見染性＝花弁のがく化、八重咲き＝雄しべや雌しべの花弁化、および采咲き＝花弁のおしべ化や狭細化等に分類されることがわかっており、これらは花器官の形態形成を制御するＭＡＤＳ遺伝子の変異によるもので、それぞれの形態変異に応じた遺伝子変異が解明されてきた。またＤＮＡマーカーの開発と変異形質の遺伝解析も進んでおり、古い品種の遺伝子を活用した新品種の育成についても選抜段階まで到達している[35]。

4 ツツジ園芸品種の研究とその課題

日本特有の園芸文化が古い時代より生み出してきた花卉園芸植

図 16. ツツジ園芸品種に蓄積された多様な花器変異形質

物は海外でも高く評価されてきたが、これらの園芸植物の多様な遺伝的変異や成立過程、また成立に関わった野生種には不明な点が多く、科学的な研究にもとづいて広く海外にまで紹介された例は少ない。

筆者らの研究グループでは、江戸時代以前より品種改良され、花器や花色等の貴重な変異系統も含有する多様な園芸品種やそれらの野生種について、遺伝資源の保護を進めると同時に、ゲノム解析をはじめとする新しい研究手法を加えて育種過程や起源解明に関する研究や、さらにそれらの遺伝資源を品種改良に活用する研究を進めている。

そして、一連の研究成果を国内外に紹介することは、日本が誇る高度な伝統的園芸植物文化を再認識してもらうという重要な課題に貢献すると考えている。

第8章

ツバキ

田中孝幸

ツバキ属園芸品種群の分類

ツバキは一六〇〇年頃に日本で育成され、現在では世界中に多くの熱心なツバキ愛好家がいる。また、学名が *Camellia japonica* とされるように、ヤブツバキは日本に自生しており、薪炭材、油料作物など実用的な用途としてだけでなく、『万葉集』の中でも詠まれているように、花木として日本人に古くから親しまれてきた。

『牧野新日本植物図鑑』などで有名な日本を代表する植物分類学者であった牧野富太郎（一八六二〜一九五七年）は、園芸品種のツバキにヤブツバキの変種として *Thea japonica* var. *hortensis* Makino (The Botanical Magazine, Tokyo. 25: 160. 1908) と命名し、その後 *Camellia japonica* var. *hortensis* (Makino) Makino (The Journal of Japanese Botany. 1 (12): 40. 1918) と改名した。そのため園芸品種のツバキの標準和名は長い間ツバキではなくヤブツバキとされ、学名は *C. japonica* とされていた。しかし、筆者はツバキの多くの品種が中輪でトランペットのような開き方をするヤブツバキと大きく異なり、大輪で平開咲きを基本とするさまざまな形態をもつので、ヤブツバキの単なる種内変異とは思えないこと、種子を播いた時多くの形質で分離することなどから種間雑種起原であると考え、ヤブツバキ（*C. japonica*）と区別して標準和名にツバキ、学名に *Camellia* × *hortensis* T. Tanaka を与えた[11]（×は雑種起原を表わす）。ツバキの多くの品種は、種間で複雑に交雑した結果変異が拡大し、銘花が品種として選抜、増殖され、またそれらの品種間の交雑でできたもので、F_1雑種そのものでもなく、戻し交雑により片方の種に戻ったものでもない、と考えたからである。

しかし、ツバキ属の中でヤブツバキに特有な葉の裏の褐色の点がツバキのすべての品種にみられ、ツバキの葉の一般的な形質もツバキ属植物の中でヤブツバキに最も似ることなどから、ヤブツバキが中心になって成立したことも疑う余地がない。一方、もう一つの親は形態や歴史などからトウツバキ（唐椿、滇山茶、*C.* × *reticulata*）やセッコウベニバナユチャ（浙江紅花油茶、浙江紅山茶、*C. chekiangoleosa*）のような中国の *Camellia* 属 Camellia 節の種と考えられる。すなわち、ツバキ（*C.* × *hortensis*）とは、日本に元々自生していたヤブツバキと、一六世紀頃に中国から導入されたツバキ属の種の間の雑種起原としてつくり出された種である。ただし、ヤブツバキタイプの品種も多く存在し、それらの学名は *C. japonica* のままとする。

さらにツバキ属の種、特異な品種群もまとめて日本語でツバキ、英語で camellia、中国語で山茶と呼ぶことも多く、複数の種を含んでいるなどいずれも混乱している。たとえば江戸時代にツバキとして、あるいはツバキと区別されて発達した栽培種にワビスケ（*C.* × *wabiske* T. Tanaka）[8]、ハルサザンカ（*C.* × *vernalis* T. Tanaka et al.）[7]、カンツバキ（*C. hiemalis* Nakai）[6]、ツバキの中の品種群として肥後ツバキ品種群[11]があり、ここでは区別して解説する。

奈良・平安期にみるツバキとヤブツバキ——日本・中国における最古の記録

1　ツバキ、ヤブツバキの日本最古の記録

ヤブツバキの日本における最も古い記録は、七三三（天平五）年頃に書かれた『日本書紀』あるいは『豊後国風土記』の中の「海石榴市《つばきいち》・血田」の項である。

（天皇に恭順しなかった土豪である）土蜘蛛を誅たんと欲し、而詔群臣伐採海石榴樹作椎為兵（多くの臣

下を集め、ツバキの木を伐って椎〔槌《つち》〕をつくり、兵〔武器〕となす)。(中略)其作椎之処曰海石榴市、亦流血之処曰血田也(その椎を作る所をツバキ市と言い、また流血の所を血田と言うなり)。

この『豊後国風土記』の海石榴市は大分県竹田市にある城原《きばる》神社にあったものとされ、海石榴市は読みも簡略化して後に「つばいち」ともなり、植物の(ヤブ)ツバキとは関係なく一般的な「市《いち》」(Local Market)の意味で用いられるようになった。しかし、このように海石榴市の語源は(ヤブ)ツバキに由来するものであった。城原神社の草創は景行天皇《けいこうてんのう》のご巡幸された三九一(応神二)年と伝えられているが、景行天皇の「タラシヒコ」という称号は七世紀前半のものであるとして、景行天皇の実在性には疑問も出されている。しかし、実在を仮定すれば、日本におけるヤブツバキの記録は四世紀前半まで、そうでないとしても七世紀前半までさかのぼることができる。

『万葉集』(七五九年以後に編纂)の中では、海石榴(五首)、椿(四首)、都婆伎(一首)あるいは都婆吉(一首)という四種類の表記で(ヤブ)ツバキが詠われていた。後述するように、中国語で「海石榴」はヤブツバキを、「椿」はチャンチンを表しているが、和歌の意味や表現から読みは「つばき」で、主に花として詠まれていた。

2 ツバキ・ヤブツバキの伝播

ヤブツバキは油の原料、観賞植物などとして利用価値が高いので、人の手によって分布が拡大したものと考えられる。種内の変種として扱われるリンゴツバキ(*C. japonica* var. *macrocarpa*)が屋久島に、近縁の別種あるいは種内の亜種と考えられているユキツバキ(*C. rusticana*)が東北の豪雪地帯に、同じくホウザンツバキ（*C. japonica* var. *horzanensis*）が台湾から沖縄に自生していることなどを考慮に入れると、それらと最も近縁のヤブツバキも日本を中心に自生していたことは間違いない。

一方、ツバキ属植物の原産地は中国南部を中心に東アジアに広がっている。茶は飲用としてのチャ（*C. sinensis*）でもあるが、中国ではほぼツバキ属植物を表す時に用いられる。「山茶」はチャと区別して中国に約二〇〇種ある野生種を表したものと考えられ、当然チャと同様に古くから知られていたはずである。張翊（三国時代）の『花経』に「山茶」の記載があり、『魏王花木志』に「山茶は海石榴に似た植物で、桂州（現・桂林）に生える」がある。[13] この「海石榴」とは『延喜式』（九二七年）の賜蕃客例条で、第九回遣唐使（七三三〜三五年）の多治比広成《たじひのひろなり》が持参した朝貢品リストの中に「海石榴油六斗」があるように、日本原産のヤブツバキのことである。北宋の『太平広記』（九七八年）に出てくる李徳裕（七八七〜八五〇年）は、「花名に海をもつものは、すべて海の東方から来たものだ」との記載がある。果実の固いことからザクロと同様の石榴を当て、日本からの渡来を意味する「海」を冠したと考えると、遣隋使、遣唐使を通じて八世紀頃には日本の「海石榴」、すなわちヤブツバキは日本の特産品として中国で知られていた。

唐の後の五代から北宋にかけて、花鳥画あるいは詩に山茶、すなわち中国に野生するツバキ属植物が盛んに描かれた（趙昌『宣和画譜』、蘇軾の「王伯揚所蔵の趙昌『山茶』」）。一方、『洛陽花木記』（周師厚、一〇八二年）にツバキ属植物の可能性のあるものが七つ記載されている。「山茶、晩山茶、粉紅山茶、白山茶」はツバキ属植物としても、属や科が違うようなニュアンスで「海石榴」は少し離れたところに書かれていて、このことは、前述のように中国で主に「ツバキ（海石榴）油」としてしか知られてなかったと考えると納得できる。さらに「茶梅、千葉茶梅」は、バラやハマナスが並ぶ「刺花」三七種の中に挙げられている。[13] これまで一般に「茶梅」はサザンカと考えられていたが、この頃の「茶梅」は刺のある、チャあるいはツバキのような花の咲く「梅」に似た植物であったと思われる。

江戸・寛永年間にみるツバキ――上流階級で始まったツバキブーム

1　寛永年間の文献[2]・美術品にみられるツバキ

奈良時代以降、江戸時代の初期まで、観賞用植物としての栽培や育種の中心は、中国で人気があり古くから日本に導入されていたウメ、ボタン、キクで、現在でも世界中で栽培されているサクラやツツジなど、多くの観賞植物の園芸品種が日本で作出されたのは江戸時代になってからであった。この先駆けとなったのがツバキで、江戸時代初期である寛永年間（一六二四〜四五年）にそのブームは始まった。一六三〇年に安楽庵策伝《あんらくあんさくでん》が書いた『百椿集《ひゃくちんしゅう》』によると、一六一五年の暮れからツバキの品種が月ごと、日ごとに増えた。実際、『百椿図《ひゃくちんず》』（推定一六三三年）に描かれた一〇〇のツバキ品種は、花形、花色とも多様で、現存するツバキの基本的なものがそろっていた。すなわち、トランペットのような開き方をし、雄しべの基部が合生した筒芯を示すヤブツバキタイプの品種はなく、八重や大輪の品種が多く、一重咲きのものもすべて平開咲きで、筒芯のものより梅芯のものが多かった。豪華な蒔絵《まきえ》の調度品などとの組み合わせで狩野山楽《かのうさんらく》によって描かれたとされる絵巻物の美しさは、その後描かれる数多くのツバキ図譜の中でも際立っており、また、この『百椿図』にある五一の品種には、徳川光圀《みつくに》など四九名の当時の文化人による漢詩や和歌の画賛が書かれていることから、『百椿図』をみせつけられた上流階級の間で、まずツバキブームが始まったことは容易に想像できる。

2 ツバキの成立過程

そこで筆者は、ツバキの成立した過程を明らかにするため、ツバキの品種群が成立する時代、すなわち一五〜一六世紀の中国と日本のツバキ事情と交易を検討した。前述のようにツバキ（*C.* × *hortensis*）は、ヤブツバキ（*C. japonica*）とトウツバキあるいはセッコウベニバナユチャのような中国から導入されたツバキ属ツバキ節の種の間の雑種起原の種と考えられるからである。

宋朝が南遷してまもなく、南宋画院の李嵩（一一九〇〜一二三〇年）の描いた「花籃図」（北京および台北故宮博物院蔵）の中に、日本の「椿花百種」（吉沢雪葊《よしざわせつあん》、一八八一年）などに描かれ、セッコウベニバナユチャに酷似する植物が描かれていた（**図1**）。この「花籃図」のモチーフは『百椿図』を連想させるものであった。

明代（一三六八〜一六四四年）の張志淳（一四五七〜一五三八年）は、「永昌（雲南）産の山茶」三六品種を『永昌二芳記』三巻（浙江鄭大節家蔵本）に書いている。(13) また、趙壁の『雲南山茶譜』（一四五三年）によると、雲南には当時一〇〇近い品種があった（康熙帝『広群芳譜』一七〇八年）。その多くが深紅色で枝が柔らかく、雄しべがいくつかの塊に分かれた割りしべで、花弁がカールしたものであった。このような特徴はトウツバキの品種によくみられるものである。李時珍も『本草綱目《ほんぞうこうもく》』（一五九〇年）巻三六で『格古要論《かっこようろん》』等を引用し、宝珠茶、海榴《つばき》茶、石榴《ざくろ》茶、躑躅《つつじ》茶、串珠茶、一捻紅《いちねんこう》、南山茶、宮粉茶、千葉紅、千葉白などの名を挙げた（小野蘭山『本草綱目啓蒙』一八〇三年）。日本で江戸時代に唐椿あるいは唐茶と呼ばれたトウツバキ、すなわち雲南山茶（＝南山茶）は、中国南部の雲南省でこの時代に品種分化を生じ、ブームがあった。これらのことから南山茶（トウツバキ）あるいは**朝鮮椿**（セッコウベニバナユチャ）などが日本に導入され、ツバキの成立に関係したものと考えられる。

図 2.『百色椿』に描かれた**与一**
京都大学所蔵

図 1. 中国のセッコウベニバナユチャ（上）と『椿花百種』（1881）に描かれた**朝鮮椿**（下、左側の赤い花）

図3. 現存するほとんどの変異が描かれている『椿花図譜』

当時、明は鎖国をしていたので、日本との交易は安南（ベトナム）やツバキ属植物の多い中国南部を経由して、倭寇や朱印船貿易（一五九二～一六三五年）によって行なわれていた。朱印船貿易で財をなし、内外の珍物奇宝を集めた[3]といわれる京都の豪商に、角倉了以《すみのくらりょうい》（一五五四～一六一四年）、与一（一五七一～一六三二年）親子がいた。与一に因み『百椿図』（松平忠晴、一六三三年）などには**与一**という赤系統と白系統の品種が描かれている。この**与一**は千重咲きに近い八重咲きという特徴のある品種で、『百椿集』にも描かれ（**図2**）、赤系統と白系統の現存する**角倉**《すみのくら》と同じ品種と考えられる。

一般に縦絞りの品種には、赤や白の花を咲かせる枝が現れる。しかし、縦絞りの花がないにもかかわらず、赤系統と白系統のある品種は珍しい。さらに、当時描かれたと考えられる絵巻物『百色椿《ももいろつばき》』の中の**与一**

は、紅白の花弁が混在した珍しく美しい花で、奇品中の奇品であった[10]。当時、中国から植物を導入できる人は限られていたはずで、安南貿易によって中国産のツバキ属植物がもち込まれたと考えられる。ツバキ属植物には自家不和合性があるので、単独で植えられた木についた種子は日本のヤブツバキとの間の雑種であったと想像すると、角倉家がツバキ *C.* × *hortensis* の成立に大きな役割を果したと考えられる。時代的にもツバキの品種群が成立した一六世紀から一七世紀の初めと一致する。

3　上流階級で起こったツバキブーム

寛永年間では、ツバキ品種を集めた贅沢な絵巻物や屏風絵が数多くつくられるなど、大名や貴族、豪商といった上流階級で京都、大阪を中心にツバキブームが起きた。江戸城を描いた屏風絵（一六三四年頃）の中にもツバキ園が描かれており、宮内庁に所蔵されていた『椿花図譜』（一七〇〇年頃）には七二〇ものツバキ品種が描かれていた（**図3**）。この中には、一重でトランペット咲きをするヤブツバキタイプのものは少なくて平開咲きのものが多く、半八重、八重、千重、唐子咲き、割りしべ、牡丹咲き、段咲きなどの花形の変異がみられる。また、大輪から極小輪のものまで花の大きさの変異に、赤、ピンク、白、縦絞り、吹きかけ絞り、覆輪など花色の変異を組み合わせて、現存するほとんどの変異がつくられていた。さらに黄色や青色の品種、さまざまな斑入り、**金魚葉**のような変わり葉の品種もつくられていた。前述のように、安楽庵策伝によると、一六一五年以前にはツバキの品種は少なく、白のヤブツバキ（山椿）が珍しがられていた程度であった。このような変異は種間あるいは遠縁の種内雑種間の F_2 あるいは戻し交雑世代など、後代にみられる形質の分離によるものと考えられる[4]。

接ぎ木の技術は、中国でボタンの繁殖方法として確立し、一四世紀に挿し木の困難なトウツバキが中国で盛んになることから、トウツバキでも接ぎ木が当時行なわれていたものと推定される。鎌倉時代には、藤原定家の『明月記』でサクラの接ぎ木がなされていたことが知られている。しかし、一七世紀の日本に接ぎ木のできる植木屋は少なく、上流階級の趣味となっていた要因とも考えられる。

寛永年間後の展開――中国・欧米への移出

寛永のツバキブームの後、そのブームに影響されツツジなど多くの園芸植物の育成が盛んになった。またツバキの中心は江戸に移り、絵巻物や屏風絵などではなく、伊藤伊兵衛が著した『百花椿名よせ色付』（一七三〇年頃）のように、カタログに当たるものが木版印刷で出版され、大衆化した。岩崎常正《いわさきじょうせい》は、『草木育種《そうもくそだてぐさ》』（一八一八年）の中で接ぎ木など繁殖技術をわかりやすく紹介し、東京の染井や兵庫県の宝塚など植木産地が日本各地に形成された。

このようにして日本でつくられた美しく多様性に富むツバキ品種が、一七一一年に長崎出島から唐船によって中国に輸出された。(5) その八年後の一七一九年に中国で書かれた『茶花譜』（朴静子）に「茶花は閩南（現・福建省）で盛んであるが、日本からの外来種が最も優れている。本書は上巻に品種を記す。全四三種ある。」と記載されている（『四庫提要』）。これらの品種は一七一一年に日本から送られたものだと考えると時間的にも納得できる。なお、ケンペルが『廻国奇観』（一七一二年）に日本のツバキの絵と二三品種名を紹介し、リンネは一七五三年に『植物の種』（Species Plantarum）で *Camellia japonica* と命名した。一七九二年に中国から西洋に渡ったツバキも、中国に日本から輸入された品種と考えられる。

トウツバキはツバキより大輪で豪華な花を咲かせるが、品種は互いに似ていて変異が少なく、また挿し木が困難で接ぎ木を行なわないと繁殖できない。このような理由で現在世界中で観賞されているものは主にツバキで、トウツバキは限られている。

一七七五年に日本を訪れたスウェーデンの植物学者ツンベルグがもち帰ったとされる四本のツバキの内、ドイツのドレスデンに残っているものがヨーロッパに現存する最も古い株で、これはヤブツバキである。その後、江戸時代後期の一八五〇年頃に植えられた古木がイギリスやスペインなどに残っている。一八六三年に書かれた『江戸と北京』によると、著者のフォーチューンは江戸時代の日本園芸のレベルの高さに驚き、多くの日本の園芸植物をヨーロッパに送付した。明治時代になると横浜植木株式会社などが欧米に日本の園芸植物を輸出するようになる。『Magnolias, Japanese Camellias, Iris』（一八九〇年）は版画で描かれた美しい欧米向けの本で、欧米人好みと思われる洗練されたツバキ三六品種が紹介されていた。ツバキなど園芸植物もフランスを中心にヨーロッパ、ボストンを中心にアメリカ合衆国などで流行したジャポニズムの一環を担ったものと思われる。

図４．サザンカ

サザンカ

1　サザンカの日本最古の記録

一方、サザンカ（図４）の仲間は少し複雑で、日本だけでなく世界中でサザンカの分類は混乱している。

図5. 凱旋

図6. 笑顔

「山茶花」は、日本でサザンカに当てることが多い。しかし、もと東京農工大学の箱田直紀らは、『和名類聚抄《わみょうるいじゅしょう》』（九三〇年）や『本草和名』（深根輔仁編纂、九〇一〜二三年）にはサザンカに該当する記載はなく、一条兼良（一四〇二〜八一年）の著した『尺素往来《せきそおうらい》』の記載もツバキであると考察している。[1] サザンカの初見は『古田織部茶書《ふるたおりべちゃしょ》』（一六〇五年）で、『百椿集』ではツバキに椿の漢字を当て、山茶花（別名メッバキ）と区別した。さらに『立華正道集《りっかしょうどうしゅう》』（一六八四年）や『花壇地錦抄』（一六九五年）では茶山花に代わっている。これに対し、貝原益軒《かいばらえきけん》は中国で出版された多くの本草書や園芸書を調べ、『花史左編』（一六一八年）、『群芳譜』（一六三〇年）、『秘伝花鏡』（一六八八年）などに解説されている茶梅がサザンカであると考え、『花譜』（一六九四年）および『大和本草』（一七〇八年）の中で中国の本草書の中に出てくる山茶は（サザンカではなく）ツバキであるとして、サザンカには茶梅の漢名を引用した。『秘伝花鏡』などには茶梅の説明があり、サザンカに近いことは間違いない。しかし、これは中国原産の別種であるものと考えられる。中国における近年の植物分類書でも茶梅をサザンカに当てているが、これは逆に江戸時代以降の日本の記事が根拠になっていると考えられる。

さらに、日本で一般に「サザンカ」といわれているものは四つの近縁種のグループの総称（以後サザンカグループ）で、栽培されている「サザンカ」の中に *C. sasanqua*、すなわち野生型の品種は少ない。サザンカグループには狭義の野生型サザンカ（*Camellia sasanqua* Thunb.）の品種群、ハルサザンカ（*C.* × *vernalis*）の品種群、カンツバキ（*C. hiemalis*）の品種群および**田毎の月**を代表とするユチャ（*C. oleifera* Abel）の品種群がある。一方、ハルサザンカとカンツバキの二つの種は栽培種で、野生にはない。

2 ハルサザンカ

ハルサザンカは秋咲き、白花、小輪、平開咲き、梅芯で六倍体のサザンカ（2n=6x=90）と、春咲き、赤花、中輪、トランペット咲き、筒芯で二倍体のヤブツバキ（2n=2x=30）間の雑種起原の種である。冬に咲くなど両種の中間の形態的特徴と染色体数から、四つの品種群、すなわち2n=4x=60の**凱旋**（**図5**）型四倍体品種群、2n=3x=45の三倍体品種群、2n=4x=60の**笑顔**（**図6**）型四倍体品種群、および2n=5x=75の五倍体品種群に分類される。(7)

歴史や原木の樹齢、減数分裂時の染色体の行動から、ハルサザンカの起原は海外交易の中継点の一つであった長崎県平戸市で約四〇〇年前に、自然交雑によりサザンカを種子親、ヤブツバキを花粉親にしてできたと推定された。その根拠として、平戸には推定樹齢四〇〇年でサザンカとヤブツバキ間のF_1雑種と推定された四倍体の**凱旋**の他、ヤブツバキとの戻し交雑でできたと考えられる三倍体の**佐用媛**《さよひめ》、サザンカとの戻し交雑でできたと考えられる五倍体の**望郷**（**図7**）の古木が現存すること、一六二三年頃に描かれた『百椿図』や『百色椿』にハルサザンカとも思われる**諫早**が長崎の地名に由来すること、一六九五年に報告

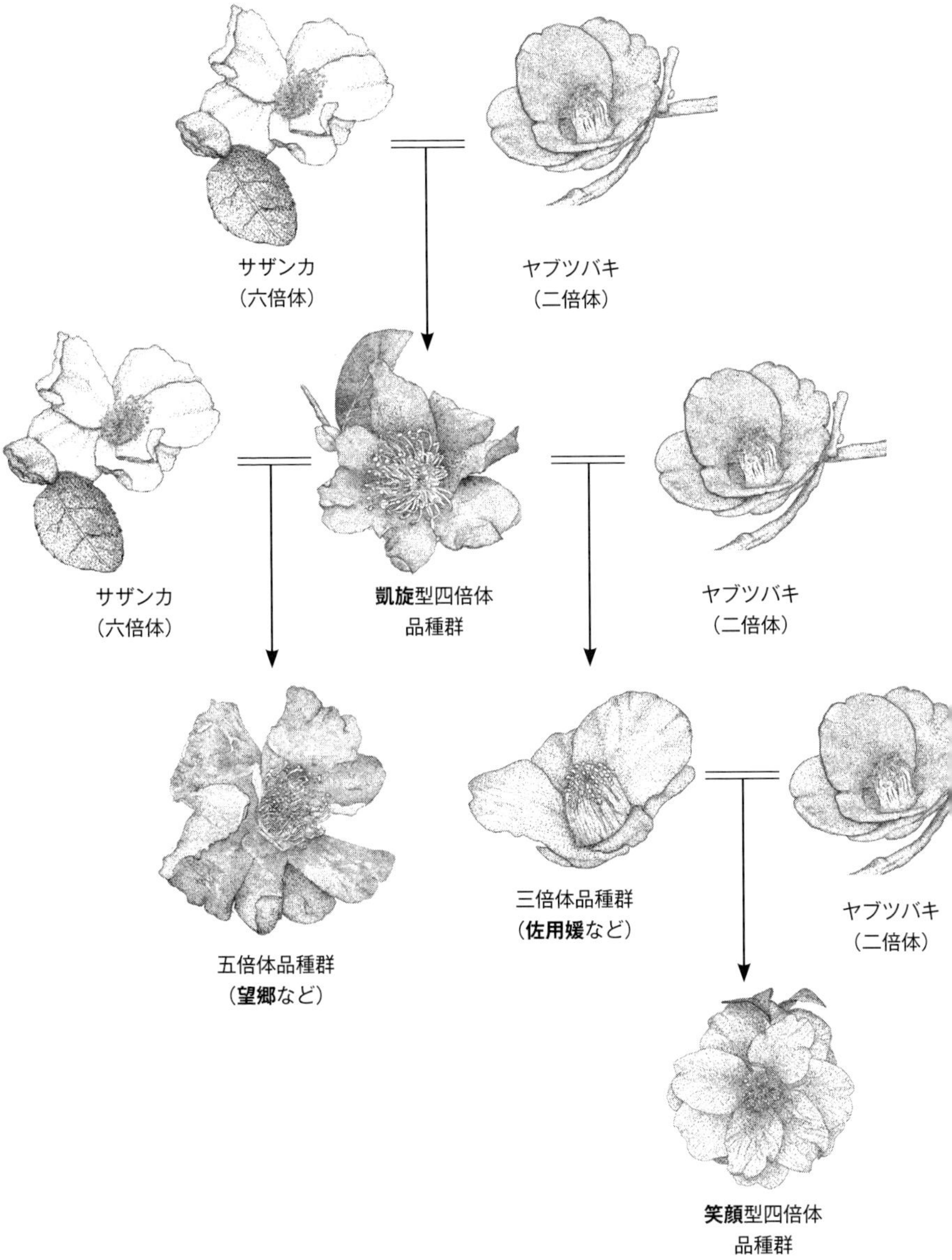

図 7. ハルサザンカの成立過程

のある**三段花**が現存し、染色体数がヤブツバキとの戻し交雑世代と考えられる三倍体であったこと、などが挙げられた。

ハルサザンカの中では花が大きく花弁数が多いなど観賞価値の高い**笑顔**を含む数品種のハルサザンカは、2n=4x=60 の四倍体であったが、三倍体品種群より逆に二倍体のヤブツバキあるいは園芸品種のツバキに近い形質をもっていた。さらに、葉緑体ＤＮＡが細胞質遺伝することを用いた研究で、すべてのハルサザンカがサザンカと同じバンドをもっていたことから、サザンカが種子親、したがってヤブツバキが花粉親であったものと考えられる。(9)

3 カンツバキ

獅子頭を代表とするカンツバキの品種群は、冬に半八重、獅子咲き、八重咲きの花を咲かせる。カンツバキという名前はツバキを連想させるが、花弁も雄しべも一枚ずつ散り、ハルサザンカよりサザンカの特徴を多くもっている。岐阜県など中部地方に古木が数多くあり、全国で広く栽培されている。また、染色体数は 2n=100 以上のものが多く、狭義のサザンカとの間で容易に雑種が得られ、カンツバキの実生には紅花のものや八重咲きのものも多く見出されている。これらのことから、サザンカグループの品種の中で多くを占める八重や紅花の品種で葉や花弁の幅が広く厚いものは、狭義のサザンカではなく、カンツバキの仲間であると考えられる。カンツバキもハルサザンカ同様、ヤブツバキの赤い色素（シアニジン３モノグルコサイド）をもつことなどから、筆者はハルサザンカにサザンカが戻し交雑してできた種であると考えている。(6) ただし、紅花のサザンカの多くは四倍体の F_1 雑種に戻し交雑を繰り返し、五倍体、五～六倍体の間の染色体数をもつ異数体を経由して六倍体に復帰したと考えるより、①カンツバキの形質がハルサザン

図 8. 中国の野生種ピタルディツバキ（*C. pitardii*）

図 9. **太郎冠者**

図 10. 胡蝶侘助。右は『梅園海石榴花譜』（1844 ~ 46 年）に描かれたもの。

カの三倍体に近いこと、②三倍体は結実が極めて悪いが減数分裂の異常のため得られた実生の中に六倍体が存在したこと、[1]などから二倍体のツバキの遺伝子を五〇%もつ三倍体からカンツバキが直接生じたものと考えられる。その後、六倍体のサザンカとの戻し交雑があったかも知れないが、サザンカの自生のない中部地方では主に、カンツバキの品種間の交雑でカンツバキの品種群が成立したものと考えられる。

熊本にある肥後サザンカ[12]と呼ばれる品種群は、山崎貞嗣が京都から持ち帰った種子をもとに一八七九（明治一二）年につくられた**大錦**が最初の品種で、その後**奈良の都**や**明行空**《あけゆくそら》などが発表された。肥後ツバキと同様、一重で大輪、雄しべの美しさを重んじるのが原則で、最初の品種**大錦**が今でも肥後サザンカの理想とされるが、肥後六花の中では例外的に八重咲きの品種も多い。サザンカグループの中で肥後サザンカの多くは際立った存在であるが、他のカンツバキの品種と比較した時、明らかな相違点もなく、その変異の中に入れることができ、染色体数も一〇〇を超える異数体が多いので、種としてはカンツバキと考えられる。

サザンカグループの品種はツバキの咲かない秋から冬に開花するので、最近は日本だけでなく欧米でもツバキのコレクションの中にサザンカグループの品種を植える趣味家が増えている。特に一九七八、一九八五年にアメリカ合衆国の東海岸で起きた大寒波によるツバキの壊滅的な打撃により、耐寒性のあるツバキ属植物の育種がアッカーマン博士によって始まった。メリーランド州にあるアメリカ合衆国の国立樹木園で唯一生き残ったユチャの一系統を用いた育種であった。ユチャは白花一重で観賞価値に乏しいため、交雑が容易で紅花八重咲きの**獅子頭**との種間交雑によって、極めて耐寒性のある品種群がつくられている。

ワビスケ

ワビスケの品種の中には、雄しべの退化など雑種としての特徴をもち、ヤブツバキより粗い鋸歯をもつ厚くて固い葉や独特のピンク色の花色など、ピタルディツバキ（*C. pitardii*）（図8）と似た特徴を持つ品種が多い[9]。ただし、すべての品種でヤブツバキに特有な葉の裏の褐点があることや形態から、片親がヤブツバキであることも間違いない。特に**太郎冠者**《たろうかじゃ》（図9）はヤブツバキとピタルディツバキの中間の形質を示し、日本各地にある古木から偶発的に実生が得られ、実生からは**胡蝶侘助**《こちょうわびすけ》（図10）のように雄しべの退化したものなどが分離して得られることが知られている。このように**太郎冠者**がピタルディツバキとヤブツバキ間のF_1雑種で、**胡蝶侘助**およびその他のワビスケ品種はその後代であると考えられ、ワビスケ品種群はツバキの園芸品種群ともトウツバキの園芸品種群とも異なるので*Camellia* × *wabiske* (Kitam.) T. Tanaka et al. と命名した。前述の寛永のツバキブームでは、ヤブツバキと中国産のツバキとの雑種と考えられる園芸品種のツバキ、あるいはその頃サザンカとヤブツバキ間の雑種と考えられるハルサザンカなどが作出されていることから、外国との交易が盛んであったそれ以前の一六世紀後半に中国産のピタルディツバキも日本に導入されたものと考えられる。実際、千利休（一五二二～九一年）が行なった茶会のお品書きに**ウスイロツバキ**がみられ、桃色の花を咲かせるワビスケあるいは原種のピタルディツバキが用いられていた可能性が示唆された。戻し交雑第一世代と考えられる**胡蝶侘助**が『花壇地錦抄』に記載されたのが一六九五年で、現存する古木の樹齢からも成立はさらに以前と考えられ、ワビスケも一六〇〇年頃に成立したものと考えられる。

図 11. 肥後ツバキ王冠

肥後ツバキ

1 特徴と起原

肥後ツバキは熊本（肥後）で発達した品種群で、花型は大輪で平開咲きの一重で、ウメのような付き方をする花芯（梅芯）の美しさを重んじるという特徴をもち、ツバキの中でも特色のある品種群を形成している[12]（**図11**）。ツバキの園芸品種は一重のものでも花弁が厚く平開咲きで大輪のものが多いなど、いろいろな点でヤブツバキと大きく異なる。これらの形質のいくつかは、ツバキ品種の中でも特異的なグループをつくっている肥後ツバキ品種群と共通性が多く、ヤブツバキとは少ない。肥後ツバキは、熊本に起原がある訳ではない。肥後細川藩の江戸屋敷のあった白銀（現・白金）の植木屋・文助が所有していた三〇品種のうち、**おそらく**（現・**長楽**《おさらく》）、**八橋**、**蜀紅**《しょっこう》、**笑顔**、**日本錦**《やまとにしき》、**太田白**《おおたはく》、**紅梅**《こうばい》など一二品種を一八四一年に山崎貞房が熊本に導入したのが始まりで、これらの品種から実生や枝変わりで育成されたものである。ちなみに肥後ツバキの代表の一つである**熊谷**《くまがい》は、京都など日本各地に古木が存在し、本来の肥後ツバキでいう**熊谷**とは異なる品種で、**肥後羽衣**がこれに当たる。

『百椿図』など江戸初期のツバキの図譜にみられる品種には、ヤブツバキタイプのものは少なく、八重の品種に混ざって描かれている一重咲きのものもすべて大輪平開咲きであった。また、肥後ツバキに似た品種もみられ、梅芯のものも多かった。ただし、古書のツバキ図譜にみられる、雄しべが弁化する唐子咲きあるいは旗弁といわれる花形は、肥後ツバキによく現れる形質でもあるが、この形質は一重を重んじる肥後ツバキ品種では排除される。雄しべなど生殖器官に現れたこのような異常は雑種起原であるためと考えられる。

肥後ツバキの花や葉のこのような特徴から、その片親には中国産のセッコウベニバナユチャあるいはトウツバキのような大輪で花弁が厚く平開咲きのものが関係しているものと考えられる。もちろん肥後ツバキもすべての品種で、葉の形質、とくにツバキ属ではヤブツバキだけに特異的に存在する葉の裏の褐点があることから考えて、日本のヤブツバキが強く関係していることは間違いない。

2　染色体数からみたツバキ品種の成立過程

筆者が肥後ツバキ五〇品種を調べたところ、その中の一五品種が三倍体で残りは二倍体であった。三倍体は二倍体の実生の中に現れることもあるが、これほど発生頻度が高いことはあり得ない。そこで、三倍体が多く存在する理由について二つの仮説を立てた。その一つは、トウツバキのような中国産の六倍体の種と二倍体のヤブツバキ間の四倍体の雑種を経由して三倍体が形成され、その後代として二倍体が生まれたとするものである。もう一つは、レタス（*Lactuca sativa*）と同属同節の *L. saligna* との二倍体どうしのF_2世代で一五％前後の三倍体が得られるように、セッコウベニバナユチャのような二倍体の種とヤブツバキとの種間雑種のF_2世代で二倍体だけでなく、三倍体も形成されたとするものである。両種とも *Camellia* 節に属するヤブツバキと近縁の種で、花だけでみるとツバキの多くの園芸品種、とくに肥後ツバキはヤブツバキよりもこれらの二種に近い形質を示すといっても過言ではない。ただし、ツバキの園芸品種の葉の形質については、ヤブツバキだけに特異的に存在する葉の裏の褐点だけでなく、見た目でも中国産のツバキよりもヤブツバキに近いものが多い。多型の多いSSR領域を用いてDNA分析を行ない系統樹をつくったところ、肥後ツバキの三倍体品種の近くにトウツバキもセッコウベニバナユチャも存在した。肥後ツバキに三倍体が多く存在する理由として、前述の二つの説しか考えられず、いずれの仮説であっても種間雑種起原で片親がヤブツバキであることは間違いなく、もう一つの親としてトウツバキあるいはセッコウベニバナユチャのような中国産ツバキ節の六倍体の種あるいは二倍体の種の可能性が示唆された。トウツバキとの交雑では、肥後ツバキの花糸が多くて雄しべが長大に散開する特徴が生まれるとは思えず、この点ではセッコウベニバナユチャの可能性が強いが、六倍体の場合、トウツバキの種内変異、あるいはその近縁種が考えられる。

戦後の日本と世界にみるツバキブーム

第二次世界大戦後、日本のツバキの品種だけでなく、中国を中心に自生するツバキ属の野生種が欧米に導入されてツバキブームが起き、豪華さを特徴とする洋種ツバキおよびツバキと野生種間の雑種が育成された。アメリカ合衆国では東海岸の諸州とカリフォルニア州、ヨーロッパではスペイン、ポルトガル、イタリア、イギリス、フランスの一部など屋外でツバキを栽培できる地域だけでなく、ドイツ、ベルギー、オランダ、スイスなど温室が必要な地域でも富裕層の趣味となった。さらにオーストラリア、ニュージーランド、南アフリカなどの温帯地方でもツバキの栽培が盛んになった。このツバキブームが日本に逆輸入され、洋種ツバキ、肥後ツバキ、キンカチャ、玉之浦《たまのうら》などのブームが続いた。中国では清代以降もペー

（白）族やイー族など雲南省の民族を中心にトウツバキが愛され、文化大革命を経て再びツバキ熱が高まっている。

一九五八年にシーリーが著した『ツバキ属植物の改定（A revision of the genus *Camellia*）』には、ツバキ属植物として約八五種が記載されていた。その後、中国で新種の発見が続き、さらに近年ではベトナムでも**ハイドン**（*C. amplexifolia*）など特異な種が発見されるなど、二〇〇以上の種が報告されている。これらの野生種とツバキ間を中心に種間雑種が育成されている。

たとえば、ツバキとサルウィンツバキ（*C. saluenensis*）間の雑種がイギリスのウィリアム公によって一九四〇年頃に育成され、約九〇の品種群がつくり出された。それらは容易にツバキの品種と区別がつき、ツバキ（*C.* × *hortensis*）の種内品種群ではないので *C.* × *williamsii* と命名された。その他、アッカーマンがユキツバキ（*C. rusticana*）と沖縄に自生する香りの強いオキナワヒメサザンカ（*C. lutchuensis*）間で作出した**Fragrant Pink** は香りが強いだけでなく、小輪のピンクの八重咲きの花である。同様に、アメリカの Sawada が一九六一年にツバキ品種の**曙**（*C.* × *hortensis* 'Akebono'）とシラハトツバキ（*C. fraterna*）間で作出した**Tiny Princess**、イギリスの Williams が一九五〇年につくった *C. saluenensis* × *C. cuspidata* 間の雑種である**Cornish Snow** なども育種親として期待されていたが、属内でも節間の比較的遠縁の種間雑種であるため、F_1 ができにくいだけでなく、得られたF_1 の稔性も低いので品種群をつくってはいない。さらに、近年ではキンカチャ（*C. nitidissima*）を用いて黄色い花をもつ品種の育種、一九八五年に発見されたアザレアツバキ（*C. changii*）を用いて四季咲きの品種の育成が盛んに行なわれている。

コラム　接ぎ木

明治時代以降、文明開化の影響で、農学においても西洋の知識を取り入れようとする流れが起こり、江戸時代に発達した日本の農学を学ぶ機会がなくなっていった。近代教育を受け、東洋の学問を学んでいない研究者の中には、栄養繁殖の技術も、果樹や花木の接ぎ木がヨーロッパから導入され、その後挿し木の技術が導入されたと思っている者も多かった。宮澤文吾によれば、確かに明治35（1902）年頃に、福羽逸人がフランスからシャクヤク台にボタンを接ぐ技術を日本に紹介したなど記録に残っているからである。一方、新潟県小梅村（現・新潟市秋葉区）の江川啓作と四柳徳次郎は、明治30～35年頃、シャクヤクにボタンを接ぎ、新潟県新潟市と五泉市でボタンの生産が盛んになった。

しかし、ボタンをシャクヤクに接ぐ方法について、明代に書かれた『牡丹史』「四接」（万暦年間、1573～1620年）では、「隆慶（1537～72年）以来、なほ芍薬を以て本とす。万暦庚辰（1580年）以後、始めて常品牡丹を以て奇（品）を接ぎ、花更に活き易きを知る。故に繁衍して既なし（＝広まった）」とあり、『遵生八牋』（1591年）によれば、少なくとも16世紀半ばでは、シャクヤクを台木とする接ぎ木栽培が広く行なわれていたことがわかる。さらに中国では、南宋時代（1127～1279年）にシャクヤクを台木とする接ぎ木が行なわれていたともされている[(14)(15)]。

江戸時代に書かれた貝原益軒の『花譜』（1696年頃）にも、ボタンのシャクヤクへの接ぎ方が紹介されている。この当時は、まだ中国や日本のボタン品種はヨーロッパに伝わっていなかったので、フランスにはボタンの接ぎ木がなかった時代、日本には既にボタンのシャクヤク台への接ぎ木技術が、中国から紹介されていたことになる。ただし、その後日本でボタンの接ぎ木はシャクヤクではなくボタンに接いでいたので、接ぎ木の技術がヨーロッパから導入されたことも間違いではない。

中国におけるボタンの隆盛は盛唐期（705～907年）に始まった。当初は実生で秀花を得るか、または得られた品種を株分けで増やすといったことが行われたものと思われる。しかしシャクヤクではなく、ボタンの実生を台木に用いたボタン品種の接ぎ木は唐代で始まったとされ、北宋代の欧陽修の『洛陽牡丹記』では、「不接不株」（接がないと良い品種が維持できない）とされ、主都の洛陽にはそのための花接工（接ぎ木職人）がいた。

古くからの植木生産地であったとされる兵庫県宝塚の山本駅前に、豊臣秀吉から認められたとされる接ぎ木の名人・山本膳太夫の彰徳碑があることと、

『草木錦葉集』に、当時、摂州豊嶋郡池田で牡丹の接ぎ木が行なわれ、苗木を諸国へ出していたことが記されていることから、16 世紀に日本でもボタンの接ぎ木が行なわれていたものと思われる。また、『金生樹譜別録』の下巻に図示されているように、江戸時代にはボタンを台木として接いでいた。

このように中国や日本の花き園芸において、接ぎ木についてはボタンに関するものが多く、また台木にシャクヤクを用いる例もみられた。花き園芸以外の接ぎ木については、『范勝之書』（2 世紀以前）によるとウリ科植物で行なわれ、北魏時代の『斉民要術』(530 年頃) に果樹の接ぎ木に関する詳しい記載がある。

一方、キクなどは中国や日本で古くから挿し木も行われており、現在、ツバキなど花木での栄養繁殖は技術的に簡単な挿し木で行なうことが多く、接ぎ木は少ない。接ぎ木は優れた植木屋、あるいはごく一部の趣味家だけが持つ技術で、秘伝に近い形で伝えられたものと想像できる。それが広く普及したのは、『草木育種《そだてぐさ》』が書かれた文化 15（1818）年頃で、接ぎ木について詳述されており（図 1）、この頃から園芸が富裕層だけでなく庶民にも飛躍的に普及した。増田金太の『草木奇品家雅見《かがみ》』(1827 年) に記載されているツバキの奇品は、ほとんどが接ぎ木で繁殖されている（図 2)。また、現在もイヌマキの盆栽をつくる時、形を整えるための接ぎ木が行なわれているが、享保（1716 ～ 35 年）の頃からナギの奇品をイヌマキの台木に接ぐような、高度な「技」を駆使して奇品を維持していた。

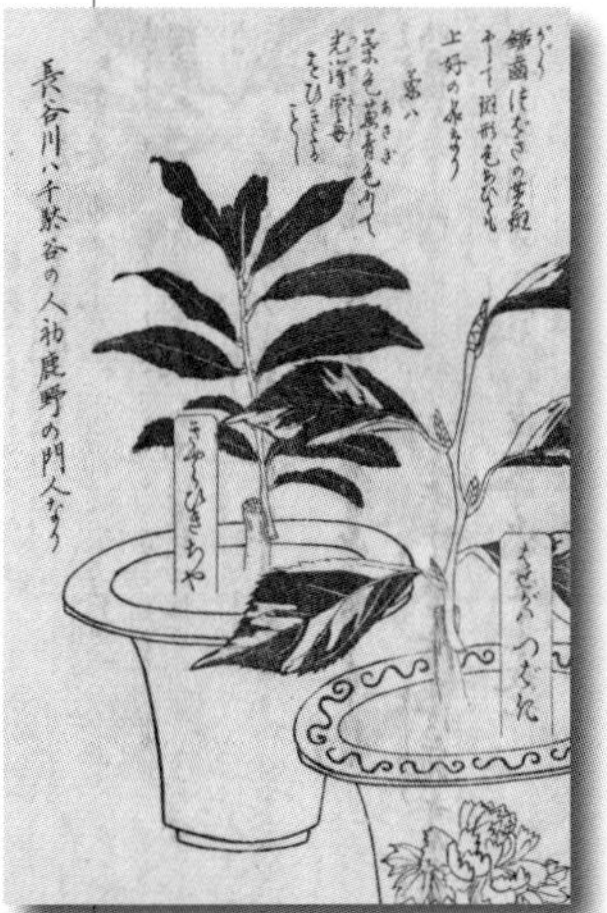

図 1.「はせがわつばき」、「きゃらひきちゃ」の接ぎ木。

果樹や花木の接ぎ木は、非常にめずらしいか、また役に立つ種・品種において行なわれる。特に変わった品種が現れなければ繁殖は実生で行なわれ、珍しい品種でも挿し木で殖やせるものは挿し木が一般に行なわれる。ただし、日本各地に残るトウツバキの古木が明らかにヤブツバキを台木にした接ぎ木で行なわれているのは、トウツバキでは挿し木が困難なためであった。また、一般にツバキはマツなどと異なり、長い期間をかけても盆栽にすることが困難である。肥後ツバキで接ぎ木をするのは、最初から太く形の良い台木を山取りし、7 月に瓶（水）接ぎ法を行なうことによってしか形の良い盆栽がつくれないからである。植木業者が貴重な品種を大量に増やす時に2、3月に行なう割り継ぎ法では形の良いツバキの盆栽はできにくい。

一方、蔬菜の接ぎ木では、連作障害対策として土壌伝染性で致命的な *Fusarium oxysporum* などの病害が発生する果菜類で行なわれる。これは穂木を実生で殖やしたものなので、実質的には栄養繁殖ではない。しかも果樹や花木のような永年性のものでは接ぎ木の恩恵は大きいが、蔬菜では1回の接ぎ木で1年の恩恵である。マスクメロンではたった1個の果実をつくるために行なう。カボチャ台木にメロンやスイカ、キュウリを接ぐと蔬菜の接ぎ木では草勢が強化されて収量が増え、低温伸長性が付加されて暖房費が節約できる。また、キュウリをニホンカボチャに接ぐと上記のメリットだけでなく青白い粉を吹かなくなり（ブルームレスになり）、指紋が残らないので扱いやすくなるというメリットも付加される。

接ぎ木は、接ぎ木親和性のある近縁種間で行なわれる。なお、同じ科内ではあるが、*Cucurbita* 属のカボチャに *Cucumis* 属のキュウリやメロンが種内と同様に接ぎ木ができ、かえって旺盛になるように、交雑親和性より接ぎ木親和性の方が広いことが多い。双子葉植物だけでなく、裸子植物の一部でも接ぎ木を行なうことができる。ただし、単子葉植物では不整維管束で形成層を合わせることができないので、活着しない。

技術的には、割り接ぎ、呼び接ぎ、そぎ接ぎ（合わせ接ぎ）、水接ぎ（瓶接ぎ）、などがある。カンキツなどでは葉を落として接ぎ木をした方が活着がよい。しかし、ツバキなどでは葉を付けないと活着しないなど、種によってやり方が異なる。穂木の大きさは、バラの芽接ぎのように小さなものから、2～3年で盆栽に仕立てる肥後ツバキのように、最初から複数の枝がついている大きなものまである。

接ぎ木の時期は、新梢が固まった直後の若い枝、すなわち日本では7月頃がよく、2～3月もよく行なわれる。

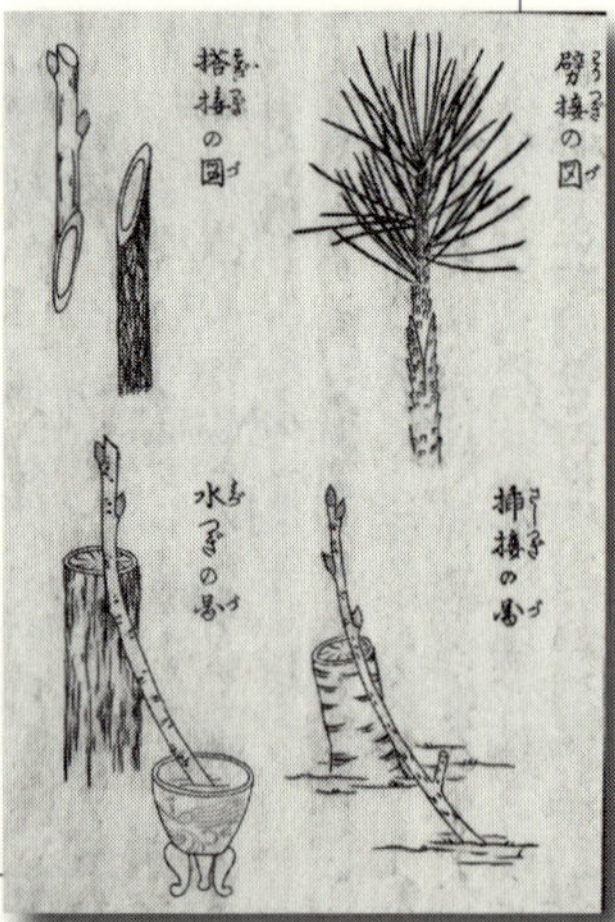

図2. 接ぎ木の種類（草木育種、1818）
右上：劈接《わりつぎ》の図。現在の割り接ぎ。
右下：挿接《さしつぎ》の図。現在の呼び接ぎに近い。
左上：搭接《そぎつぎ》の図。現在の合わせ接ぎに近い。
左下：水《みづ》つぎの図。現在の瓶接ぎ。

第9章

ボタン

細木高志

ボタンの植物学的特徴と分布

ボタンは中国原産の植物で、ボタン科（旧キンポウゲ科）ボタン属に入る。茎が木化する低木で、樹高は〇・五〜二メートル、変種を含むと約一〇種ある。一方、同属のシャクヤク類は茎が木化せず宿根草となり、高さ〇・五〜一〇メートルで約四〇種と多い。また、ヨーロッパ（一部北米）から中国・日本まで広く分布している。一般的にシャクヤクと呼ぶと、中国東北部からシベリア原産の *P. lactiflora* を指すことが多い。冬芽については、ボタンは樹上の茎節部につくが、シャクヤクは地下茎につく。さらに前者の園芸品種は花が大きく直径一五〜二五センチになるが、後者は五〜一〇センチが多い（**図1**）。

最近の分子遺伝学研究によると、ボタンの園芸品種は従来考えられていたような一原種由来でなく、陝西省などに分布する矮牡丹（*P. suffruticosa* var. *spontanea*）、甘粛省南部や陝西省などに分布する紫斑牡丹（*P. papaveracea* = *P. rockii*）、安徽省や河南省西部に分布する揚山牡丹（*P. ostii*）や河南省西部や湖北省西部に分布する卵葉牡丹（*P. qiui*）など、数種の野生種が関与してできたと考えられている。[1] このグループ（Vaginatae 亜節）とは別に、雲南省、四川省西部やチベット東南部に分布し、欧米ボタンの品種成立に関与した黄色花の原種の黄牡丹（*P. lutea*〔*P. delavayi* var. *lutea*〕）と、暗赤色花の紫牡丹（*P. delavayi*）の別グループ（Delavayanae 亜節）がある（**図2**）。さらにチベット東南部に分布し、花首が立ち、大きい黄色花を咲かせる大花黄牡丹（*P. ludlowii*）も知られていて、今後の交雑親として有望である。

図 1. ボタン（*Paeonia suffruticosa*）とシャクヤク（*P. lactiflora*）。ボタンは茎頂部に花が単生するが、シャクヤクは茎頂部のみならず腋芽にも花芽が付く。

図 2. 黄牡丹および紫牡丹。欧米ボタンの交雑親になった黄色花の原種、黄牡丹（*P. lutea*）と暗赤色花の原種、紫牡丹（*P. delavayi*）。

中国ボタン小史

1 後漢から唐の時代

甘粛省の東漢（後漢）墓から出土した木簡には、一～二世紀にはボタンが薬用として用いられていたことを示す記述がある。[2] 観賞用としては南北朝時代（五～六世紀）の絵画にボタンが描かれたとされるが、現存はしていない。唐代（七～一〇世紀）にはボタンの観賞が宮中から民衆にも広がってブームとなり、ボタンは「花王」と呼ばれ、主都の長安で盛んに栽培された。

またボタンは多くの漢詩に詠まれ、「国色天香」の名を馳せた。中国文学史の上で唐代を四分した第三期（七六六～八二六年）にあたる中唐に活躍した白居易の『牡丹芳』によると、「町中（長安）の人は、花が開いて落ちるまでの二〇日間は牡丹の花に狂った」と詠まれている。また『買花』によると、「長安の都は牡丹に明け暮れ、花が咲く時は株の売買が行なわれ、家庭栽培では株の上を庇で覆って、周囲を竹垣で囲み、水やりして土被せ」とあり、庭植えボタンの栽培管理が進んだことがわかる。また寺院のボタン園での自然交雑による実生から重弁花ができ、花直径も二〇センチを超える品種もできた。花色は白、桃、紫（黒に近い濃紫もあり）、淡黄色、暈《ぼか》しなどがあった。絵画では女性の頭上にボタン花の簪《かんざし》飾りが描かれている。

2　宋から明の時代

北宋代（一〇～一二世紀）には洛陽でボタン栽培が盛んになり、中国ボタン独特の万重（花弁数一〇〇枚以上）、盛り上がり咲きタイプの品種（**魏花**《ぎか》や**姚黄**《ようおう》など）ができ、この花型が多くの美術工芸品に描かれている。育種・繁殖面では、実生から得られた秀花選抜株（例えば**煙絨紫**から**発墨紫**を選抜）の芽を野生牡丹に接ぎ木することで繁殖効率が高まった。欧陽修の『洛陽牡丹記』には栽培法・育種法・利用法などが書かれ、品種数は一〇〇を超えた。さらに、四〇年間で「花百変」とも表現されていて、突然変異で紫花の**左紫**から赤花の**火煉金丹**《かれんきんたん》がつくられたことが記されている。さらに「不接不桂」とも書かれ、芽を接ぎ木しないと良い品種が出ないとされた。さらに同記には、洛陽に著名な接花工（接ぎ木職人）がいて、富豪人は高い工銭を払い、接ぎ木を依頼したとある。またこの時代には花色が淡紅、紫、黒紫、淡黄色など多彩になり、北宋末には白牡丹から突然変異で淡緑色品種（豆緑）さえ生れた。

南宋代（一二～一三世紀）には四川省天彭での栽培が盛んになり、現在みられるすべての花型や花色が出そろった。南宋末～元代の牡丹画でみると、重弁の平咲きと重弁の盛り上がり咲き両型の花が描かれている[3]（**図3**）。

明代（一四～一七世紀）に入ると、安徽省亳州と山東省曹州（菏澤）に栽培の中心が移った。『亳州牡丹記』には二七四種が挙げられ、品種の形態、花色、実生栽培、株分け、接ぎ木、潅水、施肥、医薬方面などで科学的な解説が記されている。『遵生八牋』によれば、シャクヤク肥大根にボタンの芽を接ぐ方法も考案されたようである。また冬季にボタンを開花させるのに、土蔵に株を入れて周りを温める促成開花技術が進んだ。美術品では絵画や皿絵に盛り上がり咲きボタンが描かれている。

3　清から現代

清代（一七～二〇世紀）では、山東省菏澤で生産栽培面積・花農家数が増えた。また促成開花技術が進んだこともあって、鉢植えボタンは冬季の室内装飾になった。絵画をみると、白、赤、桃、紫色の盛り上がり咲きボタン花が正確に描かれた。花の輪生は一重、八重、千重、万重があり、花型は日本品種にもあるハス型、キク型、バラ型、ボタン型のみならず、中国品種独特の盛り上がり咲きの偏球型、円球型＝皇冠

図3．牡丹画。盛り上がった花と普通の牡丹咲きが描かれている（南宋末～元代の画家・銭選による）。　高桐院所蔵

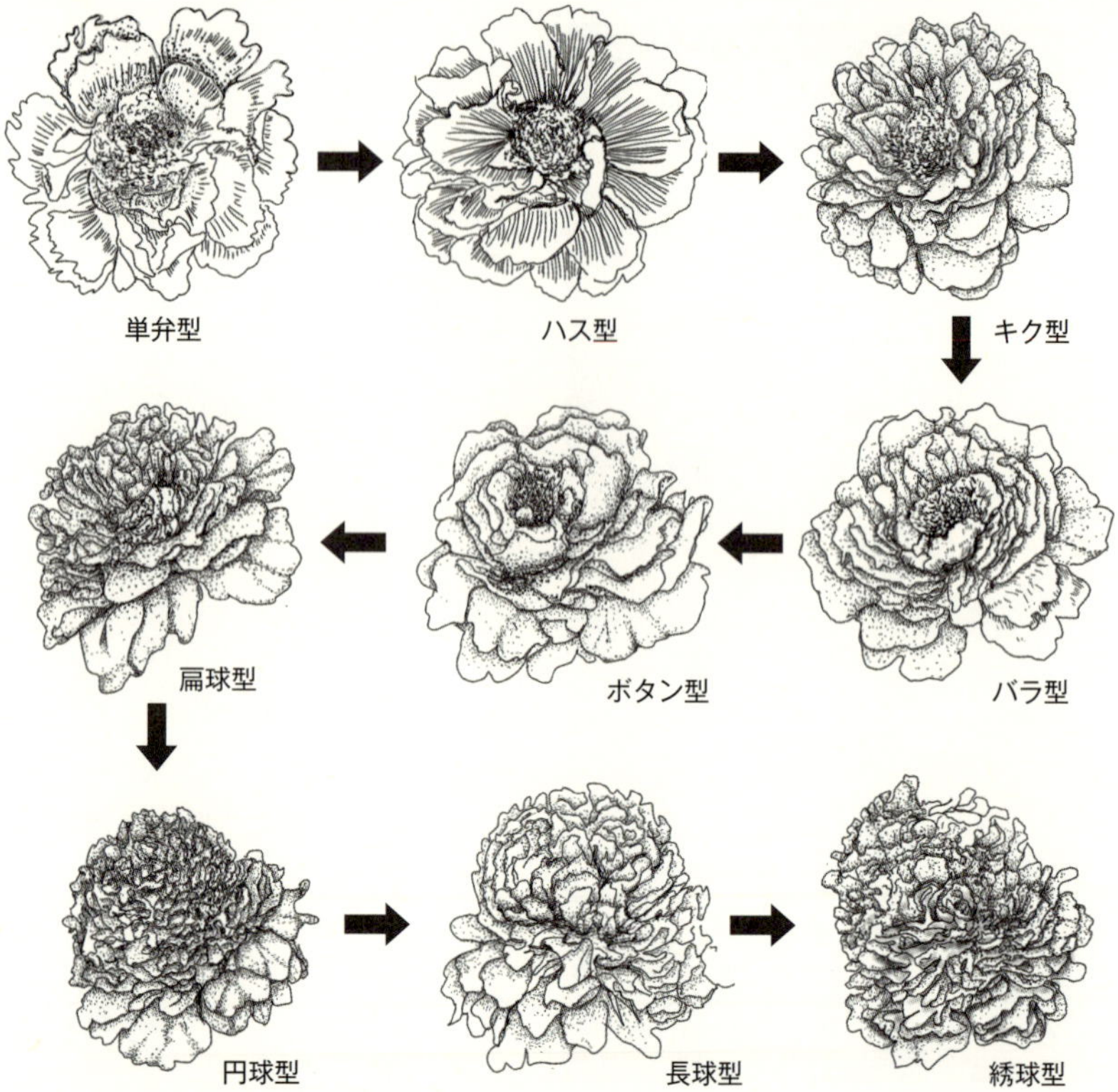

図４．中国ボタンの花型進化。単弁型からボタン型までは日本ボタンと共通だが、扁球型から綉球型は花が盛り上がり、日本ボタンにはみられない。　喩（1980）より

型、長球型、綉球型（花弁数約二〇〇枚）まであり[4]（図４）、綉球型の品種では自重で花が垂れ下がる（図５）。花色も南宋代からみられた九大色系がみられる。

育種面において、ボタンは自家受粉では種子が得難いので、現在は多品種の混合花粉による人工交雑が行なわれ、六〇〇〜七〇〇以上の品種が作出されている。栽培面では、清代から現代までは山東省菏澤がボタン栽培の中心に変わりはないが、黒竜省から江西省まで広がっている。また、毎年四月下旬になると菏澤のみならず洛陽や北京の牡丹公園に多くの花見客が訪れて、観光も盛んである。

4　中国と日本における「牡丹」

の表記について

二〇一一年の久保輝幸の研究によれば、『新修本草』（六五九年）で「牡丹」の異名として「百両金」が挙げられ、その解説がされている。[14] この植物について『図経本草』（一〇九〇年）をみると、ヤブコウジ属（*Ardisia* spp、ヤブコウジ科）植物の類と考えられ、これとは別にボタン（*Paeonia suffruticosa*）も『図経本草』に掲載されている。また六朝時代（三〜六世紀）、南朝宋の謝康楽（謝霊運）（三八五〜四三三年）は、「永嘉（温州一帯、浙江省東南沿海部）水際竹間多牡丹」と書いているが、ボタンの生育地にしては高温過湿であり、むしろヤブコウジ属植物の方が最適地と考えられる。つまり、六朝時代から初唐までに漢字で「牡丹」と書いてある植物は、ボタンでなく主にヤブコウジの類であったとの有力な説を出している。一方で、美しい花を咲かせるボタンは中唐以後に注目され、現在の「牡丹」として認識されるようになった。日本でも、ボタンは中国から渡来する前にはなく、『出雲風土記』（七三三年）に現れる漢字の「牡丹」は、古名はヤマタチバナであり、ヤブコウジ（藪柑子）を指すと考えられる。平安時代の一〇世紀以後からは、中国から渡来した観賞用のボタンが「牡丹」（ここでは*P. suffruticosa*）として認識され広まった。

図5．繍球型の品種・垂頭欄が自重で垂れ下がっている

日本における中世までのボタンの歴史

1　古典文学にみるボタン——随筆、和歌に詠まれたボタン

中国原産のボタンの日本への伝来は、薬用として奈良時代または平安時

代初期に遣唐使や空海（弘法大師）によりもたらされたとの俗説があるが、確証はない。また奈良時代に『出雲風土記』にもボタンが野草として現れるが、これは薬用のヤブコウジの根（紫金牛根）であったと考えられている[5][15]。

観賞用としてのボタンの初見は、平安時代中期に国司として讃岐（香川県）に派遣されていた菅原道真が詠んだ漢詩・法花寺白牡丹「色即為貞白　名猶喚牡丹」（色は真っ白だが、名はなほ牡丹《ぼうたん》と喚《よ》んで丹「赤色」の名が付いている）（八八六年頃）とされる。したがい、九世紀末までには、観賞用にボタンの庭栽培が行なわれていたのであろう。

その後ボタンは『蜻蛉日記《かげろうにっき》』（九五四〜七五年頃）に登場し、また『枕草子』（九九六〜一〇〇〇年頃）では「露台の前に植えられたるぼうたん（牡丹）の唐めきたることいとおかし」（縁側の前に植えられたボタンは中国の唐から渡来していて大変興味深い）と書かれ、「ぼうたん」または「ほうたん」と呼ばれた。また『倭名類聚抄』（九三四頃）には、「和名、布加美久佐」（ふかみぐさ）とボタンが記されている。この他にボタンの別名としてハツカグサ（廿日草）やナトリグサ（名取草）なども知られている。『栄華物語り』（一一世紀初期）、『詞花和歌集』（一一五一〜五四年）や『千載和歌集』（一一八八年）でもボタンが現れる。『詞花和歌集』では、藤原忠通がボタンと思われる花で、「咲きしより散りはつるまで……花のもとにて二十日へにけり」（花が咲いてから散るまでに二〇日間経過した。花持ちが短いボタンではおそらく一花でなく株全体の複数花であろう）と詠んだ。また『新古今和歌集』（鎌倉初期成立）にも藤原重家が、深見草すなわちボタンを見て、「形見とてみれば嘆きのふかみぐさ何なかなかの匂ひなるらむ」（この花が形見だと思って見るので、あたなのことが思われてなりません。なぜこんなに美しく咲いているのでしょう）と詠んでいる。またボタンは日本最古の庭園書の『作庭記』の異本『山水抄』（一二世紀末か一三世紀初め）や、最古の生け花の伝書『仙伝抄』（一四四五年）にも記された。さらに南禅寺（一二九一年開創）の方丈庭園には、一五世紀初めに紅白のボタンが栽植されていた。

2　美術品にみるボタン――絢爛に彩られるボタン

美術品をみると、平安時代や鎌倉時代には壺や織物に牡丹紋や牡丹唐草紋が描かれ、一重や八重の花がみられる（**図6**）。室町時代にはボタンが「牡丹文螺鈿蒔絵手箱」に描かれている。さらに赤や淡桃色の八重花が描かれた「牡丹図屏風」や白～淡桃色の花が描かれた「牡丹に蝶図」には、数十弁ある花がみられる。さらに狩野派の祖の狩野正信と嫡男の狩野元信（一四七六～一五五九年）は「四季花鳥図」を描き、白、赤や淡桃の十数弁の平弁（盛り上がらないタイプ）のボタンの花がみられる。

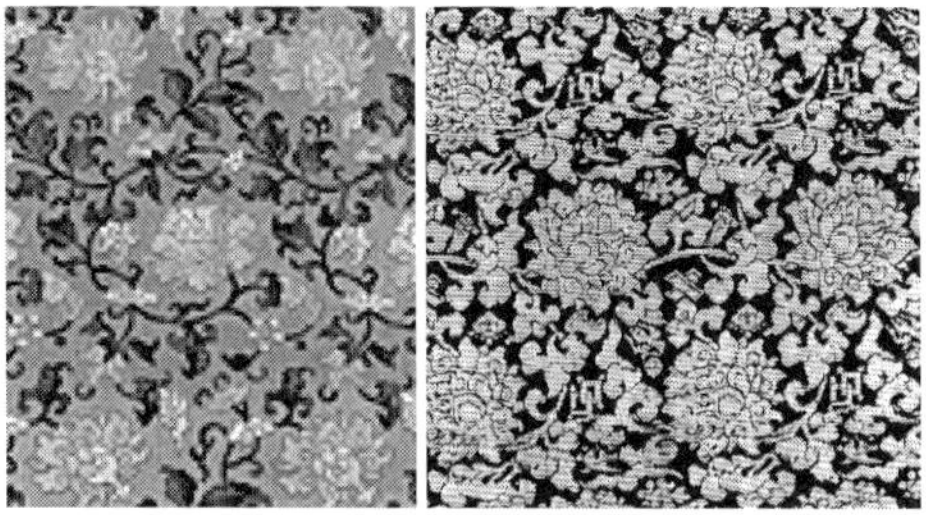

図6．織物にみられる牡丹紋様「牡丹唐草錦」（室町時代）

安土桃山時代になると、狩野永徳（一五四三～九〇年）一派が南禅寺の襖絵「麝香猫図」（一五八六年）を描き、半八重の赤と白色のボタンがみられる。また障壁画で有名な狩野山楽（一五五九～一六三五年）は京都大覚寺で、海北友松（一五三三～一六一五年）は京都妙心寺でボタンの襖絵を描き[6]（**図7**）、また狩野孝信（一五七一～一六一八年）も仁和寺の襖に描き、十数弁の紅白および淡赤色のボタン花がみられる。さらに香川・善通寺の「牡丹図屏風」（桃山～江戸期作）では、赤、白、桃色の数十弁の豪華な花がみられる。西本願寺の唐門（一六三〇年頃建立）には透かし彫りのボタンが見られ、桃山時代の様式を伝えている。

このように、桃山時代から江戸初期にかけて、絢爛豪華な牡丹画・工芸品が多くつくられ、それらをみると花は白～桃～赤系列の八重咲きが多いことがわかる。また日本ボタンはいずれも中国ボタンと異なり、花弁数が多くても四〇～六〇枚程度で、盛り上がったりしないこともみてとれる。

図7. 十数枚から数十枚の花弁が描かれた牡丹花の襖絵。狩野山楽筆（京都大覚寺）（左）、海北友松筆（京都妙心寺）（右）。

江戸期ボタンの歴史——花開くボタン育種と庶民への普及

1 江戸期の園芸書にみるボタン

江戸前期になると、水野元勝が『花壇綱目』（一六八一年）を著し、「牡丹は白、赤、薄赤、薄白あり」と、四一品種が紹介された。元禄期（一六八八～一七〇三年）には伊藤伊兵衛（三之丞）が『花壇地錦抄』（一六九五年）の牡丹品評で、次のような九項目を設けた。

一——位、花全体を四等に分け、一位はみたことがなく、二位・三位を残し、四位は捨てるべき。

二——形は五様あり、富貴・艶麗・厳格・乱脱・枯槁（萎れ枯れ）があり富貴・艶麗をよしとする。

三——色に二種有って咲いた時、赤味たる珠玉咲きと青味たるような碧玉咲き、前者は花麗しく光有りて良しとす、後者は艶がない、他に酔あり、しみあり、酔しみは上花の外なるべし。

四——重ね（輪生）、花弁五～一五枚を一重、二〇～四〇枚を八重、四五～一〇〇枚を千重、一〇〇枚以上を万重とし、八重・千重をよしとする。

五——実（雌しべ）は、形容が大小・高下・赤白あり、白にも黄白、銀白などあり。赤に薄木瓜（ボケの淡朱色）、淡赤・濃赤、薄紫・濃紫黒色、形瓶子あり、実首五裂・七裂のものあり、銀白小瓶子をよしとす。
六――雄しべ、すべて黄なり、淡黄にして少がよし。
七――花びらは厚円・薄欽（薄く控え目）あり、燃るあり・縮むあり、ひろめくあり・つぼむもあり、厚円にしてつぼむをよしとす。
八――葉は大小・長短・頻縮・弱垂あり、円尖あり、その色紫碧・淡濃など。細長にして強きをよしとする。兼色をよしとす。
九――木は強直なるあり、巻曲なるあり、（中略）すなおにのびやかなるをよし。

このように、ボタンの品質・品格を詳細に述べているが[5][15]、中国ボタンに多い盛り上り万重咲きは日本人に好まれなかったことは重要である。また現在絶滅した筑前牡丹含めて、ボタン全三〇〇品種が同書に紹介されている。

貝原益軒《かいばらえきけん》（一六三〇〜一七一四年）の『花譜』（一六九四年）をみると、「純白純紅が上品とす……」、また冬牡丹（寒牡丹）あり珍し」、「詩人は特に白牡丹を好む」とあるし、「紅、白、紫、薄紫色を大綱とす。そのうち品色多くして数百種あり」、また「実生法では種子の両端削り水に浸して、秋は早く播くとよいとあり」と実用的な栽培法まで載せている。さらに元禄時代には牡丹書の『牡丹名寄せ』に、白牡丹一五七種、赤牡丹一四四種が載せられている。この頃には『紫陽三月記《しようさんげつき》』、『牡丹私記』、『牡丹道知辺《ぼたんみちしるべ》』、『睡猫記《すいびょうき》』や『牡丹論談』など多数のボタンに関する本が発行された[3][5]。少し後の『草木奇品家雅見《そうもくきひんかがみ》』（一八二七年）には、葉の縮れた左内出牡丹《さうちでぼたん》（突然変異かウイルス病）（**図8**）、『草木錦葉集』（一八二八年）には葉に黄斑の入るボタンも描かれた。江戸後期の『金生樹譜』（一八三〇年代）に、中国の清の春咲き促

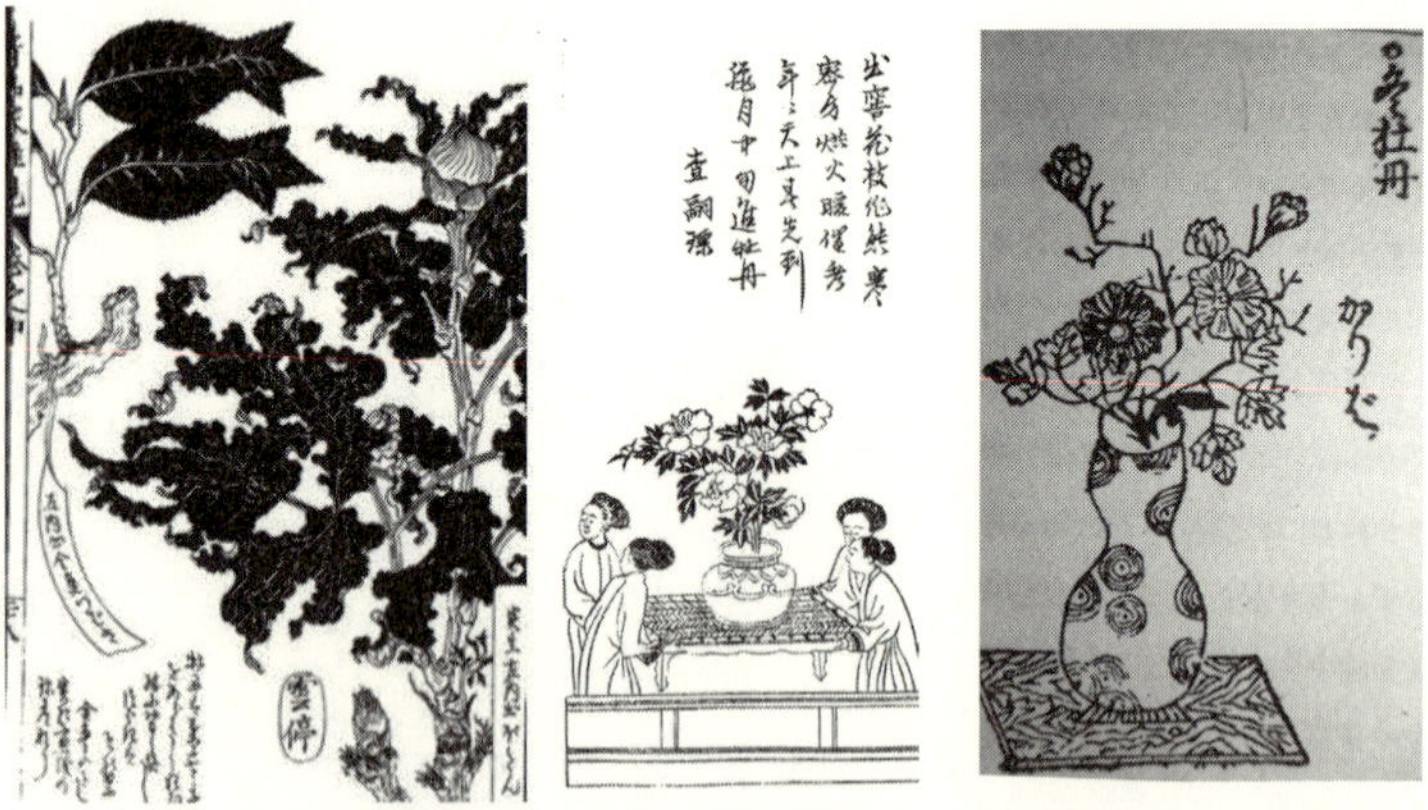

図8．江戸時代にみられたボタン。『草木奇品家雅見』にある葉が縮れた左内出牡丹（左）。『金生樹譜』に描かれた清の京師の春ボタン促成鉢花（中）。花道書の『立華訓蒙図彙』に描かれた冬牡丹（寒牡丹）の生け花図（葉の伸展が春牡丹にくらべ悪い）。

成鉢植えボタンの様子が紹介されている（図8）。以上のように、江戸時代にはボタンの栽培研究、実生や変異による育種が盛んであったことがよくわかる。

ところで、貝原益軒が記した冬牡丹（寒牡丹）は、江戸時代に日本で生まれた春秋・二季咲きの変異品種で、現在は九～一二月咲きまで二〇数品種が知られている。寒牡丹は一六六三（寛文三）年の俳書『増続・山の井』に季語として初めて出てくる。[7] また同時期の狩野重賢の画「草木写生」（一六五七～九九）や『御湯殿上日記』（御所の女官により書かれた約三五〇年分の日記で、天皇の日常の動向や宮廷の出来事がおもに記される）の中の一六八三～八六年の間にも多くの冬牡丹の記載がある。また花道書の『立華訓蒙図彙』に描かれた寒牡丹（冬牡丹）の生け花図がある（図8）。

2　江戸期の絵に描かれたボタン

江戸期にはボタンの絵が多数描かれた。初期には狩野派による京都二条城の黒書院の襖に「紅白牡丹画」が描かれ、そこには白花は三輪以上で二〇～三〇弁以上の花がみられる（図9）。また土佐《とさ》光起《みつおき》による「猫に牡丹図」、伊達綱宗による「弁財天・牡丹図」、英一蝶《はなぶさいっちょう》の「雑画帖」などがある。さらに江戸時代を通してみると、狩野派の画家・狩野探幽《かのうたんゆう》、邦信《くにのぶ》、安信《やすのぶ》、探水《たんすい》や養長《おさなが》がボタンを描いていて、赤、桃、白、淡黄色の十数弁から数十弁の花がみられる。さらに伊藤若冲《いとうじゃくちゅう》が描いた「牡丹小禽図」（図10）、同画家の金毘羅宮奥上段の間の「百花図」、円山応挙《まるやまおうきょ》の「牡丹孔雀図」、同画家の「牡丹画」、小野田直武による蘭画様式の「岩に牡丹図」、長沢芦雪《ながさわろせつ》の「牡丹孔雀図」、岸駒《がんく》の「牡丹孔雀図」、酒井抱一《さかいほういつ》の「花鳥十二ヵ月図・四月・牡丹に蝶図」（赤、桃、白花あり）、「牡丹に蝶図」、「流水四季草花図屏風」、また葛飾北斎の「蝶と牡丹図」（浮世絵。数十枚の花弁あり）、歌川重宣の「牡丹に蝶」（紅白複色花）、歌川国芳（一七九八～一八六一年）の「牡丹図」（赤と薄紫色花がある）のように、有名画家がボタンの花（十数弁から数十弁、つまり『花壇地錦抄』で記された一重から八重／千重咲きまで）を題材にして描いている。さらに、ボタンの天井画も江戸中期に建設された京都市宝塔寺仁王門にみられる。また赤色ボタン花の花見の浮世絵「江戸自慢三十六興――深川八幡牡丹」（歌川豊国と歌川広重、一八六四年）（図11）や「牡丹――四季の花園」（歌川広重）（図12）があり、江戸期にボタンの観賞が庶民の間でも広まっていたのがわかる。また江戸後期には「牡丹真写」や「牡丹花譜」が描かれ、**不借金**《ふしゃくきん》などの珍しい名の品種もあった。

また明治期にかかるが、神坂雪佳《かみさかせっか》は江戸風の「御所車衝立《ごしょくるまついたて》」にキク、ユリ、ツバキ、フジ、ケイトウなどと一緒に千重のボタンを描いている。「牡丹百珍譜」では、花弁先端に深い切れ込みがある変異品種・**獅子吼**《ししく》、紅白複輪花弁品種・**越女裾**《えつじょすそ》や**綾羽**《あやは》も描かれている（新潟花物語り――牡丹編より）。このことより、珍しい花の形態や複色を有する品種が選抜されていたことがわかる。なお江戸期のボタンの主な生産地は大阪であり、上方牡丹として知られ、大小各藩の注文を受けて年間約一〇〇〇本の生産があった。とくに大阪池田・細河村と兵庫宝塚・長尾村山本が中心地であった。

図 9. 牡丹襖絵。京都二条城の黒書院の襖に描かれた白牡丹、3 輪以上で 20 ～ 30 弁以上の花がみられる。

図 10. 牡丹小禽図（伊藤若沖、絹本著色）

図 11.「江戸自慢三十六興――深川八幡牡丹」（歌川豊国と歌川広重、1864 年） 国立国会図書館所蔵

図 12.「牡丹――四季の花園」（歌川広重） ファインアート美術館所蔵

明治期ボタンの歴史――花色の成立と接ぎ木技術の発展

明治期になると、二〇（一八八七）年頃に『池田植木屋牡丹花名』に二六〇品種が挙げられている。[8] 二五二二年頃には大阪・高津の百花園・松井吉助が『牡丹一覧』を著し、庭園のボタン観覧も行なった。二五（一八九二）年には福井萬右衛門（池田細河村・群芳園主）の『牡丹集』に赤、白、紫、絞り、底赤、底白など数十品種が掲載された。宝塚・長尾村の牡丹園主・坂上新九郎は明治三四（一九〇一）年に、園芸品評会（明治二五、二六年）、国内勧業博覧会（明治二八〔一八九五〕年）および全国品表会（明治三一〔一八九八〕年）で賞を得たボタン品種約二〇〇種をカタログ風に記載している。ここには古い黒色品種・**崑崙獅子**《こんろんじし》などもみられ、約四割の品種が昭和期末に現存していた。さらに明治三三（一九〇〇）年のパリの万国博覧会にも五〇品種二五〇株が出展された。『長谷寺牡丹画帖』（明治三〇年）をみると、現在のボタンにみられる花色の全色（赤、桃、紫、淡紫、白、黒色）が認められ、黒色花ではボタン品種の中で最も多いアントシアニン六種が存在した。[9] またボタンの栽培に関しては、井上正賀《いのうえまさのり》が明治四五（一九一二）年に、『牡丹芍薬培養法』で一七〇品種を記載し、昭和期にもまだ約三分の一が残っていた。

ところでボタンの繁殖に関して、実生だと開花まで五年かかるだけでなく同形質の花が得られない。挿し木では発根が悪く、株分けによるクローン増殖だと増殖率が低いため、明治前期までは野生（薬用）ボタンの台木に園芸品種のボタンの穂木（芽）を接いで増やしていた。これより効率の良いシャクヤク台に接ぐ方法（図13）がフランスで始まっており、農学者の福羽逸人《ふくばはやと》が明治三二（一八九九）年に導入して、この方法を大阪池田・細河村に伝えた。群芳園の福井熊三郎は改良を加えて、シャクヤク台に接ぐ方法が大

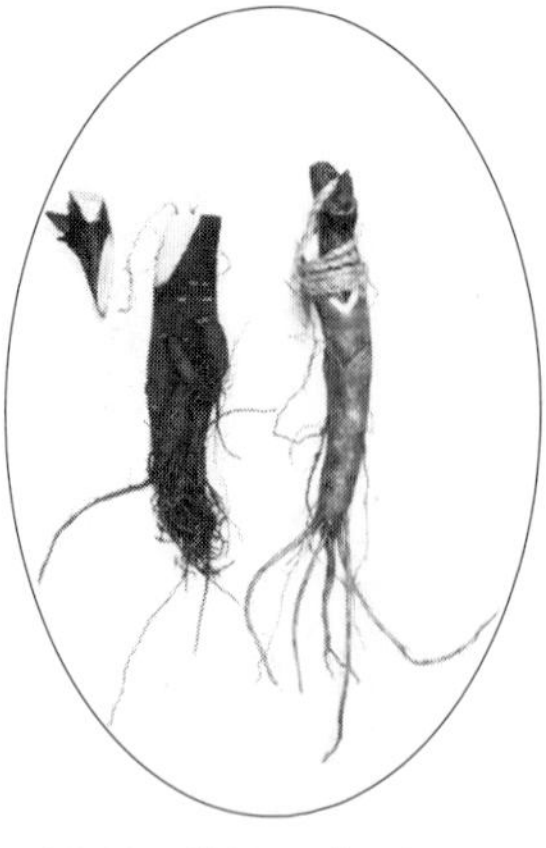

図 13. ボタンの芽のシャクヤク根（台木）への接ぎ木

図 14. 変異により生じた渦細弁品種 、**胡蝶の舞**

阪・兵庫のボタン生産者に広まった[10]。一方、新潟の江川啓作・四柳徳次郎はシャクヤク台に接ぐ方法を明治三〇～三五年頃に独自に考案し、新潟ボタンの生産が新潟市や五泉市で盛んになった。

昭和期ボタンの歴史

昭和期に入って、大阪池田・細河村や兵庫県宝塚・長尾村でボタン栽培や育種が行なわれ、昭和天皇即位を記念して皇室と関係するユニークな名前（門）が付く二五品種（**宣陽門**《せんようもん》、**殷富門**《いんぷもん》、**皇嘉門**《こうかもん》、**綾綺門**《りょうきもん》など）が下村小兵衛により作出された。また、赤紫色品種の**花大臣**と藤色品種の**鎌田藤**との交配品種である赤紫色品種・**群芳殿**《ぐんぽうでん》もできていて、混合受粉多いボタンで交雑親の品種名がわかる少ない例である。また池田・宝塚方面のボタンの生産は戦後、連作障害などからしだいに衰え、他の花木苗の生産は続いているものの、現在ボタンの商業生産は行なわれていない。

なお昭和期のボタンの花の形態変異をみると、花弁が極端に細くなり渦弁となる**胡蝶の舞**（図14）や**天女の羽衣**、丸弁の**御国**

の旗から枝変わりで花弁先端が切れ込む**御国の曙**（奈良県石光寺の染井孝熙作出）ができていて、現在もみられる。

新潟県によるボタン品種改良――田中新左衛門、長尾次太郎の主導による県内育成

新潟のボタン生産は江戸末期から行なわれたが、本格的な栽培は明治二〇（一八八七）年頃に、新潟茨曽根村（現・新潟市）の関根省吾が大阪・池田や兵庫・宝塚から優良種を導入したことから始まる。それらは『牡丹一覧表』の中の二八〇品種にうかがい知れる（以下、新潟県のボタンに関しては「新潟花物語り――牡丹編・歴史1－5」より引用）。また明治二七（一八九四）年には「牡丹写生図」も描かれた。

育種では、新津（現・新潟市秋葉区）で代々、新左衛門を襲名してきた田中家の九代・田中新左衛門（**図15**）が、明治期末から**五大州**《ごたいしゅう》、**玉簾**《たますだれ》や**九十九獅子**《つくもじし》などを作出し、また小合村（現・新潟市秋葉区）の長尾次太郎は**帝冠**《ていかん》、**四方桜**《よもざくら》、**初烏**《はつがらす》、**桃山**などの新潟ボタンの名花を作出した（**図16**）。明治四一（一九〇八）年の長尾草生園による通信販売用カタログには、一一二品種が掲載された。明治期の新潟のボタン栽培の状況は、長谷川三男と子息の玄三郎による『新潟県園芸要覧』（明治四四〔一九一一〕年）にみることができる。長谷川家には明治末期～大正初期に一九二品種の特徴をまとめた『牡丹花容一覧表』があるが、そこには本来花持ちが悪いボタンの切り花に対する延命剤処方箋まで書かれており、丁子油、山椒油などの混合法が具体的に紹介されているのも興味深い。

大正時代になると、八（一九二〇）年に同園の通販カタログには二八〇品種、一一（一九二二）年には三八五品種が記された。一二（一九二三）年には新潟小合村園芸組合が摂政宮殿下（昭和天皇）に**越**

図 15. 九代・田中新左衛門と作出品種、白花の**五大州**

図 16. 新潟ボタン

後獅子と**初日の出**を献上している。ボタンの輸出に関しては、大正四（一九一五）年に横浜植木による輸出用五〇品種の見本図集が発行された。実際、新潟ボタンは大正一〇（一九二一）年に同会社を通じてアメリカに輸出されている。

昭和に入り、六（一九三一）年刊の園芸雑誌『実際園芸』（『農耕と園芸』の前身）に新潟のボタンが掲載され、同一一年の新潟県花卉球根協会発行のアメリカ輸出用の見本帳には、新潟の田中新左衛門作出の**五大州**、長尾次太郎初代作出の**黒光司**《こっこうつかさ》と**日之出世界**がみられる。また、昭和九（一九三五）年に新潟県花卉球根協会により満州大連市喜久屋デパートでの花卉宣伝会も行なわれた。昭和三〇年代には**栄冠**（江川一栄作出）や**村松桜**（樋口宥源作出）が作出された。現在、新潟県では秋葉区を中心に約五〇万本のボタン苗が生産されていて、全国二位の生産量となっている。

ボタンのヨーロッパへの輸出は既に明治中頃（一八九〇年代）から苗業者により行なわれている。[11] 輸入に関しては、宝塚の坂上牡丹園が明治末から昭和初期にかけて中国から、**緑胡蝶**《りょっこちょう》、**為子**《ためこ》、**紫上**《しじょう》、**陽木**《ようぼく》、**芝上楼**《しじょうろう》などの盛り上がり咲きを含む中国品種を輸入し、大正七（一九一九）年に販売用に発表した。同一二（一九二四）年にも四四種を輸入していて、現在もいくつかの品種が栽培されている。

図 17. ボタンの島として有名な大根島（松江市八束町）。4 月下旬から 5 月初旬はボタンの観光で賑わう。

島根県のボタン栽培の展開――ボタンの島・大根島

島根県北東部と鳥取県西北部の県境に汽水湖の中海があり、ここにボタンの島として有名な大根島《だいこんじま》(松江市八束町)が浮かんでいる(図17)。同島は約一九万年前に噴火によってできた面積六平方キロほどの小島で、火山性黒ぼく土から成り立ち水捌けが極めて良く、土壌中の水分過多に弱いボタン栽培に適している。ボタンの栽培は、江戸期に同島の全隆寺の僧が静岡県秋葉山から獅子頭《しがしら》などの薬用ボタンを導入したのが始まりで、地牡丹と呼ばれ農家の庭先で広がった。また、天保年間(一八三〇〜四四年)から松江藩直轄の薬用ニンジンの栽培を行なっていて、ボタンとの輪作は連作障害を避けるのに都合がよかった。

昭和期に入ると、農家が大阪からボタン苗を持ち帰り栽培を始めた。戦後からはシャクヤク台を用いる接ぎ木技術が普及したのと農家の主婦が関西に花売りの行商に出たことで、大根島の名前が全国に広まり有名になった。昭和二九(一九五五)年の『牡丹特性調査概要』(島根県)によると、約一六二の繁殖推奨品種が掲載されていて、この中には黄色のフランス育成ボタン(和名・金閣など)も載っている。昭和四〇年代になると、島根県のボタンの生産が新潟県より多くなり、日本一となった。また平成元(一九八九)年から、八束町と中国山東省菏澤(中国ボタンの最大生産地)との交流で中国牡丹園が島内につくられた。中国ボタンは日本ボタンより早く四月下旬に開花することもあって、観光用のみならず育種親にも利用されている。二〇〇四年には、島根県では年間約一五〇万本のボタン苗が生産され、そのうち四〇〜五〇万本の接ぎ木一年生苗が、アメリカ、オランダなどに輸出されている。しかし、二〇一三年には後継者不足などから、年間八二万本に減少している。

大根島では、昭和期に実生から多数の選抜品種がつくられ、現在も続けられている(図18)。大根島作出の品種には島の名が付くものが多く、赤色系の**花王**（昭和七〔一九三二〕年）、桃色系の**八束獅子**《やつかじし》（昭和八〔一九三三〕年、**花競**《はなきそい》の実生から生まれ一部の雄しべが弁化して立ち上がる）、**芳紀**《ほうき》（昭和八年）、**島娘**（昭和二八〔一九五三〕年）、紫色系の**島大臣**《しまだいじん》（昭和二八年）、**八雲**《やくも》（昭和二八年）、白系の**白鳥**（昭和二九年）、**島の輝**《かがやき》（昭和三〇〔一九五五〕年）、**天衣**《てんい》（昭和四五〔一九七一〕年）、**島の夕映**《ゆうばえ》（昭和五〇〔一九七五〕年）、などがある。さらに昭和五三（一九七八）年には、赤花の**太陽**から枝変わり品種で赤色花弁に白色のストライプが入る**島錦**がつくられた。平成に入ると、既存のアメリカ種間交雑黄色品種 **High Noon**（*P. lutea* の血入る）に白色の日本品種・**新扶桑**が交雑され、淡黄色の花首が立つ秀花品種・**黄冠**《おうかん》（渡辺三郎作出、平成一五〔二〇〇三〕年登録）も作出された（**図18**）。

　ボタンの生産では、促成・抑制開花の研究が昭和五六（一九八一）年頃から平成初期まで島根大学で細木・浜田や青木らにより行なわれ、現在、長期株冷蔵抑制による年末の鉢花出荷や、株冷蔵による休眠打破処理によって、一〜二月出荷用の促成鉢花栽培も実用化されていている。さらに最近は、促成切り花の国内外への出荷も試行されている。四月下旬〜五月上旬のボタンの季咲きシーズンになると、大根島の観光牡丹園の営業が盛んで、露地植え・鉢植ボタンの露店販売もなされている。とくに規模が大きい由志園では観光バスを利用した庭園巡りを行ない、数十年生の大株のボタン、明治期作出の古品種、珍品種、外国品種や新品種の展示および鉢花の即売も行なっている。さらに八束町では、ボタン開花シーズン中に品評会が開かれ、名前がまだ付いていない実生の開花展示も見られる。以上のように、大根島はボタンの生産・育種・輸出と観光により発展してきた日本でもきわめて特異な島であり、大変興味深い。

中国ボタンの欧米への紹介と雑種欧米ボタンの成立

中国ボタンの欧米への紹介は遅く、一六五六年にオランダ東インド会社の職員が広東から北京に旅行した時の旅行報告書に初見がある。そこには、茶とパイナップルとともに、棘のないバラのようで花の大きさは二倍あり、花色はほとんどが白で少し赤紫がかっていて、赤色や黄色もある、と報告している。しかし、当時は誰も信じず一世紀以上を経て認められるようになった。

中国ボタンの最初のヨーロッパへの導入は、植物収集家のジョセフ・バンクスにより一七八〇年代～九〇年代に行なわれた。その後、英国王立園芸協会の植物収集家のロバート・フォーチュンが一八四六年に、二五品種の中国ボタンの秀花（とくに八重のバラ咲き）を導入し、英国や他のヨーロッパ諸国で苗業者により繁殖・販売され、一八六〇～八〇年代にかけて大変人気を博した。[11] また日本ボタン品種は、ドイツ

図 18. 大根島作出の秀花品種。赤色品種・**太陽**（新潟産）と、その枝変わりキメラ品種で白色のストライプが入る**島錦**、High Noon と**新扶桑**の交雑種の**黄冠**。

の博物学者のシーボルトが一八四四年に、江戸城と京都御所から譲り受けた秀花四二品種をヨーロッパに導入したのが最初であった。オランダで一八四八年に開花し、以後日本の業者から輸出されるようになっ

フランスの雑種黄色
ボタン品種・**金閣**

図 19. 欧米交雑ボタン

アメリカ Saouders の交雑黒色ボタン品種 **Black Piret**

アメリカ Daphnis の交雑真珠色帯藤色品種 **Zephyrus**

アメリカ Daphnis の交雑黄色品種 **Antigone**

図 20. *Paeonia ludlowii*（大花黄牡丹）。花が *P. lutea* より大きく、花首が立つ新原種。

た。日本ボタンは中国ボタンとは異なり完全八重でも花首が垂れず、種子もできやすいという長所を有したことから、以後の欧米ボタンの交雑片親にしばしば利用された。

欧米ボタンの本格的な作出の端緒になったのは、フランスの宣教師P・J・M・デラバイが雲南省で一八八三年に *P. lutea*（黄牡丹）、八四年に *P. delavayi*（紫牡丹）を発見したことである。フランスの園芸家のL・ヘンリーやV・レモイネは二〇世紀前半に、*P. lutea*/*P. delavayi* を種子親にして中国品種（一部日本品種）の花粉をかけて種間交雑を行ない、従来にはなかった鮮やかなフランス黄色ボタン品種群（一部は暗赤色～栗色）を作出し販売した（図19）。日本にも昭和初期に輸入され金閣や金晃《きんこう》などの名で販売されている。

次にアメリカのA・P・サンダースは二〇世紀中頃、*P. lutea* や *P. delavayi* に主に日本の一重や半八重品種の稔性が強い花粉をかけて、黄色の High noon や暗赤色の Black Piret（図19）など多数のアメリカ Saouders F_1 雑種品種群（日本ボタンの血を五〇％含み、花色が黄色、暗赤色、真珠色など六群）を作出した。[11] Saouders F_1 雑種はほとんど不稔であったが二個体が稔性を有し、彼の業績を引き継いだアメリカのN・ダフニスは、二〇世紀中頃から後半にこれら F_1 雑種を含めて自殖したり日本ボタンに戻し交雑を一～二回行なったりして、F_1 だけでなく Zephyrus や Antigone（図19）などを含む F_1、F_2、BC_1、BC_1、BC_3 Daphnis 雑種品種群（日本ボタンの血を五〇～八七・五％含む）を作出した。[12][13] これらは Saouders 雑種の欠点を補い花首が立ち剛直で、花色は黄色、橙色、暗赤色や藤色を呈した。こうして観賞価値が高いボタンとして成立し、欧米や日本で普及しつつある。前述した黄色品種・黄冠もこの Daphnis 交雑方式により大根島で作出されたものである。なお Saouders や Daphnis 雑種品種は、花弁が一重、半八重、八重ないし二〇～五〇弁と少ないものが多い。今後の育種目標として、チベットで一九三六年に発見され、花が大きく黄色で花首が立つ原種 *P. ludlowii*（大花黄牡丹）（図20）と日本、中国ボタンとの交雑が望まれる。

第10章

ハナショウブ

田淵俊人

梅雨空の中に浮かぶように咲くハナショウブは、日本人の手によって改良された日本伝統の園芸植物である。梅雨時に相応しい園芸植物であり、わが国の風物詩の一つになっている。近年では、五月の端午の節句に合わせた営利的な切り花栽培や、日本各地の公園などで大がかりな景観を彩る園芸植物として花菖蒲園が開設され、観光施設として利用されている。二〇二〇年の東京でのオリンピック開催が決まり、さまざまな分野で国際化が進み、「グローバル化」と称した海外との文化交流も増加する。その一方で、わが国の伝統文化を紹介できる象徴的なものが必要である。海外からの観光客に最も人気の高い日本の観光地に明治神宮の花菖蒲園（林苑）が挙げられている。[15] 日本の伝統がつくりだしたハナショウブの中に、日本人の文化や心が凝縮されている、というのがその理由だそうである。[17] このように、日本の文化や日本人の心を象徴する花の一つ、ハナショウブはいったいどのようにしてつくられてきたのであろうか。

ハナショウブの特徴——原種・分布・開花期

ハナショウブ（*Iris ensata* Thunb.）は、アヤメ科アヤメ属の園芸植物である。原種は日本を主な原産地として朝鮮半島と中国北部、シベリアなどにも分布している野生のノハナショウブ（*Iris ensata* var. *spontanea* Nakai、以下ノハナショウブ）で、これをもとにして育成されたものである。[1][11][20] ノハナショウブは、日本では各地のやや湿った土地に自生している。[1][4][11][18][20][26][27] 三重県の松坂地方ではドンドバナ（とんとんばな）、東北地方ではヤマノショウブなど、いくつかの名で呼ばれるほど身近な植物である。ドンドとは、水が盛んに流れているあり様を表現しており、ヤマノショウブは山間地に多くみられることが由来である。[3][26][27] 開花期は六〜七月に

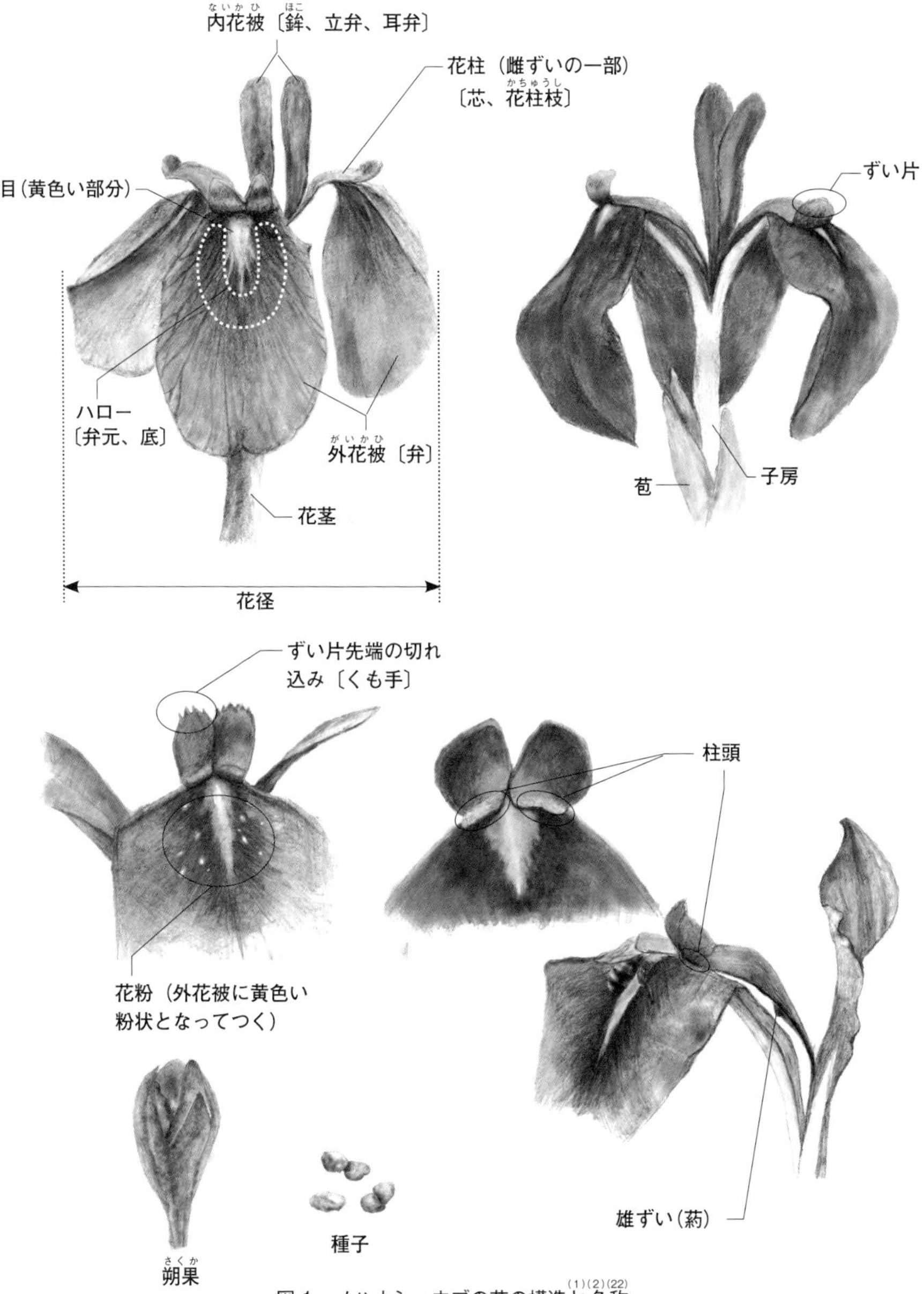

図1. ノハナショウブの花の構造と名称[1][2][22]
〔 〕内はハナショウブで用いられる用語

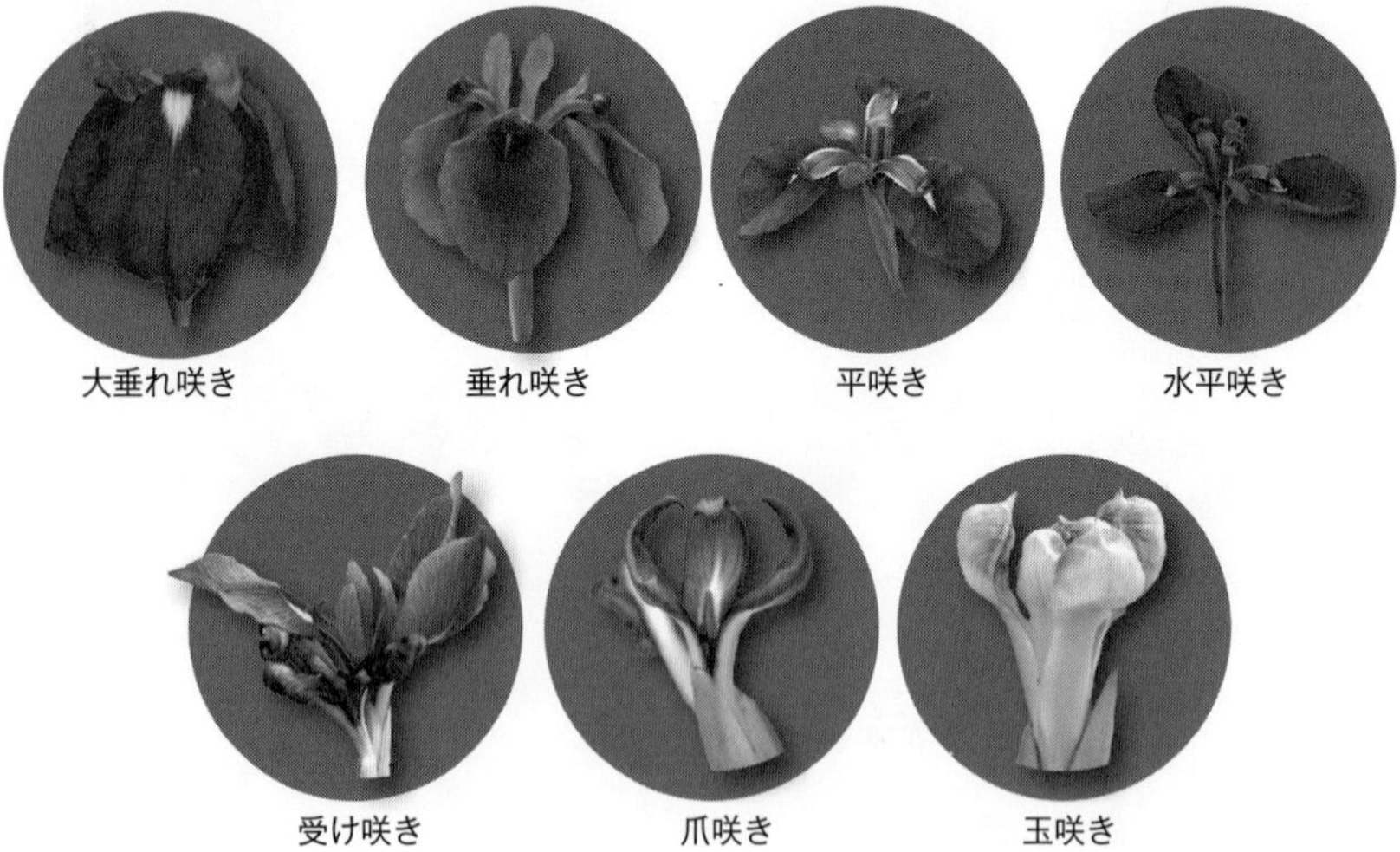

図2. ノハナショウブの外花被片の垂れ具合にみられるさまざまな形態の変異
このような違いの他に、花色の違いもみられる

かけて[1,20]、この頃はちょうど梅雨にあたる。田植えの季節とも重なっているので稲作文化との関係も深く、「菖蒲田」と呼ばれる所以でもある[15]。ノハナショウブには花の形や色が異なる変異個体があり[4,5,6,12,16,18,21,23]、ハナショウブはそれらの変異個体どうしを交配して育成されたと考えられている[3,8,26,27]（**図1、2**）。

ノハナショウブと他のアヤメ科植物との違い

わが国で親しまれてきたアヤメの仲間には、アヤメ、カキツバタ、ノハナショウブなどがある。「いずれアヤメかカキツバタ」といった諺があるように、どちらも優れていて優劣の決めがたい例えにされるほど良く似ているので区別しにくい。ノハナショウブの花の構造について、アヤメやカキツバタとの違いを**図3**に示した[1,10,11,22]。なお、同じ時期に黄色い花色をしたアヤメ科植物を見かけることが多いが、これは「キショウブ」と呼ばれるヨーロッパ原産の外来種である。これをハナショウブだと思っている人が多いが、日本古来のアヤメ科植物やハナショウブ

	ノハナショウブ	アヤメ	カキツバタ
アイ	黄色	縞目模様	白く先が尖る
自生する場所	水辺と陸地の境界を好む	比較的乾燥した場所を好む	湿地、浅い水場を好む
開花期	6月～7月	5月～6月	5月～6月

図3. ノハナショウブとアヤメ、カキツバタの違い

とは全く別種である。また、端午の節句の菖蒲湯に使う葉はサトイモ科の「ショウブ」であり、こちらも別種である。[1][11][14]

ハナショウブの栽培の起源と品種の発達

わが国で本格的にハナショウブの栽培が始まったのは江戸時代である。江戸時代には古典花きの大きな隆盛期があり、ハナショウブの栽培や品種の成立も江戸を中心にして著しい発展を遂げた。当初は諸大名の好む花であったが、次第に庶民へと関心が広がっていった。その後、地方へと普及して独自の品種群がつくられることになる。

1　鎌倉時代から室町時代——ノハナショウブが観賞の対象

鎌倉時代から室町時代におけるハナショウブの栽培については、当時の品種が残ってないので明確にすることができない。そこで、古い文献などに頼っ

て類推することとする。

鎌倉時代の僧・慈園《じえん》は、『拾玉集《しゅうぎょくしゅう》』（一三四六）に「野沢潟　雨やや晴れて露おもみ　軒によそなるはなあやめかな」という詩を詠んでいる。この中の「はなあやめ」とは、植物学的な根拠となる記載がないので明確にはできないが、ハナショウブであるとすればノハナショウブを観賞していたと推察される。

室町時代には、前栽（庭に植えた植物）としてハナショウブが登場する。『尺素往来《しゃくそおうらい》』（一四八一年以前の成立）の中に「はなしょうぶ」として登場する。『尺素往来』は、土御門《つちみかど》天皇のみ世、一条兼良《いちじょうかねよし》が年中行事や各種事物の話題を集め、往復書簡の形にして編纂したといわれる書物である。同じ時期の生花書『仙《せん》伝抄《でんしょう》』では、「五月五日のしんには花しょうぶ、下草にはしょうぶ」と記載されていることから、ハナショウブが生け花の材料として観賞対象にされていたことが窺える。(26)

このように、鎌倉時代から室町時代にはハナショウブが観賞対象であり、そのために栽培されていたことは明らかである。文献には品種改良をした記述がみられないので、おそらく野山に自生するノハナショウブを選んで庭に植えたと考えるのが妥当である。

2　江戸時代初期――品種の成立と栽培化の始まり

江戸時代初期、尾張藩主・徳川光友は、江戸屋敷・戸山荘の庭にハナショウブを植えた記録を残している（一六六一～七三年）。江戸の上駒込・染井村（現・東京都巣鴨周辺）の植木屋、伊藤伊兵衛《いとういへえ》三之丞《さんのじょう》は『花《か》壇地錦抄録《だんじきんしょうろく》』（一六九五）を著して、ハナショウブを品種改良し八品種があったと記している。三之丞の子、伊藤伊兵衛政武《まさたけ》は『増補地錦抄』（一七一〇）の中で、三二品種があったと記しているので、江戸時代初期には少なくとも合計四〇品種があったことになる。

『花菖蒲培養録　初版』（1849）東京大江戸博物館所蔵

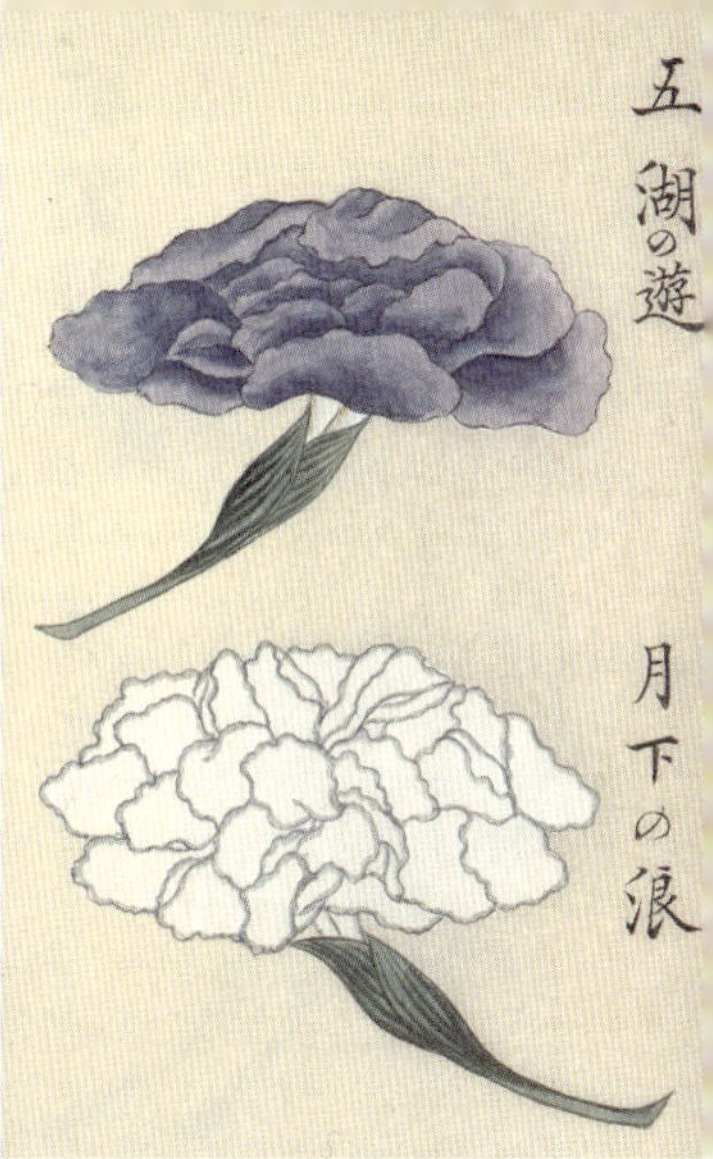

図 4. 菖翁によって育成されたハナショウブ

わが国最初の園芸書『花壇綱目《かだんこうもく》』（一六八一）を著した水野元勝は、その中で「花菖蒲花紫、白、浅黄、薄色、しぼり、飛入のほか、せんよ花菖蒲、白せんよ花菖蒲あり、咲比五月」とハナショウブの花の形や色を詳細に記している。この意味は、「花の形がせんよ（千重）である＝花被数が多い、花色は白色があること＝ノハナショウブの紫色とは異なること、しぼりや飛入があること＝ノハナショウブは花色が単一色であるが斑入りであること」の意味であり、品種改良が行なわれていたものと解釈できる。その後に発行された園芸植物の花形の目録的な書物『花形帳』（一七八九）には二九品種が記載され、品種数は次第に増えているのがわかる。(26)

江戸時代初期のハナショウブは、観賞用としてではなく旧暦の端午の節句にサトイモ科のショウブとともに、武道、武勇を重んじる「尚武」に通じる縁起物として大名や庶民に広く利用、栽培されていたようである。すなわち、江戸時代初期は、園芸植物として確立するまでの「基礎固め」が出来上がっていた時代であるといえる。

3　江戸時代中期から後期——ハナショウブ栽培の飛躍的な発展と菖翁の業績

天明の頃（一七六四〜七二）になると、ハナショウブの品種改良は飛躍的な発展を遂げる。その功績に多大な貢献をした人物は松平左金吾《まつだいらさきんご》で、名を定朝《さだとも》・伊勢守《いせのかみ》と称したが、「菖翁《しょうおう》」と自称した（以下、菖翁）。幕府の禄高二千石の旗本で、江戸・麻布桜田下町に住んでいた。その生涯の中で最終的に作出した品種は約二〇〇品種といわれ、『花菖蒲花銘《はなしょうぶかめい》』や『菖花譜《しょうかふ》』にまとめている。

菖翁のハナショウブに対する栽培や育種の苦心、業績は『花菖蒲培養録』（一八四九）に収められている。それによると、父・定寛が天明年間に信州のノハナショウブを使って種子繁殖を行なったが（ノハナショウブの白花の変異が発見された場所といわれている[3]、変異株が得られなかったので栽培をやめてしまった。菖翁は父の後を引き継ぎ、日本各地から集めたノハナショウブの種子を播き、その中に変異株を見出そうとした。陸奥・安積沼《あさか》（現・福島県郡山周辺）に自生するノハナショウブ（花勝美《はなかつみ》、花且美とも称する）[14][19]を使って種子繁殖を試みたところ、世代を重ねていく内に花の形や色に著しい変異をもつ株が現れるようになった。そこで、各地に自生するノハナショウブを集め種子繁殖を行ない変異株を見つけては、変異株どうしを使って交配を続けていき……を繰り返した。その苦心の末に多数の優れた品種を作出していったとされる。菖翁が自ら育成した品種は、『花菖蒲培養録』、『花菖蒲花銘』や『菖花譜』に秘花五品種として、写生図や培養法を通して書き残されている。作出された品種をみると、当初、花の形（花容）は平咲が多かったが、改良が進むにつれて花の形が異なる「奇品」品種も育成するようになった。例えば、『花菖蒲培養録』の中には、「去し夏……未曾有の珍花開きたり。六〇年間この花形に心酔せしが成就なり」と述べ、種子繁殖によって奇形とも呼ばれる、花の形が著しく変わったものができたことを記している[26]（図4）。

このように、江戸時代中期から後期にかけては、菖翁という偉大な育種家の出現によってハナショウブの栽培や品種改良は大きく発展していった。

4　菖翁による品種改良——卓越した感性と先見の明

菖翁の品種改良法は極めて基本的である。まず、ノハナショウブの種子を採取して種子繁殖を行ない、花の形や色などの変異を探す。種子繁殖を行なうと違う個体どうしの組み合わせにより雑種ができるので、両方の親のもつ遺伝子が混ざり合い、さまざまな花の形や色が出やすくなる。この方法はハナショウブの品種改良をする上で基本的な技術となって、今日まで受け継がれている。

図5. 浮世絵にみられる江戸ハナショウブ（歌川広重「東都名所　堀切の花菖蒲」1852）
植えられている品種は平咲きのものが多いのがみてとれる　葛飾区・郷土と天文の博物館所蔵

菖翁が偉大であったのは、花の形や色に変化が生じた中から「後世にも残る銘品である」と思う感性（観察眼）と、美しい品種に繋がる交配を考え出す「先見の明」が卓越していたことである。それは、現在でも菖翁が育成した品種どうしの交配により品種改良が行なわれていることや、菖翁を「ハナショウブ中興の祖」と呼んだり、菖翁育成の品種には敬意を表して「菖翁花《しょうおうか》」、「菖翁由来の系統」などと呼んでいることから[3][26][27]、江戸時代から今日にいたるまで二〇〇年を経過しても、菖翁を超えるようなハナショウブの育種家が出現していないことを意味している。

5　江戸ハナショウブの普及――わが国初の花菖蒲園・小高園の開設

ハナショウブの栽培と普及に大きく貢献したのは、江戸・堀切村（現・東京都葛飾区堀切町）の小高伊左衛門《こだかいざえもん》である。二代目・小高伊左衛門も父の業を継いでハナショウブの品種改良に尽力し、八重咲や俗に「狂い咲」と呼ばれる品種の育成にも力を注いだ。彼は本所の割下水（現・東京都墨田区亀沢から錦糸公園一帯）に在住の旗本、万年録三郎（菖翁の弟子ともいわれる）から菖翁秘蔵の品種も分譲され、これらの品種を使って新品種を育成した。そして、亨和・文化の頃（一八〇一〜一八）、わが国最初の花菖蒲園である小高園を開設した[26]。それは、品種数が増えたことに加え、栽培技術が普及したことによる。

花菖蒲園が開設されたことは、庶民にハナショウブが園芸植物であり、観賞価値が高いことを広く知ってもらうきっかけとなり、ハナショウブの普及に大きく貢献することになった。小高園に続き堀切村の座間勘蔵が武蔵園を開設するなど、花菖蒲園は増加していくことになる。

ではなぜ、堀切一帯が花菖蒲園に適していたのか？　堀切一帯は奥秩父に水源を発し、秩父、川越を経由して東京湾にいたる荒川の下流域にあたる。水量が豊富で川越船頭による物資の大量輸送に適した交通路の要所であったが、大雨のたびに下町に浸水をもたらす場所でもあった。このような土壌条件はハナショウブの栽培には極めて好適であった[15][20][26]。また、近くには田島ヶ原、浮間などにサクラソウの名所があり[13]、堀切一帯はキクをはじめとした花きの栽培地で、花に親しむ文化的土壌ができていた。また、江戸の中心部にも近く、栽培条件と立地条件の良さを兼ね備えていたことが花菖蒲園の開設を促したものと推察される。

花菖蒲園は、武士、大名貴人や江戸庶民の観賞遊楽、憩いの場として、江戸における一大行楽地として大いに評判になり、人々のハナショウブへの興味や栽培意欲をかきたてることになった。このような背景から、堀切はハナショウブの開花時期には常に見物客で溢れ、往来する人々で大変な賑わいとなり、その有り様は浮世絵にも描かれるほどであった[17]（**図5**）。

現在の堀切菖蒲園（葛飾区堀切町）は、当時の名残りをとどめている。今でも日本各地の花菖蒲園が賑わいをみせているが、これは江戸時代における花菖蒲園の集客力にあやかろうとするものであろう。

6　江戸ハナショウブの特徴

江戸ハナショウブは、花菖蒲園に植えつければ土手や築山から花の立派さを十分に誇示できるので、いわゆる「江戸っ子の粋」（気持ちや身なりがさっぱりしていて垢ぬけしており、色気をもっていること）が花の形、色や品種名などに明確に現れ、品種改良の初期には花被片が平たくてさっぱりとしてみえる平咲の品種が好まれた。花の大きさは大輪（花の直径が二〇センチ以上）からノハナショウブに近い小輪（一〇センチ程度）まであり、花の形は外花被片が大きく、内花被の三枚が小さい「三英咲（三英花）」と[21]、六枚の花被片がほぼ同じの大きさの「六英咲（六英花）」があった[16]（**図6**）。花色は、紫色を基調として青紫、紅紫、白、桃色の他、同じ花被内で違う色が混ざる絞り、覆輪、砂子、染分け（外、内花被片の色が異なるもの〔2色花〕）などがあり[3]、早《はや》咲、中生《なかて》咲、晩《おそ》咲の品種もあったので、絶えずさまざまな品種が開花し続けて見物客を楽しませたものと推察される。

草丈は高いものが多く、茎や葉、花茎は風雨に耐えられるように強く、まっすぐに上に伸びる性質をもっている。葉は細葉、太葉などの他に、葉の先端部が地面に向かって垂れる垂れ葉や、上に向かって立ち上がる立ち葉などの区別がある[1][26][27]。

江戸ハナショウブの品種は、形質的な特徴は多種多様で、その後に誕生するハナショウブ品種に共通する形や色をほとんどを兼ね備えた、いわば縮図的な品種群であり、その後に育成された品種にも大きな影響を与える原動力になった。

品種改良が進むと、内、外花被片の他に雄しべが花被化して十数枚の花被数になる八重咲（獅子咲、狂い咲）や、花被の形が変化する奇花咲の爪咲（外花被が完全に開かずに内面に巻き込むようにして開き、あた

ノハナショウブ

3英花から6英花へ

3英花から6英花への連続変異による仮説。
田淵ら（2007）園芸学研究より。

内花被片

内花被片が大きくなり、外花被片とほぼ同じ大きさになる。

基部にアイが入り、外花被片と同じ形になる。

3英花

江戸ハナショウブの育成過程。ノハナショウブの中で平咲き、水平咲きのものが選ばれ、上から観賞しやすい品種が育成された。

平咲き、水平咲きのノハナショウブ

栽培種

図6. 野生のノハナショウブから栽培種ができる過程

図 7. 品種改良による奇花咲品種の作成　ノハナショウブの種子繁殖による変異株から育成したと推察され、花被数を増やしたり、形を変えたりした品種ができた

東雲《しののめ》
（1890 年以前。満月会の永田水雲育成）

紫溟《しめい》の秋
（明治時代に満月会の三宅為五郎育成）

秋の錦
（1887 年以前。満月会の林猪三郎育成の３英花）

白澄《しらすみ》
（西田一声育成）

蒼茫《そうぼう》の渉《わたり》
（西田信常育成）

華厳の滝
（西田信常育成）

西行桜
（肥後系。光田義男育成）

磯の朝風
（平尾秀一育成）

夕富士
（伊藤東一育成）

図 8. 肥後ハナショウブの育成。鉢植え用の品種として発達し、花型は大型で豪華。江戸ハナショウブから育成されたが門外不出のため、現在の品種は西田信常、一声育成のものから発展している。

菖翁より 64 品種が分譲

明治時代に育成された品種

西田信常、一声による育種

伊藤東一、平尾秀一、光田義男による育種

昭和～平成の経済成長とともに発展

肥後ハナショウブの展示。古式の伝統（古武道）に則り、金屏風の前に陳列する。

1. 襖の取っ手の高さに花を位置させる
2. 色付き・白色を交互に配置する
3. 中央には白色を置く
4. 花は大きく、草丈は 50 センチ程度になるように育てるかも竜の爪を思わせるように咲くもの）、玉咲（外花被が完全に平に開かず、ふっくらとして丸く抱えたような形〔抱え咲〕になるもの）、奇数咲（三枚構成の花被数が四、五枚と奇数になり、同一株でも花茎によって咲き方が異なり、子房の室数にも影響するもの）などが品種改良されている[3][6][16][26][27]（図7）。

江戸時代後期に独自に発展した品種群——肥後ハナショウブと伊勢ハナショウブの成立

1　肥後ハナショウブの成立

江戸時代後期には、ハナショウブは日本各地に普及した。天保年間（一八三〇〜四四）に、肥後・熊本藩・第一〇代藩主・細川斉護《なりもり》が菖翁に株の譲渡を懇願し、松平家出入りの植木屋から株を分譲された。それを熊本で藩士・山崎久之丞に栽培させた。斉護は熊本城下の庶民の花の組織「花連《はなれん》」に栽培を委ねて、大名、庶民の分け隔てなく花を楽しむようになった。その後の天保一二（一八四一）年、斉護は江戸屋敷の用人、吉田潤之助（山崎久之丞の弟）を菖翁に遣わし、その際に菖翁秘蔵の品種が分譲された。

菖翁はこれらの品種を秘蔵とするように条件をつけたので、花連はその約束を固く守って門外不出とし、種子繁殖による新品種の育成に力を注いだ。肥後（現・熊本県）では、このようにして独自の品種改良が発達したので、今では「肥後ハナショウブ」と呼ばれている[26]（図8）。

「花連」のもつ品種は明治維新の廃藩置県、西南の役（一八七七）の影響で一部が外部に出回ることもあった[26]。しかし、明治一九（一八八六）年には「満月会」として再結成され、明治二六（一八九三）年には盟約をつくって、満月会の会員以外には分譲をしないこととし、品種の散逸を防ぐとともに厳重な処置をもって臨んでいる。

品種改良の方法は江戸ハナショウブと同じ種子繁殖によるものであるが、その選抜技術は花連独自の周到な洞察力に培われた方法で行なわれた。したがって、江戸ハナショウブとして菖翁から分譲を受けた時の品種とは花の形や色などが著しくかけ離れた品種群となって今日にいたっている。

２　肥後ハナショウブの特徴――武士道にもとづいて追求された質実剛健

肥後ハナショウブは内・外花被数を同じように発達させた六英咲を基本とし、花の中心部に位置する花柱枝（雌ずいに相当する部分）は「人の心」にたとえて太く、大きくて整った形に改良されている。それに伴って花被や花全体の形が整然となるようにしている。

そのためには、以下の四点に重点を置いて品種改良を行なった。①六英花では三本の花柱枝の間の角度が小さいと花被片が直立し、大きすぎると垂れるので、その角度を調整し花被片が乱れないようにする。②三英花の品種では、内花被片と花柱枝との釣り合いをもたせて花の形を整えるようにする。③花被片は丸味を帯びて雄大かつ質感をもたせ、六英花では内・外花被片の発達がともに優れるように、三英花では外花被片がお互いに重なり合って横にも広がるようにする。④花全体の形は、ゆるやかに富士山型に垂れ、花柱枝の形との釣り合いが良く、花全体としてみた場合に整然となるようにする。

さらに、花には三つの「働き」をもたせた。①正花《せいか》（雄・雌しべが正しく整って花被片が曲がらずおおらかに垂れる）、②働花《はたらきばな》（正花とは異なり、花被や花柱枝、雄・雌ずいがいくつかに分かれたり、花被片が変形し重なり合う）、③働きのある花（雄ずいや花柱枝が整い、開花が進むにつれて花被片に「芸」と呼ばれる「狂い性」を表わす）。花色は鮮明・変化に富み、大輪で豪華絢爛なので非常にみごたえがある。[26]

肥後ハナショウブの観賞には、室内で屏風を背景に鉢植えで観賞する方法が行なわれるので[3][26]、鉢栽培用

図9．西田信常

に葉の勢いが強く、花と葉との間の均整がとれていることも重要な品種改良の要素になっている。

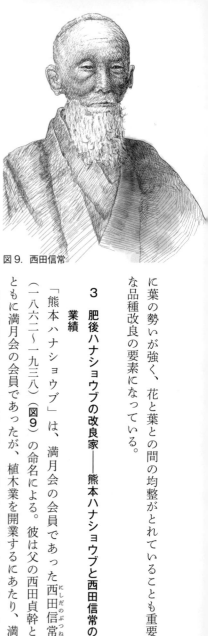

3　肥後ハナショウブの改良家――熊本ハナショウブと西田信常の業績

「熊本ハナショウブ」は、満月会の会員であった西田信常《にしだのぶつね》（一八六二〜一九三八）（図9）の命名による。彼は父の西田貞幹とともに満月会の会員であったが、植木業を開業するにあたり、満月会を退会することになった。その際に、満月会から分与された品種をもとにして品種改良を加え販売し、これを熊本ハナショウブと呼んだ。西田信常の育成した品種はその子・一声に受け継がれた。一声は横浜市磯子で西田衆芳園《にしだしゅうほうえん》を開業し広く販売したため、熊本ハナショウブの名称が一般化した。両者の出所は肥後ハナショウブであることや花の特徴に大きな差はないとの考えから、現在では、肥後ハナショウブとして統一して呼ばれている。(26)

西田信常によって門外不出の肥後ハナショウブが世間に初めて知られるようになったことには、大きな意義があった。まず、江戸ハナショウブとはまったく異なった豪華絢爛な花姿はみる人を圧倒し、今までのハナショウブの常識や概念を覆した。それゆえに、太平洋戦争によって荒廃した日本の人々を勇気づけるのに十分に値する「復興のシンボル」となり、昭和の高度経済成長期を支える花菖蒲園の開設ブームへと繋がっていった。

また、菖翁以来、膠着していたハナショウブの育種が、肥後ハナショウブの出現によって飛躍的に発展

図 10. 伊勢ハナショウブの育成。鉢植え用の品種として発達した。花型は 3 英花を原則とし、外花被片が縮れて大きく垂れ下がったり、波打つ品種が多い。また、ずい弁が立ち、くも手をもつ品種もある。　Tabuchi ら（2014）

を遂げた。昭和時代になって杉本培根《すぎもとますね》、伊藤東一《いとうとういち》、平尾秀一、光田義男らが輩出したが、彼らはいずれも肥後ハナショウブの育成に尽力した人々である。その功績により、西田信常は菖翁にならって「西田信常翁」と呼ばれることもある。

4　伊勢ハナショウブの成立

江戸中期から後期に、伊勢・松坂地方に在住の紀州藩士・吉井定五郎《よしいさだごろう》によってつくられたハナショウブを、「伊勢ハナショウブ」（当初は松坂《まつさか》ハナショウブ）と呼んでいる[26][27]（図10）。その育成由来は、自宅周辺に自生するノハナショウブ（三重県斎宮《さいくう》一帯のノハナショウブ、伊勢のドンドバナ）の中から変異株を独自に見出して品種改良を行なったとする説、参勤交代の折に江戸ハナショウブをもち帰って交配して育成したとする説があるが、由来は明らかではない。本来は三英花が主体の品種群であるが、六英花の品種もあることから、江戸ハナショウブとの関連性が指摘されている[26]。

伊勢ハナショウブは三英咲で、花柱枝（雌しべ）の先端のずい弁が立ち、花被が薄く縮れて縮緬状になり大きく垂れ下がる、あるいは波打つなど、みる人に優雅な印象を与える[9][24][26]。外花被片の垂れ方の違いによって、①富士型（裾野をひく富士山のように斜に垂れるもの）、②地蔵肩型（丸みを帯びた垂れ方）、③怒肩型（肩を張って垂れるもの）の三つがある。

これらの花被の変化は、開花後の時間の経過に伴って変わっていき、肥後ハナショウブでいう「働き」のある花の性質をもっている点で共通している。

内花被を伊勢ハナショウブでは「鉾《ほこ》」と呼んでいるが[3][26]、鉾にも大きさに違いがあり、ずい弁がとさか状に立ち上がるなどの特徴がある。花の色は、紫を基調に藤色、薄い桃色、白色があり、基本的に無地の単色が多い。伊勢ハナショウブは花被片が薄く[8][24]、繊細かつデリケートな花であるため、観賞するためには鉢栽培向きに改良されている品種が多い[3][26][27]。伊勢ハナショウブは、最初の育成者・吉井定五郎以降は、嫡子・吉之丞、吉川万吉、青木清次郎、前田七郎など、松阪や津を中心とした三重県でのみ栽培され発達した。伊勢ハナショウブが一般に知られるようになったのは戦後のことで、冨野耕治の功績による。冨野は伊勢ハナショウブを使って多くの品種を育成し、その魅力を一般にも身近なものとして広く紹介することに努めたので、全国に多くのハナショウブの愛好家が誕生することとなった。また、ハナショウブ全般に関わる栽培理論を科学的に体系化した初めての研究者であり、その後のハナショウブの研究の発展に大きく貢献している。

以上のように、江戸時代中期から後期にかけてハナショウブの品種改良は飛躍的に発展し、地域独自の品種も誕生した。ただし、昭和の初めまでは肥後ハナショウブや伊勢ハナショウブは一般には知られていなかったので、ハナショウブといえば江戸ハナショウブを指していた。今では品種改良が行なわれた地域によって江戸ハナショウブ、肥後ハナショウブ、伊勢ハナショウブと呼ばれるようになっている。これらの三大品種群（系）は、江戸時代からの文化遺産、またわが国を代表するハナショウブとして今なお栽培され続けている。

明治時代から大正時代の発展——文明開化と花菖蒲園の開園ブーム

明治二〇（一八八七）年頃に、花菖蒲園の開設ブームが興った。東京・葛飾四ツ木の曳舟川沿いに吉野園が開設し、**御所遊**《ごしょあそび》などの新品種も育成された。その後、堀切園や四ツ木園、観光園などの開設が相次ぎ、堀切一帯はハナショウブの一大観光地となった。これらの花菖蒲園の中で、老舗の小高園では、菖翁が育成した多くの品種を保存し続けていたので、明治二六（一八九三）年には、明治天皇の思《おぼ》し召《め》しにより花菖蒲田が設けられた際に、小高園に保存してあった品種が多く集められた。これが今の明治神宮、花菖蒲園（林苑）の前身であり、菖翁が育成した「菖翁花」が多く残されている所以である。[15]

1　貿易自由化とハナショウブの輸出――国際化に貢献したハナショウブ

明治維新後、海外との自由貿易を背景に、小高園は鈴木《すずき》卯兵衛《うへい》（一八七七頃）の依頼を受けてアメリカ向けにハナショウブ苗の輸出を始めた。鈴木は明治二三（一八九〇）年に横浜植木株式会社を設立した人物で、明治三一（一八九八）年にはニューヨークに支店を設けるなど、横浜からのハナショウブの輸出取引の主要な窓口となり、その後のアメリカのハナショウブ育種家や花菖蒲園の開設に大きな影響を与えた。[13]同社は横浜や東京に花きの生産地をつくったが、中でも蒲田花菖蒲園（現・大田区蒲田）は東京の花き市場の需要を満たす程の大生産地となったばかりか、三万坪の花菖蒲園があったので東京有数の花菖蒲園としても知られるようになった。ちなみに、現在の京浜東北線・蒲田駅は花菖蒲園の見物客のためにつくられたようなものであった。[3]

一方、明治政府も国策の一つとしてハナショウブの育種を手掛けた。明治四三（一九一〇）年、神奈川県農事試験場（現・神奈川県立フラワーセンター大船植物園）の宮澤《みやざわ》文吾《ぶんご》博士は農水省の助成のもと、海外輸出向けのハナショウブの品種改良を行ない、大正四〜九年頃（一九一五〜二〇）までの間に約三〇〇品種のハナショウブを育成した。[7][8]花の形や色は江戸ハナショウブの平咲の形質を保ちながら全体的に花色が淡く、大正時代独特の風情を感じる品種であり、[7]今なお愛好家も多いのでこれらの品種群を「大船系ハナショウ

図 11．文明開化とともに日本の花として国際化に貢献した江戸ハナショウブ。明治～大正時代に開設された堀切一帯の菖蒲園は庶民の行楽地となった。また日本を代表する園芸植物として国際化に貢献し、当時の主要な輸出品目ともなった。

1910～20 年頃、江戸ハナショウブをもとに、宮澤文吾によって大船系品種群が育成。

1925 年頃、江戸ハナショウブをもとに、アメリカのペーンによってアメリカ系品種群が育成。

ブ（大船種、大船群）」などと称している（図11）。

このようにしてハナショウブは明治維新以降、日本を代表する花、国際化の象徴として外貨獲得のための主要な花き品目となった。また、その産業的な役割として横浜植木株式会社が果たした役割は大きい。また、日本を代表する花として注目されたのは、ハナショウブが国内で広く認知されていたことの証しでもある。

2 アメリカ人によるハナショウブの育種――国外で認められた日本伝統の美

アメリカ人によってハナショウブの品種改良が行なわれていたことをご存知だろうか？　大正時代末期の一九二五年、インディアナ州のアーリー・ペーンは江戸ハナショウブを輸入し、それをもとにアメリカで品種改良を重ねて約一六〇品種を育成した。[27] ハナショウブはわが国で発展した園芸種であったため、アメリカでは「Pearl Harbor Irises」と呼ばれることもあった。これらの品種は今ではほとんど知られることなく、ごく一部で保存されているにすぎないが、アメリカ人の好みによって育成されたので、日本の在来品種にはない独自の花姿と花色を保有している。特に、六英花で垂れ咲きの大輪咲きが多く、紫色を基調とした鮮やかな花色をもっている。[25] これらの品種はわが国のどの系統とも区別しやすい特徴的な形質をもつので、今では「アメリカ品種群（アメリカ系、外国系）」と称されている。[27]

なお、ペーンは現在ではアメリカにおける「ハナショウブの祖」ともいわれる人物で、アメリカ・アイリス協会のハナショウブ部門の年間最優秀賞には、その功績をたたえてペーン賞（Payne Medal）という名前がついている。このように、わが国伝統の園芸植物が海外で評価されて育種される例もあったということを忘れてはならない。

昭和のハナショウブ——戦時下における衰退と戦後のハナショウブブーム

昭和になると、関東大震災による被災者が堀切地区に集中して疎開したこと、その際に工場や住宅が建設されて急速に都市化が進んだことなどにより水質が悪化し、ハナショウブの栽培が困難になった。戦時下において行楽客は減少し、食料不足を補うために花菖蒲園を水田に転換する国策もとられた。その結果、昭和一〇（一九三五）年に吉野園と菖蒲園が、昭和一七（一九四二）年には老舗の堀切園と小高園が相次いで閉園になった。戦争末期には動員や空襲による惨禍の中、人々にハナショウブを栽培する余裕はなくなり、多くの品種が喪失した。

戦後にいたり、昭和二八（一九五三）年に堀切園が保存していた株を元の花菖蒲田に植え戻して、有限会社堀切菖蒲園として再開した。昭和三五（一九六〇）年から東京都立公園、昭和五〇（一九七五）年から葛飾区立堀切菖蒲園と名称をかえて現在にいたっている。[13][26] 太平洋戦争によって多くのハナショウブは失なわれたが、園芸関係者、研究者などの努力により戦災をまぬがれた品種が再度収集されて整理、増殖された。

図12. 平尾秀一

伊藤東一は京王遊園（後の京王百花園）にハナショウブを植え、東京菖蒲園を開設した。その後、平尾秀一《ひらおしゅういち》（図12）、光田義男、冨野耕治らの育種家によって品種改良と増殖が行なわれ、昭和四〇（一九六五）年以降、全国に多くの花菖蒲園が開設するにいたった。人気が集中したのは、豪華絢爛な肥後ハナショウブであった。平尾秀一は、座敷で観賞する鉢植え栽培を目的として育成された肥後ハナショウブを庭植えにも向くように、風雨に強く群生美を楽しめるように品種改良したので、戦後のハナショウブブームはさらに拍車がかかっていった。そして、いわゆるバブル景気の時期には、全国に二〇〇以上の花菖蒲園が開設されるにいたった。

ハナショウブの今後――文化財および遺伝資源としての保護

1　ハナショウブの「文化財」としての保護――国際化への対応

近年、海外との交流、いわゆるグローバル化が叫ばれているが、グローバル化とは単に海外のものに憧れて真似をすることだけではなく、日本の文化を正確に紹介することができなければ成し遂げることはできない。明治維新の頃がそうであったように、古くからあるハナショウブを世界の多くの人々に知ってもらうことは、日本の歴史や心を広く知ってもらい互いに意見交換をして文化的交流を進めることに繋がる。海外からの文化を取り入れることは重要であるが、それに見合ったわが国の伝統的な花（ハナショウブなど）をみせる場所があること、それを客観的に正確に紹介できる能力をもつ人材の育成が真のグローバル化である。それは明治維新の頃から現在まで変わるものではない。

激動の歴史の中で翻弄されてきた、江戸時代の菖翁が育成した江戸ハナショウブ、独自に発展を遂げた肥後ハナショウブや伊勢ハナショウブなどは、日本が世界に誇るべき「文化財」である。気の長い話ではあるが、末永く後世に語り継がれるように保護すべきであろう。

2　ノハナショウブの遺伝資源としての保全

ハナショウブが品種改良されるためには、その育種素材としての原種が存在しなければならない。原種のノハナショウブは江戸時代には日本各地に自生していた。ただし、この花を品種改良しようとする気持ちになるためには、この花を愛する心が必要である。日本には古来からいわゆる『花かつみ伝説』[14][19][26]があり、稲作文化と深く結びついていたこと、俗にいう水田雑草と呼ばれたノハナショウブを含む湿生植物が身近にあったこと、それらの植物は年中行事（七草粥、草餅など）や茅葺《かやぶき》屋根など、人々の生活に深く関わって広く利用されていたことは重要である[14]。地球規模の環境激変や人為的な活動によって、水田雑草と呼ばれた植物の多くは今や絶滅危惧種となり[19]、国際的な生物多様性条約の締結、わが国における里山条例などの流れの中で各地で保護活動が盛んに行われている。ところが、品種改良に目が向く一方で、原種のノハナショウブは今まで保全・保護をされてきた例は極めて少なく放置されてきた結果、各地で自生地が消失している[4][12]。新品種を育成していくにあたり遺伝的な多様性（変異の拡大）をもたせる必要があるが、その意味で育成親となった原種のノハナショウブを貴重な遺伝資源として捉え、保護していく必要がある。ハナショウブの品種改良は原種のノハナショウブから始まっていることを、歴史が教えてくれていることを決して忘れてはならない。

第11章 サクラ

水戸喜平

サクラの起源と日本の野生種

サクラの起源はヒマラヤ（ネパール）地方といわれ、[13][16]北半球に種の概念で一〇〇種程度あり、日本列島には一〇の野生種がある。[3][12]サクラは中国大陸を経由して日本列島に到達した。[13]

中国や欧米でサクラ Cherry は果樹（さくらんぼ）として定着したが、日本のサクラ Japanese flowering cherry は、観賞する春咲きの花木である。[9][17]日本人にとってサクラは身近にあり、古くから生活と深く関わってきた日本を代表する花卉である。[15][19][21][23]

日本にあるサクラ属の一〇の野生種は、次のようである。ヤマサクラ（*Cerasus jamazakura* 山桜）、オオシマザクラ（*Cerasus speciosa* 大島桜）、カスミザクラ（*Cerasus leveilleana* 霞桜）、オオヤマザクラ（*Cerasus sargentii* 大山桜）、エドヒガン（*Cerasus spachiana* 江戸彼岸）、マメザクラ（*Cerasus incisa* 豆桜）、チョウジザクラ（*Cerasus apetala* 丁子桜）、タカネザクラ（*Cerasus nipponica* 高嶺桜）、ミヤマザクラ（*Cerasus maximowiczii* 深山桜）、カンヒザクラ（*Cerasus campanulata* 寒緋桜）である。[12]

これらのサクラは水平的には北海道から沖縄まで、垂直的には海岸線から標高二八〇〇メートル付近まで生育している。[1]地域や標高の棲み分けと同時に、重なり合って分布する野生のサクラから、地域特有の気象・風土などによって、独特の多種多様な特徴のある自然雑種や栽培品種が生み出されている。[2]

サクラはバラ目バラ科サクラ属に分類される。サクラ属の学名は *Prunus* を用いる場合が大多数であった。*Prunus* はスモモ（英名で Prune）を意味する。*Prunus* 属には四〇〇種もあり、それを六亜属に分けているが、サクラはそのサクラ亜属 *Cerasus* に分類される。最近は亜属を独立させ、サクラ属 *Cerasus* として使うことも多くなっている。[3][12]

なお植物の名称はラテン語である学名が正式な名称であるが、[2]ここではサクラ属を*Cerasus*とし、標準和名の後に学名と漢字名をカッコ書きした。

サクラの特性と栽培品種

日本のサクラは低温期に落葉・休眠、春季に開花・結実し、六〜一〇月頃の高温期にかけて生長と花芽分化（花蕾形成）をして低温の冬季に休眠する。花蕾は短枝に出た葉の基部（葉腋）に形成される。多くのサクラは春咲きの一季咲きであるが、中には春以外にも咲くものもある。サクラは排水良好で弱酸性、肥沃な耕土の深い土壌を好む。また樹冠部が他の樹木などに被圧されると、樹勢は衰退する。

野生のサクラは種内では個体ごとに微妙な変異があり、同一個体内の花どうしでは種子ができない自家不和合性の植物である。[12,42]種の集団の中では種子を形成し、集団を保持している。**染井吉野**のように人工的に栄養繁殖されたもの（クローン）は元株が一株なので、何株あっても**染井吉野**として同一の遺伝子である。従って、**染井吉野**は株が異なっても、**染井吉野**どうしの花では結実することはない。[12,41]

野生のサクラに対して、人間が価値を見つけて増殖・栽培しているものを栽培品種という。[12]このような栽培しているサクラをサトザクラ（里桜）ということがある。[7]これに対して、オオシマザクラが関与したと思われる品種群をサトザクラと総称することもある。[2,7,13]個別の栽培品種は基本的にはみな、接ぎ木などの栄養繁殖による同じ遺伝子をもつクローンである。[12]ここでは栽培品種、サトザクラ、園芸品種も人工的に育成選抜された価値のあるサクラとして、同義語的に扱う。

歴史社会的背景と栽培品種の歩み

1　記録のない時代のサクラ

福井県三方町鳥浜貝塚（三方五湖の畔）の縄文時代の遺跡から、サクラの皮が巻き付けられた弓が出土した。[19] 縄文時代は農耕が未熟な狩猟時代であるが、この時代にもサクラは生活に関わっていた。農耕が始まると山野のサクラは、毎年、春の農作業の目安になると同時に信仰の対象にもなっていた。[17][19][40] サクラの語源は諸説あるが、「サ」は田の神であり、「クラ」は神の座る場所として樹名ができたという説がある。[15][19][20][24]

農耕や花見遊山は生活の起点であり、サクラの開花は素朴な花見の原点でもあり、園芸的関心の始まりである。[14][17][21] ところで、人間の衣食住とエネルギー（煮炊きや暖、外敵からの防護・照明など）は、古い時代ほど森林に依存する割合が高い。従って、人口の増加と文明の進展は森林破壊と併行して進行する。この現象は野生のサクラの形質変化を増大させ、身近な距離からサクラを観察する機会が増加する。サクラの栽培品種が発生する環境は、かなり古い時代から進んでいた。

2　『記紀』から万葉の時代のサクラ

記録が残っているのは『古事記』と『日本書紀』（『記紀』）以降である。「櫻」の字が初めて記録されるのは四〇二（履中三）年、履中天皇が遊宴していた時、サクラ（櫻）の花弁が舞い込んできたという記述といわれる。[1][9][15]

万葉の時代には山野にサクラを愛で、詩歌や物語が多く残されている。[9][19][20] 一方で、屋敷へのサクラの植栽が始まった。花色・花形の変化や開花時期の早晩は、まず捉えやすい形質である。八重咲品種としては、

奈良の八重桜が最も古く、聖武天皇が見出し山から移植したという。[1][15][19] 品種選抜の幕開けである。

3　貴族の花見にみられる平安時代のサクラ

平安時代、紫宸殿の前庭のウメはサクラに植え換えられた。[9][15]「左近の桜」である。サクラは日本古来の花として定着し、観桜の宴もこの時代から始まった。そこでは和歌・音曲が披露され、酒肴が振る舞われた。やがて宮中の観桜の宴は公家屋敷や山荘でも開かれ、いわゆる貴族の花見が始まった。

この時代には**紅櫻**《べにざくら》、**雲珠櫻**《うずのざくら》、**糸櫻**《いとざくら》**（図1）**に加え、**鹽竈櫻**《しおがまざくら》、**泰山府君**《たいざんふくん》の名称が記録や語り伝えにある。[1][15][20] **糸櫻**はエドヒガンの枝垂《しだ》れ性のサクラでシダレザクラとも呼ばれる。関与する野生種の拡がりがうかがえる。

4　鎌倉時代から安土桃山時代のサクラ

鎌倉時代には寺社の門前などで、花見に興じる武士の姿がみられたという。伊豆から房総半島の沿岸部には、オオシマザクラとマメザクラが自生する。これらの自生種は変異幅が大きく、雑種性も生じやすい。またこの時代には関東と京都のサクラの交流が進んだ。[20] 京都でも鎌倉桜と呼ばれた**普賢象**《ふげんぞう》、**桐ケ谷**《きりがや》の園芸品種が出てくる。

室町時代に足利義満は豪華な「花の御所」邸宅を京都室町に建て、**普賢象**を植栽した。[15] **西行桜**《さいぎょうざくら》や**墨染桜**《すみぞめざくら》の名称も今に残っている。京都の寺社にはサクラの栽培品種が一段と多く見られるようになり、万葉の時代から数えると、二〇品種ほどの名称がうかがえる。

安土桃山時代には、豊臣秀吉は権力を誇示するような「醍醐の花見」を豪勢に醍醐寺の裏山で開いた。[9][15] 屋敷から離れて野外での花見の宴である。

園芸品種が飛躍的に増加した江戸時代

三代将軍・徳川家光の時代から始まった参勤交代は江戸と地方との交易を促進し、全国各地からさまざまな園芸植物も江戸へ持ち込まれ、下町まで流行が浸透し、園芸文化が発展した。[30][40]

八代将軍・吉宗は一七一七（享保二）年と一七二六年に、サクラを隅田川（向島）に補植し、また御殿山、飛鳥山、小金井の上水堤（**図2**）などに大量のサクラを植栽した。[15][25] 江戸中期までに植栽された多くはヤマザクラであった。吉宗補植の墨提《ぼくてい》や上水堤は吉野と常陸桜川のサクラが両岸に植え継がれ、サクラの自然交雑の可能性を拡大した。これらは花見の場として開放され、大勢の人々が樹下に集う場所として賑わった。今日の庶民の花見スタイルの始まりである。

将軍家の園芸趣味は諸大名・旗本・御家人にも拡がり、天下の「総城下町」としての江戸の建設とともに、大名屋敷や武家屋敷などに広大な庭園が整備されていった。江戸市中は庭木類の需要が拡大し、これらの整備・維持管理のために専門性の高い植木業者の里が駒込・染井に展開され、庶民にも園芸が拡大していった。

図1. 糸櫻

図 2.「武州小金井堤満花」の図（歌川広重、1835 年ごろ）

一方畿内では、京都を中心に寺社などで古くから自然発生的な変異のサクラが数多く管理されてきた。江戸時代初期から「平野の櫻」「御室の櫻」が植え始められ、京都の庭仕事は落西山越地域に植木の里が形成されていった。[38]

幕末までの園芸書は図譜や画帳を含めて二〇〇点を超えるが、[25]一七一一（宝永八）年に伊藤伊兵衛（三之丞）によって著された『花壇地錦抄』には、サクラ四六栽培品種が記載されている。[26]松岡玄達の『怡顔斎櫻品《いがんさいおうひん》』（一七五八（宝暦八）年）には、六九の栽培品種が記載されている。[27]松平定信（白河楽翁）は、文政年間（一八一八〜三〇）に浴恩園他に二二四品種を収集し、一二四品種の図譜を残し[12]た。[29]

サクラの栽培品種は江戸時代に、約二五〇の品種が存在していた。[14]一方、林弥栄によれば、江戸時代の主要文献を見ると、サクラの栽培品種は異名同種を整理して約四〇〇に達するという。[7]

江戸の大名屋敷などでは二〇〇を超えるサクラの品種が栽培されたが、[12][14]誰がどのように育成したのかは不明である。[2]サクラは大型花木のため、広大な大名屋敷であっても二〇〇品種も栽培するとなれば、一品種の植栽本数は限られる。異なった遺伝子をもつサクラの栽培集団では、自花不和合性であるサクラの実生個体の変異は増大した。[36] 形質の異なるサクラには、別の品種名が付くのも成りゆきであろう。

江戸時代にサクラの栽培品種のもう一つの集積地は植木の里である。[29] 植木の里には「植木溜り」というバックヤードがあった。[25][29][30] ここでも多様な遺伝子をもつサクラが狭い圃場に多数栽培されていた。植木の里でも自然交雑が生じる可能性は高かった。

図3. 高木孫右衛門

明治以降——サクラ園芸品種の受難と振興

1 江戸時代から引き継がれたサクラの再生を目指した人たち

明治維新により大名屋敷は廃止され、それに伴い庭園の植木は荒廃した。江戸時代に四〇〇品種も存在したサクラの栽培品種は、その多くが行方不明になったが、植木の里にその一部は保存されていた。受難からサクラを守り再生に貢献した人達を紹介したい。

高木孫右衛門（図3） 伝中駒込の植木屋（梅芳園）で、高木孫右衛門を代々襲名している。[2] 梅芳園は江戸末期に三代前からサクラの園芸品種を「植木溜り」に集め、来歴や名称を記録していた。高木家収集のサクラの主体は、浴恩園や長者ヶ丸櫻園などの庭園にあったものといわれる。[14] 後に、

図4. 清水謙吾

高木家から荒川堤に移植されたサクラは七八品種にのぼった。

図5. 舩津静作

清水謙吾（図4） 荒川堤防修理工事の完成後にサクラ植栽の要望があり、有志の献金で実現した。[2] 一八八六（明治一九）年、清水は当時流行していた**染井吉野**だけではなく、高木孫右衛門が保有していた七八の園芸品種、総数三二二五本を堤防上に植栽した。これによって荒川堤のサクラは色彩・形態の多様性があり、「江北の五色桜」として親しまれた。

舩津静作（図5） 清水謙吾塾で勉学に励み、荒川堤のサクラ植栽事業に最年少者で参加した。[2] このサクラの最盛期は一九〇三～一二年で、この時期に「日米友好の桜」の接穂は採取された。[53] 舩津は荒川堤のサクラの調査・維持管理とともに三好學、E・H・ウイルソンなどの研究に協力した。ただその後、荒川堤のサクラは河川改修などで衰退してしまった。舩津は埼玉の圃場で苗を養成し、小清水亀之助に引き継がれ、その一部は現在、遺伝学研究所や森林総合研究所多摩森林科学園に再収集されている。[10][11][12]

三好學（図6） ドイツ留学後、東京帝国大学教授に着任し、[2] 天

図6. 三好學

然記念物制度の導入やサクラの研究、「日本櫻の会」などから情報を発信し、[14]「櫻博士」といわれた。サクラの栽培品種の学術研究で一九一六（大正五）年、「日本産山櫻、其の野生種と栽培品種」を発表した。[2][31] その内容を一九二一（大正一〇）年に『櫻花概説』『櫻花図説』として出版した。三好が記録に残したサクラは一六〇品種を超え、[11] 新品種も数多く発表した。三好が発見したサクラで新品種は**白雪**《しらゆき》、**高砂**《たかさご》などが現在に残っている。三好が一九二〇（大正九）年に京都御所・離宮のサクラを調査した記録から二〇一四年に検めて、**九重匂**《ここのえにおい》、**大宮桜**《おおみやざくら》が三好の記録していた新品種と確認された。[37]

なお、ウイルソンは三好と同じ荒川堤のサトザクラを調査し、それを*P. lannesiana*として、偶発実生で生まれたと考えた。[35] また**染井吉野**は、エドヒガンとオオシマザクラの雑種であろうと考えた。[35]

佐野藤右衛門　江戸時代から植木屋が多い京都山越で代々佐野藤右衛門を襲名している。一四代目は大正から昭和にかけて全国を巡り、伝統のある栽培品種の保存に努め、一五代もこの事業を引き継ぎ二〇〇以上のサクラの栽培品種を佐野園に収集した。大戦時に収集したサクラは一〇万本もあったが、末期には七万本が伐採処分され、優良品種は施設などに寄付した。戦後、再びサクラの栽培品種の保存と繁殖に努め、二代がかりで一七五品種が描かれた『桜図譜』、共著の『櫻大観』がある。[38] 大阪造幣局への品種提供や維持管理、祇園の枝垂桜《しだれざくら》の後継樹の育成、皇居内へのサクラの移植、遺伝学研究所へ栽培品種の納入など、貴重なサクラの増殖・保護育成は切れ目なく一六代に引き継がれた。

2　染井吉野の出自

荒川堤のようにサクラの園芸品種を積極的に植栽したところもあるが、東京周辺では明治初期からサクラの復興には**染井吉野**を植栽したようであった。**染井吉野**は明治初期から売り出された新しいサクラであったが[14]、この時代の教科書などのサクラはヤマザクラであった。ヤマザクラから**染井吉野**にどのように替わったのかは判然としない。ただ、**染井吉野**は日本を代表するサクラになり、四月の入学式や入社式の風物詩として定着し、その後のサクラの光景も一変させた。

染井吉野は発生以来、起源をめぐって諸説がある[12]。伊藤伊兵衛（政武）の『増補　花壇地錦抄』（一七一〇〔宝永八〕年）に、「芳野櫻」はヤマザクラと記載がある。

藤野寄命は上野公園のサクラを調査し、染井から売り出されたサクラであるので、一九〇〇（明治三三）年に日本園芸会雑誌（九二号）で染井吉野と命名した[12]。松村任三は翌一九〇一年、**染井吉野**の学名を *Prunus Yedoensis* Matsumura と発表した[12]。

染井吉野に学名が付けられると、その起源探索が始まった。一九一二年に小泉源一は伊豆大島を調査したが、自生を発見できなかった[63]。この年、ドイツのケーネは、朝鮮半島南方の済州島から採取された材料によって、**染井吉野**の変種と分類した[61]。一九三二（昭和七）年、小泉は済州島に調査に出かけ、**染井吉野**を発見したと発表した[62]。戦前はこの説が広く認められていた。

竹中要は遺伝学者の立場から**染井吉野**を雑種と想定し[35][63][64]、遺伝学研究所で一連の研究を勢力的に実施した。交配実験では**染井吉野**に近似の個体を確認し、**染井吉野**はエドヒガンとオオシマザクラの種間雑種とし、両種が自生する伊豆半島からも、自然雑種の**船原吉野**《ふなばらよしの》を発見した。竹中はこれらの一連の実証研究から、**染井吉野**は両種が自生する伊豆半島で自然交雑により発生したと、一九五九（昭和三四）〜六五年に発表し[65][66][67]、竹中説は長い間、広く支持されてきた。一方、岩崎文雄は、染井の伊藤伊兵衛の人工交配作出説を提示した[68][69]。

千葉大学の中村郁郎らは二〇〇七年に、DNA解析から**染井吉野**は上野公園にある**小松乙女**《こまつおとめ》のような園芸品種が母親でオオシマザクラとの雑種であると発表した。[70] さらに最近は、エドヒガンとオオシマザクラの共通の親から**染井吉野**と**小松乙女**は生まれた異母兄弟であると二〇一五年に公表した。[71]

これらの諸説には反論もみられる。[12][18] 新しい情報は最新の科学技術を駆使した内容であるが、発祥地や人工交配説は推論[12][18][32][33][40][41]の域を出ず、**染井吉野**の起源が解明せれるのはまだ先のようである。

3 「通り抜け」のサクラ

明治維新後、いちはやくサクラの名勝づくりに取り組んだのは大阪造幣局である。[34] 大阪造幣局は淀川（現・大川）を挟んで、対岸の「桜宮」とサクラの競争をしようと開設時に目論んだという。一八八三（明治一六）年に「局員だけの花見ではもったいない。市民とともに楽しもう」と、構内の川岸通りを開放し、混雑緩和のために一方通行の「通り抜け」が始まった。一九一七（大正六）年には六日間で七〇万人という戦前最高の来観者を記録した。

その後一五年戦争に入り、一九四二年には「通り抜け」は中止になった。一九四四（昭和一九）年の造幣局のサクラは四三品種三六七本となり、品種不明が増え、品種数・植栽本数とも激減した。さらに一九四五（昭和二〇）年の空襲によって「通り抜け」のサクラは六割が焼夷弾で消失した。ただ、戦争が終結すると造幣局では「通り抜け」の復活を企画し、一九四七（昭和二二）年、戦後第一回目の「通り抜け」を実施した。この復活は虚脱状態から市民に立ち上がる元気付けに寄与したといわれる。

一九六五（昭和四〇）年には北海道松前町と交流が始まり、翌年、開設以来門外不出であったが、大阪造幣局は松前町の要請で**千里香**《せんりこう》、**平野突羽根**《ひらのつくばね》、**楊貴妃**、**黄桜**などの一九品種五七本の接穂枝を分譲し、松前町で「通り抜け二世」づくりが始められた。[34] 一九八三（昭和五八）年に「通り抜け」一〇〇年を迎えたことを機に一〇〇品種を目指す企画で、松前で育成した**紅豊**《べにゆたか》など五品種を導入した。さらに一九九三（平成五）年、**琴糸**《こといと》、**爛爛**《らんらん》など一〇品種を植栽した。二〇〇五年には一一五万人と過去最高の観桜者を記録し、現在は一三〇品種が植栽されている。

4　日米友好の桜

紀行作家、ジャーナリストであるシドモア（**図7**）は、兄の横浜領事館勤務を機に一八八四（明治一七）年に二八歳で来日した。[56] 一八八六（明治一九）年に浜離宮の観桜会に招待された際、サクラに魅せられ、一八九〇年『The Cherry Blossoms of Japan（日本・人力車旅情）』を著した。[57] アメリカではサクラの試作や観桜サロンを催し、ポトマック河畔にサクラ植栽を働きかけた。[56] 一九一〇（明治四三）年、東京市は一〇品種二〇〇〇本のサクラ大苗を買い集め横浜港からおくったが、到着したサクラは全株焼却処分となった。[51,52][58] アメリカは植物防疫制度が確立しており、コスカシバや線虫汚染を見逃さなかった。[58,59] その後、尾崎行雄東京市長の依頼を受け、[51,52] 古在由直農事試験場長の指示のもと、「日米友好の桜」の健全苗が興津園芸部の熊谷八十三らによって、兵庫県の台木と荒川堤のサクラを接ぎ木し、苗木が育成された。[53] 一九一二（明治四五）年にポトマック河畔に植栽するためのサクラ一二品種約三〇〇〇本をヘレン大統領夫人に発送した。[54]「日米友好の桜」は一〇〇年の時を超え、「ポトマックのサクラ」として世界的に著名なサクラの名所になっている[58,59]（**図8**）。同時に高峰譲吉邦人会長へも同量の苗を発送した。[54]

図 7. シドモア（E. Scidomore）。アメリカの紀行作家で 7 回来日したが、向島で庶民の花見に感激し、タフト大統領夫人にポトマック河畔にサクラの移殖を勧めた。横浜山下公園墓地に親子三人が埋葬されている。

図 8. 荒川堤から採穂され、静岡市興津の試験場での育成を経て発送された 12 品種 3000 本のポトマックのサクラ。当初の桜苗からの現存は 100 本ほどあるという。奥にみえるのはワシントン記念塔。

特徴ある形質のサクラ

1　樹形の変化——枝垂れ性のサクラ

サクラは形態、開花時期の早晩、花色、花弁数などから品種区分がされる（**表1**）。サクラの樹形は花色と同様に、目立つ属性である。平安時代に「しだり櫻」や「糸櫻」の名称で登場し、早くから枝垂れ性の品種が出現した。江戸時代の『怡顔斎櫻品』には、「糸櫻 大しだれ」、「小しだれ」、「芳野枝垂」、「千辯枝垂」の図譜と記載がある。[27] この時代に**糸櫻**は彼岸桜（エドヒガン）の花と同じと認識され、枝垂れ性サクラの品種が増加している。現在、**糸櫻**の別名を**枝垂桜**と呼び、エドヒガンを立彼岸と呼ぶことがある。エドヒガンは最も長寿のサクラであり、従って、枝垂桜でも古木が多く見かけられる。[3]

枝垂れ性のサクラには他に**山桜枝垂**、**大山枝垂**、**伊豆最福寺枝垂**、**紅枝垂**などがある。

表1．サクラの園芸品種の多様な形質

形質		品種の一例
開花期	早春	寒桜、河津桜、伊豆土肥
	染井吉野ごろ	陽光、神代曙、横浜緋桜
	晩春	関山、福禄寿、奈良の八重桜
	初冬一季咲	ヒマラヤザクラ
	秋と春	十月桜、冬桜、アーコレード
花の色	白色	白雪、雨宿、市原虎《いちはらとら》の尾《お》
	淡紅色	染井吉野、仙台屋、楊貴妃
	紅色	紅枝垂、紅豊、妹背《いもせ》
	濃紅色	関山、鵯桜《ひよどりざくら》、紅時雨《べにしぐれ》
	紫紅色	クルサル、八重紫桜《ヤエムラサキザクラ》、横浜緋桜
	緑黄色	鬱金、御衣黄、園里緑龍《そのさとりょくりゅう》
花の形	一重（5枚）	染井吉野、兼六園熊谷、アメリカ
	半八重（6～10枚）	思川《おもいがわ》、白山旗桜《はくさんはたざくら》、鷲の尾
	八重　11～20枚	白妙《しろたえ》、糸括、佐野桜
	八重　21～50枚	関山、松月《しょうげつ》、普賢象
	八重　51～100枚	泰山府君《たいざんふくん》、須磨浦普賢象、紅玉錦《べにたまにしき》
	菊咲き	兼六園菊桜《けんろくえんきくざくら》、鵯桜《ひよどりざくら》、突羽根《つくばね》
	雌蕊の葉化	普賢象、一葉《いちよう》、紅笠《べにがさ》
花の大きさ	小輪　一重	オカメ、小彼岸《こひがん》、紅枝垂《べにしだれ》
	小輪　八重	八重紅枝垂、十月桜、熊谷桜
	大輪　一重	太白、河津桜、大漁桜
	大輪　八重	里原《さとはら》、園里黄桜《そのさときざくら》、紅笠《べにがさ》
花の香り	有り	駿河台匂《するがだいにおい》、滝匂《たきにおい》、千里香《せんりこう》
樹形	盃状	関山、御衣黄、福禄寿
	傘状	染井吉野、河津桜、普賢象
	枝垂状	糸桜、八重紅枝垂、雨情枝垂《うじょうしだれ》
樹高	低木	旭山、オカメ、御殿場桜
	亜高木	松月《しょうげつ》、兼六園菊桜《けんろくえんきくざくら》、手弱女《たおやめ》
	高木	江戸彼岸、染井吉野、大漁桜

※形質項目区分は横山モデル（78）を一部改変し、農水省サクラ属審査基準（74）を参考にした。

※品種例は『日本のサクラの種・品種マニュアル』（1）、『新日本の桜』（3）、農水省サクラ属品種登録（77）を参考にした。

枝垂れる現象が起こるのは、ジベレリン（GA）という植物ホルモンの合成機能が異常で、GA不足で起きると考えられている。[5] 枝がまだ固まらないうちに伸長生長し、肥大生長して支えるのが間に合わず、枝の重みで下垂する。[75] この場合、GAを投与すれば「立ち性」になることが実証されている。[75] 枝垂れ形質の発現は劣性遺伝子であることが知られている。[12]

2　珍しい花色のサクラ

サクラの花色で珍しいとして話題になるのは、黄緑色の**鬱金**《うこん》や**御衣黄**《ぎょいこう》（図9）である。この二品種は遺伝的には同じで枝変わりの関係とされるが、[11] **鬱金**は黄色で**御衣黄**は濃い緑色と淡い黄色が混じる花弁に紅筋の花で区別される。この他にも**御衣黄**からの枝変わりで**御祓**《みそぎ》がある。

最近の黄緑色の品種に**園里黄桜**《そのさときざくら》、**園里緑龍**《そのさとりょくりゅう》、**須磨浦普賢象**《すまうらふげんぞう》がある。[5] **須磨浦普賢象**（**普賢象**の枝変わり）は花の終わりには花弁の基部から赤変する珍しいサクラである。さらに、登録品種の**仁科蔵王**《にしなざおう》は石井重久らが、**御衣黄**にイオンビームを照射して育成した品種で、緑白色地に黄緑の絞りや花底に赤系のぼかしが入った大輪半八重の変異種である。[77]

黄緑色の品種は花弁に葉緑体（クロロフィル）が含まれている。[12][16] 葉緑体の含量の少ない**鬱金**は黄色花で、多い品種は花弁の緑色が濃く見える。葉緑体があると花弁でも光合成をする。[12]

3　不時開花の品種――冬咲き・二季咲き・四季咲き、狂い咲き

サクラはネパール周辺が起源とされている。ヒマラヤザクラ（図10）はカトマンズ（北緯二七度、標高一三三七メートル、平均気温一九度、最低気温一〇度～最高二四度）では秋季咲きで、[16] 原始的な種と思われる。

サクラは起源地域からさらに低温地域へ種が分化した際に、休眠を獲得して春季咲きとなったと考えられている。

サクラの花芽分化（花蕾形成）は六月下旬から一〇月にかけて起こる。花芽の多くは短枝の腋芽の生長点で分化する。従って、花芽の分化・発達過程で台風などによる葉の脱落、虫害などに八月以前に遭遇すると花芽は正常に発達できず、翌春には開花に至らない。台風や高温・旱魃の気象災害、虫害などに九月以降に遭遇し葉が脱落すると、季節外れの「狂い咲き（返り咲き）」が生じることがある。着葉は光合成の生産工場と同時に、花芽形成、発達に大きく影響し、葉の脱落によって花芽は開花抑制のブレーキを失った状態になる。九月頃の花蕾は発達途上であっても蓄積された養分である程度充実し、一定の気温に遭遇すれば秋季にも開花する。通常の開花時期以外に花が咲くことを不時開花と呼ぶ。

ヒマラヤザクラでは花蕾形成は春咲きのサクラと全く同様に花芽分化・発達して一〇月下旬頃に落葉し、休眠せずに花蕾は発達して一二月に満開になり、落花後、真冬に若葉を伸展し、果実は五月末に赤熟する。ヒマラヤザクラは温暖地でないと生育・開花は難しい。日本での開花は初冬の一季咲きである（調査地点静岡市）。

品種育成の現状と保存

大正期に入ると三好學などによるサクラの啓蒙活動が行なわれた。十五年戦争では多くのサクラは伐採され、栽培品種は行方不明になった。[10][11][59] 戦争終結後、日本を表徴するサクラの危機を懸念し、桜見本園や再収集・復興への提言や動きが活発になり、日本さくらの会も新たに結成された。以下に戦後におけるサクラ品種育成と保存について紹介する。

1　竹中要の実生選抜と人工交配による品種育成

図 9. 御衣黄

図 10. ヒマラヤザクラ

戦後いち早く壊滅的な打撃からサクラの品種の復興を開始したのは、遺伝学研究所である。遺伝学者の竹中要は、一九五一年から懸案の**染井吉野**の起原についての研究に着手し、**染井吉野**の実生による形質分離と人工交配による試験を一九五七年から開始し、その正・逆交配を実施した。これによって**染井吉野**はエドヒガンとオオシマザクラを両親とする自然雑種起原であろうと考察した(10)(64)(65)(66)(67)。竹中らはこの実証研究で**船原吉野**、**天城吉野**、**染井彼岸**、**昭和桜**などおよそ三〇品種を発見・作出し、その後のサクラの品種育成に大きな影響を与えた(10)（図11）。

2　浅利政俊の松前品種群のサクラ

図12.　**松前八重寿**

「江北の五色桜」編集委員会『江北の五色桜』2008年より

浅利政俊は一九五三～七五年に松前町の小学校に教諭として勤務した。

松前町は江戸時代には北海道の拠点として松前藩が置かれ、交易で栄えていた。松前には交易でもたらされた**糸括**《いとくくり》、**雨宿**《あまやどり》、**万里香**《ばんりこう》などのサトザクラの植栽があり、また、地域にはカスミザクラ、オオヤマザクラ、チシマザクラ（タカネザクラの変種）なども数多くあった(2)(45)。

浅利らは松前に古くからあったサトザクラや野生種などの悉皆調査（一九五四～一九六〇）で、多くの特徴のあるサクラを鑑定・命名し、その状況を把握した(1)(2)(3)。既存品種に該当しないものは

背面の碑文

図11.　遺伝学研究所のサクラの碑

先駆者に鑑定を求め、固有の品種として認定・命名した。[46][47] この中には松前にしかない品種もあったが、それらの増殖を図り、桜見本園などに植栽した。[45] 見本園などには浅利の新品種も多数植栽されている（**図12**）。浅利が進めたサクラの品種改良は、世界的にもほかに例がない。[2]

浅利育成の新品種は一〇〇をこえるが、[4][44][45][46][47] 自然実生からの選抜育成は全体の二割に達している。特に寒冷地の松前においては、多くのサクラの品種も開花期が接近し、また、その年の気象変動で、平年とは違った多様な交雑が生じる可能性が高く、多彩な新品種は出現しやすいといわれている。松前ではカスミザクラの開花が遅く、平年は**染井吉野**との交雑の可能性はない。[47] 桜前線が平年より早い年に交雑を想定して、**染井吉野**が混植された場所のカスミザクラの種子を採取して、この実生苗から一〇年後に**関守**という品種を選抜育成した。[47] 野生種のカスミザクラに**染井吉野**の花粉が虫媒された交雑品種の一例である。

八重咲きで昆虫が集まり、結実した果実で高い発芽率を持つサクラを、浅利は育種追究の材料にした。[2] 浅利は寒冷地松前に適する新品種の育成を目標に掲げ、育種親としてオオヤマザクラ、カスミザクラ、チシマザクラや松前オリジナル品種と確認した**松前早咲**《まつまえはやざき》（血脈桜、南殿）、**白蘭**《はくらん》などの組み合わせで人工交配を行ない、松前品種群といわれる江戸時代以来のサトザクラの新品種を育成した。[4][44][45][46][47]

浅利は一九六五年に門外不出の大阪造幣局の通り抜けのサクラと品種交換を進め、京都の佐野園からも品種を導入した。浅利は人工交配を積極的に進める中で、特に重弁のサトザクラに着目し、一重咲きと葉化した品種、野生種からサトザクラまでの多様な組み合わせで、変化に富んだ新品種作出を目指した。[4]

浅利の供使した重弁のサクラの品種は、**糸括**、**雨宿**、**福禄寿**《ふくろくじゅ》などの重弁の品種で、自然交雑では着果しないというデータもあり、[50] **高砂**や**白雪**は三倍体品種で着果は微少と調査データにある。[43] そのような重弁の品種を使い、味わいのある独特のサクラの品種を作出している浅利は、「地球上には常に、五官でも分か

らないものがある」との謙虚さと信念で、数多くの優れた新品種を作出している確かな実績がある。(46)

浅利の新品種は重弁の極限にいたる品種の数とその内容で、**松前**のような雌しべの葉化した品種は一六、**上礒海湖桜**のような菊咲途上の品種は二、**九条誓願桜**のような菊咲品種も二を数え、江戸時代以来出現していない雌しべの葉化した品種は二〇にも達する。中国では花咲爺さんを花神というが、(45)浅利は作出した新しいサクラを国内外に咲かせている現代の花神であろう。

３　角田春彦《つのだはるひこ》と熱海品種群の育成

熱海には既存のサクラで一～二月の長期間咲き続ける**熱海桜**（**寒桜**）、続いてカンヒザクラ（**図13**）、**修善寺寒桜**《しゅぜんじかんざくら》、**大寒桜**《おおかんざくら》、四月には**染井吉野**が咲く。角田はその前後に咲くサクラの必要性を感じ、開花期間を秋から冬を経て春まで切れ目なく見られる品種群、かつ白・淡紅色・紅色の三色が同時に咲くようにすることなどを育種目標に定めた。(48)

教職を退職後の角田は人工交配を一九六五年から種々なサクラの組み合わせで実施した。熱海はウメによる観光に力をいれている。角田はウメの特性調査と並行して、伊豆地方の野生のサクラや導入種であるカンヒザクラ、既存品種も調査し、品種育成親を選定した。伊豆方面ではオオシマザクラは二月に既に開花するものが各地で見られる。角田はこの早咲き型のものと熱海で栽培されているカンヒザクラを交配親として主に用いた。また、マメザクラやシナミザクラ、**熱海桜**や**大寒桜**などの種・品種も交配に用いた。

およそ一〇年かかって出葉に先立って開花する多花性で、丈夫な美しい観光的に価値のあるサクラを、交配実生約三〇〇〇個体から選抜し、熱海品種群とも称すべきサクラを育成した。

角田は育成した品種を熱海市内の公園などに植栽をしたが、志半ばでサクラの品種改良は三〇年の幕を閉じた。現在、角田育成品種の大半は所在不明となっている。一九八一年の日本桜研究会に提出した自撰桜追加新品種一覧表では三四品種が掲載されており、この中には熱海ゆかりの**頼朝桜**《よりともざくら》や**政子桜**《まさこざくら》の品種名が加わっている。なお、現存している角田交配には**大漁桜**《たいりょうざくら》、**姫の沢**や**伊豆多賀赤**《いずたがあか》、**熱海早咲**《あたみはやざき》、**伊豆多賀白**《いずたがしろ》、**赤真珠**《あかしんじゅ》がある。しかし、**伊豆多賀赤**、**伊豆多賀白**、**熱海早咲**は角田の品種資料ではどれに該当するのかは定かではない。また、ユスラウメとの雑種で、珍しい**ユスラザクラ**を作出したがこの存否も不明である。一方、角田は観賞期間の長い新品種を目指して、初冬咲きのヒマラヤザクラを導入し、その特性調査を行なったが、(48) 新品種の育成にはいたらなかった。

4　農林水産省の登録品種にみる多種・多彩な育成品種

一九四八（昭二三）年に農産種苗法が制定され、一九六八年に篠原邦明によって**初御代桜**《はつみよざくら》（**寒緋桜**×**敬翁桜**《けいおうざくら》）が名称登録品種になった。農産種苗法は一九七八年に種苗法に替わり、二〇一六年（四月現在）までに出願されたサクラは六六品種である。(77) この出願のサクラ品種は全国各地で多様な手法によって育成されている。品種登録された四四品種の中で、人工交配による育成品種は白井勲の**横浜緋桜**《よこはまひざくら》

図 13. カンヒザクラ

（**兼六園熊谷**×**寒緋桜**）や高岡正明らの**陽光**（**寒緋桜**×**天城吉野**《あまぎよしの》）、**紅姫**（**寒緋桜**×**天城吉野**）、**天光桜**《てんこうざくら》（**天城吉野**×**寒緋桜**）、および石井重久らの**彩久作**《さいきゅうさく》（**敬翁桜**×**十月桜**）、**春月花**（［**敬翁桜**×**早生都**］×**関山**）、**大聖夢**《だいせいむ》（育成系統×**紅豊**《べにゆたか》にγ線照射突然変異体）の計七件である。なお、石井重久らは人工交配で雑種性の栽培品種も供しているが、単交配に留まらず、三系交配やγ線やイオンビームなどの人工的な変異個体の作出方法などを駆使して、登録品種と出願公表品種を加えると計一八件を出願している。

登録品種には早咲きザクラのカンヒザクラ系からの変異株を検出した四品種が名瀬市から、**河津正月**《かわづしょうがつ》、**伊豆土肥**《いずどい》が伊豆半島から、**日立紅寒桜**《ひたちべにかんざくら》が日立市から品種登録された。

5　国家機関のサクラ保存林――多摩森林科学園

森林科学研究所・多摩森林科学園サクラ保存林は、一九六六年に前身である農林省林業試験場「浅川実験林」に、全国の主要なサクラの栽培品種や名木などのクローンを収集した国家機関として設立された。現在、多摩森林科学園には約六〇〇ライン、一三〇〇個体のサクラが管理され、個体の形質や病害虫、栽培品種のクローン識別など、さまざまな研究を行なっている。二〇一四年に「サクラ保存林ガイド」という冊子が発行され(11)、サクラについて最新・最大の情報基地となっている。

6　花の会とさくらの会の品種情報

日本花の会は一九六二年に創設され、後に結城農場に桜見本園を開設し、優良なサクラの栽培品種を保存、配布している最前線である。農水省の品種登録制度が発足する際には事務局として、「日本のサクラの種・品種マニュアル」(1)を刊行した。また、サクラの品種情報を同会ホームページの「さくら図鑑」で検索することができる。国内外にサクラの苗木配布事業を展開する一方、「桜の園芸品種の認定制度」を開始し、品種情報の整理、発信に取り組んでいる。

日本さくらの会は一九六四年に、農水省の「桜復興対策会議」と同根の流れの中で結成された。主な事業活動は桜寄贈事業や啓発活動、交流事業である。サクラ品種の展示、見本園はない。一九九一年からサクラ研究発表会を開催し、「櫻の科学」を発行し、会員の研究成果や記事を掲載してきた。(75) 二〇〇七年には、さくらの会が事務局を担当して、「日本さくら学会」が発足し、サクラに関する幅広い課題の研究発表会と「櫻の科学」を引き継ぎ、サクラの品種などの情報も発信している。

7 サクラの遺伝情報

サクラの品種育成で竹中要や浅利政俊、角田春彦は多くの種・品種を収集して、その形質や特性を独自に調査し、交配に取り組んできた。サクラの品種情報は外見的には五官で確認できる形質も多いが、その遺伝情報は細胞の核などのＤＮＡに書き込まれている。

植物は細胞の分裂と伸長肥大によって成長する。細胞が分裂するときに両親から受け継いだ染色体を一組ずつ持って、合体して二倍体となる。サクラは一組が八個の染色体で構成されており、細胞内の染色体は 2n ＝ 16 が基本数である。(79) 三倍体の品種は一組が多くなった染色体を持っており、2n ＝ 24 個となる。三倍体は減数分裂ができにくいことや不稔性となることが多い。日本のサクラについて岩坪らは一九三種類を調べた。(43)

岩坪らの調査では二倍体の品種は一六一（八四・三％）、三倍体は三〇（一五・五％）となっている。三倍体が生じる原因は、二倍体と四倍体の交雑や減数分裂の異常が考えられる。シナミザクラは四倍体であり、二倍体のサクラと交雑して三倍体の品種が生じている。マザクラはシナミザクラが片親の雑種と推測されるので、マザクラ系品種とシナミザクラ系品種で多くの三倍体品種が生じている。

次世代へのメッセージと期待

科学技術の目覚ましい発展が各分野に顕著である。サクラに関してもいくつもの進展がみられるが、解決を期待される課題も顕在化している。

1 染井吉野の遺伝子汚染とDNA解析による識別

サクラは古くから全国各地で植栽されてきた。植栽場所は身近な里山付近から、最近では山間部へまで拡大し、山中の道路沿いにも**染井吉野**が新たに植栽されている光景も見かける。全国規模の緑花事業などにより植栽されている**染井吉野**は広範囲かつ膨大な数量である。

山野には野生のサクラがある。野生のサクラには自生種や変種もあり、個々としては微妙な変異を伴ってその遺伝子を集団として維持し、他のサクラとは開花期や標高差で棲み分け、生態系の中にあるといわれている。また、野生のサクラも個体としては自家不和合性で自殖はしないが、集団の中では受粉して種子を生じる遺伝的多様性を保持して、環境に適応した遺伝的進化の特徴をもって集団を継承している。

異なるヤマザクラの産地から大量に植栽した小金井の上水堤で、三好學は新品種をいくつか発見した。また、**染井吉野**とヤマザクラやマメザクラなどは開花時期が重なる地域で雑種も生じており、湘南地方などで川崎哲也らはいくつかの個体を発見し、**染井吉野**の関与が報告されている。(2) 植栽数が少なく規模が小さい場合は、交雑が起きても影響は大きくないと思われるが、**染井吉野**が広範囲に、かつ大量に植栽された場合には、自生種などとの交雑が頻繁に生じている実態が指摘され懸念されている。[72]

サクラの種や品種の分類は、花や葉などの外部形質の違いで比較して見分けることで、区別をしている。サクラは雑種性が強い花木であり、個体のもっている形質が外観に現われていない潜在的な遺伝形質も多い。近年、サクラでも個体識別などに、遺伝情報を担っているＤＮＡの識別による研究が進んでいる。園芸品種や野生のサクラをＤＮＡの情報で識別したり、**染井吉野**の花粉でできた遺伝子をもつ野生のサクラから採種した種子や実生苗を検出する方法も開発された。向井譲らの報告によると、**染井吉野**と野生種との交雑によって、**染井吉野**が花粉親になる場合だけでなく、**染井吉野**が種子親となって野生種との交雑が生じ、**染井吉野**の遺伝子が拡散する実態も明らかになってきた。**染井吉野**が全国各地で大量に植栽されていることで、このような遺伝子汚染は、サクラの野生種の遺伝子の乱れとして深刻な事態であると警鐘を鳴らしている。これらの**染井吉野**と野生のサクラの交雑種子は野鳥が食して散布する。散布距離は一〇〇〇メートル[73]、野鳥の止まる枝下で発芽している実生を検出したとの調査報告がある。[72]

自然界は一度破壊すると原型は戻らない。サクラの品種発生の始点は森林破壊にあるが、サクラは自生種・野生種に原点があり、その集団としての遺伝子汚染からの攪乱は避けなければならない。ＤＮＡ識別による調査報告は**染井吉野**の大量植栽と、サクラの自生地や野生地の保護・管理について、そのあり方に警告を発している。サクラには多様・多彩で、特徴のある美しい品種がたくさんある。生態系を破壊することなく、サクラを楽しみながらも、広い視野からの制度設計をして次世代に引き継ぐ対策は急務であり、大きな課題と責務が浮上してきした。染井吉野だけがサクラという意識も改めたい。[39][76][80]

図 14. 河津町にある樹齢 60 年以上の**河津桜**原木

2 DNA解析と技術革新への期待

従来のサクラの分類は形質的違いを比較して区分されてきたが、異なった品種名でも同品種と思われるものがあり判別しにくい。DNA検査で個体識別やクローン識別の研究、調査の成果の進展は身近になってきた。**太白**《たいはく》は江戸時代に英国に渡った品種で、その後、日本には途絶えていた品種であったが、英国の桜愛好家イングラムから、昭和初期に贈られてきて復活した品種である[12][59][60]。この品種と区別がつきにくい**駒繋**《こまつなぎ》や**車止**《くるまどめ》は**太白**と同じ品種であるという説にDNA解析による識別は同調している[11]。

サクラ以外の農作物でも品種保護の観点からDNA識別が実施される。DNAの解析から種や品種の識別による実用的な利用が始まっているが、サクラの全品種識別は、江戸時代に激的な増大をしたサトザクラの出生の解明や**寒桜**や**枝垂桜**、さらには混乱している品種情報の整理、新品種の育成にも効力を発揮するであろう。

3 河津桜による地域興しと新しい遺伝資源

河津桜は一九五〇年ごろに静岡県河津町内で発見された自然交雑の早春咲きザクラである[49]（図14）。そのころ伊豆地域には**熱海桜**（＝**寒桜**）、**修善寺寒桜**が既にあり、**大寒桜**も地域には大木があった。これらのサクラはいずれもカンヒザクラ系と早咲きのオオシマザクラ系などの自然交雑でできたと推測される。松山市にはカンヒザクラあるいは寒桜系のサクラとシナミザクラの雑種と推定される**椿寒桜**《つばきかんざくら》が発見された。カンヒザクラやシナミザクラは江戸時代から明治初期に導入された外来種で[27][28]、西南暖地で自然交雑によって**寒桜**などの早咲きザクラが出現した。

観光地伊豆には二〜三月に開花する先発の**寒桜**があった中で、**河津桜**は早春に一か月にもわたって花見ができる優れたサクラである。二〇〇〇年頃から河津町や南伊豆町の桜まつりには一躍多くの観桜客が来訪する地域興しのサクラとして注目されるようになった。**河津桜**は静岡県内をはじめ、神奈川県、千葉県、南九州の各県でも大規模に植栽されている。**河津桜**は南伊豆地域外において、品種名と紛らわしい地域名などが付けられていることが結構ある。地域名などが付けられた河津桜と本来の**河津桜**品種の間で別品種であるかのような誤解と混乱が観桜者に生じていて懸念されている。**河津桜**は急速に普及した結果、品種登録による保護ができなかった。

ヒマラヤザクラは静岡県内や瀬戸内海沿岸では一二月に満開になる一季咲きの見ごたえのあるサクラである。東京都内にも植栽はあるが、冬の寒さが堪えるようである。

ヒマラヤザクラは**染井吉野**や**河津桜**と同じように六〜一〇月に花芽が形成され、晩秋には落葉して、花蕾は休眠しないで一挙に満開にいたる。開花後は真冬の寒さの中でみずみずしい若葉を展開し、常緑樹の様相で六月頃に果実が赤熟する。サクラの起源はヒマラヤ地方とされているが、ヒマラヤザクラは進化から取り残されたようなサクラといわれる。現地でも標高が高い地域にあるサクラは休眠して春咲きになる(16)。ヒマラヤザクラは新しい遺伝資源としても、また、サクラの休眠現象の面からも興味ある研究素材と思われる。

4　二一世紀の課題

農水省はサクラの品種登録の基礎資料を作成するために、一九七九年に桜品種特性調査を日本花の会に委託した。「サクラの品種に関する調査研究報告書編集委員会」はサクラの出願品種の審査基準となる事項を、既存の品種について実際に調査を行なって、一九八〇年「種苗特性調査報告書サクラ」を取りまとめた。

官民の桜研究家が総力を挙げて調査した成果である『日本のサクラの種・品種マニュアル』（一九八二年、日本花の会）において中心的役割りを果たした川崎哲也は、サクラの品種問題について、江戸時代から明治以降にわたり記載された品種の再確認や、植物園・標本館における資料の整理と保存など、その重要性を訴えている。[75]

これらのサクラの品種問題に関して、確認、整理、訂正、さらには耐病性などの新しい品種育成では、研究者の総掛かりで国家的な事業として、ＤＮＡ解析などによる最新の手法を取り入れて、人材の広がりをもとに取り組まないと解決できない課題は多い。[72][76]

第12章

トルコギキョウ

福田直子

トルコギキョウは年間生産本数一億二〇万本（二〇一三年農水省花き生産出荷統計）、総卸売り価額第五位（二〇〇八年農水省花き流通統計）の主要切り花である。キクなど他の主要切り花が栄養繁殖であるのに対してトルコギキョウは種子繁殖品目で、現在国内の種苗会社九社が新品種の開発と販売を行なっている他（図1）、個人育種家や公立機関でも育種が行われている。生産量は一九九八年をピークに他の品目と同様に減少傾向にあるが、新品種の開発や仕立て方の変化により平均単価は上昇している（図2）。二〇一二年にオランダのフェンローで開催されたフロリアードにおいて、春の切り花部門とトルコギキョウ部門のコンテストでは、日本から出品された切り花が金賞をはじめ上位に入賞するなど、日本の品種と栽培技術は国際的に高い評価を受けている。また、海外で生産されているトルコギキョウ切り花の大半が、日本の種苗会社が開発・販売している品種という希少な花き品目である。トルコギキョウは本格的な育種が始まって六〇年程度と歴史は浅いが、主に我が国で行なわれてきた。品種改良初期の個人育種家の詳細な実績については既刊を参照していただくこととして[1]、二〇〇〇年以降のトピックスについて重点的に述べたい。

原産地

トルコギキョウはアメリカ原産のリンドウ科の植物である。栽培種の原種となった大型の *Eustoma grandiflorum* (Raf.) Shinn. は北米大陸ロッキー山脈の東側、コロラド州やテキサス州を中心に、年間降水量が四〇〇〜八〇〇ミリ程度の乾燥した草原に広く自生している（図3）。開花期は夏で、花色は濃淡があるものの大部分は紫である。極まれに見かけられる白、ピンク、黄色の他、白色で弁端が紫の覆輪様の個体が変種として記録されている。植物体の生死を左右する水と気温が大きく変動する環境に適応してきたた

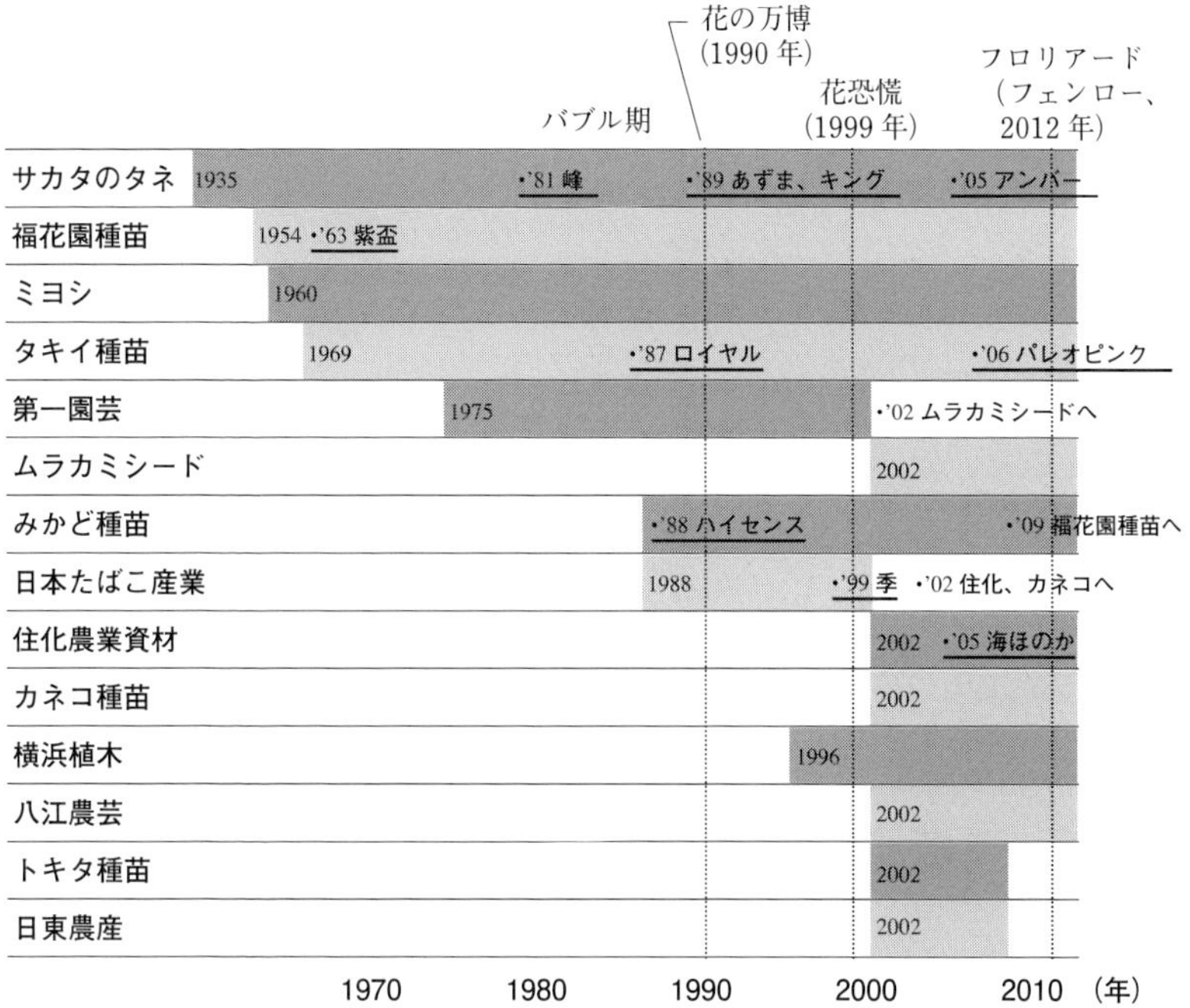

図 1. 種苗会社によるトルコギキョウの育種販売と品種

※下線は本文で取り上げた品種（シリーズ）と販売開始年。
※サカタ、福花園、ミヨシ、タキイ、第一園芸、みかど、トキタ、日東はトルコギキョウの販売を始めた年を表記（八代嘉明『農業技術大系追録　第 8 巻』2004 年、P421 ～ 445、他より）。
※日本たばこ、横浜植木、八江農芸は育種担当者から聞き取った育種開始年を表記。
※ムラカミシード、住化、カネコは引き継ぎ元の情報などより育種開始年を表記。

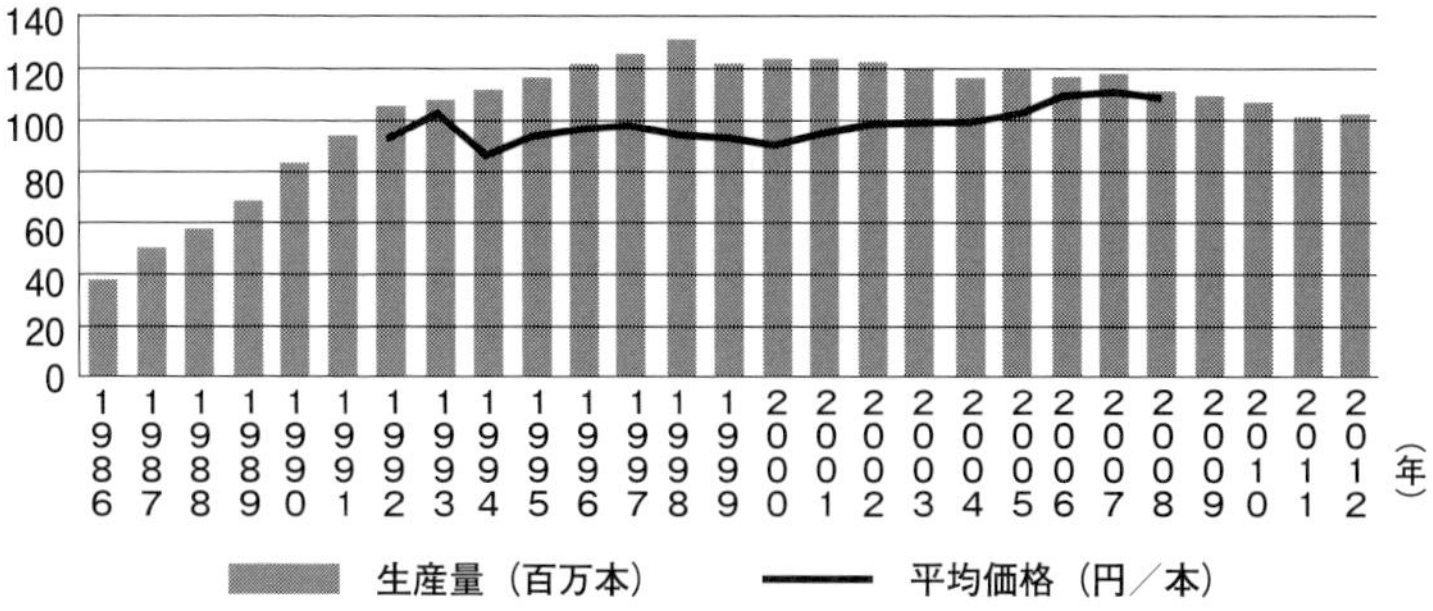

図 2. トルコギキョウの生産量と平均価格
価格は農林水産省花き流通統計、生産量は花き流通統計他より

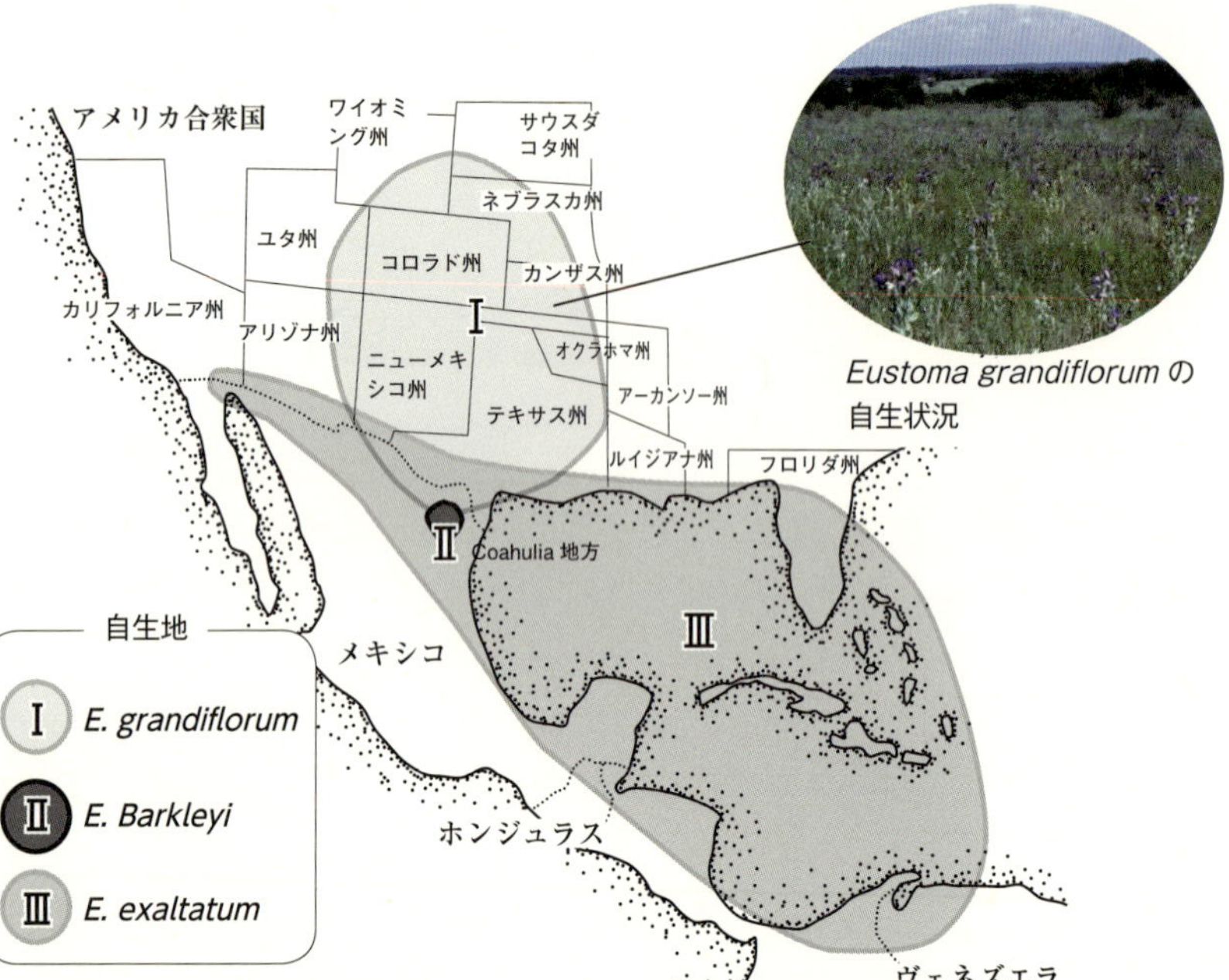

図 3. トルコギキョウの自生地
大川清（1992）p.15 より

め、生育初期の高温や低温、土壌の乾燥等に対しては、節間伸長を止めて葉が肥厚化する「ロゼット」形態となり高い環境ストレス耐性を示す。この生態特性は在圃期間の長期化や出荷率の低下を招くためロゼットレス品種を育成する動きもあったが、種子や苗に低温を与えて回避する技術確立が進み、現在はほぼ克服されている。また、温暖な原産地南部の自生種と降水量と気温の変動が大きい原産地北部の自生種では、栄養生長から生殖生長への転換に要する日長や温度に対する応答性が異なると考えられ、育種素材の来歴が品種の早晩性に影響したと推測できる。一方で品種改良にとって重要である染色体数は七二と非常に多く、染色体基本数 x=36 の二倍体と考えられているが、x=18 の四倍体や x=9 の八倍体との説もあり未確定な状況である。

このほか剣弁小輪系品種の育種素材などとして利用された、花弁長が二・五センチ程度と小輪の *Eustoma exaltatum* は、フロリダからカリフォルニアにいたる北米大陸南部と、メキシコからベネズエラにいたる中央アメリカに広く分布し、砂漠地帯の水辺や湿気のある海岸地帯の砂土に自生しているという。もう一つの自生種 *E. Barkleyi* については分布の確認が難しい状況である。

日本への導入と最初の品種「紫盃」の誕生——一九三〇年代〜一九七〇年代

日本へは一九三〇年代に導入され、東京の玉川温室村で栽培されたとの記録がある。導入されたのはテキサス州やオクラホマ州などの自生地の南限に近い地域における紫色の野生種と考えられている。一九五〇年頃に西村進が長野県更埴市（埴生村）、小宮山晃が長野県千曲市（力石村）に導入し栽培を始めたが、当時は踏み込み式温床で育苗し、露地栽培であったため、草丈は三〇〜四〇センチと短く、赤味がかった淡紫色で花弁の花が狭い、中輪、皿咲きの花形で下位分枝の多い系統であった。そのため、草丈が長く、紫色で大輪の花を目標に主に系統選抜を行なったという。その後、小宮山らは種苗会社によってアメリカから導入された高性で茎が柔らかく薄

図 4. 日本での最初の品種、紫盃

紫色花色の野生種と在来種とを交配して、露地栽培でも六〇～八〇センチの草丈となる高性種を育成した。ピンクや白の花色は導入初期に出現したが、花色が鮮明でなく市場評価は低かったという。

一九六〇年頃にはビニール資材が普及してパイプハウス等の簡易な施設が導入されるようになり、草丈の高いボリュームのある切り花が生産できるようになった。紫色のトルコギキョウは夏の花として需要が拡大し、特に濃いピンクの需要が生じたため選抜も進んだが、白の評価は低いままであった。また、一九六〇年代前半に八重咲きも出現し栽培されたが、花弁数が多くて花が重いわりに花首が柔らかいため花が垂れてしまうことが多く、市場性は低かった。一九七二年に高性で草姿が良く花は一重で濃紫色の**くろひげ**が田島一木《たじまかずき》によって育成されるまで、品種名のついたものは長野県になく、花色や草丈などの特性や切り花の生産地の地名で呼ばれていた。種子は生産者による自家採種のため、花色が均一でなく、分離の著しいものが多かった。

福花園種苗の吉次千敏は名古屋市山田町の生産者から草丈二五～四〇センチ、花は巨大輪だが紫色の濃淡の変異が大きく、茎の太さや分枝数に相当な変異があった集団の種子を譲り受けた。一九五三年から品種改良を始め、草丈七〇センチで花色が紫色に固定した**紫盃**《しはい》を、初めて品種名のついたトルコギキョウとして一九六三年に発売した（**図4**）。この後一九八〇年までに、紫一重は**くろひげ**（長野県田島一木、一九七二）、**紫扇**《しせん》（長野県富岡猛男、一九七六）他五品種、ピンク一重、白一重が**桃扇**《とうせん》、**白扇**《はくせん》（富岡猛男、一九七六）、紫八重品種**ディープパープル**（富岡猛男、一九七二）など一二品種が育成された。この後、多数の品種が販売されるようになったが、これら一二品種は一九九〇年においても栽培されるほど長命な定番品種となった。

固定種と個人育種家の時代——一九八〇年代

1　トルコギキョウブームのきっかけとなったミス　ライラック

千葉県白浜町の福田兵衛《ふくだひょうえ》が育成し、第一園芸が一九八三年に品種登録出願・販売をした**ミス　ライラック**は淡いラベンダー色で、それまでにない花色であった。一九八〇年代のパステルカラーブームは切り花にも広がり、ピンクやラベンダーなどが好まれるようになった時期にタイミング良く発表され、トルコギキョウのブームのきっかけになった。福田はこの他にも**ミス　ピンキー**（極淡ピンク）、**ミス　パール**（極淡紫ピンク）など繊細な淡色の品種を開発し、トルコギキョウの洋花としての新しい需要の開拓に貢献した。

2　覆輪花色の固定化への道のり

涼しげで鮮明な覆輪《ふくりん》花色は他の切り花に無く、トルコギキョウの需要の拡大に大きく貢献した。純白色の花弁の先端側が紫やピンクなどアントシアニン色素で着色する覆輪花色の最初の品種は、千葉県の堀海鉄雄によって育成され、一九八六年にミヨシから初めてプラグ苗で発売された**スカイフレンド**、**レディフレンド**（図5）か、長野県の中曽根尚次郎《なかそねなおじろう》によって一九八八年に種苗登録申請された**パステルレッド**（登録名「**ちくま**」）のいずれか、または両方と考えられる。この頃、花弁の先端側がきれいに縁どられる覆輪個体の出現頻度は五〇％前後と低く、着色部分が不定型に拡大する「色流れ」の他、花弁全体が着色、または白色となる個体も出現した。正常な覆輪とそれ以外には大きな価格差が生じたことから、生産者や種苗メーカーはこぞって覆輪出現率向上を目的に育種を行ない、一九八八〜九二年の三年間に四四の覆輪品種が発売された。

図5. レディフレンド

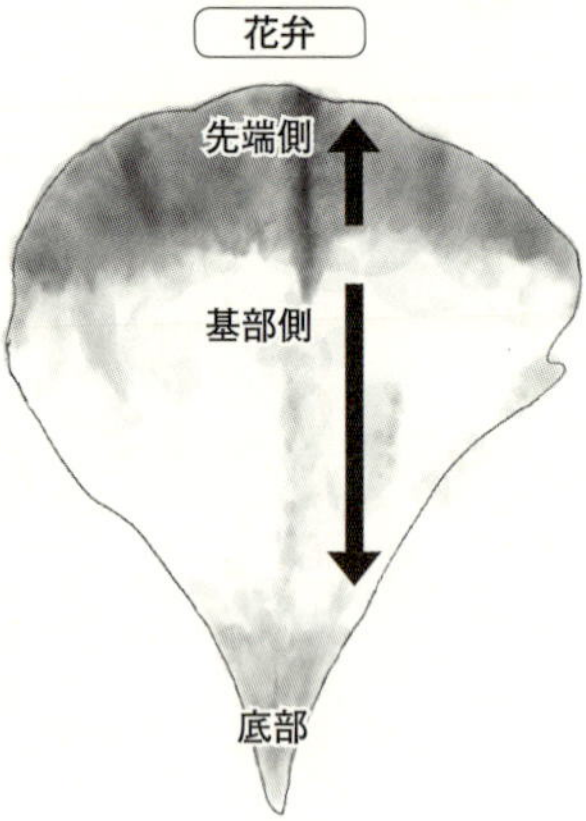

補足図

覆輪花色の出現と育成経過については、中曽根尚次郎によって記録されている。(2) 中曽根は一九四八年頃から露地で、一九六〇年代にビニールハウス内でトルコギキョウの栽培を始めた。一九六五年頃、ピンクの花が二個体出現し、新しい花色だったので「交配」して採種した。翌年、その種からは紫、白、ピンク色の花が混咲きしたとされている。ピンクの花は紫の九倍の値段になったことから、ピンク花色を五年自殖し続けて固定した。一方、白花（クリーム色）は自殖二年目で固定したという。一九七八年、ピンク花の集団中に花弁の底部が茶褐色ではなく緑色に近く、基部側の花弁が白く、花弁の先端側に向かってピンク色に変色する草丈三〇センチ程度の草勢の弱い個体を見出し、これに白色を交配して採種した（補足図参照）。この種子はピンク七〇％、白二〇％強の中に、親と類似したピンクの変わり花が「観賞程度に」開花した。このとき分離した白花は、従来のようにクリーム色で花底色が茶褐色ではなく純白で花底色は緑だったという。このとき出現したピンクの覆輪花に紫の単色花を交配して得た種子から、翌一九八〇年に紫色の覆輪の花が開花した。覆輪花の出現頻度を高めるべく採種を進め、一九八二年に**パステルピンク**、**パステルムラサキ**と名づけて、少量を東京の青山市場に出荷した。このときのピンク覆輪の出現率は七〇％で白色またはピンク単色花が三〇％、紫覆輪の出現率は五〇％で白または紫単色花が五〇％と、覆輪の出現率は低かった。この頃に改訂された品種登録の際に要求される均一性の評価基準（他色二または三％以内）をクリアすることができなかったため出願が遅れたらしく、品種登録データベースには一九八八年三月に**パステルレッド**が**ちくま**として出願と記録されている。

図6. 純白と覆輪の自然光（上）と紫外光（360nm）（下）像。黒い部分に黄色色素フラボノイドが分布している。

3　覆輪形質の発現する仕組み

覆輪形質が紫ではなくピンク色の集団から見出されたこと、覆輪に先んじて花底色が茶色から緑に変化が生じたこと、純白が覆輪系統から分離したこと等の現象が、この形質の成り立ちを考える上で興味深い。覆輪花色の白色部は、フラボノイド−アントシアニン系色素の生合成経路の最も上流の酵素遺伝子カルコンシンテース（ＣＨＳ）の発現が抑制されるために現れる形質である。覆輪を、花弁にアントシアニン色素を生成しない部位が生じる形質といい換えれば、これは優性の遺伝様式を示すものの、色素を生成しない面積や位置、形は不安定で一定の遺伝因子の集積と、花弁分化初期の気温や植物の草勢が影響するため、覆輪形質の固定は困難であった[3]。しかし、後に来歴の異なる覆輪の固定系統を用いたF_1品種の育成等により覆輪出現率は向上し、現在は冬期も形質が安定な品種が育成されている。

クリーム色の白花は、花弁全体に黄色い色素フラボノイドを蓄積するのに対して、純白の花弁は花弁先端側にフラボノイドの分布が限られ、花弁の大半に色素を蓄積しないいわゆるフラボノイド覆輪である（図6）。純白色花の誕生が覆輪の出現とほぼ一緒である理由は、発現機構が同じであるためと理解できる。

F_1品種生産量の増加および種苗会社による育種と生産量の増加――一九九〇年代

トルコギキョウは雄ずい先熟で、自然状態では主に他家受粉を行なうと考えられる。自殖も可能で遺伝形質の純度を高めるために有効であるが、系統によって三〜四代の自殖で草勢の低下、花粉の不稔化、奇形花の出現、耐病性の低下などの自殖弱勢を示すことが多い。そのため、固定種では集団内で交配を行ない、ある程度の雑種性を維持するなどの方法がとられた。しかし、草丈や花色、開花期などの重要な形質の揃いは悪く、固定種といえども穀類などとくらべるとその固定度は遥かに低く、生産効率は悪かった。

個人育種家だけでなく種苗会社も固定種を開発していたが、ペチュニア等で実績があったサカタのタネは最初からF_1品種の育成を行ない、一九八一年に初のF_1品種**紫の峰**、**桃の峰**、**雪の峰**を発売した。なおF_1品種とは、数世代にわたる自殖によって純度を高めた親系統を準備し、その交配によって得られる一代雑種のことである。極早生一重の峰シリーズは、開花期の揃い、草姿、草勢の斉一性で従来の固定種と決定的に異なった。しかし、固定種と同様の多肥条件で栽培されたことなどから、F_1品種は「花弁が薄い、花持ちが悪い」等といわれて、しばらく普及が滞っていた。

極早生で一重のロイヤルシリーズがタキイ種苗から一九八七年に、早生一重のハイセンスシリーズがみかど育種農場から一九八八年に、早生一重のあずまシリーズがサカタのタネから一九八九年に発売されるなど、一九八〇年代の終わりから本格的にF_1品種が普及し始めた。生育が早くて揃いが良いF_1品種の普及により栽培管理が平準化し、切り花品質が揃いやすくなったこと等から、共販体制による産地化が可能となり、生産量が増加した。覆輪の出現率が大幅に向上したピンク覆輪の**あずまの粧**《よそおい》、紫覆輪の**あずまの波**は、一九九三年に作付面積の二五％余りを占めるほど広く普及し、F_1品種の登場と定着によってトルコギキョウの品種改良の中心は個人育種家から種苗会社に移った。

サカタのタネにおいて一九八五年からトルコギキョウの育種を担当した荒川弘は、「切り花はバラのように八重で頂点咲きで茎が硬くなければならない」という信念のもとに、早生で一〇〇％八重咲きとなるF_1品種キングシリーズを開発し、一九八九年から販売した。純白の**キングオブスノー**（図7）が、一九九〇年に大阪で開かれた国際花と緑の博覧会（大阪花博）でグランプリを受賞して脚光を浴びたことや、安定した白八重品種の育成と普及により、トルコギキョウはブライダルなどの業務用花材としての位置を得たといえる。

この後、八重では**エクローサ**（一九九五、中早生）、**リネーション**（一九九七、早生）など、一重では花形質の多様化と併せて極早生の彩シリーズ（一九九五）から晩生のつくしシリーズ（一九九三）まで、早晩性の異なる品種群の育成が進み、トルコギキョウの周年出荷に向けた条件が整っていった。荒川は全国の篤農家に手紙を送り新規品種候補の試作を依頼し、作型適応性や栽培特性の評価を収集して品種開発に反映したという。新規性と普及性の高い品種改良を効率的に進める上で必要な体制が、全国にネットワークをもつ種苗会社の強みと氏の人柄によって早期に構築されたといえよう。

「季の風」「トピックブルー」異業種からの挑戦——新規形質と新たな生産・流通方式

日本たばこ産業（JT）は、一九八八年の植物開発研究所の発足とともに花卉種苗チームを組織し、最盛期には三二品目、一〇〇〇品種余りを取り扱う花卉種苗事業に取り組んでいた[4]。一九九九年以降は開発した差別化品種を契約栽培し、生産物を買い上げて花き市場または独自ルートで消費者等に供給するという、これまでにない「切り花流通事業」に取り組んだが、二〇〇二年をもって撤退した。

植物開発研究所が発足した一九八八年当時、トルコギキョウは需要の増加が見込まれ、固定種からF_1品種へ大きくシフトしつつあったが、F_1品種の花弁の薄さとそれに伴う花傷みや、夏場の花持ちの悪さが問題視されていた。そこで「花持ちの優れた品種」をキーワードに、一九九一年に共同開発を始めた個人育種家から独占導入した、花弁が厚く花持ちが特に優れる中早生系固定一二品種を一九九四年に、晩生系固定一三品種を一九九三年に、JTオリジナル品種として商品化した。固定種ゆえの栽培の難しさはあったものの、JTの品種は夏場の日持ちが良いという評価が市場に定着した。次に、シェア拡大のために花持ちの良さと、栽培しやすさを両立するF_1品種の育成を目標とした。一九九四年に素材入手し、九七年に共

図7. キングオブスノー
提供：サカタのタネ

図8. 季の風
提供：住化農業資材

図9. 基部着色型覆輪**トピックブルー**（左）と
先端着色型覆輪**キャンディマリン**

同開発の関係を促成産地の個人育種家と結んだ。その結果、作型適応性、八重性、花色、花形等に関する素材の多様性が拡大し、優秀なF_1を作出する条件が整った。

一方、それまで活用されていなかったトルコギキョウの野生種の一つ*Eustoma exaltatum*を交配親に利用して、新しいタイプのトルコギキョウを育成しようという発想から、一九九一年に早生系野生種を入手し数世代選抜後、一九九三年に交配親として使用した。得られたF_1は、しなやかな茎と草姿を備えた全く新しいタイプのトルコギキョウで（**図8**）、アレンジメントに利用しやすく、花持ちが極めて優れており、小さい蕾も発色して咲ききるなどの特性で消費者に高く評価された。また、定植から開花までが非常に早い極早生で、作型適応性も広く生産者にも有益な形質を有していた。これら三品種、**季の風**《ときのかぜ》（一九九七）、**季の明**《あかり》（一九九九）、**季の風2**（一九九九）は、JTと個人育種家が連名で品種登録出願を行なった。季《とき》シリーズの後代はマシェリシリーズやブロードピンクなど、既存品種とは異なる新しいタイプの早生系F_1品種育成に繋がった。

契約栽培の対象であったF_1品種**トピックブルー**と**トピックレッド**もまた特徴的な白（逆）覆輪品種である。従来の覆輪は基部側の花弁は白色で、花弁の先端側周辺部が紫やピンクに着色するが、JTが個人育種家の素材を用いて開発したこの二品種はその逆で、花弁の基部が紫や赤紫で先端側が白く縁どられる基部着色型覆輪である（**図9**）。色素分析から、これら二パターンの覆輪は、アントシアニン色素生合成経路の同じ酵素遺伝子の発現が抑制されていると考えられ、気温をはじめとする環境要因の影響を受けやすい点も同様である[5]。

さらに、同じく契約栽培品種であった一重純白色の**ブライドベル**、八重の**ウエディングベル**は通常の栽培環境では着色部が形成されない基部着色型覆輪であるうえ花弁が厚いため、黄色い色素フラボノイドが花弁先端に残る先端着色型覆輪由来の品種よりも花弁全体がより純白に見える。最初は花弁の先端側の一部が白く色が抜ける程度の表現型であった基部着色型覆輪を見出し固定した個人育種家の眼力と、より純白な品種を創出する手段としてこの覆輪形質に着目した育種家の発想に敬意を表したい。

ＪＴが開発したトルコギキョウの品種と育種素材群は、二〇〇二年の撤退以後、早生～中生品種は住化農業資材に、晩生系品種群はカネコ種苗に引き継がれ、同年四月からトルコギキョウの育種を開始した両社の商品または育種素材となり、現在にいたっている。また、ＪＴが始めた切り花を扱う業者や生花店のニーズを品種開発に反映する仕組みや、特殊品種の契約生産のシステムは、後の育種や商品開発手法など多方面に影響を残した。

花持ちのよい形質の固定を目指して——佐瀬昇による開発と特許取得

二〇一二年の国際花博覧会フロリアードの春の切り花部門において、二点の日本産トルコギキョウが入賞した。一席となった鮮やかな緑色フリンジ大輪八重品種の**貴公子**（**図10**）と、三席の茶色でフリンジ大輪八重の**貴婦人**で、両者とも千葉県東金市の佐瀬昇が育種栽培したトルコギキョウである。佐瀬はこの二品種に代表されるフリンジ形質と、変形雌ずいとリンクした緑花色を作出した。佐瀬は一九八五年頃、ミヨシから初めて発売された**スカイフレンド**のプラグ苗を購入してトルコギキョウの栽培を始めた。もともと少年時代に鳩の交配やサツキの育種を行なうなど、品種改良に興味があり種子をとることに抵抗がなかったことから、切り花の栽培を始めると同時に採種を行なった。当時の**スカイフレンド**は紫色や白色の単色や不定形の着色の花が多く咲き、花弁の縁が一定の幅で紫に着色する正常な覆輪の花は三〇～五〇％と低かったが、これらは高値で売れたという。そのため、覆輪の出現率を高めることを目的として、正常な覆輪花個体の選抜と自殖による採種を始めた。おそらく、この頃の生産者はみな同じことを考え、多くの栽培者の手によってトルコギキョウの採種が行なわれることによって、変異が見つかる頻度が高まり、その後の品種の多様化に貢献したと考えられる。

佐瀬の育種目標は覆輪の安定化の他、立体感のある花型としてのフリンジ形質と「花質」と表現される花弁の厚さや質感に注目した。佐瀬の代名詞ともいえる**貴公子**などの花弁が厚いフリンジ形質の起源は、最初に購入した**スカイフレンド**のプラグ苗を植えて開花した一個体だと証言している。樹勢の弱い個体で、花弁の縁が波打ちセルロイドの下敷きのようなパリパリした花弁の質感であった。とても印象的で今でもその個体がどこで咲いていたか覚えているという。フリンジは花弁に影が出るとして嫌われ、捨てていた地域や生産者が多かった一方で、佐瀬は微妙な形質の違いを見逃さずに現在のフリンジ品種群のルーツとなった育種素材を拾い上げたことになる。佐瀬が育成したフリンジ系の固定品種は、さざ波シリーズとして早くから東京都大田市場に出荷されていたことから、多方面の育種素材

図 10. 緑色フリンジ品種の**貴公子**と茶色の**貴婦人**

図11．通常の雌ずい（左）と変形雌ずい（右、柱頭が展開しない）

になったと考えられる。同品種は一九九九年には**夫婦クリーム**として品種登録された。

さらに、佐瀬が作出した新規花色である茶色は、クロロフィル由来の緑色にアントシアニン系色素のピンクや紫色が重なって発現する。佐瀬は茶色の基幹形質である緑色花弁とリンクした変形雌ずい（**図11**）の特許出願を二〇〇一年に行ない、〇八年にアメリカと日本で特許を取得した。発明の名称は「変形雌ずいを有するユーストマおよびその育種方法」である。[6] トルコギキョウは花弁が展開した後、葯が成熟して開葯し花粉が放出されるようになり、開花から数日後に雌ずいの柱頭が展開して受粉できる体勢となる。いわゆる雄ずい先熟型で花弁と花粉で訪花昆虫を引き寄せた後に柱頭を開くことから、他家受粉を期待してのシステムと考えられる。いずれにしろ、受粉・受精が成立すると多くの場合エチレンを生成し、花弁はプログラム細胞死に似た過程を経て萎れ、観賞価値を失う。そのため、「花持ちのよい花」を育種する場合、柱頭と葯の距離が遠いなど受粉の機会を減らす形質を目指す場合がある。[7] 変形雌ずいとは柱頭が成熟しても裂開・展開しない形質であり、自然条件下では受粉する可能性がほとんど無いため、花持ちが通常の形質の花よりも良いと考えられる。

この形質の育種の経緯については、特許広報の中に記されている。そこでは、小輪で花弁が厚くグリーンの花色で雌ずいは正常の花粉親**ひめみどりI**と、花弁にフリンジを有するアプリコットピンク色で雌ずいは正常の**ほほえみI**を種子親として一九九六年に交配し、得られた種子から開花した二〇〇個体のうち二個体が茶色で従来の雌ずいとは外観上明らかに異なる形質であった、とされている。この形質は優性であり、他のトルコギキョウと交配することにより、紫、茶色、緑等の変形雌ずいを有する個体を得ることができる。おそらく、変形雌ずいは花弁が厚く、光沢のある緑色の花色とリンクしており、これらの器官形成に共通して関わる転写因子などに突然変異が生じて得られた形質と考えられる。メカニズムの解明が期待される。

「変形雌ずいを有するユーストマおよびその育種方法」が特許として確定された意義は大きい。流通する切り花の大半が「固定種」であった時代は特に、切り花の出荷＝遺伝資源の流出・共有化であったといえる。トルコギキョウの場合、商品として流通する切り花はそのまま花粉親となるし、上手に管理すれば自殖種子を得ることも可能である。よほど特徴的な形質で育成権を証明する条件が整わない限り、品種を育成した人の権利を守ることは困難であった。佐瀬は変形雌ずいという植物の形質を対象として特許を取得したことから、これとリンクして育成される茶色や発色の良い緑の花色形質の無断使用を規制する条件ができたことになる。なお、サカタのタネは早くから佐瀬と共同して変形雌ずいとリンクする形質をF_1育種に活用し、アンバーシリーズを二〇〇五年から販売している。

高級花の市場開拓をしたコサージュⓇ——二〇〇五年以降

数十円から一〇〇〇円超まで、トルコギキョウほど一本の切り花の価格に幅がある品目は他には無い。

高級品のトルコギキョウの代名詞コサージュ®（商標登録済み）は、トルコギキョウの能力、それを見出し品種にする育種家（中曽根健）、品種の能力を最大限に発現させる栽培方法（コサージュ仕立て）、出荷規格、数量を制御し、価値をアピールする組織（コサージュ会）が一体となってつくり上げたものである。コサージュは切り花品目の高付加価値化、輸入品と同じ土俵に乗らない日本ブランドの構築事例と考えることができる。

コサージュは中曽根健《なかそねけん》が育種した大輪フリンジ八重品種を、圃場で分枝数と蕾数を一枝一蕾に整理し、花径や輪数、分枝長などが一定の基準を満たした切り花に用いられる出荷物ブランド名である。基準に満たない切り花はコサージュ**シュガーホワイト**（例）（**図12**）という名称は使えず、種苗品種名称であるN2フリンジ**シュガーホワイト**（例）として出荷される。コサージュを生産できるのは、コサージュ会の会員生産者のみである。コサージュ会の設立目的は「市場において極めて品種優位性の高い中曽根氏育成のトルコギキョウ大輪フリンジ八重咲き種を、日本国内の卓越した栽培技術を持つ生産者とともにブランド化を図り、トルコギキョウのトレンドメーカーになることを目指す。」とされている。また、「本会メンバーは同氏育成品種の特性を的確に把握し、本会のブランドポリシーへの賛同と、本種の高品質切り花供給を目指す生産者および種苗販売店、市場関係者より構成される。」ともいわれている。コサージュ会は二〇〇五年に約七〇名で発足し、二〇一四年時点で一二〇名となっている。品種数も発足当時は**ピンク**、**アプリコット**、**オーシャン**（ブルー）の三品種であったが、現在は花色が多様化し、三〇品種を超えて毎年新品種が加わっている。

中曽根健が在住する長野県千曲市力石地区はトルコギキョウの最古の産地の一つであり、父の孝一も自家採種してトルコギキョウを栽培していた。中曽根健は一九八五年に就農すると同時にトルコギキョウの育種を始めた。最初はバラのようなトルコギキョウをつくろうと育種を進めたが、市場や花屋の評判が悪く方向転換をせざるを得なかったという。このときに市場や花屋のニーズを品種の形質に落とし込む育種をすること、何かに似せるのではなくて、トルコギキョウ固有の、他の品目にない美しさを追求する育種をするという目標を得たという。この後にフリンジ八重のトルコギキョウを育種し、それもF_1にすることを目指した。中曽根健は力石地区や、父から受け継いだ遺伝資源を活用するとともに、多くの人との技術情報等の交流をもとに育種を進め、一〇〇％八重のF_1の作出に成功し、その後N１フリンジが二〇〇五年に完成し、同年コサージュ会の発足、種子の販売にいたった。

N１フリンジは普通に栽培すると花柄（花首）が軟弱なため、大輪で花弁の多い花を支えられず垂れてしまうという欠点があった。これを栽培技術で解消し、逆に技術力の高い生産者にしか栽培できない高級ブランドの創出に貢献にしたのが、早くから相談を受けていた長野県松本市の上條信太郎である。N１フ

図12. コサージュ® **シュガーホワイト**

リンジの花首を硬くするには、圃場において分枝や花蕾を早期に切除して制限する「芽整理」という技術が不可欠である。上條がフラワースピリットを設立した一九八六年頃から着想し、**キングオブスノー**などで実施していたという。上條はさらに、N1フリンジの評価を高め、トルコギキョウを夏のバラに対抗できる「主役の花」にするために、一分枝一花として枝を切り分けて、スタンダードのバラ一本の代わりに使える切り花を生産することを目指した。結果、最も長い分枝の長さを四五センチ以上とし、開花時の花径一〇センチ以上、輪数五〜六輪（現在は四輪以上）を最高グレードとする出荷規格とその技術的な裏付けであるコサージュ仕立てを確立した（**図12**）。スプレー咲きの添え花であったトルコギキョウはコサージュ®の出現によって、輪咲きの主役の花にもなり得る品目に進化し、ブライダル等の高級業務の市場を開拓した。

圃場で早期に芽整理する技術はその後、他の中大輪八重品種に広く普及してトルコギキョウの切り花品質の向上に貢献し、多くの花き品目の平均単価が低下する中で、トルコギキョウの単価が上昇する原動力の一つになったと評価されている。また、芽整理による高品質化は、海外で生産されるトルコギキョウとの差別化に有効と考えられる。

国際商品化するトルコギキョウ——原動力となった日本の品種改良の力

二〇〇〇年前後、流通の大半は一重品種であり、覆輪花色がトルコギキョウの代名詞であったが、その後八重の比率が急増した。二〇一二年の花き品種別流通動向分析調査の結果では、流通品種は八〇〇余りで、流通量の約七九％を占める上位一〇〇位までのうち一重は覆輪の七品種とその他のみで、流通比率

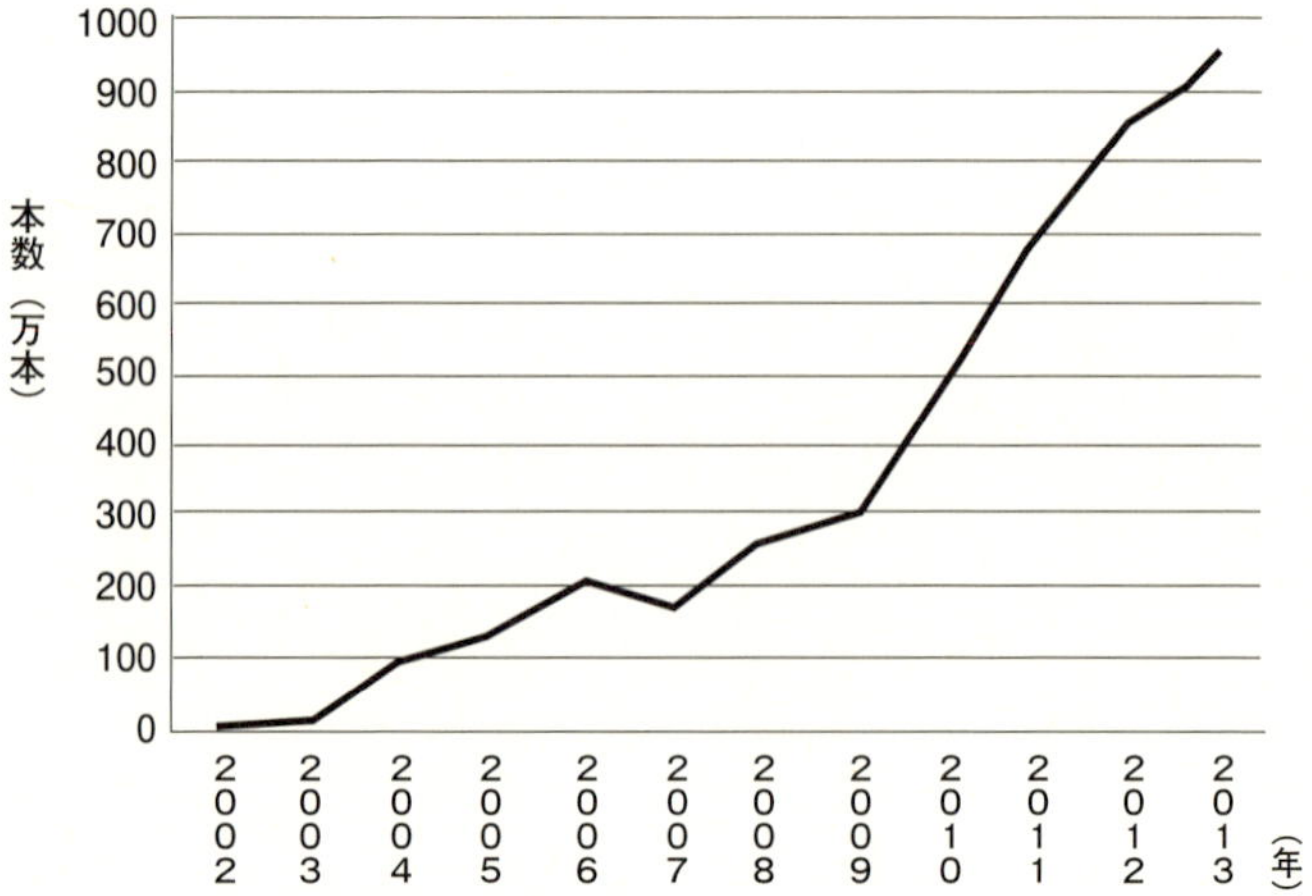

図13. 台湾産トルコギキョウ輸入本数の推移
農林水産省植物検疫統計より

は五％であった。トルコギキョウはブライダルや贈答品、葬儀などの業務、生花店での小売り、花束加工など全ての用途に用いられるが、特に業務需要において八重品種の使用量が増加したと考えられる。また、需要が周年化したため、低温、短日、低日照条件を経る冬春季出荷の作型でもブラスチング（蕾の壊死）が少なく栽培しやすい八重品種の**華雪**（**小雪**）（住化農業資材、二〇〇二）、**ニューリネーションホワイト**（サカタのタネ、二〇〇二）、**ボレロホワイト**（ミヨシ、二〇〇五）が開発された。**ボレロホワイト**は中早生の白八重品種で、両親は特段突出した性能ではなかったが、検定段階から生育の速さと揃い、癖のない栽培特性が顕著であった。さらにロゼットやブラスチングが生じにくく、低温活性が高く、二番花の抽台が早い等の優良性質を有していることが普及過程で判明し、それまでの白八重品種よりも幅広い作型での栽培と、高い秀品率により安定生産が可能な品種として、二〇〇七～一一年は流通量、金額とも第一位の品種となった。

　これら品種開発と並び栽培技術の革新も行なわれたが、燃油価格の高騰等により冬春季の国内生産量の増加は乏しく、高まる需要を満たすことができない状況が続いた。これに対して、加温せずに冬春季の栽培が可能な台湾において、日本への輸出を目的とした簡易施設での冬作としてトルコギキョウの栽培が普及した。台湾からの輸入量は二〇〇一年には四万本程度であったのが、一三年には九五〇万本余りと急増した（図13）。この数量は年間流通量からみれば約九％であるが、輸入が集中する一〜三月はトルコギキョウの取扱量の五〇％を超えている市場もある。輸入品は国産のトルコギキョウよりも定時に、定量を、定（低）価格で購入できるため、まとまった数量が必要な葬儀などの業務需要を創出した。台湾で生産され日本に輸入されるのは、ほとんど日本の種苗会社の品種である。生産物をとりまとめて出荷する現地の商社によって、市場のニーズに応えつつ、生産性を重視して栽培品種が選定されている。前述の白八重品種の**ボレロホワイト**や覆輪八重の**海ほのか**（住化農業資材、二〇〇五）、ピンク八重の**パレオピンク**（タキイ種苗、二〇〇六）等はその代表であり、品種別流通量の上位を占めている。

さらに、日本で育種された品種の種子は各種苗会社から台湾、ベトナム、マレーシアなどアジア諸国、オランダやイスラエル、中南米に輸出され、そこで生産された切り花は国境を越えて取引されている。大手種苗会社のトルコギキョウ種子の販売数量は、おそらく国内よりも国外の方が多くなっていると考えれる。花形質を重視した国内向け育種の他に、海外のトルコギキョウ生産・輸出国向けに、それぞれの栽培技術への適性と斉一性、高い輸送性を重視した品種改良が進められている。この方向性は、国内産地に対しても生産・流通の効率化ひいては国内消費量の拡大のために必要不可欠である。

一方、前出の中曽根や佐瀬の育成品種をはじめとする大輪フリンジ品種を、長い在圃期間を経て、コサージュ仕立てのように枝や蕾を圃場で調整しながら栽培されたトルコギキョウは海外で高い評価を受けている。効率重視の海外産地では絶対につくり出すことができない、最高品質の切り花として日本産のトルコギキョウは販売することが可能である。品種改良にあたってはどの方向を目指すのかを明らかにして取り組む必要があろう。個人育種家を含む日本の育種力とトルコギキョウの可能性に期待したい。

第13章

ペチュニア

須田畯一郎

はじめに

黒色が開発されて、ない色はほぼないといえるほど豊かな色彩をもち、単色だけでなく縞や網目模様、星咲き、覆輪等の色合いの複色も兼ね揃え、巨大輪から極小輪までの花の大きさも豊富で、しかも一重から八重咲きまである。草姿も矮性かつコンパクト、横に這ったり枝垂れたりする性質等、他には見られないほどの遺伝的多様性をもった花、それがペチュニアといえるだろう。

多くの花の中で、赤、サーモン、オレンジ、ローズ、ピンク、白色、黄色から青、黒にいたるまでの色幅をもった種類は非常に少なく、花壇用草花に限ればパンジー、プリムラくらいだが、ペチュニアは春から夏を経過して秋の霜が降りるまで長期に楽しめる「草花の女王」となる資質を備えているといえる。一グラム（一円硬貨と同じ重さ）が一万粒くらいの微細な種子なので、発芽や幼苗期に育てる難しさはあるものの、鉢苗や花つき苗を購入して育てる限りは簡単に育ち、梅雨期に花や蕾につく病気さえ気をつければメンテナンスがほとんどかからない丈夫な種類の花で、近年は多くの愛好家の間で良く知られた花となっている。

日本では花壇用草花としてパンジーに次ぐ人気があるが、アメリカでは二〇世紀中頃から巨大化していく草花生産・消費産業の牽引車の役割を果たし、一時はトップの座を明け渡すことがあったにもかかわらず、ここ八年間は再び花壇草花生産の首位に返り咲きその座を明け渡さない、重要産業の大きな柱となっている。

ペチュニアの自生地と分類の書き換え

ごく最近になって、南米に自生する野生の血が複雑に混じった品種が出てきたが、一八三四年にイギリスで初めて二つの野生種が交配されて以来ほぼ一八〇年あまり、わずか二種の野生種由来とは信じられないほどの多様な性質で私たちを楽しませてくれている。その二つの野生種とは、現在のウルグアイ、ラプラタ川河口で一七六七年に発見され、その後一八二三年に渡欧した高性白花種アキシラリス（*Petunia axillaris*）と、一八三〇年にブエノスアイレスからイギリスに送られた赤紫色の小型種インテグリフォリア（*P. integrifolia*）である（図1）。

初めて両者の交雑種がイギリスで開花を見たのがペチュニア近代育種の原点であり、この園芸種達は二つの種が混じり合ったという名前ヒブリダ（*P. hybrida*）と呼ばれている。このペチュニアの学名について、最近になってこの二種の野生種を最初に交雑させた古い文献をもとにその交配をしたAtkinsonを表示すべきだという主張が出され、アトキンシアナ（*P. Atkinsiana*）と呼ぶべきだと主張する意見も強くなってきている。

ここで忘れてならないのが、十数度にわたるこの野生種の現生地調査をもとに、一九一一年にフリースによってまとめられた野生種の分類を見直して七つの新種を発表し、ペチュニアの野生種は一五種類であることを実証して、現在のペチュニア研究の国際会議ワールドペチュニアデー（ＷＰＤ）でもそのほとんどの野生種が認証された、千葉大学園芸学部・安藤敏夫教授（当時）グループの業績である。野生の血が画期的な品種を生み出すことを証明したこの日本発の研究成果は、特筆すべき実績といえるであろう。[(1)(2)]

さらに大事なことは、生まれ故郷ブラジル、アルゼンチン等の分布位置が南緯二五〜四〇度であり、これは北半球に当てはめると日本の本州以南、アメリカの中央から南部全域にあたり、これらの地域は文化度も高く人口も多い都市が含まれ、ペチュニアが丈夫に育ちかつ重要な消費地になっている気候帯であることである。もうひとつの主要な消費地である欧州は緯度的に見てより高い所に位置するため、ペチュニアにとってはやや冷涼すぎる地域であり、そこではこの花は最重要の花には数えられていない。

筆者は二〇一〇年一二月にペチュニアの野生種をたずねる機会に恵まれ、現地に赴いた。多くの野生のペチュニアを見ることができたが、いくつかの種は灌木やススキ類に適地を奪われ、海岸や崖っぷちまで押し出され、あるいは人の手による造林や開発に根こそぎ群落ごと消え去っていたところもあった。二〇〇四年には、分布地域が局限されている二種がブラジルのレッドデータブックに記載され、さらに安藤らが発見した種を含む三種が指定を急がれている。将来の品種育成のため、自然の恵みであるこれらの野生種は、生物の多様性を保つためにも、消滅させてはならない。

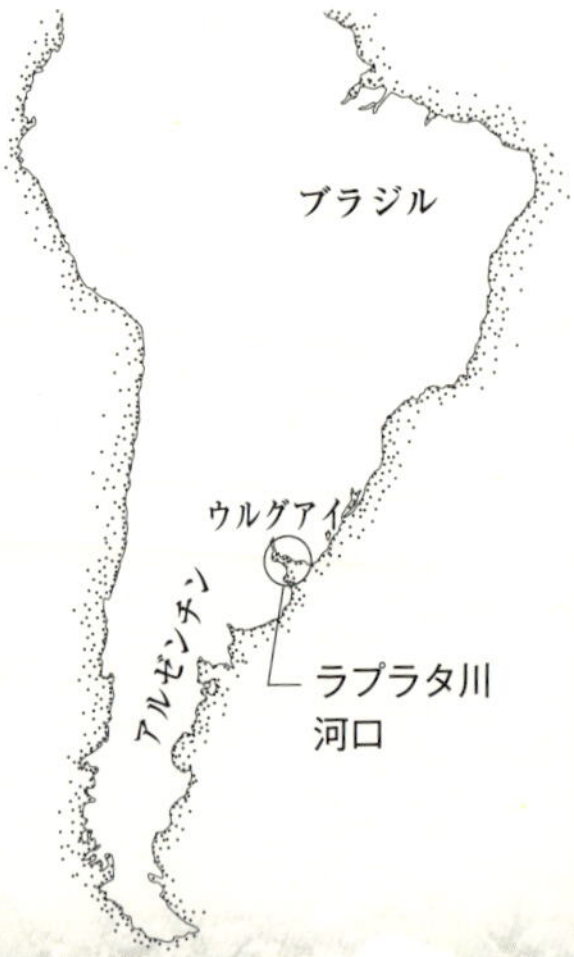

日本への渡来と本草学者の取り組み

従来、ペチュニアは文久年間（一八六一〜六三）に渡来したといわれてきた。しかし、最近の研究で一八六〇年、日米修好通商条約批准のために七七名の侍たちが遣米使節団として渡米し、数多くの文明の利器や知識とともに野菜や花の種子を日本に持ち帰ってきて、その中にペチュニア等の花の種子も含まれていたことがわかってきている。持ち帰ったのはナンバー四であった成瀬善四郎正典（一八二二〜六九）とされている。

続く開国政策の二番手、幕府遣欧使節団（一八六一〜六二年）は一八六二年に帰国したが、この使節団に雇医として同乗した佐賀藩の蘭方医・川崎道民（一八三一〜八一）が、フランスで大量の種子を買い入れたリストの中にもペチュニアがあったことがわかってきた。すなわち、この花の二度目の日本渡来は、初の渡来から二年後、フランスからのものであった。

図2. 日本に渡来したペチュニアの植物画（飯沼慾齋・作画）
提供：飯沼順二

ここで特筆すべきは、この幕末の混乱期にもかかわらず旗本や蘭学医学者を中心にした本草学者が集い、お互いに手に入れた西洋の花や野菜、樹木などの品評会を催し、園芸文化をいそしむ江

図1. 南米に自生する二つの野生種▶
（左）紫花ペチュニア・インテグリフォリア（*Petunia integrifolia*）
（右）白花ペチュニア・アキシラリス（*Petunia axillaris*）

戸の赭鞭《しゃべん》会、尾張の嘗百《しょうひゃく》社などがあったことである。彼らが両使節団員の知り合いに西洋の種子の導入を依頼し、渡来直後に会員に配布し開花するまで育て上げ、競争するように植物画に仕立て上げ、カタログのようにまとめ上げていた。その植物画はコピーのない時代なので、原画をきれいに写し取ったりして幾人かの所蔵となって残っている。ペチュニアを描いた本草学者に、馬場大助克昌（一七八五〜一八六八）、飯沼慾齋《いいぬまよくさい》（一七八三〜一八六五）、渡辺又日庵《ゆうじつあん》規綱（一七九二〜一八七一）がおり、彼らの作品を見ると、ほとんどがまだ野生種に近い品種が渡来したと考えられる（図2）。しかし、これらを用いた品種改良にはいたっていない。

アメリカの巨大市場が土壌となった日本のペチュニア育種事業

二〇世紀後半のペチュニアは、ほとんどが欧州とりわけドイツ、フランスで育種が進み、今日の品種の原型がほぼ整えられた。一九〇〇年前後には巨大輪を喜ぶアメリカを中心に、世界各国に向けカリフォルニアで改良された四倍体の品種が大人気となった。

先述のように、ペチュニアにとって気候が最適であるアメリカでは日本の何十倍の消費があり、またより長い使用歴をもっているため、以下ではアメリカ市場の流れを多く記述することになる。ペチュニアにとってこのアメリカという大消費地がなければ、世界規模での品種改良が進捗しなかったともいえる。当時の日本の育種を見ても、まだ園芸産業の市場が成立していなかったため、アメリカの巨大市場をにらんだ品種育成であった。その中から数々の日本発の画期的品種がこの巨大市場を揺るがせた。従ってアメリカの市場動向抜きには「ペチュニアの育種の日本史」は語れない。

また理解しやすいようにアメリカでの花壇苗の消費構造の変化に対応したペチュニアの変遷を、世代別に区切って説明をしていく。この時代区分は筆者独自のもので、園芸界の普遍的な区分ではないことも断っておきたい。加えて一九三〇年代から一九八〇年代中期まで日本でペチュニアの育種をしていたのは唯一現在の（株）サカタのタネであり、この会社の記述が多くなっていることはやむを得ないことと承知頂きたい。

アメリカ市場におけるペチュニアの位置づけと日本の育種のかかわり

1 ペチュニア第一世代（一九〇〇～五〇）——坂田の八重咲き品種のアメリカにおける盛衰

さて、この頃のアメリカの趣味園芸家達は、競って通信販売会社からきれいな石版画のカラー印刷された種子袋（絵袋）に入った種を買い求めていた。世界最大のペチュニアの消費地アメリカでのペチュニア第一世代「固定種と巨大輪種から完全八重咲種時代」の種子の流通を図示してみよう。

育種種子会社　↓　通信販売会社　↓　消費者

一九三〇年以前は、フランス、ドイツ、アメリカで多くのペチュニア品種が育成され種子が供給されていたが、みな固定種と呼ばれる、同じ品種の種子は何度取り返しても同じ特性を維持できるものであった。この頃、日本の一青年より「播いた種子から一〇〇％八重咲になる種子のサンプル」が欧米の種苗商に配送された。しかし当初は誰もがそんなことは不可能であると信じてもらえなかった。ヨーロッパにあ

図3．坂田武雄とオールダブルペチュニア
提供：サカタのタネ

図4．非常な高値で取引されているとオールダブルの種子を紹介している「シカゴ・ヘラルド・エグザミナー」紙（1935年）の記事。

る世界最大の通信販売会社が幾度かの試作を繰り返した結果、その種子は確かに全てが八重咲になることが確認され、世界規模での販売にいたった。すぐに園芸界最大の話題となり、種子も高値で取引されるようになった。この青年こそ現・サカタのタネの創業者・坂田武雄（一八八八～一九八四）である（**図3**）。数年後にはその育成元が知れ渡り、一九三五年の「シカゴ・ヘラルド・エグザミナー」紙の「信じようと信じまいと」という有名なコラムに、「サカタの**オールダブル**・ペチュニアの種子は一ポンド一〇、六五六ドルもする」と書かれもした（**図4**）。当時の純金の価格と比較すると、約二〇倍も高値という驚くべきものであった。

　当時の八重咲品種は播いた種の半分くらいしか八重にならず、大輪で手毬のような完全八重の花は一割にも満たないほどであった。そこに誰が播いてもその全てが八重咲きになるこの品種は、まさに夢の品種であった。しかもその系統からは種子がほとんど採れず、採れたとしても一重や小輪がぞろぞろ出てきてしまうため、翌年もこの種を買い求める必要があった。そのためこの品種は「サカタマジック」とも称され、一〇年間ほどは誰もまねのできない独占商品となった。

　この**オールダブル**と呼ばれる系統の作出の背景には、当時としては珍しい官民協業の成果があった。農林省農事試験場の禹長春《うながはる》（一八九八〜一九五九）（図5）が、ブラシカ類（ダイコン、キャベツなど）の研究のかたわらペチュニアの八重の遺伝を調べるため、東京帝国大学農学部実科（現・東京農工大学農学部）の先輩だった坂田に試験種子の導入を依頼したのである。この頃の最先端技術はメンデルの法則の実証であり、禹もその熱心な研究者であった。彼は研究開始後すぐに八重の遺伝がメンデルの法則に合致し、「ペチュニアの八重性は一重咲き性に対して優性である」ことを発見し、八重咲の作成原理を坂田に伝授した[6]。起業前に国費留学生として欧米で四年間過してきた坂田には、この成果が非常に優れており、商売に大きく貢献することを確信、すぐに湘南・茅ヶ崎の地に開設した試験場でその育種と種子生産に着手した。

図5. 禹長春　提供：金田葉子

　優良な八重咲種を育成するための下地はすでに、ドイツのベナリー社などで数十年の研究の結果整えられていた。すなわち草丈、花色、開花習性などはよく揃えられた固定種であったが、ただ八重咲性についてはばらばらであったため、その中から優性である八重咲遺伝子のホモの個体を選び出し、一方一重の株の雌ずいに交配すれば一〇〇％八重咲が出来上がることになる。このように、有効な素材をもとに明確な育成原理と市場の要請の的確な知識が、この短期での成功に導いたといえる。これは唯一花ではベゴニアでしか使われていなかった一代雑種の利用であったことが、独占商品となった理由でもあった。

しかし、一九四一年に始まった第二次世界大戦は坂田の輸出ビジネスを途絶えさせたうえに、空襲で本社屋や茅ヶ崎試験農場は灰燼に帰してしまった。**オールダブル・ペチュニア**の種子の輸入が止まったアメリカでは必死にサカタマジックを解読しようとする努力が重ねられ、ついにカナダのシモネーやアメリカのウェッデルによって八重ペチュニアが開発され、坂田不在の米国市場を席巻してしまった。

2 ペチュニア第二世代（一九五〇〜六五）——一重大輪ハイブリッド品種の急増

戦後のアメリカでは園芸に対する意識がますます高揚し、一九三二年から始まった世界最高の花の審査会オールアメリカセレクションズ（ＡＡＳ）も順調に機能し始め、数多くのペチュニアの品種にメダルが授与されるようになった。ここに前述したウェッデルが時代を先取りするかのように一重咲き種の一代雑種ペチュニアを登場させ、それ以降ハイブリッドでなければ品種にならない時代を演出した。その影響はひとりペチュニアのみではなく、数多くの花にもハイブリッド育成を後押しさせた。

敗戦直後、ゼロからの再出発を余儀なくされた坂田は、ペチュニアハイブリッド時代の新潮流をいち早く察知し、**オールダブル**・ペチュニアからの脱却を図るべく育種の再構築を進め、一九五七年にハイブリッド小輪の白縞緋赤色**グリッタース**をＡＡＳに入賞させ、ビジネス再開に花を添えた。日本人の好む複色系のペチュニアの見事な成果を生み出したのは、育成者・金子勝己の努力の賜物であり、世界に「ペチュニアのサカタ」を再認識させた。(5)

この時代をアメリカ市場に当てはめると、第二世代のペチュニア「一代雑種《ハイブリッド》大輪種の流行と花壇苗産業の誕生への牽引役を果たす」といえ、その流通を図示すると次のようになる。

育種種子会社　→　種苗販売会社　→　花苗生産者　→　花店　→　消費者

つまり、大多数のアメリカ人の生活水準が高まり、核家族化し、夫婦共稼ぎをするように社会構造の変化が起こると、それにつれて花の購買力も高まった。その一方で種子から苗を育て楽しむ時間的余裕が無くなり、通信販売で種子を買い求めることから、花店でインスタントな花つき苗を買い求める消費変化が起こってきた。

3　ペチュニア第三世代（一九六五～八〇）——大量生産の普及と日本発の世界レベルの品種

この潮流はさらに強まり、アメリカの園芸生産を見ると、切り花生産地の中南米地域への移転あるいは国家財政引締め政策による公共事業の縮小の影響で、花木や被覆植物等の生産が縮小された。その後を埋めるように花壇用苗《ベディングプランツ》産業が隆盛してきた。この時期の特徴としては、①ペチュニアをはじめとする主要草花類がF_1化され、優良な品種が市場に投入された。②種苗会社の種子生産技術が著しく向上し、さらに世界中の適地での採種が促進された。③大学、試験場で、花壇苗の「大量生産」技術が開発された。④全米生産業者の協会が組織強化され、彼らの発信する情報をマスメディアが競って普及に注力した。⑤消費者は園芸専門店よりむしろホームセンターや量販店で花つき苗を購入する「大量消費」化が始まった。これらをまとめると、ペチュニアの第三世代「大量消費に対応する生産性を追求する時代」になってきて、その流通は、

育種種子会社　↓　種苗販売会社　↓　花苗生産会社　↓　ホームセンター　↓　消費者

となり、苗専門生産会社が規模を拡大させ、裾野の広がっていく購買層の需要に合わせ計画的に大量の均質苗を供給する分業体制が整っていった。[4]

この発展を遂げる牽引役のペチュニアは大規模温室生産に適応するように、より矮性・コンパクトな草姿・早咲きで上向き開花性・多花性・各色が同時期に咲くといった育種目的が強化された。世界を席巻するペチュニア育成会社は、パンアメリカン社（米）、ゴールドスミス社（米）、スルイス・グルーツ（S&G）社（蘭）そして日本のサカタのタネの四強に絞られ、それぞれ自社のシリーズがいかに優秀な揃いであるかを競うライバルどうしとなった。しかし一方で、育種目標が前述したように固定化した結果、各社の品種間差異は縮まり、専門家でもその品種がどの会社の品種であるか判定が難しいほどとなってしまい、そのため画期的な品種作出が困難となり、ペチュニアに対する育種投資の経済性は低下していくことになってしまった。つまり毎年発表される新品種は、いかに量産に適するかを競うという面での品種競争となり、その特性が斬新さを失って消費者視線からは魅力が少なくなってしまう状況におちいった。

このような国際育種競争の中、サカタのペチュニア研究部は武田和男がリーダーとなって開発に情熱を傾け、シリーズ・ユニフォミティーの高い巨大輪**タイタン**、大輪**ファルコン**、**エンサイン**、**リカバラー**各シリーズが完成されていった。斬新さが失われ徐々にペチュニアの地位が減退する中、とりわけ世界的傑作は、AASと欧州花審査会（Fleuroselect）のダブル受賞を勝ち得た**レッドピコティー**にはじまる白覆輪ピコティー・シリーズであり、今までには無かった画期的なジャンルを築き、以降各種苗会社が追従し類似品

図6. ピコティー・シリーズ　提供：サカタのタネ

図7. オレンジクイーン　提供：タキイ種苗

種を作出する嚆矢となった（図6）。

4　ペチュニア第四世代（一九八〇〜八九）――コスト高の育種事業における品種開発

高度の育種が進み、各社の品種間の差別化が薄くなったペチュニア、それに比較して順調に品種育成がなされてくるインパチエンス、パンジー、ニチニチソウ、ゼラニウム等の新品種が登場してくるにつれ、消費者の目はペチュニアから離れていった。育種現場も新鮮な品種育成が困難になってきたペチュニアを避け、他の草花に注力するようになった結果、一九八〇年のアメリカの生産統計によると、インパチエンスがペチュニアを追い越しトップの座を占めるようになってきた。

このような中、ペチュニア復活をかけてアメリカ最大の種苗会社ボール社は、今まで優勢だった一重大輪種よりも、雨に強く耐病性も高く同時多花性をもつF_1小輪種をフロリバンダ系と名前を変えて市場を動かすことに成功し、サカタのタネもすぐさま**バカラ・シリーズ**で応戦体制を敷いた。

日本では、野菜の世界屈指の種苗会社で一八〇年余りの歴史をもつタキイ種苗も、「花のサカタ」に挑戦するかのように花の育種に力を注ぎ、数多くの優良品種を続々と作出し始めた。ペチュニアでも八重咲種から一重大輪種・小輪種など高度のシリーズの品揃えが整い、世界のペチュニア育種会社四強に加えても異論は出ないポジションを立ち上げた。四強としたのは、先に述べたゴールドスミス社とスルイス・グルーツ社がシンジェンタ社に買収され一社になってしまったという事情による。

育種区分では次の第五世代の話題とはなるが、タキイ種苗は二〇〇七年に**オペラ・シュプリーム・ピンク・モーン**、二〇一四年には世界で初めてペチュニアの橙色**オレンジクイーン**を、また二〇一五年には栄養系の**トリロギー・レッド**をＡＡＳに入賞させるといった快挙を成し遂げている（図7）。タキイ種苗は名実と

もにペチュニアの第一人者となったといえるであろう。(7)

これらをまとめると、ペチュニアは第四世代「生産技術革命プラグ苗に求められる高品質種子のペチュニア」に入り、その流通は、

育種種子会社　→　種苗販売会社　→　プラグ苗生産会社　→　花苗生産会社　→　ホームセンター
→　消費者

と専門分野が独立し、巨大な消費市場に適するような体制が整えられてきた。

ここで初めて登場してくるプラグ苗というのは、日本では「セル成形苗」と呼ばれている、小穴が開けられたプラスティック容器を蜂の巣のように並べ、そこに特別な用土を入れて種子を一粒ずつ機械播きし、育苗室に入れ育てられた苗のことである。短期決戦を余儀なくされる春の大量苗生産には、コンピュータ制御された完全自動化が必至であった。完全自動化に先立ち、まず最も難しい作業工程であった種子から揃った健全苗を自動化することがまず求められた。その回答がプラグ苗であった。アメリカでのプラグ苗の普及は目を見張るものがあり、一九八八年には約五〇%、四年後の一九九二年にはほぼ一〇〇%がプラグ苗に置き換わるといった急速な普及がなされた。

ペチュニアをはじめ各種草花の種子は、従来の「発芽率の高い」種子ではなく、「成苗率の高い、しかも無病の」種子でなければ販売できない状態となってきた。加えて、種子にプライミングという半分発芽させて止めておく技法で発芽揃いを良くさせた種子、微細な種子にはコーティングと呼ばれる特別の粉衣処理をして機械播きに適応させる処理など、花の育種会社には病理や種子生理といった特別グループの協

図8　サフィニア　提供：サントリーフラワーズ

働体制がなければ競争に勝てないコスト高の育種が要請されてきた。

そのような中でも、主要草花のペチュニアの育種は、育種投資のできる限られた種苗会社により精力的に進捗が図られていった。日本勢ではサカタのタネは最新次世代の大輪種**イーグル**、小輪種**メルリン**各シリーズを発売し、タキイ種苗も小輪種**オペラ・シュプリーム・**シリーズや栄養系のコンパクト性を強調した一重・八重種を網羅した**ギュギュ・**シリーズなどを完成、日本の育種力を世界に誇った。いうまでもなく、それらの種子はプラグに適合する高度な種子処理を施した種子であった。

5　ペチュニア第五世代（一九九〇〜現在）——異業種参入による新たなビジネスモデル

それまで趣味の領域を超えられなかった園芸だったが、一九九〇年に大阪花の万博が開催され、多くの人々にその楽しみ方を教え消費の裾野を拡大した。いわゆる園芸《ガーデニング》ブームが興り、その立役者はサントリーのペチュニアである**サフィニア**であった（**図8**）。研究員であった坂嵜潮は、派遣先の南米で見た野生のペチュニアの力強さに感銘を受け、帰国後同僚チームとともにその血を現在の品種に導入することを目指した。後になって耳にした坂嵜の言によれば、出来上がった**サフィニア**は、武田率いるチームで筆者も携わったサカタの品種が片親に配されたとのことであった。日本の競合会社どうしの血縁で、画期的商品が世界を駆け巡っていることには、喝采の気持ちを禁じ得ない。

さてその**サフィニア**だが、園芸専門分野に関わっている人たちからは、まず色が赤紫の野生色であり失格、早咲き性もなく草姿としては横張り性の強い大柄で、コンパクト性が主流の市場向けには受け入れがたしとの厳しいネガティブな評価しかなかった。サントリーは**サフィニア**というブランドを全面に押し出し、最優良形質をもったたった一個体からの挿し木による栄養繁殖で育てた苗を、普通の市場経由の流通ルートではなく、契約農家で開花株にまで育てた花つき苗を買い上げ、契約販売店でのみ消費者に売るといった独自の戦略を実行した。直接消費者に訴えかけるビールなどの販売で培ったビジネスノウハウを、ペチュニアの名前さえ知らなかったほどの園芸ビギナーたちに紹介したのであった。

野生の血を引き継いだつくりやすい**サフィニア**は、園芸ブームに沸く新たな需要者層に受け入れられ、信じがたい速さで普及をした。**サフィニア**はそのタフな性質で多少冷涼な欧州の市場でも、ドイツやイギリスの窓辺を飾るハンギングバスケット等に多く使用され続けている。

図9. ウェーブ
提供：
エム・アンド・
ビー・フローラ社

もう一つのサフィニアの重要な影響は、種子による商品だけでなく挿し木という栄養系の商品の流通を促したことであった。すでに主要な切り花品種のほとんどが栄養系品種であり、メリクロン技術による無病苗の育成、海外適地での大量増殖や輸送等は確立していた技術であり、優良個体が一株でも見つかればすぐに商品化につながるという利点がある。

坂嵜は独立して自身の育種会社を創設し、世界的なブランドマーケティングを成功させているアメリカのプルーブン・ウィナー（ＰＷ）グループの育種担当をにない、評価の高い品種群を市場に供給している。しかし坂嵜の名前も品種名も表には出てこないシステムではあるが、彼の作出してくる品種には日本製品の高度な感性が感じられる。

同じ異業種仲間のキリンも、横張り性ペチュニアの種子によるウェーブ・シリーズ（図9）を発表、主に大市場のアメリカでボール社と組んで、プラグ苗流通に乗せることで大成功を博している。この育成者・竹下大学は、立て続けにメダルを受賞したことで、ＡＡＳより初の育成者賞の授与という栄誉に浴している。

花壇の女王に返り咲いたペチュニア

これら斬新な消費者視点での優良品種の出現、それに触発された比較的短期間に出来上がる栄養系ペチュニア品種の出現、そして多くの多様性を秘めたペチュニアならではの複色品種の出現が効を奏し、アメリカの生産統計によれば、二〇〇七年にはゼラニューム、インパチエンスを追い抜き、長く暗い二五年を耐えついに花壇の女王に返り咲き、以来八年間いまだに衰えを見せていない。このペチュニアの再生を支えたのは、本来もっている遺伝的多様性に加え、野生の血を活用したことに他ならないといえるだろう。[3]

他に栄養系品種の普及は、大手種苗会社や酒造会社のみならず、一般個人の育種熱も促した。例えば一九世紀にもてはやされ、その後消滅したとされる緑色覆輪《グリーンエッジ》種を復元させたのは日本の個人育種家であった。二〇〇七年のことであったが、これは実に一五〇年におよぶブランクを埋める育種上画期的な品種育成であった。その貴重な素材をもとに新しい色調を求め作出したのが、**サーモンレッドスター**である（**図10**）。まだマイナーな分野ではあるが、このような個人の育種家を多く擁している我が国は、今後世界の注目する品種を輩出できる大きな可能性を秘めているといえるであろう。

再度アメリカの状況をまとめると、ペチュニアの第五世代（一九九〇〜現在）の流通はこのようになる。

育種種子会社　→　種苗販売会社　→　プラグ苗生産会社　→　花苗生産会社　→　ホームセンター　→　消費者

育種会社、個人育種家　→　ブランドマーケッター（栄養系苗生産）　→　ホームセンター　→　消費者

このように現在の流れは二つの潮流、すなわち種子系の流れと栄養系の流れが並行的に走っている。前述したブランドマーケティングについて少し触れてみよう。従前は種苗会社が自社で育種するかあるいは他社での育種品種を扱う流通だったが、栄養系品種が時代の潮流に乗ってくるに従って、品種名よりはむしろブランド名のもとに優れた品種を集めてそのブランドを宣伝していく新たな販売戦略が出てきた。例

図 10. 最新の品種**サーモンレッドスター**（上、筆者育成）と緑縁種のボタニカルアート（左）

えば前述したプルーブン・ウイナーやシンプリー・ビューティフル等が著名だが、これらのブランドをつけられた花々品種は安心して育てることができるということを消費者に知らしめる方策なのである。

話は少し脇道にそれるが、一九九〇年に、従来広義のペチュニア属として分類されていた二五種のカリブラコア（*Calibrachoa* sp.）が、独立の新属に分類された。南米の野生地域では仲良く一緒に生えているが、染色体数が異なり、両種の交雑は自然では起こらない。以来、育種会社はこの新属の育種に注力し、小輪ながら独特のオレンジ色や八重咲等の栄養系品種が多数発表されてきている。このような中で、二〇〇五年にイスラエルのダンジガー社が、**カリチュニア**というペチュニアとカリブラコアの種間雑種を開発し、今現在二色を販売している。二〇〇八年にサカタのタネは自社の育種工学手法を駆使して同様の属間雑種**スーパー・カル**・シリーズを開発し、現在六色と色幅も拡大してきている。

この遠縁の交雑品種は、ペチュニアにはない鮮やかな色合いとカリブラコアの宿根性による耐寒力の強さをもち、葉や茎にあるべたついた粘液が出ないので扱いやすい。また自身では種子ができないため樹勢が強くよく花が咲き続ける等の特徴を備えたもので、画期的な育種技術の成果であり今後の需要拡大が期待できる。

おわりに――遺伝子工学と個人育種家による改良

カーネーションがバイオ技術でペチュニアの遺伝子を導入されたことなどから、遺伝子工学の活用に拍車がかかることが予想される。ペチュニアは、長年分子生物学や遺伝子分析に供されてきた植物だけに、この方面の知見の集積は大きいので、その期待は大といえる。

また、この花の最大の欠点である雨に弱いという性質を根本から変えるために、野生種の見直しや近隣種との交雑等が活用されると思われる。

さらに我が国は、個人の育種家が非常に多くおり、ペチュニアも毎年のように数え切れないほどの品種を市場に提供している。とくに栄養系品種は手軽に短期間で育成が可能なため、メリクロンといった無病苗をつくる技術も相まって、信じがたいような色や草姿のペチュニアが見られる。それだけ育種素材が広い裾野をもつことでもあり、それらが日本市場のみならず、アメリカをはじめ世界のマーケットに進出してくる日は近いと期待もしている。

第14章

ヒマワリ

羽毛田智明

ヒマワリは大人から子供まで、世界中で親しみをもって栽培されている身近で馴染みの深い花である。古くは北米の先住民により食用等の目的で利用が始まり、以後、有用植物として長い歴史をもつ。観賞植物としての歴史は一六世紀に欧州で始まり、育種が本格的になったのは二〇世紀に入ってからである。近年、日本での品種改良が活発になり、これにより世界的に重要度を増した。いつの時代も新たな育種の展開が歴史をつくっていく。そこにはいつも品目にまつわるさまざまな物語がある。

ヒマワリはどこからやってきた

ヒマワリはアメリカ大陸起源の植物である。アメリカ大陸起源の有用植物といえばジャガイモやトマト、トウモロコシ、トウガラシなどの重要作物が多い。ヒマワリもその一員だ。他に、花きとしてはカンナやダリア、マリーゴールドなどがある。現代につながるヒマワリは、一五〇〇年代に新大陸から大西洋を渡った時、世界への旅立ちが始まった。

ヒマワリは特異な存在の植物である。食用、油料用、飼料用、染料用、そして観賞用に利用される。これだけ幅広く利用される植物は他にない。観賞用ヒマワリの歴史は食用や油料用としての歴史と重なり、これに触れずに改良史をたどることはできない。

まず、大航海時代以前のヒマワリはどのような存在であったのか、たどってみよう。繁栄を誇ったインカでは、太陽神を象徴する、いわば帝国の国花とされたほどであるから、一目を置かれた花であったことは間違いないだろう。他を圧するかのように咲くその大柄な草姿、大きく立派な花はまさに地上の太陽、インカの人々が太陽神の化身としたのは当然のことであったと思われる。この花が重要視されていたことは、各種の装飾品や祭祀の場面で使われたことにも示されている。おそらく一般の人々から王にいたるまで、この花には一種特別な感情を抱いたのではないだろうか。そこには美的な認識もあったかもしれない。ヒマワリの花はその姿、花の色、形がとてもシンプルでわかりやすい。時代は変われど、だれもが感じる説得力がある。

インカ帝国を象徴する花であったヒマワリは現在のペルーにおいても国花であることから、その原産地は南米ではないかと思われるかもしれない。しかし、実は原産地はアメリカ合衆国を中心とする北米である。アメリカ農務省（USDA）のデータ[1]でその分布域をみると、ヒマワリの野生種はアメリカの全州に広がっている。北米原産のヒマワリがどのような経路で南米のインカの地に渡ったのかについては記録がないのでわからないが、インカは北米（今のメキシコ、グアテマラ）に位置したマヤやアステカと交易があったとされるので、交易品のひとつとしてもたらされたのかもしれない。

ペルーはヒマワリを国花と定めたが、原産地アメリカはこの花を国花とは定めなかった。アメリカは一九八六年に国花をバラと定めた。道端のどこにでも雑草のように生えているヒマワリを国花にしようとは、当時、だれも思わなかったのかもしれない。しかし、これは原産地であるアメリカとしては残念な話だ。近年はヒマワリの食料としての重要度を知ってのことだろうか、国花をヒマワリに代えようという動きもあるようだ。その一方で、ロシアがヒマワリを国花と定めているのは皮肉な話である。傍からみても、アメリカ人にはバラよりもヒマワリの方が似合う気がする。

さて、原産地の北米においては二〇〇〇〜三〇〇〇年前に、既にアリゾナやニューメキシコ地域に住んでいた先住民の多くの部族がヒマワリを利用していたようだ。ニューメキシコ州のある洞窟では、トウモロコシや他の植物などと一緒にヒマワリの種子もみつけられているという。彼らは食用として生で食べたり炒めたり、粉にしてパンをつくったり、オイルを絞って使うこともあったようだ。食用以外にも、そのオイルをボディーローションとして利用したり花弁や種子は黄色や紫色の染料として、また咳止め用の薬、茎葉は燃料として、さらに住居をつくる際の素材としても利用したようである。ホピ族の人々はヒマワリの黄色い花を髪飾りにして儀式に臨んだようだ。植物体全てが役に立ったのである。荒れ地が多く植物相も乏しい西部地域に住む先住民にとって、ヒマワリはとりわけ重宝がられたことだろう。最初にどの部族がヒマワリを使い始めたのかはわからないが、収集・保存された種子は他の部族にももたらされ、やがて気候や土壌環境の異なる東部地域まで伝播していったようだ。その過程で、異なる集団の間で交雑や分化が起こり、地域により特徴をもつ系統が生まれていった。[2][3][4][5]

一九世紀の中頃、アメリカ東部ミズーリ州に住んでいたモルモン教徒は、宗教的な迫害を逃れて西に向かい、一八四七年に現在のユタ州ソルトレイクシティーに到達した。この時、先発の人々は道すがらヒマワリの種を播きながら移動した。そこから育ったヒマワリは後に続く家族のための道しるべになったという。当時播かれたヒマワリがどのような品種あるいは系統であったのかわからないが、播かれたヒマワリは野生化し、自生のヒマワリと交雑することがあったかもしれない。

ヒマワリの野生種

ここでヒマワリが含まれるヘリアンサス（*Helianthus*）属を概観してみよう。一般にヒマワリという場合、ヘリアンサス（Helianthus）節の一年草を指している。ヒマワリ属には五一種あり、三七種が宿根草で残り一四種が一年草である。これらのうち園芸分野で一般にヒマワリと呼ばれるものは、一年草のヘリアンサス・アンヌウス（*Helianthus annuus*）（**図1**）を主に、他にヘリアンサス・アルゴフィルス（*H. argophyllus*）、ヘリアンサス・デビリス（*H. debilis*）の三つを指している。中心となるヘリアンサス・アンヌウスには、三つのssp.（亜種）がある。それは、ヘ・ア・レンティクラリス（*H. annuus* ssp. *lenticularis*）(wild sunflower、野生型）、ヘ・ア・アンヌウス（*H. annuus* ssp. *annuus*）(weed sunflower、雑草型）、ヘ・ア・マクロカルパ（*H. annuus* ssp. *macrocarpa*）(giant sunflower for edible use、栽培型）である。レンティクラリスは、北米西部に広く分布し、分枝型で花や種子は小さい。アンヌウスも分枝型だが、花や種子が大きく花弁数が多い。もともとの分布は中西部地域だろうとされている。マクロカルパは通常無分枝型で、先端に大きな花を一輪だけ付ける。今日普通にみられるこの草姿は、欧州に渡る前に既に出現していたようだ。分枝がないぶん先端に大輪花を咲かせるので種子も大きく収量が多く、先住民にとっては価値が高かったと考えられる[(6)(7)]。

アメリカ大陸から欧州へ

ヒマワリは一六世紀初頭に、アメリカ大陸から欧州へスペイン人により持ち帰られた。ベルギー人植物学者・医師レンベルト・ドドエンスによる一五五四年の『本草書（Cruydeboeck）』の中の記載が、欧州におけるヒマワリの初めてのものとされる（**図2**）。スペイン人植物学者・医師ニコラス・モナルデスは一五六九年に、アメリカ大陸の植物についての報告書を著したが、これは『Joyfull News out of the Newfound World』という名で英訳され、これによりヒマワリの存在はイギリスで知られるようになった。実際にヒマワリがイギリスに伝わったのは一五九六年とみられている。その頃、イギリスで最初の本草書・園芸書とされる『本草書（The Herball or Generall Historie of Plantes）』を一五九七年に著した植物学者・

図 1. 野生種ヘリアンサス・アンヌウス（*H. annuus*） 筆者撮影（アリゾナ州）

床屋外科ジョン・ジェラルドは、その本の中で、初めてみるヒマワリについて次のように記している。

インド（注：アメリカのこと）の太陽の花またはペルーのキンセンカは、きわめて堂々とした背の高い植物で、私のガーデンでは四月に種をまくと、一四フィート（約四・二メートル）に伸び、ひとつの花の重さが三ポンド二オンス（約一・四キロ）、花の直径一六インチ（約四〇センチ）になる。茎は真っすぐ上に伸び、強壮な男子の腕ぐらいの太さになる。大きな葉が茎の先端近くまで生じ、上端には普通ひとつ花が咲く。……花の中心は刈り込みをしないベルベットまたは刺繍の針で編んだ不思議な布

図 2. 欧州に初めて紹介されたヒマワリの図

のようで、……ウリ類の種子によく似た種子があらわれるが、その有様は熟練した職人がハチの巣にきわめてよく似た形に見事に並べたようにみえる。

この文章にはヒマワリらしい特徴がよく表現されており、これを読むと、当時の人々が初めてみるこの花にさぞや興味を覚えたであろう様子が伝わってくる（図3）。また、「……若干の人々がこの花は太陽にしたがって向きを変えると報じている……、私はそれが本当かどうかみることに努めたが、それを観察できなかった。」とも書いている。[8][9] 今では大阪大学名誉教授の柴岡弘郎の研究によりほぼ解明できた「ヒマワリの花は太陽を追うのか？」という疑問は、四〇〇年以上も前から存在していたのだ。

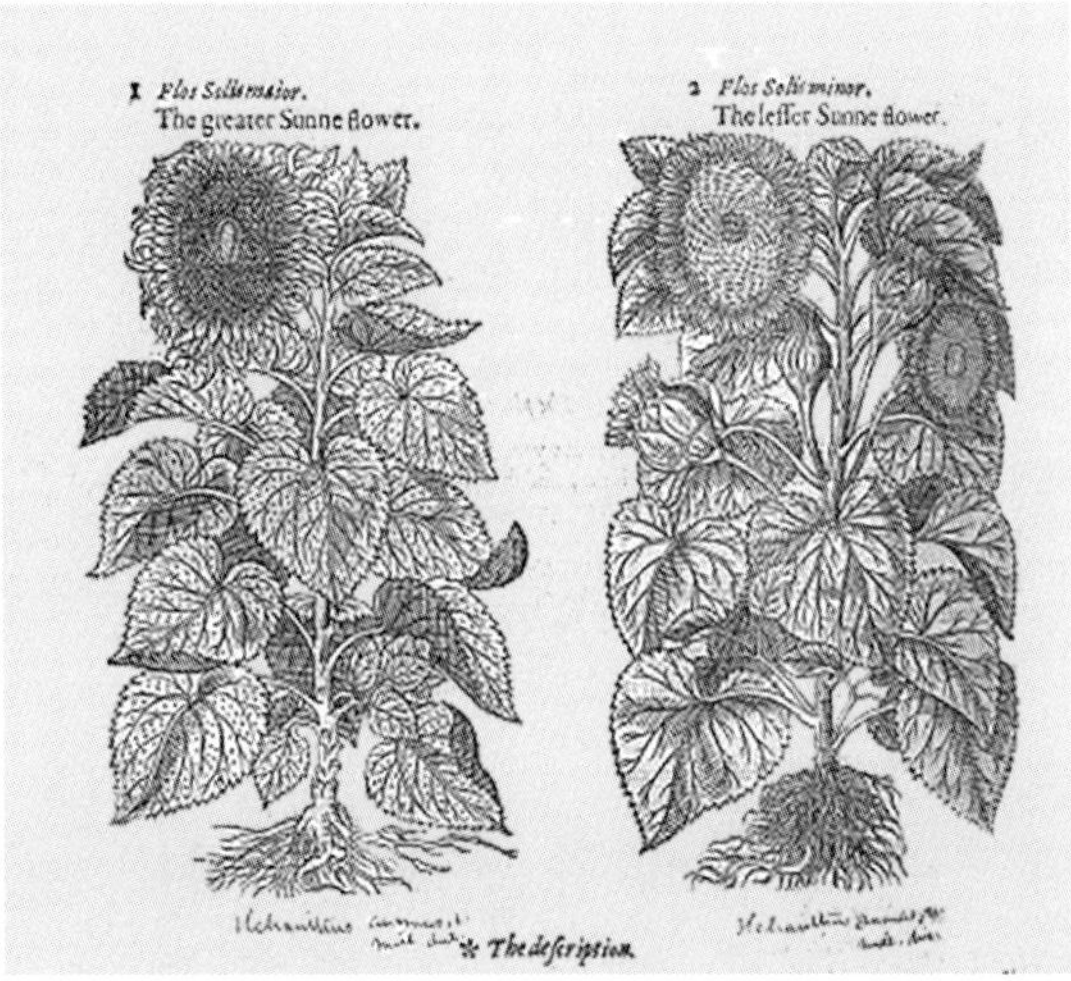

図3.『The Herball or Generall historie of plantes』（J・ジェラルド、1597）に描かれたヒマワリ

ヒマワリは一七世紀になると欧州全体に広がり、観賞用としてその存在が知られるようになっていたという。しかし、一七世紀末にはありふれた花になり、花壇の隅に追いやられるようになってしまったようだ。一方、ロシアではピョートル大帝（一六八二〜一七二五）のおかげで普及したとされる。これは、ロシア正教では受難節《レント》（Lent）の四〇日間はすべての油類を食することが禁じられていたが、大帝がオランダから一六九八年に導入したヒマワリからつくった油だけは例外と定められた。これによりロシアでは油料用としての存在価値が高まった

ようだ。そして一八三〇年までに油料用ヒマワリの商業生産が始まり、それにつれて油料用や食用の品種改良が一八六〇年頃、本格的になった。今もある**ロシアンジャイアント**（Russian Giant）などの品種が育成され、作物としての重要度が一気に増していったのである。こうしてヒマワリはロシアの国花となった。

北米での油料用栽培はロシアより遅れた。一八八〇年代にロシア移民とともにロシアの品種がアメリカに渡り、その後、徐々に重要な作物となっていった。ヒマワリはロシアで磨きをかけられ、母国アメリカに凱旋帰国することになったのである。アメリカで重要な作物となったのは一九三〇～四〇年代である。一九六〇年代になると商業的な油料用、食用のヒマワリ生産はその他の各国で拡大し、二〇一四年の世界最大の産出国は、ロシアから独立したウクライナとなっている。

観賞植物としてのヒマワリの誕生

欧州に渡った当時のヒマワリは、他に類するものがない巨大な草姿がむしろ奇異の目で捉えられていたようだ。また、ヒマワリは欧州に入る前から草姿や大きさ等において、すでにかなり変異幅があったようである。八重咲き系統は、ジェラルドや植物学者・薬剤師であったジョン・パーキンソンの時代（一六世紀後半～一七世紀前半）にはすでに知られていたという。

その後、一八～一九世紀にどのような観賞用品種が生まれたのかははっきりしないが、一九世紀末には、**californicus**（大輪八重咲き）、**globosus fistulosus**（丸い毬状の花型）、**citrinus**（淡黄色）、**nanus flore-pleno**（矮性で八重咲き）といったようなものがあった。(10) 一八八八～八九年にゴッホが描いた一三枚のヒマワリの絵画からも、この時代に八重咲きや万重咲き、また淡黄色の系統が栽培されていたことがわかる。

八重咲きや矮性品種が一通り出て、その一方で当時は花色的に黄色系しかなかったので、この時期はヒマワリにとって育種的な進展があまりみられなかったのかもしれない。そこに登場したのが、次に述べる赤いヒマワリである。

赤いヒマワリ

ヒマワリの改良史の中で、明確な記録が残っていることからその改良の経緯がよくわかっているのが、アメリカでの赤いヒマワリ誕生の物語である。参考文献をもとにその誕生ストーリーをひもといてみよう。(11)(12)(13)

一九一〇年の夏、コロラド州のボルダーに住むカクレル夫妻（**図4**）は、家の近くの道路際で栗色がかった赤色の花弁を持つみたこともない一株のヒマワリをみつけた。そのヒマワリは中心部分が黒色で、そのコントラストはまるで日食の時の太陽のように映った。

早速、夫妻は丁寧に株を掘り上げて持ち帰り、種を採ろうとした。しかし、野生のヒマワリは通常、自家不和合性なので自分の花粉では種子が付

図4. カクレル夫妻

かない。そこで、他の黄色いヒマワリの花粉をこれに付けて種を採り、その後代を再び交配し、赤や蛇の目入りのバイカラー、栗赤色などの花色を持つ系統をつくっていった。中には、黒に近い濃赤色のものもあった。

これらの品種は、いずれも黄色の色素を同時に持つことにより発現していた。さらなる新花色をつくり出すためには、この色素を減らす必要がある。そこで、これらの赤色花色を発現する因子をホモに持つ系統を、淡黄色の品種（サットン社のプリムローズ）と交配した。すると、その最初の世代はすべて黄色を背景に持つ栗赤色であった。その花同士で交配した次の世代に現れた花色は、栗赤色が七一、黄色が一九、ワインレッドが二一、プリムローズが八で、メンデルの分離の法則に適っていた。茶色味を持たないワインレッドの花色は、アントシアン系色素の発現については茶色味を持つものと同じだが、背景が黄色からプリムローズ色になったために現れたものである。これらの他にもさまざまな品種がつくられた。半八重や八重咲きの品種も含まれていた。

今でも、赤色系や茶色系あるいはバイカラーの品種はみたことがない人が多いと思われるが、それが一〇〇年前であれば人々はどれほど驚嘆したことであろう。現代の濃い赤やえび茶色系、蛇の目タイプの品種は、すべてコロラドで出現した一株のヒマワリの血を引いている可能性が高い。イギリスのサットン社が発表した**サットンズレッド**（Sutton's Red）はこの系統を使った初期の品種で、また**オータムビューティー**（Autumn Beauty）はヒメヒマワリとの雑種品種で、現在も流通している古い品種である。

一九九〇年代末から赤や茶色のF_1品種が次々と作出されるようになった。これらの品種はアメリカで育成されたものが多い。赤系ヒマワリ誕生の地であるアメリカで、これにつながる品種が続々と生まれているのは、ヒマワリの原産地アメリカの面目躍如といったところだ。

日本での品種改良

日本への渡来記録は、一六六六（寛永六）年の『訓蒙図彙《きんもうずい》』にみられるのが最初とされる（**図5**）。アメリカ大陸から欧州に渡って、約一〇〇年後のことである。中国から伝えられたヒマワリはヒグルマ（日車）、ニチリンソウ（日輪草）、テンガイバナ（天蓋花）、ヒュウガアオイ（日向葵）と呼ばれた。日本では食用としては受け入れられることはなく観賞用として定着していったが、江戸期に育種がなされることはなかった。

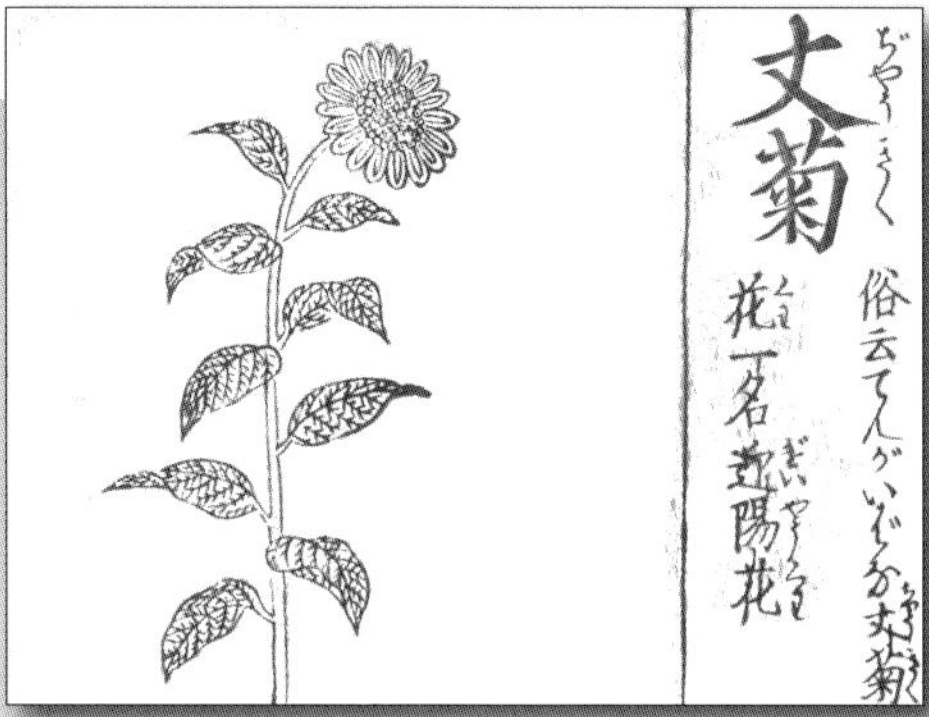

図5. 中村惕斎（編）『訓蒙図彙』に描かれたヒマワリ

1　初期の育種

日本種苗協会は一九七七（昭和五二）年に『花き品種名鑑』を発行し、一九七〇～七六（昭和四五～五一）年に種苗二二社がカタログ掲載した草花品種を記録している。ここから日本で育成された品種を拾うと次のものがある。

宮沢は、ハナショウブの育種等で園芸界に多大な足跡を残した宮沢（澤）文吾により育成され、奈良の平和園が一九六四（昭和四二）年に発売した品種で、日本育成のヒマワリ品種第一号と考えられる。花色は「黄に赤のぼかし、一重・中輪、高性」と表記されている。おそらく黄色地に茶赤系の蛇の目模様が入る品種だっ

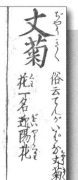

たのだろう。日本初の育成品種は赤系品種だったのだ。日本においてはその後、茶赤系の花色をもつ品種は育成されていないことから、ヒマワリの茶赤系の色は日本人の感性に合わないのかもしれない。

一九七〇（昭和四五）年には**黒龍セレクト**がミヨシから発売された。この品種は**黒龍**を選抜し品種化したものである。**黒龍**は一九五九（昭和三四）年、既に福花園より発売されているが、この品種は海外で切り花用に育成された中心部分が黒色の一重咲き品種**ヘンリーワイルド**（Henry Wilde）そのものか、これからの選抜品種と思われる。一九七三（昭和四八）年には、球根ベゴニアなどで有名な育種家・吉江清郎が**ゴッホ**と命名した巨大輪一重咲き品種を発表している。

そして、次に述べる**太陽**は一九七一（昭和四六）年に発売されている。

2 「太陽」の誕生

今日、ヒマワリが花きとして世界的に重要な位置を占めるようになったのは、日本の品種改良によるところが大きい。かつてヒマワリは庭植え用の品種しかなく、切り花の専用品種は存在しなかった。切り花としての利用自体がなかったわけではないが、開花期が夏季に限られていたため、本格的な営利栽培の対象品目とはならなかった。このような状況を変えるきっかけとなった画期的な品種、それが**太陽**である（**図6**）。この品種は今日、日本のヒマワリが世界的に普及するもとになった、貢献度の高い品種である。

育成したのは福岡県粕屋郡須恵町在住の故・中島礼一である。その経緯を、当時、福岡県で行なわれていた「福岡県新品種審査会」の記録、および福岡県園芸試験場に勤務した松川時晴のメモ、同じく小林泰生の話をもとに紹介しよう。

中島は福岡県にあった国鉄志免炭鉱に勤めていたが、一九六四（昭和三九）年の閉山にともない、キク栽培を始めた。当時、中島は何か世のためになることをと思い立ち、育種を始めていた。まずは昭和三八年、**黒龍**に種苗店（可耕園）から購入した種子系の「姫ヒマワリ」と呼ばれる小輪ヒマワリを交配した。翌年、一〇〇個体の実生から一個体を選抜採種。以後、四年間、花弁が反転するものを淘汰し続け、形質を固定させ育種を終了した。そして一九六九（昭和四四）年には、この品種を**太陽**と命名し「福岡県新品種審査会」に出品、最高賞のブルーリボン賞を受賞した。この時、中島は六九才であった。

図6. 太陽（中島礼一が育成した当時の写真）

特性は剣弁の一重咲きで濃黄色、中心部は黒紫色。摘芯後の芽立ちが良く、側花（側枝）も一～二センチ伸びるとの記載がみられ、掲載された写真でもそれが示されている。このことから、**太陽**は育成された時点では脇芽を着生する特性を持つ品種であったことがわかる。ところが、現在、**太陽**と呼ばれる品種には基本的に脇芽は着生しない。これは、複数の種苗会社によりその後選抜が繰り返されたため、側花がほぼ完全に着生しない無分枝の現在の姿に変容していったものと推察できる。

特筆に値するのは、本来ヒマワリは夏に開花する長日性植物であるが、中島の育成した**太陽**は相対的短日性を示す品種であることである。おそらく、中島は切り花の出荷期幅を広げるために、短日期にも開花する個体を選抜していったのであろう。中島が形態のみならず周年栽培に向く相対的短日性を獲得する生態育種を

図7. サンリッチシリーズ

行なったことの意味は大きい。およそ二〇年後に登場する**サンリッチ**など、多くの次世代品種がこの恩恵に浴すことになる。

3 切り花用F_1品種の登場

観賞用ヒマワリにおいて世界初のF_1品種は、一九八六年に発表されたサカタのタネの**かがやき**である。この品種は**太陽**のもつ良形質はほぼそのままに、F_1化により無花粉という形質を付与した品種である。

かがやきの開発と時を同じくして、タキイ種苗でもF_1ヒマワリの開発していた。当初、タキイ種苗におけるヒマワリの育種は、高性の切り花用品種を目指したものではなく矮性品種の育成であった。しかし、素材として使った**太陽**の特徴を引き継ぐ高性個体が出現したので、高性切り花用の無分枝性品種の育成も並行して進めた。この結果生まれたのが**サンリッチ**シリーズ（**図7**）で、最初の品種は一九九一年に発表された**サンリッチレモン**である。この品種は従来なかった明るい黄色を特徴とし、この花色は育成の後代に現れた劣性の突然変異を取り入れたものである。一九九二〜九四年に三年連続で全日本花卉種苗審査会（日本種苗協会主催）で、一等特別賞を受賞している。それまでの審査会では種苗各社が独自に選抜を加えた**太陽**のみが多数出品される状況にあった中、

図8. サンリッチオレンジ

コラム　細胞質雄性不稔性

近年開発されたヒマワリ品種の多くは、「細胞質雄性不稔性」という遺伝的性質を利用したF_1品種であるが、もともとは油料用や食用ヒマワリで開発されたものを利用している。この「細胞質雄性不稔性」は、異なる野生種の種間雑種をつくることにより生まれた。1968年にフランスのルクレールにより、アメリカ西部に分布する野生種ヘ・ペティオラリス（*H. petiolaris*）とヘ・アンヌウスとの雑種化によりつくり出された。[14]

観賞用ヒマワリをF_1にすると、不稔性つまり種が付かなくなることにより植物体が消耗することなく品質を保てるほか、表現形質としては花粉の散出がなくなること（無花粉化）に利点がある。花の中心部分の色が鮮明な黒色となるため、花弁とのコントラストを際立たせる効果も生む。テーブル上を花粉で汚したりすることがなく、花粉アレルギーに対する懸念も解消されることになる。

サンリッチレモンの受賞は本格的なF_1時代の到来を告げた。**サンリッチ**シリーズは相対的短日性を示すが、播種後約五五日で開花が始まる極早生品種であり、**太陽**や**かがやき**にくらべると一〇日以上早咲きである。このため周年にわたり短期栽培が可能となり、国内外における切り花需要を一気に押し上げることになった。オランダ最大の花市場であるフロラホランドでは、年間約五〇〇〇万本、世界では一・五億本程度が市場出荷され、その大きな割合を**サンリッチオレンジ**（一九九二年発表）（**図8**）が占めている。日本国内市場においても同様の状況である。

営利的な切り花生産では、栽培期間の一層の短縮が望まれる。この要望に合せて、播種後四五日で開花にいたる**サマーサンリッチ**（＝**サンリッチ45**）シリーズ（二〇〇一年発表、現在三色）、五〇日で開花にいたる**サンリッチ50**シリーズ（二〇〇六年発表、現在四色）も開発され用途により品種が多様化している。**サマーサンリッチパイン45**は、ヒマワリ品種の将来を予見させる小葉性を備えた独特な草姿をもっている。

サカタのタネが育成した、花弁と中心部分がともに黄色の**月光**（登録名**サンビーム**）（一九九四年登録）、同じく花弁が鮮黄色で中心部分が黒色の**日光**（登録名**ムーンライト**）（一九九五年登録）は、種苗法による登録品種である。近年同社は丸弁の花型を特徴とする**ビンセント**シリーズ（現在二色）も発表している。

日本で育成されたヒマワリ品種は海外の種苗メーカーを刺激し、類似した特性の切り花用品種が海外でも多数作出されるようになった。

F_1品種ではないが、第一園芸が育成し一九八五年に品種登録された**ルナ**（登録名**レモンズサン**）は、海外で育成された茶赤色系の品種である**オータムビューティー**の突然変異系からの選抜個体から育成された。グラデーションをもつ鮮明な花色と花型の良さが印象的な切り花と花壇の兼用品種であった。

この他に、古くから流通している特徴的なものとして**大雪山**がある。この品種の園芸化の過程は定かではないが、テキサス等に分布する野生種ヘリアンサス・アルゴフィルスそのものとされている。これに一部ヘリアンサス・アンヌウスの血が入っているかもしれない。優良形質をもつので育種にもっと使うべきものである。

4　八重咲き品種の開発

ヒマワリの八重咲きは一六世紀に既に知られていたが、**サンゴールド**（**トールサンゴールド**）や**ドワーフサンゴールド**などの品種は、その古い系統の血をそのまま引く品種であると思われる。

東北八重は、一九八五年にトーホクにより品種登録された品種である。育成者は花き育種の大家で宇都宮大学教授であった故・斉藤清と大柿忠幸である。この品種は東北種苗（当時）の青森県下の委託採種地において、**サンゴールド**系統の在来晩生八重咲き品種から選抜育成されている。日本で育成された代表的八重咲き品種で、発表以来、国内における八重咲きの切り花用品種として使われ続けている。八重咲きは花型の安定化が難しくその品質維持に苦労するが、この品種は非常に安定した品質を保持している。大柿は安定して種子を生産供給するために、経験にもとづく採種のコツがあるという。

東北八重は近年、その後代からおよそ二五年の後に新品種を生んだ。ミヨシが二〇一〇年に品種登録した**レモネード**がそれである。この品種は**東北八重**の枝変わりとして生じた劣性の突然変異花色を固定したものである。清涼感のある淡黄色品種で、固定種であるものの、花色がこれに類する海外育成の品種にくらべ品質が高い。またこれとは別に、トーホクは二〇一三年に**トーホクレモン**なる品種を登録出願している。

5　矮性品種

海外で育成された矮性品種として、**ドワーフサンゴールド**や**テディーベア**、**ピグミードワーフ**があったが、いずれも珍奇で草姿や花型に不自然さがあり、ヒマワリらしさを感じとれる品種ではなかった。そこで、だれがみてもヒマワリと思える印象をもつ矮性品種の作出を目指し育成された品種が、一九九四年に登録された**ビッグスマイル**（登録名**サンホープ**）である（**図9**）。タキイ種苗は一九七九年よりヒマワリの開発に着手していたが、タキイが当時目指したのは世界一小さい矮性ヒマワリである。ヒマワリらしさをもった一重咲きで、小さな子供達が見上げるのではなく目の高さで花をみつめることができるミニヒマワリである。**ビッグスマイル**は、当時一般的に入手可能であった前記の矮性品種と、**太陽**を主要な素材として育成された。草丈三〇〜四〇センチで、鉢づくりでは二五センチほどで咲く。播種から四五〜五〇日で咲く、ずば抜けて早咲きの品種である。一九九〇年に発表され、同年大阪で開催された花の博覧会で花壇を飾り注目を集め、大賞（グランプリ）品種となった。

ビッグスマイルは固定種だが、その後二〇〇〇年に分枝性を付与したF_1品種の**グッドスマイル**（タキイ種

図9. ビッグスマイル

苗）が発表された。サカタのタネは、同じくF_1品種の**小夏**を発表した。この頃から矮性品種が国内外の種苗会社から多数発表されている。**風炎**《ふうえん》は一九九九年に品種登録された北越農事発表の品種で、矮性一重咲きの海外育成品種の**サンスポット**に**バイカラーミックス**の選抜個体を交配して育成された品種で、花の中心部分が黒色の一重咲き品種で、安定した分枝性をもつ強健品種である。

6 耐病性育種の展開

ヒマワリの切り花生産は栽培の拡大に伴って、必ずしも好適環境条件のもとで栽培されるとは限らない状況になってきた。これに伴い、近年病害問題がクローズアップされるようになった。特に重要な病害はべと病 Downy Mildew（*Plasmopara halstedii*）である。この病気が発生すると最悪の場合、収穫が不可能となり、廃耕（収穫にいたる前に栽培を中止すること）せざるを得ない。特に、一五〜二〇度程度の比較的栽培温度が低い時期に土壌水分量が多いと発病しやすい。

べと病に対する耐病性品種は、二〇一四年に観賞用ヒマワリで耐病性を付与した世界初の品種として、二〇一四年にタキイ種苗から**DMRサンリッチオレンジ**（DMRはDowny Mildew Resistanceの略）が発表された。この品種は従来品種である**サンリッチオレンジ**に耐病性を付与したもので、病気が多発する産地においても安心して栽培することが可能となった。近年の環境に対する意識の向上から各種農薬の使用が制限される時代にあって、環境にやさしい品種としても受け入れられている。

近年の分子生物学的な研究の進歩により、育種の場面においてはＤＮＡマーカーを利用した選抜手法が一般的になっているが、**ＤＭＲサンリッチオレンジ**の育成においても効率的な品種育成に役立っている。

今後の展望

育種はいつもその時代背景の中で成立するものだが、転機となる新品種の出現によって歴史は動く。ヒマワリはユーストマやアルストロメリアなどと同様、育種面からみるとまだまだ新参者に分類される品目である。実際の育種の現場では、各種ＤＮＡマーカーの開発が一層進み、また、新しい育種技術も次々と使われるようになるだろう。今後の育種によるさらなる発展が期待できる。

世界一背の高いヒマワリは二〇一三年にドイツで八・七五メートルという記録がある。花の直径としては一九八三年にカナダで八二センチという記録があるという。こんなとてつもないポテンシャルがあるヒマワリで、品種改良は今後どんな品種を生むのか、斬新な発想をもった若いブリーダー達が現れ夢を実現することを願う。

第15章

ストック

黒川　幹

はじめに

現在栽培されているストックの学名は、*Matthiola incana* (L.) R. Br. であり、アブラナ科マッティオラ属の一種である。南ヨーロッパ原産で、もともとは花弁数が四枚の一重花のみであった。一四世紀には八重花が現れ、また一六世紀には分枝のないものも出現した。その後、ベルギー、フランス、イギリスで育種が進められ、さらにドイツへ渡り、一九世紀には、花壇用、鉢物用、切り花用の多くの系統、品種が育成された。二〇世紀になり、特に一九三五年以降にアメリカのボール社で積極的に育種が進められ、**ボールホワイト**、**ボールスルビー**、**ボールライラックラベンダー**など、施設栽培用の優れた切り花用品種が育成された。これら品種の種子はその後日本に多く輸入され、栽培はもちろんのこと、日本における育種の素材としても幅広く使われた[1]。

日本では二〇世紀の初めには欧米から種子を輸入し、一部でストック栽培を行なっていたが、本格的な切り花栽培は一九二五年頃から、無霜地帯でもある千葉県の南房総市（和田町）において始まったのが最初といわれている。しかし、育種が行なわれたのはそれからずっと後年のことである。

日本におけるストックの分類

以降の解説をより理解するための助けとして、まず日本での分類の仕方を紹介しよう。

1　開花時期による分類

ストックの開花において、花芽分化には一定期間の低温が必要といわれている。また、日長も花芽分化に大きく作用するが、必要とする低温の度合いにより概ね次のように分けられる。①極早生品種（限界高温二三〜二五℃）、②早生品種（限界高温一八〜二〇℃）、③中生品種（限界高温一五〜一八℃）、④晩生品種（限界高温一三〜一五℃）、⑤極晩生品種（限界高温一三℃）とされている。[2] ただし、育種が進み開花が非常に早い品種も育成されたため、極早生品種の中には温度に関係なく早く開花する品種が存在する可能性もある。また長日条件によっても開花は早まる。

2　八重率による分類

エバースポーティング系　日本で育種された品種の多くがこれに属する。劣性遺伝子で、ホモ接合になると個体が生存できない遺伝子である致死遺伝子の作用により、八重花率は五五％程度（残りの約四五％は一重

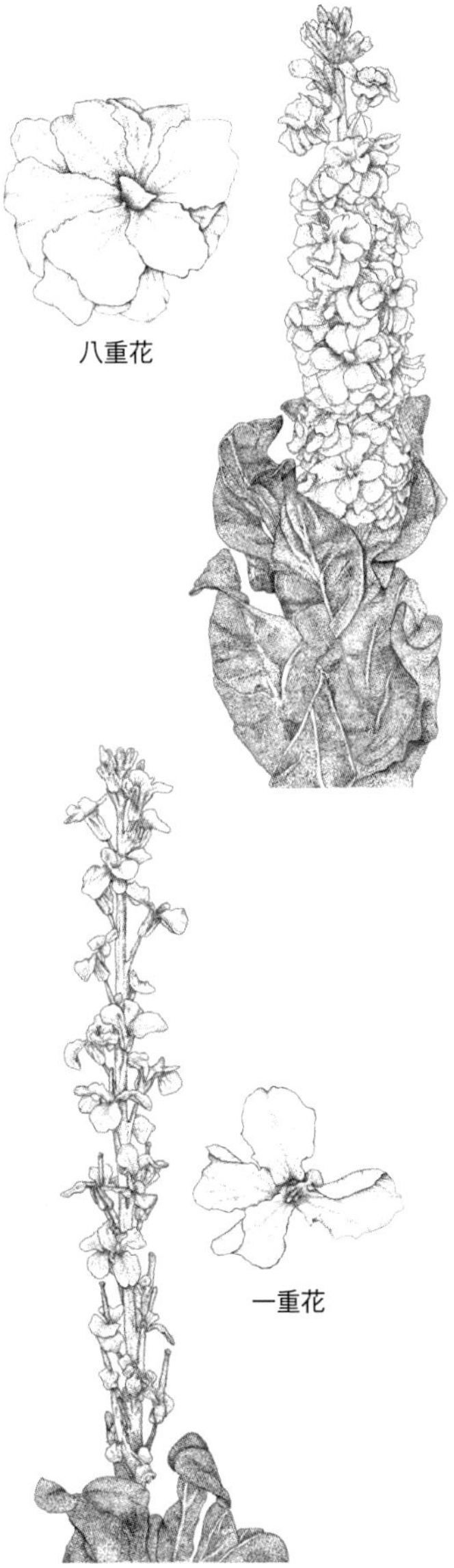

図1．ストックの八重花と一重花

花）である。八重花の方が切り花としての価値が高いので、多くの切り花生産者は播種後一四～二五日の間に、苗の生育状況、子葉の形・色などにもとづいて、八重株を残すよう作業する（**図1**）。このような鑑別作業（八重鑑別）は熟練を必要とするが、エバースポーティング系は八重花の品質面に優れているので、現在日本で栽培されている品種のほとんどはこのタイプに属する。

オールダブル系　オールダブルという表現で誤解されやすいが、日本でのオールダブル系品種は、通常、八重花―茶褐色種子、一重花―黒褐色種子のように遺伝的連鎖のある品種であり、種子の段階で茶褐色種子のみを選抜すると、九五％以上が八重花となる。つまり、オールダブル（すべて八重花の意味）品種は、色彩選別機を使って茶褐色種子のみを選抜した後に種子購入者に渡すのが通例で、「オールダブル」は商業上の表現である。遺伝的にも必ず数パーセントの一重花が出現する。この系統の八重花の色は、白またはクリームイエローに限られている。また日本のストック育種のレベルは世界でも最も進んでいるといわれており、国内外で栽培面積が増えている。

また、ハンセン系と呼ばれているものもあり、これは八重株が一重株よりも緑色が薄くなる系統である。日本ではハンセン系の品種は少ないが、オランダではかなり普及しており、苗の段階で緑色の濃い苗を間引くことにより八重率の高い苗を切り花生産者に提供している。花色が豊富というメリットはあるが、日本で普及しにくいのは、株全体の緑色が薄すぎて、健全な株にみえにくい点にあるのかもしれない。

他にも、タキイ種苗育成の**ピグミーシリーズ**（矮性シリーズ）のように、八重株の本葉の切れ込みが一重株よりかなり大きく、苗の段階で本葉の切れ込みが少ないものを間引けば八重率は非常に高くなる。遺伝的なものなのか、八重花の花房のボリューム感にやや欠ける。ハンセン系、ピグミー系は、オールダブル

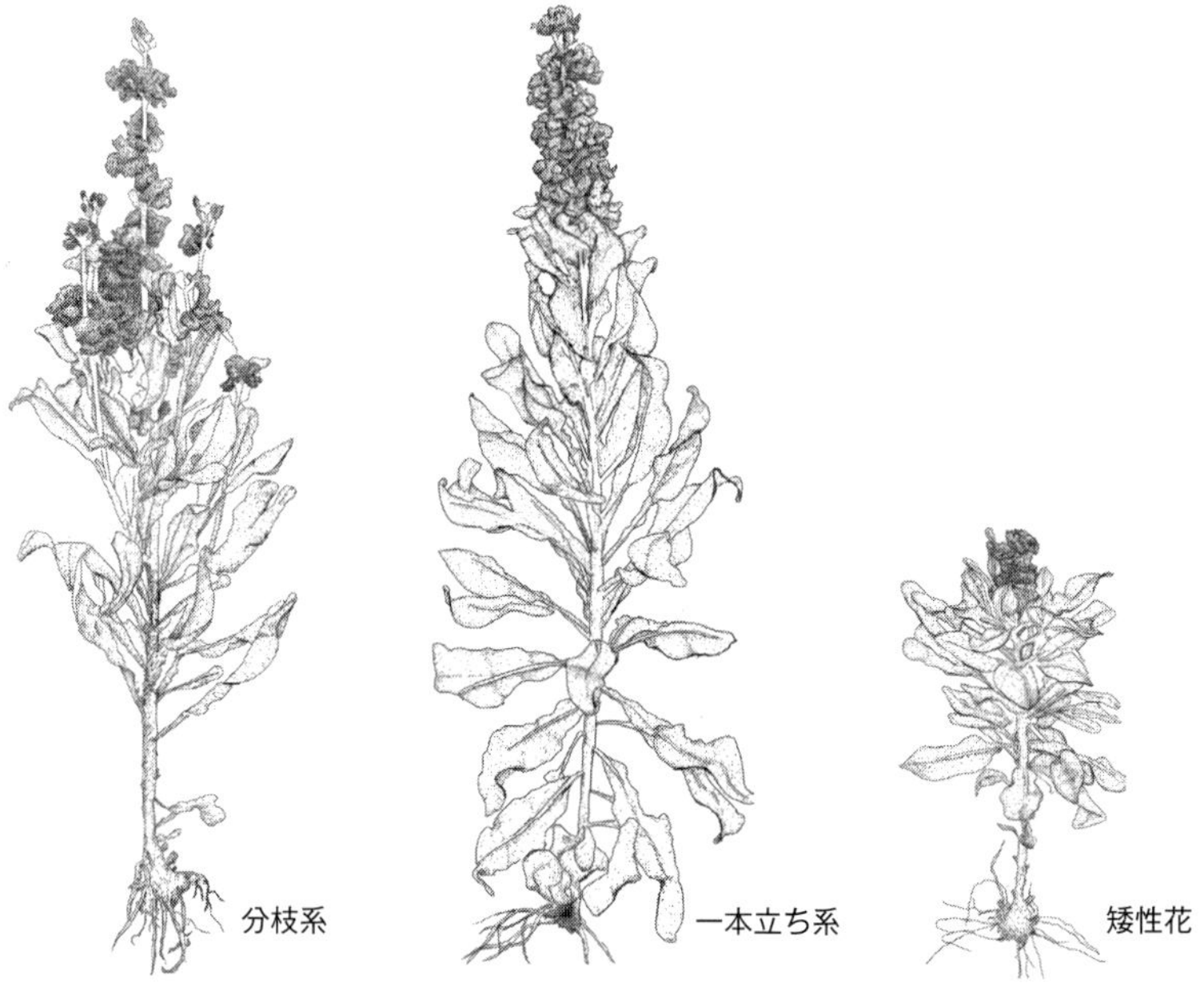

図2. ストックの分枝系、1本立ち系、矮性花

品種のような育成可能な花色の限定はない。

トリゾミック系　ストックの染色体は通常 2n = 14 の二倍体であるが、トリゾミックスは 2n = 14 + 1 の異数体を含む。無鑑別でも八重率は七〇～八〇%となる。さらに後述する橋本昌幸は、従来は八重率の安定的維持が難しかった点をさらに改良したとされる、ジャパンハイダブル系を育成した。

3　草型による分類

草型は一本立ち（スタンダード系）と分枝系がある（**図2**）。分枝系も茎の下部でピンチして数本の切り花を仕立てる方法と、茎の上部でピンチしてスプレー仕立てにする方法がある。葉の種類は表面の毛じの有無により、有毛と照葉に分けられる。

日本でのストック育種の始まり

日本でのストックの育種は第二次世界大戦後の一九四七年、千葉大学・園芸学部において始まったとされている。[3] 日本で最初に育成された品種は、一九四九年の**松戸赤**《まつどあか》が有力候補であるが、残念ながら育成過程は不明である。**清洲赤**《きよすあか》（愛知県農業総合試験場育成）、房州地方で**房州早生赤**《ぼうしゅうわせあか》、**淡紅**《たんこう》という分枝系品種も古くより栽培されていたが、やはり育成過程がわかっていない。**松戸赤**については、東京都世田谷区、東雲《しののめ》園（園主：小田茂）で栽培されていた系統である**玉川赤**《たまがわあか》が、千葉大学の浅山英一《あさやまえいいち》（図3）により命名されたことが知られている。この**松戸赤**は極晩生で花色は赤、葉は有毛で表面の凹凸が多いのが特徴的で、茎はかなり硬い分枝系品種である。水揚げ、花持ちが良いという特性もあった。ただし、**松戸赤**、**清州赤**、**房州早生赤**、**淡紅**のいずれも、輸入品種からの選抜系統の可能性が高い。

交配により本格的に育種に取り組んだのは、浅山である。浅山はアメリカのボール社育成の二品種、インカーナ種の**ライラックラベンダー**にアンヌ種の変種であるテンウィーク系の**ドワーフホワイト**を交配して、一九五一年に**松の雪**を育成した。**松の雪**は一本立ち系の白色・中生・照葉の品種であり、ビニールハウス栽培で業務需要に対応できる品種であった。さらに、浅山は**松の雪**に**ドワーフホワイト**を交配して白色・早生・照葉の**初雪**を育成したが、草丈は低かった。その他、早生・有毛・一本立ち系・紅色の**ファイヤーバード一号**、**二号**、**三号**、**四号**を一九五〇年に育成したが、花付きが粗かった。浅山は合計六品種のストックを育成し、主に開花の早い切り花用品種の育成を目指していたようだ。特に**松の雪**の育成がなければ、日本

図３．浅山英一。プリムラ・マラコイデスの品種改良も熱心であった。　『青い花への追憶：浅山英一先生を偲ぶ』（2001）より

でのストックの育種の発展はあり得なかったと思われ、浅山英一の功績は非常に大きい。(4)

また、千葉大学の助手であった岩佐吉純は、デンマークのハンセン社育成**デンマークレッド**×ボール社の**ボールスルビー**の交配した種子を、千葉県南房総の二人のストック栽培家、黒川浩（筆者の父）および川名武に渡し、一九五六年に黒川が**南の誉**《ほまれ》、一九五七年には川名が**南の輝**《かがやき》（図４）を発表した。いずれも桃色・有毛・中生の一本立ち系品種であるが、**南の輝**は**南の誉**よりやや開花が早い品種であった。(5)

一九六〇年代までは、栽培されていた品種のうち花色が赤系の割合が高く九〇％くらいだったという。これは、春の彼岸に赤系ストックの需要が多かったためで、一本立ち系では輸入品種（アメリカのボール社）の**アメリカンビューティー**、**ボールスルビー**などが多く使われていた。**南の輝**はその二品種の中間的な色をもつ赤系品種であり、開花が早く、生長力が特に旺盛、耐暑性に優れ、八重率も高い、と当時から大絶

図４．南の輝
春光園『花の商報』（1974 秋）より

賛されていたように、発表から一五年近く経ても広く栽培される品種となった（主に施設栽培）。

千葉県の個人による露地栽培向き品種の育成

ストックの切り花栽培は、一九八〇年くらいまでは露地栽培の方が施設栽培より栽培面積、出荷量とも多かった。ストックは比較的低温には強いといわれているものの、やはり最低気温が零下になる気象条件や日照の少ない条件では栽培が難しい。従って太平洋側で日照量も多く、無霜地帯でもある千葉県の房総半島南端の館山市、南房総市、鴨川市の海岸沿いは、戦後から現在にいたるまでストックの一大産地であり、現在でも日本での出荷量の約三割はこの地域で生産されている。

品種改良においても、この南房総で戦後より個人的に行なう人々が徐々に現れ、特に露地向きの分枝系品種が多く育成された。**黒川早生**《くろかわわせ》（一九五五年）、**紅潮**《べにしお》（一九五七年）、**寒千鳥**、**桃千鳥**（一九六二年）、**銀潮**《ぎんちょう》（一九六二年）、**祝赤**《いわいあか》**二号**（一九六五年）を育成した黒川浩、その他にも**旭光**《きょっこう》（一九五七年）を育成した青木寅松、**光輝**《こうき》（一九六〇年）を育成した近馬政男、**若桜**《わかざくら》（一九六二年）および**紫鵬**《しほう》（一九六六年）を育成した黒川太郎がいた。これらの育成品種は、いずれも露地の分枝系品種として普及したが、海外輸入品種から分離した個体を選抜して品種としたものも多い。**黒川早生**、**旭光**、**桃千鳥**、**寒千鳥**以外は一本立ち系となる個体も分離するため、遺伝的に分枝系品種として固定しているものは意外と少ないと思われる。おそらく露地栽培の播種期が八月の五〜一〇日頃であり、このような暖地の早播きの作型は一本立ち系品種であっても枝が出やすくなるため、茎の下位でピンチしても脇芽が伸びたのだろうと筆者は考える。この中で、露地栽培向けに育成された赤色系品種の**紅潮**、**寒千鳥**、**祝赤二号**、**旭光**、**光輝**は、いずれも開花期が早生であるため、一、二月中に咲いてしまい、最も需要が多い春の彼岸の時期の赤色の品種が待望されていた。そのような時に育成された**彼岸王**《ひがんおう》（図5）、**新彼岸王**（一九七五年、黒川浩育成）は、極晩生の**松戸赤**に、開花が早生で草丈が高く花房のボリュームがある**寒千鳥**を交配した品種である。彼岸時期に咲く開花時期と、**松戸赤**のもつ茎の剛直性・水揚げ・花持ちの良い性質、さらには**松戸赤**より草丈が高く、花房のボリュームも持ち合わせており、発表から四〇年経過した今日においても、千葉県南部では多く栽培されている。

露地の切り花栽培は一九八二年頃に施設栽培の面積・出荷量の割合が上回ると、その後は漸減傾向が続き、今日では施設栽培が圧倒的に多い。**彼岸王**、**新彼岸王**以降に育成された露地用品種は、**ファミリーシリーズ**（クロカワストック育成）の**ピンク・ホワイト**（二〇〇〇年）、**マリン**（二〇〇五年）くらいで、近年育成された品種は極めて少ない。

極早生品種、薄いピンク花色の品種が登場——一九六〇年代

一九五〇年代にアメリカのボール社などからの輸入された一本立ち系の品種は、開花期が中・晩生である点を除けば非常に優れた特性をもっていた。**パシフィックピンク**、**パシフィックブルー**、**パシフィックエロー**（当時のカタログ名のまま）、**パシフィックホワイト**、**ボールホワイトNo16**、**ボールローズ**、**ボールパープル**、**アメリカンビューティー**といった品種があった。特に**パシフィックピンク**は草丈が高く、茎の硬さ、花房のボリュームも十分あり、素晴らしい特性をもっていた。また、花色が当時では貴重なピンクの中間色であったため、その後のピンクの中間色品種育成には欠かせない育種素材でもあった。白系品種では**ボールホワイトNo16**、そして一九七五年頃から輸入された**ホワイトゴッデス**は茎が硬めで広く栽培され、交配親に

も使われた。

　日本では、一九五〇年代の施設栽培はまだ少なかった。当時の栽培方法は、露地用の分枝系品種、または比較的枝の出やすい一本立ち系品種を早播きして、茎の下位でピンチすることにより、一株から数本を切り花として出荷する方法が多かったようだ。また、施設栽培用の一本立ち系品種も、露地で栽培していた。しかしながら、一本立ち系品種を施設栽培する方法が最も高品質切り花出荷に適しており、高級化の時代の流れに従い、施設栽培用の一本立ち系品種の育種が徐々に本格化していった。前述のようにボール社の品種は特性に優れていたとはいえ、改良の余地が全くないということではなかった。特に開花期は遅く、比較的需要の多い一二月出荷は難しかった。

　そのような状況下、川名金治は**松の雪**を栽培していたところ、その中に開花の早い個体を見つけて選抜育成したものが**先勝**《せんしょう》**の雪**（一九六一年）である（図6）。特性は、極早生、白の花色、照葉、草丈は切り花としては低め（施設栽培では約六〇センチ）であった。**先勝の雪**そのものでは特性面では十分ではなかったが、開花時期は、七月下旬播きでは一一～一二月と非常に早いことに誰もが注目した。実際の栽培では、特に長野県で栽培されたようだ。また、その後、極早生品種育成のための交配親として、絶大な貢献を果たす品種となった。

　一九六九年からは、日本での育種が本格化してきたことを如実に示す品種発表が相次いだ。黒川浩は、

図5. 彼岸王　提供：サカタのタネ

図 6. 先勝の雪　提供：ミヨシ

図 7. クリスマススノー　提供：タキイ種苗

図 8. 初桜
提供：サカタのタネ

パシフィックピンクに**緋扇**《ひせん》（坂田種苗〔現・サカタのタネ〕、一九六一年）を交配して**黒川ローズ**、**黒川ピンク**の二品種を発表。この二品種と**黒川チェリー**（一九七五年）は、開花期が晩生の照葉であったが、これまでにないピンクの中間色であり人気となった。花色は、**黒川チェリー**が最も薄いピンクで、日本人好みの桜色である。現在においても日本の市場に限ると、ピンクの中では一番需要の多い花色であり、その先駆け品種である。

極早生品種の育成により栽培地が拡大――一九七〇年代

一九七〇年に、タキイ種苗は**クリスマスシリーズ**のローズ・ブルー・ホワイトの三色を発表し、さらに一九七四年には**クリスマススノー**を発表した（**図7**）。いずれも「自社の中間育成系統」×**先勝の雪**の交配によって育成された。開花時期が極早生で、葉は有毛、草丈・花房のボリュームとも比較的あり、**先勝の雪**の特性をはるかに上回る極早生品種の誕生である。ビニールハウスの普及とフラワーネットの使用、一九七五年以降の洋花志向の相乗効果で千葉県・和歌山県・兵庫県などの暖地や、長野県などの高冷地でも多く栽培されるようになった。[6]

このように高冷地でも高品質な切り花栽培が可能となったことは、ストックの作型に大きな影響を与えることになった。つまり、高冷地で**クリスマスシリーズ**を七月に播種して一一～一二月の年内出荷が可能になり、そのあと一二月から三月の彼岸までは暖地の極早生品種から晩生品種の出荷が続く。以上のように、晩秋から春まで途切れることなく市場に供給出来るようになったのだ。

この頃より個人育種と大手種苗会社のバラエティーに富み、特性の優れた品種が続々と育成された。黒川浩は、極早生、照葉品種である**秋の紅**《べに》、**秋の紫**を一九六九年に発表、第一園芸は、やはり極早生、照葉の**べに姫**（赤色）、**月の粧**《よそおい》（クリーム色）を発表した。いずれも交配親には**先勝の雪**を使っている。福花園《ふくかえん》種苗は一九七五年に**ミスナゴヤ**（極早生、半照葉、桃色の花色）を発表したが、これもまた**先勝の雪**からの分系である。一九七八年には**美里**《みさと》**シリーズ**のパープル・ローズ・ピンクを発表した。いずれも葉は有毛、このうちパープルは極早生である。千葉県南房総市（白浜町）の坊田《ほうだ》繁は、まず一九七〇年代初期に、白浜町暖地園芸指導所の大網登が手掛けていた系統を引き継ぎ、後代から**白浜桃松**《しらはまとうしょう》を、一九七六年には**坊田ローズ**を発表した。いずれも中生の照葉である。

　坂田種苗は、一九七八年に極早生・有毛・ピンクの**初桜**《はつざくら》を発表した（**図8**）。この頃までに、育成されたストックの極早生品種数は増えてきたものの、いずれも特性面での弱点があったことは否めない。開花が不揃い、草丈が低い、茎の硬さがないため倒伏しやすい、花房のボリュームが少ないなど。従って、特性に優れる中・晩生品種を好んでつくる切り花生産者も暖地ではまだ多かった。ところが、この**初桜**は当時の極早生品種としては、名花というに相応しい特性をもっていた。花色はピンク、開花揃いが比較的良く、草丈はハウス栽培で九〇センチ以上になる。茎の硬さも十分あり、花房のボリュームもまずまずであった。八重鑑別がやや難しいくらいで、欠点らしいものはほとんどなかった。既に極早生品種の理想形に近い品種であった。

　こうして極早生品種の発表が相次ぎ、輸入品種を上回る特性をもった品種の登場で、日本のストック育種は、世界でも誇れるレベルに達したことを証明した。

図9. ホワイトワンダー　提供：ミヨシ

オールダブル品種の登場など育成品種の多様化
――一九八〇年代～一九九〇年代前半

一九八二年頃には、ビニールハウスなどの施設栽培が上回ると、次第に施設栽培が中心となった。そして、安定的に大量の切り花供給が可能になり、仕事花として欠かせない品目になった。

ストックは彼岸、盂蘭盆会《うらぼんえ》または葬儀・墓前の花として仏花のイメージが強く、花色が赤系、白のストック切り花の需要は多く、実際に育成された品種も赤系、白が多かった。しかし、極早生照葉品種のサーモンピンクの花色である**秋の桃**（一九八二年）、桜色の**秋の夢**（一九八五年）、さらには極早生有毛品種・桜色の**早麗**《そうれい》（一九八六年）が黒川浩より発表されると、中間色ブームと重なり大変な人気となった。やがて、主に葬儀に使われる白と、日本人好みの桜色の需要の増加が顕著になっていった。

また葉の種類に注目すると、一九八〇年代前半までは見た目が鮮やかな照葉品種が主流であり、有毛品種は非照葉品種とも呼ばれていた。ただし、コナガやアブラムシの被害を受けやすいといわれていた。コナガは薬剤抵抗性がつきやすい害虫でもあり、施設栽培では越冬も可能なため、大きな問題である。有毛品種には葉の表面に毛じがあり、照葉品種より害虫による被害が少ないのではないかと考えられるようになり、照葉品種から有毛品種への転換が急速化した。

また、一九八〇年代には日本のストックの育種の歴史を語るうえで、非常に大きな出来事があった。それは一九八二年、すべて八重花となる品種（オールダブル品種）として**ホワイトワンダー**（極早生・照葉）が、タキイ種苗より発表されたことである（**図9**）。前述のように、ストックの切り花価値は八重花のほうが高いため、切り花生産者は一重花と思われる苗を間引く、八重鑑別を行なう。この八重鑑別作業は技術と経験を要し、ストックの切り花生産を行なう上でネックとなっていた。八重花株だけを残したいところだが、実際には九五％以上の八重花率の確保ができればかなりの熟練者であり、うまくできないと八〇％以下になってしまうこともある。この**ホワイトワンダー**は、八重花株が茶褐色の種皮、一重花株が黒褐色の種皮、のように、種皮の色の違いで八重鑑別が可能な品種である。切り花生産者は、あらかじめ種苗会社が選別した茶褐色種子のみを播種すると、八重花率は九五％以上（実際には一〇〇％は不可能）になる。つまり、切り花生産者にとっては、八重鑑別作業の手間が省けることにもなる。これには誰もが驚き、今後

図10. 雪波　提供：ミヨシ

図11. 朝波

はこのようなオールダブル品種が主流になると思われた。しかしながら、**ホワイトワンダー**は特性面でいくつかの弱点があったことは否めない。その一つとして茎がやや軟らかいこと、花色の純白度が十分ではない、といった点である。その後、タキイ種苗は同じく極早生で有毛のオールダブル品種の**スノーワンダー**（一九八六年）を発表した。坊田慎太郎（坊田繁の子息）も一九八九年に**ホワイトビーチ**（早生・有毛）を発表し、栽培は増加したが、やはりこれらの問題点をクリアすることは予想していた以上に難しく、現在においても日本市場ではオールダブル品種が主流ではない。花色も、白またはクリームイエロー（一九九一年にサカタのタネが**イエロードルセ**を初めて発表）に限られており、切り花生産者はオールダブル品種に興味を示しながらも、特性面で優る従来の品種に戻っていった。

このような時、黒川浩は一九八五年に極早生・白色で茎の硬い**高波**《たかなみ》を育成した。茎の硬さは不十分であったが桜色品種の**早麗**とともに評判となった。さらに一九八七年には**高波**の茎の硬さに、花房のボリュームが増した**雪波**《ゆきなみ》を発表した（**図10**）。また**早麗**の茎を硬く改良した桜色の**朝波**《あさなみ》も一九八九年に発表した（**図11**）。一九八五年以降は山形県など東北地方での栽培が大きく伸びたが、この**雪波**《ゆきなみ》、**朝波**は日本国内の市場を席巻した品種といっても過言ではない。まず、極早生品種の中でも茎の硬さは秀でており、最も需要のある白色、桜色の花色であったことが挙げられる。さらには、花房のボリュームも十分、開花揃いも良いなど、切り花生産者にとっては栽培しやすい品種であり、市場の要望に十分応えられる品質であった。この二品種は、発表後二〇年近くも広く栽培される品種となった。

この時代は、品種の多様化が顕著にみられた。前述のオールダブル品種はその一例であるが、タキイ種苗は、花壇・鉢物用の矮性シリーズとして一九八三、八四年に**ピグミーシリーズ**のホワイトそしてレッド・ローズ・バイオレットを発表した。照葉で従来品種より開花が非常に早い極早生である。また、八重花と本葉の切れ込みが大きくなる形質が連鎖しており、八重鑑別が容易であった。ストックの育種はこれまで圧倒的に切り花用中心であったが、新たな領域を開拓した功績は大きい。その後もタキイ種苗は、一九九三年には花房のボリュームが増した**キスミーシリーズ**を発表し、現在でも栽培は多い。

その他、一九八七年に岩手県の橋本昌幸は、ある染色体だけ相同染色体が三本と一本多く、八重率が高いトリゾミック系品種の**ジャパンハイダブルシリーズ**を発表し注目された。ストックの染色体は通常$2n = 14$の二倍体であるが、トリゾミック系は$2n = 14 + 1$の異数体を含み、虚弱苗を間引けば九〇％以上の八重率になるという。[7] しかし、採種量の問題と品種の品質維持は難しいと考えられ、八重花の品質の問題もあってか、広く普及したという記憶は筆者にはない。

福花園種苗より一九八八年に発表された**鈴鹿シリーズ**は一〇色が揃い、日本で初めてのスプレーストックとして発表された。分類上は晩生・有毛の分枝系品種であり、花色以外の特性は**松戸赤**に類似していた。生育後半に茎の上部で分枝する性質があり、スプレー仕立てが可能である。開花期が晩生であったことが惜しまれるが、その後の新しいストックの用途を生み出すきっかけをつくった。

新花色の登場もあった。日本人は中間色を好む傾向があり、ピンクの中間色についてはすでに出揃っていた感があったが、紫は濃い色の品種は多数あったものの、薄い紫はなかった。一九八九年、第一園芸から発表された**藤娘**（中生、半照葉）は薄い紫であり、これまでの紫とは違う明るい紫色であった。その後の**マリーブルー**（一九九二年、早川一久育成）のほうが早生で有毛であったため人気となったが、この薄い紫色の登場以来、ストックの三大人気花色は、白、桜色、薄紫の傾向が現在まで続いている。

このようにさまざまな特性をもった品種が発表されたが、この時代の切り花生産者が好んで栽培したタイプは、やはり極早生・有毛・一本立ち系品種で栽培しやすい品種ということになる。**雪波**、**朝波**の二品種の他に、坊田慎太郎の**舞シリーズ**も茎が比較的硬く、有毛、開花揃いも良いなど、栽培上の特性に優れていた。まず一九九二年に白色の**雪の舞**、桜色の**桜の舞**、一九九三年には薄ピンク色の**春の舞**、薄紫色の**風の舞**（図12）、クリーム色の**黄の舞**を立て続けに発表した。一九八〇年代から一九九〇年代前半にかけては、日本でのストックの育種はますます進み、個人育種家と大手種苗会社により育成された品種は非常に多い。とても紹介しきれないのが残念であるが、完全に育種のレベルは世界のトップになったといっても過言ではない。その証拠に、日本で育成されたオールダブル品種をはじめ、極早生品種の種子がイタリア・フランスなどの海外へ輸出され始めた。

「カルテットシリーズ」と「アイアンシリーズ」
——一九九〇年以降

一九九三年、黒川浩は極早生・有毛のスプレーストックとして**カルテットシリーズ**のホワイト、チェリー、ピンク、ブルーを発表した。ただし、分類上は極早生・有毛の分枝系品種であろう。従来の露地栽培用分枝系品種を施設内で栽培した場合、草姿は何ら変わらない。茎の上部で分枝しスプレー仕立てにする

図12. 風の舞
提供：ムラカミシード

図 13. カルテットシリーズ

図 14. アイアンシリーズ

ことができるが、その当時は一本立ち系品種が主流であったので、発表後の初期においては消費サイドの用途が見出せずにいた。やがてフラワーアレンジメント・直売所で好評を得るなど急速に需要が伸びると、「スプレーストック」という品目ができ、その後も徐々に需要が増加した結果、現在の切り花市場の約半分はこのスプレータイプである。この**カルテットシリーズ**の優れた特性は、茎が非常に硬いこと、水揚げが良いこと、花持ちが良いこと、が挙げられる（**図13**）。その育成過程をたどると、ルーツは**松戸赤**にいきつく。前述の特性に加えて、茎の上部から分枝する性質、葉面の凹凸があることなど、草姿もよく似ている。最初の四色以降については主に筆者が育成し、現在では二〇色以上になっている。

一方、一本立ち系品種は、**カルテットシリーズ**のスプレー系に対して、スタンダード系と呼ばれるようになった。**雪波**、**朝波**、**舞シリーズ**後の新品種は、品質でこれらを上回ることが出来ず、育種の停滞時期が一〇年近く続いていた。一九九八年に**ピンクアイアン**（クロカワストック育成）は、このような停滞感を打ち破るきっかけとなった品種である。翌年の一九九九年には、ローズ、チェリー、アプリコット、イエローを発表、さらにホワイト（二〇〇二年）、パープル（二〇〇五年）、マリン（二〇〇八年）などの主要花色を加え、**アイアンシリーズ**とした（**図14**）。このシリーズは、開花期が早生〜中生、有毛で葉面の凹凸が多いものである。主な特性としては、節間が短く、茎が非常に硬い、花穂部の詰まりも良く花穂先端部の伸びが少ないため花型が崩れにくい、水揚げが良い、花持ちが良いなど、これまでの一本立ち系品種と比較して明らかに優れた特性をもっている。極早生品種ではないので栽培の容易さはないが、現在のスタンダード系品種の主流であることは間違いない。また、交配のルーツは、やはり**松戸赤**となる。

この**松戸赤**は前述のように、一九四六年に育成された品種である。茎が硬い、水揚げが良い、花持ちが良い、という特性をもっていた。草姿の特徴は葉面の凹凸が多いことであり、現在出回っている品種についても葉面の凹凸が多いものはほぼ間違いなく**松戸赤**の遺伝子が関わっていると思われる。**カルテットシリーズ**、**アイアンシリーズ**、**彼岸王**、**新彼岸王**、**ファミリーシリーズ**、矮性の**ベイビーシリーズ**（二〇一二年、クロカワストック育成）のすべての葉面に凹凸が多いのは、交配のルーツが**松戸赤**であることに他ならない。

今後の育種

戦後から始まったとされる日本のストックの育種は、まずは海外品種を超えるような品種の育成を目標においてきた。やがて極早生品種、オールダブル品種の育成など、世界のトップレベルまで上り詰めた。また同時に、育種の対象品目としてすでに成熟域に達したとの見方もできよう。しかしながら、栽培上の問題点もまだ残されている。

作型は大きく変化し、一～四月出荷が現在では一〇～四月出荷となり大きく前進した結果、夏～秋の高温に遭遇する機会が増した。地球温暖化も拍車をかけており、この時期の異常高温は、花芽分化の遅れ、花飛び、心止まり、などの障害原因になる。年内出荷に関しては、このような高温時にも障害が発生しにくい品種が必要である。

花色においては、最近は二色咲きや濃いクリームイエローの花色の品種が出てきた。ただし、需要の三〇％以上が白であり、薄いピンク、薄い紫の三色で、八〇％近くを占め、特殊な色の需要は意外に少ない。海外市場向けの育種も大切である。白色、濃い紫色、濃い赤色、などの需要が多く、日本で人気の桜色は需要が極めて少ない。オールダブル品種は、白、クリームイエローの花色以外は難しいと思われるが、市場を席巻するような品種が未だなく、今後が期待される。

病害についても、フザリウム＝オキシスポラムという糸状菌による萎凋病が各地で問題となっている。また、コナガ、ハイマダラノメイガの幼虫による食害も多い。耐病害虫品種育成も課題として残っている。

第16章

コスモス

稲津厚生

はじめに

「秋桜《アキザクラ》」とも呼ばれるコスモスの仲間、すなわちコスモス属（*Cosmos*）の野生植物は、メキシコを中心に米国のアリゾナ州からアルゼンチン北部にいたる地域に、約二五種が知られている。それらの中には一年草の種と多年草（宿根草）の種が含まれるが、花として広く栽培されているのは一年草種のコスモス（ビピナタス種 *C. bipinnatus* Cav.）とキバナコスモス（スルフレウス種 *C. sulphureus* Cav.）である。一方コスモス属の多年草種の中で園芸植物として最近関心が高まっている種に、チョコレートコスモス（アトロサンギネウス種 *C. atrosanguineus* Hook.）がある。[1]

ここで、今日の日本におけるコスモス属園芸植物の利用を通覧する。まずコスモスは鉢用、花壇用および切り花用としての栽培に加えて、景観植物としても広く利用されている。秋の風物詩として代表的な花で、国営昭和記念公園といった大公園、休耕田やスキー場のコスモス園、長野県佐久市の花街道などの修景に貢献している。これに対してキバナコスモスでは鉢用、花壇用の利用が中心で、耐暑性があるところから、暖地の夏花壇ではコスモスよりもよく育つ。なお沖縄で夏〜秋にコスモスを栽培するとうどんこ病の被害がひどく、キバナコスモスが利用されるという。一方、チョコレートコスモスは、チョコレートの色と香りをもつ花がユニークで、鉢花、あるいは切り花（アレンジの花）としての利用が主である。最近では花と名称の特徴から、聖バレンタインデーにおける切り花の消費が多い。[1][2][3][4]三種を通じて、品種改良と多様な品種の普及の点で、日本は世界のトップレベルである。

原生地のコスモス属と栽培植物としての夜明け

1　原生地のコスモス属を訪ねて

筆者は、コスモス属の研究仲間で、園芸植物としてのチョコレートコスモスにおける第一人者である奥《おく》隆善《たかよし》とともに二〇〇六年九月にメキシコを訪れ、テスココ市のチャピンゴ自治大学・メヒア教授、エスピノーサ教授らの案内で、標高二四〇〇メートルにある大学の研究圃場および、標高一二〇〇～二六〇〇メートルの市街地、さらに周辺の耕作地や自然植生地を巡った。

その際、野生コスモスの群落を、標高一六〇〇メートル以上の休耕地やトウモロコシ畑等の雑草として、また道路沿いの道端植物としてよく見かけ（**図1**）、日本の観光コスモス園を思わせるような大群落にも出会った。野生コスモスの花色はピンク（桃）色であるが、大群落を注意深く観察することによって、ピンク色花の他に、ごく低頻度ながら白色（ホワイト）花や濃紅色花（クリムソン、赤色花とも呼ぶ）といった個体の混在する場合があることを複数の観察地点で認めた。メキシコではコスモスの白花を集めて結婚式に使うことがあるようで、白花は少ないため縁起物なのであろう。右記の三種類の花色は、園芸化されたコスモスにおいて早い時期に品種化された形質でもある。このように、コスモスではピンク色が野生型、赤色と白色が生じやすい突然変異型の花色である。

一方野生キバナコスモスは、その折の調査では標高一二〇〇メートルの訪問地一ヵ所だけで観察された。標高の高い場所からこの地まで下る途中でも、またその帰路でも、野生キバナコスモスを見ることはなかった。そこで、標高一二〇〇メートル以下がキバナコスモスの分布域である可能性がある。いずれにせよ野生コスモスと野生キバナコスモスの分布域には明確な標高差があり[5]、この事実が園芸植物としての両種間に耐暑性の相違が存在する要因として重要であると思われる。

チョコレートコスモスもメキシコが原産地であるが、「自生地では絶滅し、一株由来の個体群だけが挿し木によって維持されてきた」といううわさが園芸家・植物学者などの専門家の間でも広がっている[1]。

なお二〇一五年にメヒア教授（前出）に改めて照会したところ、メキシコにおける自生地の標高は、コスモスでは一六〇〇～三〇〇〇メートル、キバナコスモスでは〇～一二〇〇メートルとのことであった。また野生のチョコレートコスモスが今日もメキシコの山野に生存しているか否かについて、筆者は友人の奥隆善の信念に影響を受けていて、探索の余地が残っていると考える。ところで、原産地のメキシコでは従来コスモス属の品種改良は行なわれてこなかったが、最近になってメヒア教授とエスピノーサ教授らによって着手され進展しており、原産地の利点を生かした今後の成果が期待される。

2　マドリード植物園と命名者・カバニレス

「コスモス属」の命名者は、スペイン王立マドリード植物園のホセ・カバニレス（一七四五～一八〇四年）である。神父であった彼は、フランス革命以前にパリの自然史博物館で植物分類学を学び、やがてスペインにおける植物学の祖と称された[3][6]。

図1. メキシコシティ近郊の野生コスモス。遠方に見えるのはティオティワカン遺跡。

コスモスとキバナコスモスは、彼が手掛けた『植物図説』全六巻（一七九一〜一八〇一年）の第一巻（一七九一年刊）に、自ら描いた図版とともに記載された（**図2**）。これらの植物の「花序」の美しさに因んで *Cosmos* の属名が選ばれたものと思われる。この語はギリシャ語では Kosmos で、装い、美麗、秩序、宇宙などの意味がある。コスモスの種小名 *bipinnatus*（ビピンナタス）は、複雑に切れ込んだ（二回羽状の）葉の形を示す。一方キバナコスモスの種小名 *sulphureus*（スルフレウス）は「硫黄色の」の意で、花色に因む。また命名者が異なるチョコレートコスモスの場合、種小名 *atrosanguineus*（アトロサンギネウス）は「暗血紅色の」の意で、花色にもとづく。

図2. 命名者カバニレス神父が描いたコスモスの図版

3　栽培化と伝播

マドリード植物園では、メキシコから種子が運ばれた一七八九年に直ちにコスモスが栽培され、一〇〜一二月に花が咲いている。キバナコスモスについても同様であろう。また一七九九年、両種がマドリード植物園経由で英国へ贈られている。コスモスについては、次いで一八一三年発行の『カーチス植物学雑誌』に紹介された。これらを総合すると、両種は、一八世紀の末、もしくは一九世紀の初頭に欧州で栽培が始められ、その後温帯地域の観賞植物として急速に伝播したと考えられる。従って、園芸植物としての歴史は約二〇〇年である。[(1)(7)(8)]

米国やカナダへのコスモスの伝播は、ヨーロッパ経由であったという説がある。一方初期のコスモスの品種改良は主としてアメリカのカリフォルニア州やジョージア州で進められ、一八九五年までには、花色として桃色以外に赤、白色が育種された。また花

＝花序の直径は増大し、舌状花弁＝花冠は幅広くなって隣り合った花冠が隙間をつくらない「重ねの良いもの」となり、観賞価値が増大した。さらに一九世紀末頃から、花序中心部の筒状花弁が舌状花弁と同様に着色して大形化する、いわゆる八重型が出現している。(8)(9)

コスモスにくらべてキバナコスモスの欧米における栽培化と伝播は遅れたように見える。『花の育種』という、書名に特化した内容の著作を先駆的に遺し、コスモス属についても多くを論述した宇都宮大学の斎藤清（一九一三～九九年）は、「この種類が園芸化され始めたのは一九世紀の末」とした。(8)立ち遅れたのは観賞価値が低くみられたからか、あるいはコスモスとくらべて生育適温が高温側であったためであろうか。

チョコレートコスモスの場合、一九世紀に原産地で発見され、一八六二年にタネがヨーロッパに持ち込まれて園芸化されている。(10)(11)

コスモス（ビピナタス種）の品種改良日本史

1　導入

岩佐亮二（植物育種学・園芸文化史学、千葉大学）が作成した「日本園芸史年表」の中には、「一八四二（天保一三）年　オランダ人ダリアを船載する。このころカラー（カイウ）・コスモス・ノウゼンハレン・アマリリス・キンギョソウ・オランダイチゴなどが伝えられる」とある。(12)また一八六二（文久二）年の冬に帰国した幕府の遣欧使節の報告書には、コスモスやクロタネソウを持ち帰ったことが記録されている（山口聡　私信）。従って、コスモスが最初に渡来したのは江戸期・幕末であり、すでに複数のルートがあったとみられる。

続いて一八七九（明治一二）年には、イタリア政府から工部美術学校（現・東京芸術大学）に派遣されていた彫刻科教師・ラグーザがコスモスの種子を持参したとされる。こうしてコスモスの栽培が始まり、明治三〇年頃にはアキザクラ（秋桜）と呼ばれていた。[6][11]

2　普及

日露戦争（一九〇四〜〇五年）以後は、日本各地に急速に広まったといわれる。この拡散には、一九〇九（明治四二）年、文部省が栽培法付きで全国の小学校に種子を配布したことも関係すると思われる。これに呼応するように、田山花袋『田舎教師』（一九〇九年）など、文学の世界にもコスモスが少なからず登場する（山口聡　私信）。

外来のコスモスが日本中に伝わり、花壇等での栽培条件下ではもとより、半野生植物としても短期間のうちに分布を広げた主な理由には、①コスモスの生育と日本の風土との相性の良さ、②花の姿や色彩などが日本人の美意識と共鳴、といったことが挙げられる。

3　大正〜戦前までのコスモスの形質と品種改良事情

一九一四（大正三）年の『日本園藝雑誌』に掲載された土屋五雲《つちやごうん》（静岡縣御殿場・双子コスモス園主）による記事[13]に、「花も實も共に優美なる〈コスモス〉は、花卉中関脇の位置にあり。近來、非常に流行し、賞賛せられつゝあり。余は数年當園に於て、新種の選出に苦心し、稍《ようやく》雑種を得しも、未だ充分の成績を見ず。目下實験研究しつゝ培養し居れり」とあるが、これが筆者が目にした中では、日本における最も古くて明確なコスモス品種改良の記述である。さらに「品種　一、白　二、桃色　三、赤　四、赤と桃色の中間色　以上の四種は性状形態、何れも異なる所なく、又培養法に難易あるなし。」「(四月上旬に播種し)十月中旬満開となり、十一月下旬漸く終る。」とあり、明確に「品種」を記載している。

一九二六(大正一五)年に、東京帝国大学農学部の三宅らが発表した論文「コスモスノ遺傳」に記された生殖様式の特徴や花色等に関する遺伝分析の成果は、その後、品種改良や採種を検討する上で、貴重な示唆となった。ここに一部を抄録する。①花色のうちピンクおよびクリムソンとホワイトとの違いをもたらす C—c 対立遺伝子について——優性 C の存在下でピンク、クリムソン発色、劣性ホモではホワイトになる。②優性 C 遺伝子の存在下で、クリムソンとピンクの相違をもたらす I—i 対立遺伝子について——クリムソンが I による優性形質。③優性 C 遺伝子の存在下で、全色花と櫻色花の相違をもたらす S—s 対立遺伝子について——劣性ホモにおいて発現する櫻色花では、赤色系の発色が斑入り状、暈《ぼか》し状に現れ、濃淡の変異が著しい。[14]

世界的にみても、これらがコスモス花色の遺伝学研究の源流である。

4　早生品種

秋桜と呼ばれ、短日開花性が明瞭であったコスモスにおいて、その開花性が顕著に薄れた早咲き性＝夏咲き性品種である世界初の早生性コスモス、**アーリーセンセーション**が米国のエドランド夫妻によって育成・発表されたのは、一九三六年であった。この品種は全米花き審査会(オールアメリカセレクションズ「AAS」)で入賞を果たした。今日の商業品種の多くがこの品種の開花特性を受け継ぐ早生である。[1] ところが、その発表よりも三年早い一九三三年に、クリムソン・ピンク・ホワイトの花色別三品種をもつ品種群**アーリーダブル**という早生性コスモスの販売を始めた日本の種苗会社があった。札幌採種園（一九三一年創業）であり、育成者は創業者である望月正門[15]。通説と異なり、世界初の早生品種は**アーリーダブル**であったことになり、興味深い。

5　花形の遺伝学的研究と品種改良

ここで業績を紹介する佐俣淑彦《さまたよしひこ》（一九一六～八四年）（**図3**）は、東京大学農学部卒業（食用作物学専攻）の約一〇年後、花の育種学を志して東京大学大学院に入学する。観賞価値と均一度の高い品種が皆無であった八重咲きコスモスと出会い、その花形の遺伝・育種学的研究に着手した[6][16]。

佐俣の研究の中核となる一分野は、花形の遺伝学的解析である。コスモスで「花形」といえば頭状花序全体の形態を指す。**図4**には、コスモスの花形を例示した。最も普通の花形は野生コスモスと共通の「野生型一重」である。この花形の場合、花序の周辺部に位置する八個の舌状花と中心部に位置する五〇～一〇〇数十個の筒状花（黄色で品種による相違はない）から構成される。なお単に「花色」といえば、舌状花における花冠の発色を意味する。花色は品種によって異なるが、コスモスの場合の基本は、歴史的には桃、赤、白色である。

佐俣は一九六五年に玉川大学農学部教授として赴任し、一九七一年から佐俣研究室に勤務した筆者も、学生とともに師の教えを受けた。佐俣によるコスモスの花形遺伝学を抄録すると、**表1**のようになる。表中の対立遺伝子 S—s と、三宅らの櫻色花変異体に関与する対立遺伝子 S—s は[14]、記号は同一であるが、異なる形質について別の研究者が独自に表記した別物である。

佐俣は自身の遺伝学的知識を踏まえて、品種改良の目標を**図4**に示すDcの花形（丁字型優良八重）に置き、

図 3. 佐俣淑彦

野生型一重 (Sw)

周辺花副花冠型一重 (Ms)

周辺花筒状型一重 (Mt)

ポンポンダリア型八重
(Dp)

丁字型八重（中心花舌状伸長）
(Dc)

丁字型八重（中心花筒状伸長）
(Dt)

図 4. コスモスに見られるさまざまな花形

表1．花形の分類と遺伝子型

花形の分類基準（花冠の形態的変異）		遺伝子型	花形の名称（記号）
D、*d* 遺伝子による中心小花の変異	*S*、*s* 遺伝子による周辺小花の変異		
筒状花型	野生型（＝舌状花型）	*SSdd*	野生型一重 (Sw)
	副花冠型	*Ssdd*	周辺花副花冠型一重 (Ms)
	筒状型	*ssdd*	周辺花筒状型一重[3] (Mt)
偽舌・偽筒状花型[1]	野生型（＝舌状花型）	*SSDD*	ポンポンダリア型八重[4] (Dp)
		SSDd	丁字型八重[4] (Dc, Dt)
	副花冠型	*SsD*－[2]	周辺花副花冠型八重[4][5] (MsD)
	筒状型	*ssD*－[2]	周辺花筒状型八重[3][4][5] (MtD)

(1) 舌状花の花冠に似た形態のもの（偽舌状花型）、筒状花の花冠に似た形態のもの（偽筒状花型）の相違はあるが、野生型の舌状花および筒状花と同じ形態のものはめったに認められない。

(2) *D* － =*DD* または *Dd* であることを表わす。中心小花の花冠が、*DD* ではポンポンダリア型八重咲きと同程度に発達し、*Dd* では丁字型八重咲きと同程度に発達することになるが、両者の区別は省略した。

(3) 遺伝子型 *ss* に作用する変更遺伝子群（M^S 遺伝子群）の相違によって、周辺小花における花冠の発達程度（大小）や発色の変異を生じる。

(4) 遺伝子型 *DD* および *Dd* に作用して、中心花における花冠の発達程度を支配する変更遺伝子群（M^D 遺伝子群）の相違によって、八重咲きの特徴の発現程度に Dc、Dt のような差異が生じる。

(5) 図4に示す2種類の花形の複合型。
MsD=Ms+Dp、Dc または Dt、MtD=Mt+Dc または Dp、Dt。

図５. 園芸的には八重咲き品種とされるが、遺伝学的には一重咲きの１タイプと推定される**ダブルクリック**。　提供：タキイ種苗

遺伝学、育種学、生理学などを組み合わせた学術研究の結晶として、一〇〇%が優良八重になる種子繁殖系統の育種システム確立に成功し、学術的に高い評価を受けた[9,17,18,19]。ところが佐俣のシステムを利用するには、経験と経費・時間が必要で、今日までのところ実用品種の作出には至っていない。

一方ミヨシは、自社の維持系統から優良丁字咲き個体を選抜すると同時に、自社開発の組織培養を伴う繁殖法を用いて、栄養繁殖性丁字型八重・**ブライダルブーケ**品種群を育成した。二〇〇二〜〇六年に花色別の四品種が登録されている[20]（「登録」もしくは「品種登録」の語を、本章では一九七八年以来の日本における育成品種保護制度「種苗法」にもとづく語として用いる）。ところが、ミヨシがこれらの品種を販売したのは二〇〇一〜〇五年の五年間のみであった。その後における販売停止の要因は「挿し木で発根はするが、ポット苗にすると徒長して、良い形状の苗生産が困難」ということにあった。

ここで、コスモスにおける他の花形の育種であるが、**図４**の周辺花副花冠型一重と共通する花形の品種に**サイケ**がある。また周辺花筒状型一重と共通する花形の品種に**シーシェル**がある。**サイケ**はフランスで育種され、**シーシェル**はサンヒ社（オランダ）が開発した品種であるが、両品種ともに現在、日本の多くの種苗会

図6. 世界初の黄色コスモス：**イエローガーデン**

社が取り扱っている。加えて、これらに類似する花形の品種が、日本の育種家、種苗会社によって独自に育成されてもいる。[1][18][20] さらにテジェ社（フランス）が二〇〇五年より販売した新品種**ダブルクリック**（**図5**）では、相当数の中心小花が、筒状形ではあるが野生型の周辺花のように大型に発育し、花冠の色も野生型の黄色ではなく、株ごとにピンク、クリムソン、ホワイトを呈するようになったものであると、筆者は推定している。この品種は園芸的には八重咲き品種として扱われているが[21]、数は減少していても、どの株の花序にも結実（種子を稔らせること）に支障がない程度の野生型中心花が残っている点で一重咲きの特性を示し、複雑な操作をしなくても採種が可能である。

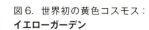

6　花色の遺伝学的研究と品種改良

〈イエローガーデン〉から〈キャンパスシリーズ〉へ

一九五七年、佐俣は研究のフィールドであった東京大学田無農場において、クリムソン花色の八重咲きではあるが花弁の一部が黄色である一株を発見し、その黄色を、野生型一重コスモスの舌状周辺花へ取り込む実験に着手した。その第一歩は、上記変異体を用いて人為的な自家受粉を行なうことであった。この結果、一般に自家受精が起こりにくいコスモスではあるが、自殖種子一五粒を得た。翌一九五八年には周辺花が黄色の二株が育った。しかし、それらの花形は一種の奇形であり（**図4**、**表1**の周辺花筒状型一重、ただし図4の例のようには周辺花が大形ではなくて、貧弱であった）、遺伝学的には後代で野生型一重の黄色コスモスを得ることが不可能であった。

このために、一九五九年には黄色花色の花形奇形株と他花色で正常一重咲き株とが混在する集団を設けて採種した。翌年以降は、数百〜数千株の後代を栽培して、黄色発色がより強い野生型一重の花を咲かせる約五〇個体を毎世代選抜して次代種子を採るという方法（集団選抜育種法）を繰り返した。初期には淡黄色花しか得られず、花形にもばらつきがあったが、徐々に鮮明な黄色発色で正常花形（ここでは野生型一重）の株の割合が増加した。佐俣は、これについて雑誌『遺伝』に「（変異体の発見から）二五年後の今日ようやく（中略）黄色のコスモスの育種に成功した」と述べたが[23]、翌一九八四年に、現役教授のまま鬼籍の人となる。

黄色コスモスの普及は、園芸界・種苗業界が期待するところであり、佐俣の願いでもあったことから、遺族の同意のもとに一九八五年、玉川学園は黄色コスモスの品種登録を出願した。その際には、佐俣の後任教授・中島哲夫の尽力があり、加えてサカタのタネと第一園芸の助言を受けた。この結果、佐俣が黄色コスモスの起源となる変異体を発見してから三〇年（秋と春の選抜で、約六〇世代）後にあたる一九八七年に、世界初の黄色コスモス（図6）が**イエローガーデン**の品種名で登録され（育成者：佐俣淑彦・稲津厚生、登録者：玉川学園）、翌一九八八年から右記の種苗会社二社を起点として種子が販売されることになった[16][18][20]。

話題を現役の佐俣に戻そう。氏は一九七〇年、育種中のピンク花色系統の中に、ピンクとは異なる色調の花を咲かせる株を見いだした。その花色は、ピンクと同様に淡い赤色系ではあるが、ピンクと比較して鈍い発色であることにおいて明確に区別できるところから、これをスモーキーピンクと名づけた。続いて一九七三年、スモーキーピンクとクリムソンの交配後代（F_2）に既知の花色と異なる個体が出現し、クリムソンと比較して青色味に欠けるとともに赤色味が深いという特徴により、ディープレッドと名づけた。かくしてコスモスにおける赤色系花色は、在来のピンクとクリムソン、新花色のスモーキーピンクとディープレッドの合計四種類となった。[22][23][24]

玉川大学育種学研究室では佐俣の指導の下で、イエロー（後の**イエローガーデン**）、スモーキーピンク、ディープレッドの三種類の新花色系統とピンク、クリムソン、ホワイトの三種類の在来花色系統、合計六種類の花色別維持系統を実験材料とするコスモスにおける基本花色の遺伝子分析を行なってきたが、佐俣逝去の後、黄色コスモスの販売が実現したことを機会に、特に黄色コスモスの遺伝学と色素化学的特性についての研究を促進する意義が痛感された。そこで、六種類の花色別維持系統間の交配とその後代および維持系統（＝親）を用いたさらなる各種の交配、また各世代における花色・花色素の観察に励んだ。

供試系統とそれらの雑種の後代を育成して観察した結果、四種類の対立遺伝子（群）の組み合わせで発現する一六種類の花色系統（**表2、図7**）の成立が確認された。[24][25] これらは学術的な関心から育成したものであったが、中には園芸品種として有用と思われる新花色も含まれていたので、形質の固定が進んだものからサカタのタネに種子を持ち込み、評価を委嘱した。その結果、新たにキャンパスシリーズ（以下の四種類）が、二〇〇二〜〇七年に登録され、順次発売された。なおこれらは何れも、**イエローガーデン**と同様に、秋咲き・高性である。[2][20][26]

①**イエローキャンパス**（**表2**のP型〔ピンク型〕イエロー）：**イエローガーデン**（**表2**のC型〔クリムソン型〕イエロー）の舌状花弁の裏側に見られる赤系の着色を除いた鮮明な黄色花。**イエローガーデン**、**イエローキャンパス**ともに、舌状花弁基部が白色であることからいえば二色花。

②**オレンジキャンパス**（表2のイエローP〔ピンク〕）：黄色にピンク色を重ねた花色。舌状花弁基部には、

表 2. コスモスの 16 花色における遺伝子型[1]

花色区分	*IISpSp*	*IIspsp*	*iiSpSp*	*iispsp*
赤色 *CC*(Y)	クリムソン (C)	ディープレッド (Dr)	ピンク (P)	スモーキー ピンク (Sp)
白色 *cc*(Y)	C 型ホワイト (C 型 W)	Dr 型ホワイト (Dr 型 W)	P 型ホワイト (P 型 W)	Sp 型ホワイト (Sp 型 W)
黄赤色 *CC*(y)	イエローC (YC)	イエローDr (YDr)	イエローP (YP)	イエローS p (YSp)
黄色 *cc*(y)	C 型イエロー (C 型 Y)	Dr 型イエロー (Dr 型 Y)	P 型イエロー (P 型 Y)	Sp 型イエロー (Sp 型 Y)

遺伝子 *C* と *c*、*I* と *i* は三宅らによって報告された（P.384）。*Sp* と *sp* は、赤色花の色調に関与し、前者がクリムソンとピンクを、また後者がディープレッドとスモーキーピンクを発現させる遺伝子として佐俣らによって報告された。*C*、*I*、*Sp* は完全優性を示すので、この表ではホモ遺伝子型で代表させて表示した。イエロー発色には複数の遺伝子対が関与すると推定されたことから、優性の傾向を示す非イエロー発色の遺伝子群を（Y）、劣性の傾向を示すイエロー発色の遺伝子群を（y）として表示した。

図 7. コスモスにおける 16 花色遺伝子型の花序。配置は表 2 に対応している

a= 赤色花　b= 白色花　c= 黄赤色花　d= 黄色花

ピンク部分および紫赤色部分があり、その意味では三色花。
③**イエロークリムソンキャンパス**（後に**クリムソンキャンパス**と改称）（**表2**のイエローC〔クリムソン〕）：黄色にクリムソン色を重ねた花色。従来のクリムソンと比較して青色味が弱く、黄色味を伴う。舌状花弁基部には、濃桃色部分および赤紫色部分がある三色花。
④**ディープレッドキャンパス**（**表2**のディープレッド）：ダリアなどでも、アンティークカラーの花色に対する嗜好が高まったことも、商品化を可能にした要因であると思われる。

図8. 複色花のコスモスとして最も普及している**センセーションラジアンス**
提供：小須田進

図9. 日本発の模様花色品種　提供：小須田進

二色以上からなる模様を特徴とする花色の品種　この区分の花色としてコスモスで最も普及しているのは、ピンク色の舌状花冠の基部にクリムソン色の幅広いブロッチをもつ**ラジアンス**である。アメリカで育成され、一九四八年にデビューした時の名称は**センセーションラジアンス**（**図8**）であり、ＡＡＳで[1][2][15]受賞。今日この花色について、日本の種苗会社各社は独自に選抜して優秀性を競っている。

一方、日本発の模様花色品種として、一九七〇年頃には**あかつき**および**ピコティー**が育成された（**図9**）。これらについては「白地に濃紅色や桃色の覆輪をもつ花色」等と表現することが可能で、品種内の個体間および個体内の花序間で変異がある。気温の影響も受けやすく、低温で紅・桃色部が増加する。花壇でも切り花でも、いわば模様の多様性を楽しむ品種である。育成者は**ピコティー**が長野県の採種業・育種家（導樂園々主）酒井保で、均一性について「二〇年懸かってもこのざま、これ以上よくはできない」と言いつつ一九七〇年の第一園芸による発売に同意している。一方**あかつき**を育成したのはサカタのタネで、一九七三年発売[1][15]。現在のカタログにも健在であるが、**あかつき**のように変異性を持つ品種では特に、一度完成と判断しても、その後も絶えず選抜を続けることが重要である。

加えて柏学園の理科教諭にして育種家でもあった長田潔（葛飾区柴又）の育成品種**日の丸**は一九八八年に、また**ハッピーリング**は二〇〇三年に、それぞれ登録され、第一園芸から発売された（**図9**）。長田が出発点の変異体に着目したのは一九五七年であったという。前者の花色は、淡赤〜白色舌状花冠の基部に濃赤色の刷毛目状模様が日の丸状に鮮明に入るものである。一方後者の花色においては舌状花冠の基部がピンク白色、中央部が紫赤色、周囲が鮮紫ピンクであって、花序全体として黄色の中心花部の周囲を色調が異なる赤色系発色の三重のリングが囲んでいる[1][20][21]。これら二品種の花色は、コスモス花色の遺伝学において先駆的な研究を行なった三宅らが櫻色とした花色[14]の特徴をもつ。

7　四倍体品種

倍数体を作出する手法であるコルヒチン処理（詳しくはコラム「倍数性育種」参照）を実施して、コスモスにおいて最初に四倍性品種の育成に成功したのはフランスのビルモーラン社であり、一九五〇年代のこと。その品種**ベルサイユ**の花色は**ラジアンス**と共通であるが、舌状花冠に厚みがあることと花序を支える茎＝花首が太く短かいことから輸送性に優れ、特に切り花としての利用価値が高い[1][8]。

この品種の優秀性に着目した日本の各種苗会社は、やがて自社の選抜と採種による**ベルサイユ**を育成し、**ベルサイユスペシャル**、**○○のベルサイユ**（○○は社名）などの品種名で商品化した。一方では、**ベルサイユ**の採

コラム　倍数性育種

植物界においては近縁（特に同じ「属」）の種間あるいは種内に、基本となる染色体数の整数倍の相互関係が見出されることが多い。その際、基本数を x で表わし、体細胞の染色体数（「$2n$」で表す）が $2x$ の場合を二倍体、$4x$ の場合を四倍体と呼び、$6x$ であれば六倍体とする。$2n$ の半分、すなわち n は胚のうや花粉のような配偶体（またその中に形成される雌性の卵細胞や雄性の精核のような配偶子）の染色体数を意味する。$2n = 4x$ の種と $2n = 2x$ の種が雑種をつくるときには、$2n = 3x$ の三倍体になる。三倍体以上を倍数体として扱う[1]。コスモス属では、コスモスやキバナコスモスは $2n = 2x = 24$ の二倍性であるが、チョコレートコスモスやカウダータス種は $2n = 4x = 48$ の四倍性である。

1937 年に米国のブレイクスリーと彼の助手であったアヴェリーがユリ科イヌサフランの鱗茎が含む化学成分であるコルヒチンの溶液で種子もしくは芽を処理することによって、倍数性が変化した植物体が作出できることを明らかにした。同じ種類の染色体セットが増加したものを同質倍数体というが、それらではしばしば組織や器官の巨大化が起こり、花きの場合には太くて頑丈な茎、重厚な葉や花弁、花の大輪性などの点で期待が持てる[1][2]。

種過程で見出した枝変わり実生、および**ベルサイユ**とは異なる花色の二倍性品種群である**センセーションシリーズ**にコルヒチン処理をして育成した四倍性系統、並びに改良した**ベルサイユ**自体を素材とする倍数性育種に取り組んだ会社もあった。

このような手法で、例えばサカタのタネからは**レッドベルサイユ**のほか、**フラッシングピンク**（一九九二年登録、花弁の色は淡紫ピンクで基部に紫ピンクが入る）、**ピンクベルサイユ**（一九九二年登録）、**ホワイトベルサイユ**（一九九五年登録）が発表された。それらの育成経過であるが、例えば**ピンクベルサイユ**では、一九八三年のコルヒチン処理によって**センセーションピンキー**の四倍体を作出している。続く一九八四年、この作出系統を**ベルサイユ**に交配し、その実生から、草姿および開花期が**ベルサイユ**と同様で花色がピンクの個体を選抜した。以後選抜を繰り返しながら固定を図り、一九八八年に目的の特性が固定していることを確認して育成を完了している。

このように自社のコルヒチン処理系統だけから品種を育成せずに、それらと**ベルサイユ**の交雑後代で、**ベルサイユ**とは主に花色だけが異なる四倍体品種の育種を完了した例がミヨシにも見られる。これらの経過は、コスモスにおける倍数性育種の先駆け品種である**ベルサイユ**がいかに優秀であるかを物語っている。

8　わい（矮）性品種

コスモスにおいて待望されていた本格的なわい性品種として最初にデビューしたのは、一九九一年のヨーロッパの花き審査会・フロロセレクト（ＦＳ）で金賞を受賞した白色花品種の**ソナタ**である。種子はボール社（米国）から発売された。**ソナタ**の草丈は標準的な栽培条件下で約四〇センチ程度であり、開花期については極早生である。日本ではコスモスの鉢花生産も盛んであるところから、**ソナタ**とともに、こ

図 10. 札幌生まれのわい性品種群であるビッキーシリーズ
提供：札幌採種園

ビッキーラジアンス

ビッキーピンク

ビッキーレッド

ビッキーホワイト

図 11. 夏山の夕陽を連想して命名された世界初の緋赤色花キバナコスモス・**サンセット**
提供：岩手県柴波町

図12. **サンセット**の生みの親、橋本昌幸

れに続いて、草丈と開花習性が共通するピンク、クリムソン、ラジアンス花色の姉妹品種が短期間のうちに出現・普及した意義は大きい。[1][2][21]

一方、国内育成のわい性品種には、札幌採種園が開発した**ビッキー**品種群（図10）がある。それらはいずれも**ドワーフセンセーションミックス**の選抜個体の実生からさらに選抜され、以後固定を図りながら特性を安定させたものである。はじめに品種登録されたのが**ビッキーラジアンス**（二〇〇七年）であり、以後花色別の三品種（レッド、ピンク、ホワイト）が次々に登録された。[20]これらの育種では会社創業以来の大量のコスモス採種栽培で検出した変異体が活用されたものと思われ、育成者には創業者の子孫が名を連ねる。さらに**ビッキー**の名称は創業者の愛犬の名前ということであり、育成者の愛情と先人からの伝統継承の重みを感じる品種群である。

キバナコスモスと橋本昌幸

日本人が作出したキバナコスモスの品種で世界初の形質といえば、**サンセット**の緋赤色花であろう[27][28]（図11）。作出したのは、岩手県の育種家（「育種屋」と自称）橋本昌幸《はしもとまさゆき》（一九二八〜二〇〇三年、橋本農園経営）（図12）。**サンセット**は一九六六年におけるＡＡＳの金賞受賞品種。金賞はめったに出ない賞で、橋本の受賞は日本人初の快挙であった。

橋本[29][30]は、養蚕業（蚕種商）を営む旧家の生まれで、父・善太は独学で勉強した遺伝学を活用して養鶏業でも成功した。一九四〇年には一羽のニワトリが一年間休むことなく卵を産み、年間産卵数の世界公認記録を樹立している。当時の岩手県知事が大変喜んで、ニワトリに善太の名を冠してゼンタックスと命名したそうである。昌幸は、子供の頃から折にふれて父が「講義」してくれる遺伝学に興味を示した。父は昌幸に養蚕業を継がせたかったのだが、どうしても遺伝学が勉強したくて、旧千葉農専（現・千葉大学園芸学部）に進学、同校卒業の後も北海道大学理学部研究生、九州大学理学部助手として主に細胞遺伝学の研鑽を積んだ。やがて花き育種家として成功を収める。その橋本親子は、ともに先祖から受け継いだ価値を継承しながらも、そこに安住することなく独創性・チャレンジ精神を磨いた。奇しくも、それぞれ悔いること無き精進の末に「世界初」を成就したのである。

さて橋本昌幸におけるAAS金賞の受賞物語は、終戦後間もない一九四七年に始まる。千葉農専の学生だった橋本は、友人に誘われるままに、学内見本園へと歩を進めた。そこで目にした花が、初めて見るキバナコスモス、オレンジ色と黄色の花だった。橋本の思い出。

> 引きつけられるような感じで、その傍らに立ったとき、オレンジ色の方の花が、夏の午後の太陽を浴びて、何ちゅうのかなあ、私の目の前で、チカーッと赤く輝いたような気がしたんですよ。その瞬間、私は、この花は赤くすることができるぞっ！と感じたんです。それからでしたね……。

なおこのとき見たキバナコスモスの草丈は一～一・二メートルで、橋本の心にはわい性キバナコスモス育種の夢も芽生えたに違いない。

一九五〇年以降、橋本は岩手の自営農場（岩手県紫波町日詰）で、とりつかれたようにキバナコスモスの育種に打ち込んだ。アメリカの育成品種**オレンジ・ルフレス**を出発点として選抜を進めたところ、オレンジの花冠に、細いけれどもキラキラと輝く赤い縁取りが出てきた。いよいよこれからだと意欲を燃やしていた折の一九五二年、橋本は肺結核で倒れる。何と、そこに「アメリカで赤いキバナコスモス発表」の報が飛び込んできた。育種において先を越された悔しさと病苦とで失意のどん底へ。自分のタネは友人に「くれてしまった」。

一方、自分に敗北感を起こさせた品種とはいかなるものか確認すべきであると考え、翌一九五三年には、その品種**フィエスタ**の種子を取り寄せて育てた。すると、縦縞状にくすんだ赤が現れた。こんな品種に自分は敗れたのかと、株を抜いて山と積み上げた。病み上がりの橋本は息を切らし、株の山に腰かけた。自分が育種できたのは、花の縁に鮮明な赤が入る株までだった……。しかし待てよ。この二種類の株を掛け合わせると縦と横で赤色が面にならないか。あわてて**フィエスタ**の花を拾ってコップに挿し、友人の庭に咲く自分の花と交配して廻った。その秋に採れた十数粒のタネが、世界を驚かせた緋赤色花**サンセット**の始まりだった。この後急速に花冠の赤色が広がって強まったという。異なる由来の株間の交配から三年後の一九五六年夏には、

図13．キバナコスモスの里、岩手県紫波町
提供：岩手県紫波町

橋本がいう「ベタ赤」の花が現れた。それからはベタ赤を安定させるための選抜を重ねること七年で育成完了と判断した。夏の山の端に沈む真っ赤な太陽を連想して**サンセット**と名付け、一九六三年の暮に種子をＡＡＳに送る。約二年後の一九六六年一月、世界初の赤色花キバナコスモスが栄光の金賞に輝いたのである。園芸学会は橋本に「功労賞」を贈った。

金賞は「嬉しかった」が、橋本は休む間もなく、それまでも進めてきたわい性品種の育成を本格化させる。その結果、一九八三年、まずは鮮橙黄色花の**サニーゴールド**が、次いで一九八六年には**サンセット**と同じ赤色花の**サニーレッド**が品種登録されるとともに、後者は橋本にとっては二度目のＡＡＳ受賞（今回は銀賞）となった。これら二品種の草丈は、開花始め二五センチ、盛期六〇センチ程度で、橋本が目標にした「公園や町中の花壇を集団美によって美しく彩る育てやすい花」として、その後育成された**サニーオレンジ**、**サニーイエロー**（橋本と第一園芸・佐藤和規の共同育成、一九八八年登録）とともに、**サニーシリーズ**として普及している。[20]

橋本の農園があった岩手県紫波町では、今日町のいたる所でさまざまな町民によって彼の育成した品種が栽培され、「キバナコスモスの里」が毎年再生する（**図13**）。花の品種改良が町の活性化に貢献していることに感動するが、故・橋本へのこの上ない供養であるとも感じている。[31]

なお筆者の最新の観察によれば、わが国ではキバナコスモスが適応の地域と季節を広げてきている。この要因として、気候変動とともに、橋本が先導したキバナコスモス品種改良発展の効果が重要であると考える。

チョコレートコスモスと奥隆善

今日、日本の園芸界で「チョコレートコスモス」と言えば、現状では栄養系のみで維持されている原種だけを指すこともあるが、同時にチョコレートコスモスとコスモス属の他種との種間交雑に由来する交雑種を含めて称することも多くなった。こんなことになったのは、いまのところ日本だけで、まさに世界初の出来事である。そうなったことにはさまざまな因縁があるが、一人だけ功労者をあげるとすれば、奥隆善（一九七七〜）ということになる[10][20][21][32]。

その奥であるが、一九九六年に千葉大学園芸学部に入学した。昼間大学で理論を学ぶ傍ら、夜や早朝は実社会を学ぼうと大学付近の花屋さんで働いた。この時期に、初めてチョコレートコスモスの実物と対面し、花の姿と香りに魅せられて、直ちにとりこになる。

一株由来の栄養繁殖による一群であることが原因だと推定されるが、通常の条件では結実しない原種チョコレートコスモスにタネを実らせて、この種《しゅ》の保全と品種改良を促進することを目標として、奥はタネを採るための実験を試行する。しかし期待した成果は得られなかった。それでも畑に通って実験材料に足音を聞かせる日課を繰り返していたが、ある日、タネを形成する兆しを見せるチョコレートコスモスの花序を発見する。タネが実るとすれば、中心花＝筒状花のめしべ基部の子房内の胚珠で受精が起こったはず。続いて受精卵が細胞分裂して成長するのに伴って、受精卵を保護する胚珠や子房も成長を重ねる。奥は「タネの兆し」を見せる花を幾つも観察したが、はたして「誰」の花粉が受精に貢献したのかが不明であり、またチョコレートコスモスの株の上では子房は成熟することなく発育の途中で枯れてしまうことがわかった。奥は子房から未成熟の胚珠を取り出し、胚珠の成長に必要な養水分を入れた試験管内に植え付けた（胚珠培養）。すると、一ヵ月後には根と葉が伸長する元気な苗が得られた。その苗を畑に植えると、母親のチョコレートコスモスをしのぐ元気な株に育ち、DNA分析による父親（花粉提供者）探しによって、また草の姿や、やがて開花した花の形質からも、父親はチョコレートコスモスの隣に奥がたまたま育てていたキバナコスモス群の株のどれかであることが明確になった。そこで、今度は意図的にチョコレートコスモスとキバナコスモスの雑種を形成させ（母親を後者にしても可能であることも明らかにした）、胚珠培養もしくは子房培養を行なって雑種の植物体を得る→その上で茎頂培養と挿し木の技術を使って苗生産を行なう→さらに奥の場合は切り花生産を行なう、という種間雑種利用の品種改良と苗および切り花生産の技術体系を確立した[20][32]。

奥が大学院博士前期課程を修了した翌年の二〇〇三年一〇月には、世界で初めて誕生させたコスモス属における種間雑種品種**ノエルルージュ**（**図14**）を品種登録申請した。育成者は奥と彼の指導教官である三位正洋。登録されたのは二〇〇七年八月で、登録者は奥[20]。

上記学生生活を終了すると、奥は実家の三重県伊賀に帰って園芸植物の育種と生産に取りかかり、二〇一一年までに新たに六品種の登録を完了させている。その中にはキャンディーコスモス（ペウセダニフォリウス種 *C. peucedanifolius*、ピンク花色の多年草種で日本では最近、小規模ながら園芸化されている）の実生から選抜した親とチョコレートコスモスを親とする雑種品種（登録名は**NEW CHOCO**、流通名は**ショコラ**）や、育成過程でカウダータス種（*C. caudatus*、小輪・ピンク花色の一年草種）を交配親に用いた**赤とんぼ**（**図15**）等も含まれている[20][32]。

奥は園芸雑誌に紹介する際に、園芸植物としてのチョコレートコスモス（交雑種）について、①秋にいっせいに咲く秋咲きのグループ＝短日性、晩生（**ノエルルージュ**、**ストロベリーチョコレート**）、および②

開花期が長い春〜秋咲きのグループ＝長日性、早生（**ショコラ**、**チョカモカ**）の二群に分け、他に③「原種＝長日性、早生」を加え、合わせて三大別している。そして三群のうち最も栽培困難なのが原種、一方最も育てやすいのが②グループであると解説している。[10]

なお絶滅が危惧されてきたチョコレートコスモスの遺伝子は、一クローンの可能性が否定できない原種（現在普及している一群）としてだけでなく、種間雑種という形状においても保存されることになった。[32]

図 14. コスモス属における世界初の種間雑種品種**ノエルルージュ**
提供：奥隆善

図 15. **赤とんぼ**はチョコレートコスモス、カウダータス種、キバナコスモスの３種に由来する種間雑種（本文中の交雑種の分類に準じて特性を表現すれば①と②の中間型）。
提供：奥隆善

第17章 パンジー

荒川　弘

旅するパンジー

今から二〇〇年以上も前のこと。ヨーロッパのどこにでもありそうな山あいに細々と咲いていた小さな花は、これから訪れる自身の「一族」の行く末をこのときは知らない。ハーツ・イーズ(heart's ease)、心を癒やすもの、という愛称を与えられたこの花はやがて、イギリス、フランス、ベルギーなどヨーロッパ全域に広がり、海を渡りアメリカ大陸、そしてアジアのはじっこまで延々と「旅」をし、世界中の町並みや家々を彩っていく。世界での流通量は、秋冬の花壇苗用の品目として間違いなく一位だろう。鮮やかな色あい、春、秋、冬に咲く気前の良さ、大小さまざまなかたち。この花の親しみやすさは、人種や洋の東西を問わず、二世紀以上の時を経ても、人々を魅了し続けている。

なぜパンジーがこれほど普及したのか、できたのか、という問いへの答えはひとえに、この花の品種改良の歴史の中にある。この花のDNAには、「よりよい花を」という時代を経ても変わることのない育種家の熱意が息づいている。一方、それを受けるパンジーの方も、それだけのポテンシャル＝遺伝的な多様性をもっていた。

花色、輪の大きさ、草姿、日長性など、花壇用の花として必要とされる数々の有望な形質をパンジーはもっている。育種家と二人三脚でその土地や時代の要請にあった「進化」を遂げてきた。

このパンジーという花が歩いてきた道のりをたどりたい。

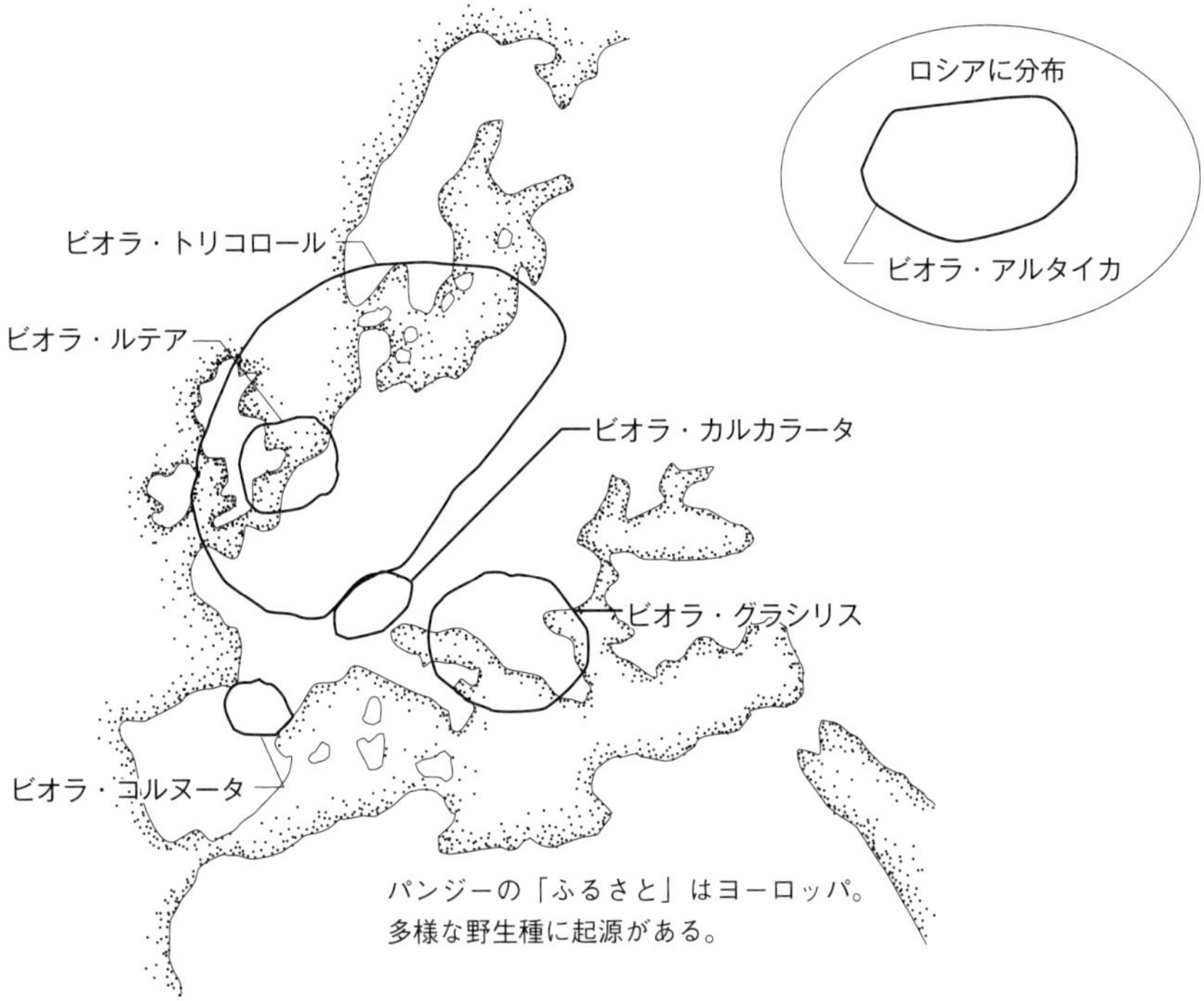

図 1. パンジー原種の原生地
柳 宗民『パンジーとプリムラ』1964 年、誠文堂新光社、p.115 をもとに作成

パンジーのルーツと品種改良の歴史

1 数々の野生種がルーツ

パンジーの原種といわれているのは、「ビオラ トリコロール」(*Viola tricolor*)、「ビオラ ルテア」(*Viola lutea*)、「ビオラ コルヌータ」(*Viola cornuta*)、「ビオラ アルタイカ」(*Viola altaica*)、「ビオラ カルカラータ」(*Viola calcarata*) などの野生のスミレの仲間である。いくつかの野生種 (spicies) が育種家の手で交配され、さまざまな花色や形が生み出されてきた。「トリコロール」はヨーロッパ中北部を中心に広く分布し、「ルテア」はヨーロッパ北西部、「コルヌータ」はピレネー山脈、「アルタイカ」はロシア地方、「カルカラータ」はスイス

のアルプス地方が原生地である（**図1**）。

育種の中心となってきたのは「ビオラ　トリコロール」である。ラテン語でビオラはスミレ、トリコロールは三色という意味がある。和名では「サンシキスミレ」と呼ばれてきた。野生種を人工的に掛け合わせて生まれてきたため、現在のパンジーをそのまま「ビオラ　トリコロール」とすることには間違いがある。育種の複雑な経緯を反映して、現在のパンジーの学名は *Viola* × *wittrockiana* とされている。ちなみに、wittrockiana は植物学者ウィットロック博士に因んだものである。

2　一九世紀に育種が活発化

庭や花壇に植えて楽しむ園芸植物としてのパンジーの歴史がいつから始まったのかは、この花の原種が普通に野原や山間で見られる植物であったため、はっきりとしたことはわかっていない。一六世紀の文学作品の中にたびたび登場しているほか、かつては鑑賞用というよりも、むしろ薬用として重宝されていたという一七世紀頃の記録もある。園芸史にその名前がはっきりと刻まれるようになるのは、一九世紀初頭の一八一〇年代である。場所は現在も園芸大国として知られるイギリスであった。

3　イギリスが育種の始まり

長い馬面のような花から、丸みがある大輪へ。パンジーの育種が最初に発展したイギリスで重宝されたのは、花の形と色であった。品評会などが盛んに行なわれ、形は限りなく正円に近く、花色はカラフルで鮮やかになっていった。素朴な「田舎娘」だったパンジーは、ここで磨きをかけられていく。これらは「ショーパンジー」(Show Pansy) とも呼ばれ、イギリスの初期の代表的なパンジーとされている（**図2**）。

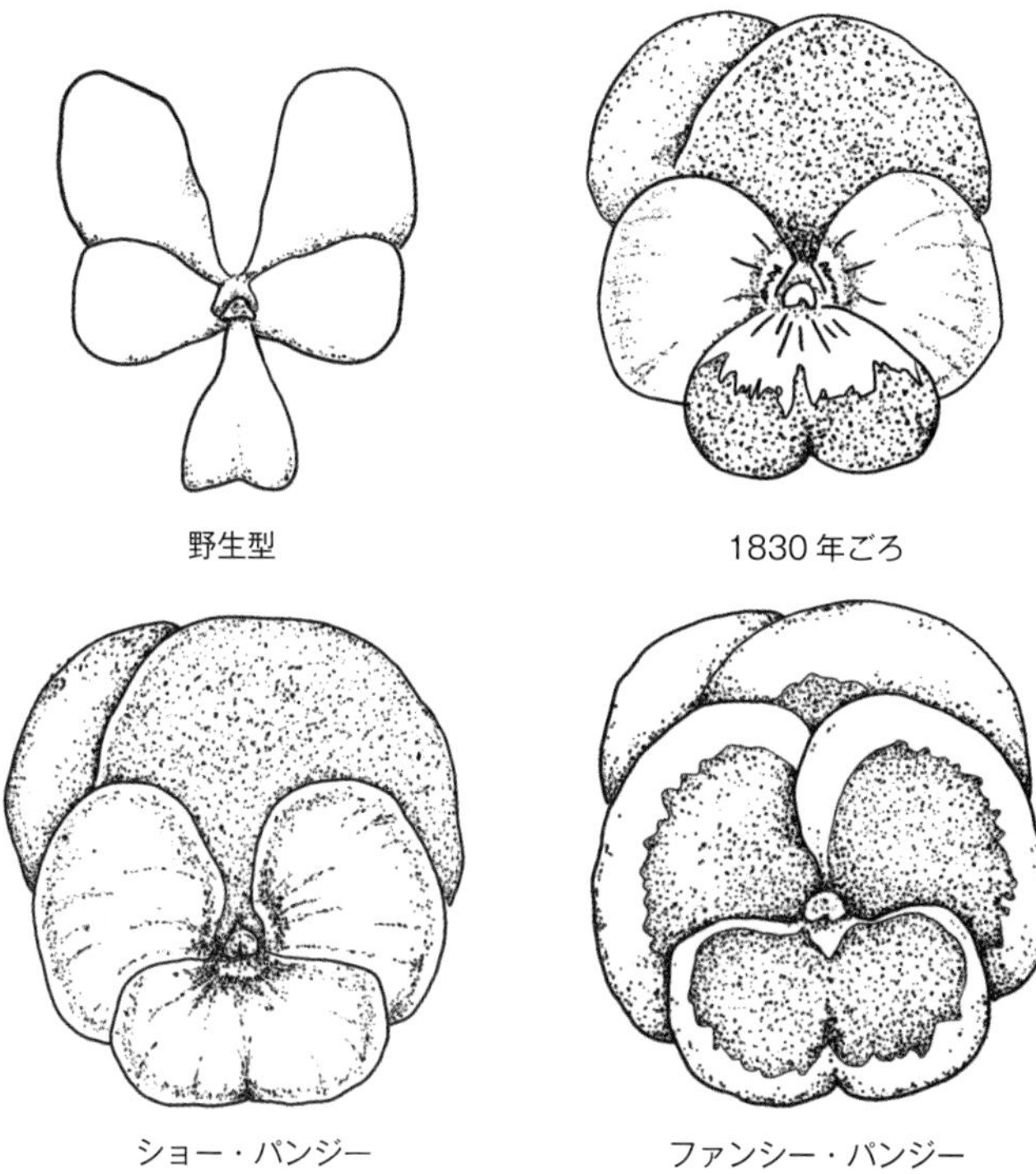

図2．パンジーの花のかたちの変化。野生型は山に咲くスミレのよう。しだいに丸みを帯びてきているのがわかる。

柳 宗民『パンジーとプリムラ』1964 年、誠文堂新光社、p.38 をもとに作成

現在も同国を中心に愛好家がおり、育種家やガーデナーたちの強いこだわりを感じさせる。

ショーパンジーの審査要件として、当時、特に重視されたのは、主に以下の点であった。①花のアウトラインはできるだけ丸に近いこと、②下の三枚の花弁のグラウンドカラーが、上の二枚の花弁とマッチしていること、③グラウンドカラーは常に白かクリーム色とすること、などであった。この要項からわかるとおり、注目されていたのは花のみだった。

いい換えれば、花壇用に適した草姿がどうか、育てやすいかどうか、花をよくつけるかどうかなどの要素はほとんど注目されなかった。今日のパンジーとくらべれば、

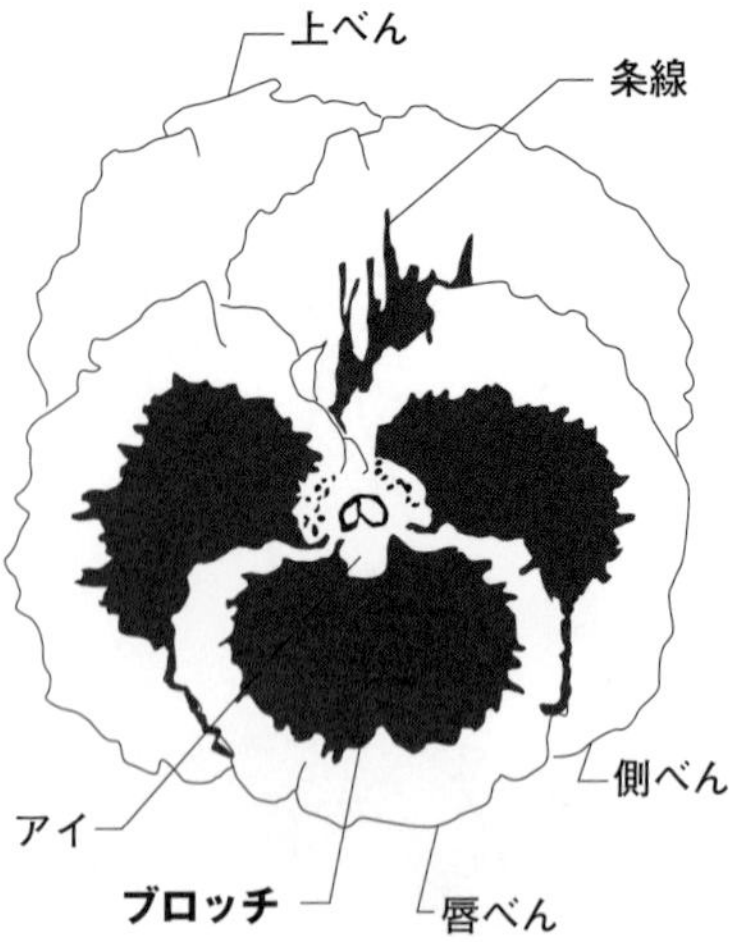

図3. パンジーの花の各部位。唇べんのブロッチをヒゲに見立てると、おじさんの顔に見える。
柳 宗民『パンジーとプリムラ』1964年、誠文堂新光社、p.108をもとに作成

花茎（花を付ける茎）が伸び、草姿はひょろひょろであった。不自然に花だけが大きく、バランスを欠いてもいる。このまま花壇にでも植えようものなら、そよ風で倒れるか、もしくは支柱が必要になる状態であった。開花期間も短かったと推測される。

一九世紀初頭、一八一〇年頃にイギリスで活躍したガーデナーたち、レディー・マリー・ベネット、ウィリアム・リチャードソン、ジェイムス・リー、そしてトンプソンらは、野生のパンジーに眠る優れた潜在能力を最初に見つけ出した偉大な発見者だ。特に初のブロッチ（図3）が入ったパンジーといわれ、その後、数々の品種の祖先となったMadoraを作出したトンプソンは、その偉業を讃え「ハーツ・イーズの父」とも言われている。なお英国では、一八二七年から一八三三年の間に約二〇〇の新品種が登場し、一八三五年までに約四〇〇品種が売られていたという。

4 大陸にわたり開花

Pensée——。パンセ、という瞑想や思索を意味する言葉でパンジーを呼ぶフランスの育種家たち、またベルギーの育種家たちもこの花の可能性を見逃すことはなかった。一八三〇年代には英国での流行を敏感に受け入れ、自由な思索とあまたの試作の中から数々の品種を生み出していく。

花の形や色などの審査基準に厳格さを求めた英国のショーパンジー路線とは対照的に、フランスやベル

ギーのやり方は自由奔放。花弁の縁にウェーブやフリルがかかっていても、花の大きさや色など優れた〝素質〟を持っていれば、それを尊重して保持した。ほとんどすべて、どんな色の組み合わせも許容されたし、鮮やかで豊かな色あいはいつでも彼らのお気に入りだった。特に大きなブロッチがある花が好まれたという。

現代の育種にもまったく同じことが言えるが、品種改良にはその土地の個性が色濃く反映する。例えば花色の好み一つをとってみても、日本人はソメイヨシノの淡いピンク色をこよなく好むが、欧米人は原色に近いはっきりとした色を好む。同じアジアでも中華圏では黄色や赤色が好まれたりする。風土や文化を反映して新しい花が生まれてくることを、パンジーはこの段階ではっきりと証明しているのかもしれない。なお、現在では花弁にフリルの入った「シャロン」と呼ばれるフランスの系統があるが、これは同国をはじめ世界的に根強い人気がある。きらびやかな風情は、同国人以外の抱くフランスのイメージにぴったりである。

自由にパンジーを楽しむ傾向は隣国のベルギーでも花開く。ベルギー国王の庭師だったマッキントッシュが生み出したパンジーは、花全体にブロッチが現れるという顕著な特徴を持つ非常にインパクトのある品種だった。イギリスの育種家で種苗業のような仕事もしていたと推測されるジョン・サルターはこの花を見たとき、「これだ!」と思ったに違いない。彼はこの種子を仕入れて、「ベルギアンパンジー」という名前でフランス、イギリスなど各国に販売したという。品種は趣味家どうしの小規模なやりとりではなく、商売人がかかわることで大規模に広がっていく。現在でも変わらない品種普及の仕組みをここに見る気がする。なお、「ベルギアンパンジー」はこの後、一般化して行く中で「ファンシーパンジー」と名前を変えて、現在に至る。

英国発祥の「ショーパンジー」を信奉する一派は、こうしたフランスやベルギーに由来する「ファンシーパンジー」のことを「French rubbish」（フランスのごみ）と蔑視したという。しかし、そうした凝り固まった考え方のカウンターとしてフランスとベルギーのパンジーが発展し、この花の一層の普及に貢献したことはまちがいない。各地で交配が繰り返され、さまざまな形質が見いだされ、有望な系統が維持されていったのである。ヨーロッパの育種家たちによるこの時代の蓄積が、後に続く一大パンジーブームの素地になっているといっても差し支えはないはずである。

5　スイスの巨人、アメリカの超巨大輪

スイス　ジャイアント。この名前は、パンジーの育種に興味をもった人ならば必ず、早い段階で知ることになるだろう。別名は育種者の名前をとって**ログリー　ジャイアント**（**図4**）。花径が六〜八センチはある、いわゆる大輪で、現代にいたる一般的なパンジーの印象を固めたともいえる品種だ。

ログリーはスイスの育種家。もともと冷涼な気候を好むパンジーにとって、同地は育種にとって絶好の環境だった。一九一二年、最初の作出品種となった**ツンネルゼー**は、アルプス山脈の北側に位置するトゥーン湖から名前をとったブルー系の品種。澄んだ湖水のような鮮やかな色彩で世界的に高く評価された。ほか赤系の**アルペングリューン**など、現在、見られるほぼすべての色を作出し、一世を風靡することになる。現在、**ログリー　ジャイアント**そのものを入手するのは難しいかもしれないが、品種改良の親として数々の品種のルーツになっている。パンジーを見たことがある人はだれでも、どこかにログリーの面影を見ていることになるのかもしれない。

パンジーの育種の傾向のひとつとして、花の巨大化が挙げられる。前述したとおり、パンジーの原種

は直径一・五～二センチ程度の野に咲く小花。「ショーパンジー」（三～四センチ）も「ファンシーパンジー」（四・五～五・五センチ）も、基本的に花の大きさに重きを置いている。

巨大化の流れでパンジーを語るならば、やはりアメリカで生まれた**マストドン**や**オレゴン　ジャイアント**の系統を忘れてはならない。**マストドン**は同国オレゴン州の育種家、スチールによって作出された。直径九～一〇センチの大輪と豊富な花色が人気だった。同国北西部にあるオレゴン州は冷涼な気候で、スイスと同様にパンジーの生育に適した土地。同じく超巨大輪の**オレゴン　ジャイアント**などもある。

この国は元来、大きいものが好きなのだろうか、同国の市場では現在でも花経が一〇センチを超える超巨大輪が好まれている。ここにも土地や文化が花をつくり上げていく好例が見て取れる。

最後に後発組としてパンジーの歴史に顔を出し、同時に画期的な影響を与えた日本の例を紹介するが、その前にパンジーの構造や育種の仕組みについて紹介したい。

Pansy Sakata's No. 103 Roggli's Giants. Color plate. $ .75 per sq. inch per set of four colors.

Pansy Roggli's Giants Sakata's No. 103 Mixture

The largest and best of all Roggli's Giants Pansies we know of. The substantial well rounded enormous flowers are supported by long flower stalks. The dwarf compact plant has an appearance of large English Daisy.

The flowers which are really gigantic, measure as large as 3¾ inches across with the characteristic bold blotches and the color range is quite extensive.

This marvellous strain is the result of our painful selection from the Roggli's Giants but by far the superior to the original type both in size and shape. If you plant this strain side by side with ordinary Roggli's Giants, a single glance will tell you the great difference between these two types.

By planting our seeds, you must not be misguided by the first few flowers which will not be the representatives of the strain as all subsequent flowers will be exactly like our description.

We can recommend this strain with great confidence.

Per oz. $10.00　¼ lb. $30.00　Trial Packet $.50

図4．1935年に発行された坂田商会（現・サカタのタネ）・米国代理店のカタログ。**ログリー　ジャイアント**が紹介されており、その人気がうかがえる。

パンジーの形質と遺伝的特徴

1　色と模様で品種の可能性は無限

パンジーの花を正面から見て「ヒゲのおじさん」という子供がいる。花の中央の色が違う部分が言われてみると確かに似ている。このわかりやすい特徴をつくり出している模様は専門用語で「ブロッチ」（**図3**参照）と呼ばれている。パンジーの花は五枚の花弁からなるが、ブロッチがあるのが左右の側弁《そくべん》、下方にあるのが「唇弁《しんべん》」である。さらに上に二枚の「上弁」がある。ほかそれぞれの花弁で中心部に向かって放射状に伸びるレイ（条線）という形質もある（図3参照）。

そしてよく見ると花の中央に小さな穴が空いており、ここにひとつのめしべと五つの葯、距などがあり、ひとつの花を構成している。葯は野生ではハチなどに花粉が付きやすいように工夫されており、パンジーが顕著な虫媒花であることを示している。原種がもつ黄色系の色は春先に昆虫が好む色だし、春になると花茎を伸ばす性質や、香りと蜜などはいずれも、昆虫との共進化のたまものであろう。

基本となる色（品種）は白色、赤色、桃色、オレンジ色、褐色、黄色、紫色、藤色、青色、黒色など。これにブロッチやレイの有無をはじめ、下三枚の花弁と上二枚の花弁の色違い、輪の回りを縁取るように色が変わる覆輪（ピコティー）など、さまざまな形質の組み合わせがあり、バリエーションは無限大ともいえる広がりを見せる。パンジーに限ったことではないが、商業目的で利用される花の場合、ある程度の色幅が必要となる。一般的にパンジーでは、ひとつのシリーズを一〇〜一五色（品種）程度で構成している。

2　多様性を産む遺伝的メカニズム

「パンジーはさ、節操がないんだよ。すぐにタネをつくっちゃうんだよ」

ときに育種家がパンジーの遺伝学的な特徴を揶揄していう言葉である。というのもパンジーは、異なる倍数体どうしの掛け合わせで簡単に交配でき、かつできる種子はほぼ問題なく稔性をもっているからだ。

野生種である「ビオラ　トリコロール」（*Viola tricolor*）の染色体数は2n＝26、近縁種である「ビオラルテア」（*Viola lutea*）は2n＝52。つまり「ルテア」は「トリコロール」の四倍体と考えられている。一般的に異なる染色対数をもつ種《しゅ》どうしが交雑し、子孫を残すことは難しいとされるが、パンジーにはそれは当てはまらない。倍数体はもちろんのこと三倍体など異数体と掛けても、ほぼ問題なく種子をつくり、その種子は稔性をもつ。

植物一般の倍数体と稔性の関係についての研究では、ゲノムという言葉を提唱したことでも有名な遺伝学者、木原均の「種なしスイカ」の研究がわかりやすい。これは通常のスイカ（二倍体）に薬剤処理をして四倍体をつくり、この四倍体のめしべに二倍体の花粉を授粉させて得た三倍体の種子を育てて得たスイカは、種子が正常に発育しないことを利用したものである。

筆者の経験では二倍体×八倍体でも問題なく交配し種子を付ける。トルコギキョウやアスターなどさまざまな科の花の育種を行なってきたが、一般的な植物の常識からは考えられない特徴である。同時にこの自由さこそが、パンジーの品種の多さを支えているといえる。

色やブロッチ、レイの出現など個々の形質には優劣がある。ある色がある色に対して顕著に優性というケースは少なく、中間色として現れることが多い。一般的には野生種に近い黄色、紫色は優性に働くことが多い。逆に赤色やオレンジ色は劣性であることが多く、系統としても成長が鈍かったり、生育が弱かったりする。この二色は人気のある花色のため、シリーズを構成する際にネックとなることが多い。

またクリアカラーとブロッチを掛け合わせるとレイが現れる。ブロッチは遺伝的に劣性を示すため、他の形質をあわせ持たせていく際に、多くの育種家が苦労させられている。

世界初のF_1パンジー誕生

日本にパンジーがはじめて入ってきたのは意外に古く、江戸期というのが定説である。当時の植物図鑑ともいえる『倭種洋名鑑』では、和名は「翔蝶花」とされ、「元治元年子二月初より諸家植る実生にて変化す」と記されている。元治元年は一八六四年で、前述した世界的な育種の流れに照らし合わせると、イギリスやフランス・ベルギーなどで盛んに改良が行なわれていた時期にあたる。図柄を見ても、欧米の資料に見られるように、草姿はひょろりとしており、花茎も長い。

当時、日本は長崎を中心にオランダとの交易があったわけだが、例えばシーボルトが日本原産のアジサイを紹介したことを考えると、こうした交流を通じて、パンジーは日本に入ってきたのかもしれない。

しかし、その後、欧米のように盛んに商業ベースでの育種が行なわれたという記録は乏しい。一九一三年に創業した坂田種苗株式会社（現・サカタのタネ）が戦前から積極的にパンジーの種子を販売している。

戦中戦後の混乱を経て、日本で園芸植物として一段階上のステージへ〝進化〟することになるが、その象徴的な存在が、一九六二年に作出された世界初のF_1パンジー、**マジェスティック　ジャイアント**である（**図5**）。開発は坂田種苗の茅ヶ崎試験場（神奈川県茅ヶ崎市、現在は閉鎖）で一九五六年に始まった。構想から商品化まで約七年の歳月がかかっている。**マジェスティック　ジャイアント**の登場以降、パンジーは固定種からF_1化が進み、現代につながることになる。

一九六〇年代の日本といえば六四年の東京オリンピック開催を筆頭に、「もはや戦後ではない」と近代化への道をひた進み始めたころ。当時はまだ国内のパンジーの市場は未開拓であり、花壇苗としての可能性は未知数だった。そんな時代背景の中、「営業的に成り立たない」とコストがかかるF_1品種の開発には

図 5. **マジェスティック　ジャイアント**。世界初の F_1 パンジー。F_1 は、この先の世界的なトレンドになる。

否定的な声もあった。

そうした逆風の中で**マジェスティック　ジャイアント**の育種は始まった。親として選んだ素材が、前出したスイスのログリー系統とアメリカの**オレゴン　ジャイアント**の系統。マーケットには欧米を意識し、巨大輪をひとつの大きな目標に据えた。終戦から一〇余年、混沌とした時代の空気の中、パンジーの育種に関しては大先輩である欧米での販売をにらみながら、世界初のオリジナルの品種をつくろうとする気概こそが開発の原動力となった。

1　これまでにない花を

同品種の開発に携わった当時の育種家は「とにかくこれまでにないものをつくろうと思った」とその開発への経緯を述べた。この志は、同社の創業者であり、日本の花の育種と普及において大きな足跡を残した坂田武雄の志そのものである。

世界初のパンジーのF_1品種開発、そしてさらなるパンジーの普及のために、当時の坂田種苗の育種家たちが注目した形質が、草姿と日の長さに関係なく花を咲かせる四季咲き性だった。このふたつの形質にスポットをあてたことは、パンジーの育種の中では大きなエポックとなった。そして現在のパンジーの隆盛の大きな要因となっている。

前述したが一九世紀のイギリスや欧米でのパンジーの育種は花の色や形にこだわったため、草姿や開花習性は二の次だった。野生のパンジーは基本的に寒い冬の間はじっと耐え、春に咲く。昆虫に受粉をしてもらわなければならないため、生態学的に理にかなっている。しかし、花壇用で使う場合には花は長い間、楽しめた方がよい。加えて秋冬の花壇は花が少ない。当時の日本ならば、あってもハボタン程度。クリーム色や紫色ばかりで色も少ない。そこでパンジーのように豊富な色をもった花があれば重宝される。カラフルさは街を明るく彩り、新たに秋の園芸市場をつくり出せるかもしれない。

加えて草姿では、当時は切り花用のパンジーの品種もあり、花首がひょろりと伸びるものも見かけられた。切り花ならば株が上方向に成長する「立ち性」がよいが、風や雨に耐えなければならない花壇ならば低重心でこんもりとした「わい性」がよい。愛好家のコレクションのための花として色を楽しむのではなく、より大衆に親しんでもらうために、草姿と開花習性のふたつの要素は欠かせなかった。

F_1についての生物学的な解説は別項に譲るが、最大の特徴は両親のよい形質を兼ねそろえた子（種子）が得られることにある。オレゴン系統は四季咲き性（現在のような顕著な四季咲き性にくらべると弱い）があったが、花茎が長く草姿が悪かった。一方のログリー系統は、花茎は短かく花壇苗として理想的なかたちだったが、春にならないと花を咲かせなかった。

マジェスティック　ジャイアントは、この両親の「いいとこどり」をした品種となった。すなわち、生育がそろい、草姿ががっちりとし、花壇でよく咲き、花も美しい。その品質のよさが評価され、一九六六年、アメリカの最も権威ある園芸の賞「オールアメリカセレクションズ（ＡＡＳ）」で銅賞を受賞し、華々しくデビューをしている。東洋の片隅にある小さな島国の品種改良の流れは、今日に続く世界のパンジーのメーンストリームになっていく。

2　日本人の細やかさと勤勉さ

なぜパンジーの育種に関しては〝後進国〟であった日本が、世界初の画期的な品種を世に送り出すことができたのだろうか。明確な答えはないが、日本人の細やかさと勤勉さという国民性がその下地になったと推測される。

実際のパンジーの交配作業では、自家受粉をしてしまう前に、蕾の段階で花粉が柱頭に付かないように花弁の一部を取り除き、これに目的とする雄親の花粉を付け、種子を得る。竹べらを使うなど、やり方は色々だが、いずれにしても非常に細かい仕事である。すべて人によるハンドポリネーション、簡単にいうと手作業である。

F_1を商品化するということは、こうした手間のかかる作業を大規模に行ない、大量に種子を採ることを意味している。何千という株に咲いた1花1花を、間違いのないように交配させる作業は地道そのもので、勤勉さが重要な資質となる。細かい作業を継続する根気のよさや、一見すると非効率的にも見えるやり方でも「運鈍根」の心構えで前向きにとらえる発想は、おそらく欧米にはなかったのではないだろうか。また欧米人のグローブのように大きな手を見ていると、さぞハンドポリネーションは難儀だろうとも思う。

春から秋と冬の花に

パンジーっていつ咲く花ですか？　という質問をしたら、四〇年前と今ではまったく違う答えが返ってくるだろう。

現代においてパンジーは秋冬花壇のメーン花材。しかし、かつては完全に春の花として認識されていた。品種開発によって、これほど花の利用時期が変わるものも珍しいかもしれない。

F_1パンジー誕生後の育種のトレンドを追いかけると、大きなトピックはやはり開花習性となる。「もっと長い間、花を楽しみたい」という人々の要求は際限なく、夏にタネを播き、秋、冬、春と三シーズンの間、花を咲かせる特性が急速に磨かれていった。この過程も日本がリードしてきた。長い開花期間から「ロングラン」とも呼ばれるこの特性は、**プロント、オトノ**という品種が決定版となる（**図6**）。

冬が寒く露地での越冬が難しいオランダなどを除くヨーロッパやアメリカ西海岸、南米などではすでにパンジーは秋に咲く花として定着し、マーケットもできあがりつつある。

日本では一九九〇年の「国際花と緑の博覧会」（通称・大阪花の万博）が契機といわれるガーデニングブームが到来し、秋咲き

図6.「**プロント**」シリーズ。秋から春まで咲く開花習性は、現代のパンジーの重要な特性。

図7. 虹色スミレ６色ミックス（左）とスイートハートリカ（右上）。「スイートハートリカ」は難しかったピンク色のグラデーションを実現し、注目を集めた。

のパンジーはこの流れにのって爆発的に拡大していく。ハボタンやキンセンカしかなかった日本の秋冬の花壇や家庭の庭に何十色ものバリエーションをそろえたパンジーは歓迎された。一九九〇年代後半から二〇〇〇年前半にかけて、パンジーは出荷量を右肩上がりに増やし、二〇〇一年には国内で二億二〇八〇万本（農林水産省作物統計調査　花壇用苗もの類）を出荷。過去最高となった。

1　新たな素材を求めて

花壇苗の王者としての地位を確立したパンジー。商業的に大成功を収めた四季咲きのパンジーだが、野菜のような生活の必需品ではなく嗜好品としての性格をもつため、花は、はやりすたりに左右されやすい。ファッション性が強く、常に新しいものが求められる。パンジーもその例外ではなく、育種家の中には、ただよく咲くだけでは飽きられてしまうという危機感があった。

一九九三年、パンジーの人気に火が付き始める中、筆者は次のトレンドをとらえた新しいパンジーの育種に取りかかっていた。新しい遺伝素材を探すため、世界各国の農場や生産農家などを訪ね、偶然目にとまったのがイギリスの個人育種家、コーソンの育種した栄養系の系統だった。

パンジーの発展に欠かせないプレーヤーがコーソンのような個人育種家の存在である。日本国内にも多くの育種家がいて、毎年、それぞれのテーマのもと花色に富んだオリジナルの品種を作出している。企業での育種の場合、世界中に種子を安定供給するため、花や草姿だけでなく、採種性という種子の採りやすさも考慮する必要がある。こうした生産効率などの商業的特性をさほど重視しなくてよい個人育種家による育種は自由度が高く、グラデーションやフリル咲きなど、目を見張るようなユニークなパンジーが出回っている。

イギリスで盛んに行なわれていた栄養系の育種というのは、種子ではなく苗で繁殖させる方法のこと。冷涼な気候の地域ではパンジーが夏でも枯れず、宿根草として株を維持する性質を利用したものだ。株ごとの個体変異をそのまま維持できるメリットがあり、イギリスでは現在も伝統的に行なわれている。一点ものの変わった花色などがあり、重要な育種素材となり得る。

次世代のパンジーとなる〝原石〟の株は、圃場で見た瞬間、「これだ」と感じられるものだった。全体は青系で輪の中央が黄色。外に向かって薄くグラデーションがかかっている。当時、世界中のパンジーを見ていたが、まず見かけない色調だった。

その瞬間にひらめいた。他の色にも展開し、より輪を大きくして花を際立たせ、四季咲き性をもたせられれば——。一瞬でイメージはできあがり、その場でコーソンと交渉。育種家どうし通じるところも多々あり、「好きなものを持っていってよい」と快諾をしてくれた。運良く、種子も譲ってもらうことができた。

ちなみにその数週間後に、コーソンのもとに別の種苗会社の育種家が訪ねてきて、この系統の利用を相談されたと聞いた。新しい育種素材を求めることは、育種の生命線であり、考えることは組織や国が違っても同じである。タッチの差で手に入れたこの新しい系統はその後、選抜を繰り返し、約一〇年後の二〇〇四年にF_1品種として発表。やわらかくかわいらしい色合いを全面に出し、**虹色スミレ**という品種名が付けられた。人気玩具「リカちゃん」人形とコラボレーションする売り方で、これは爆発的な人気となった（**図7**）。

このように新しいパンジーのトレンドは、目まぐるしく変わる。二〇〇〇年代後半になり、ガーデニングブームも一息ついたが、現在はよりユニークな花色や形を求めて多様さは増す一方である。**虹色スミレ**のヒットは、人と少し違っていても自分自身の好みにあった花を求める昨今のトレンドの契機として位置づけられるかもしれない。

遺伝資源の重要性

パンジーの育種が始まって二〇〇年程度。日本での本格的な育種に数え直すと、まだ一〇〇年に満たない。わずかこれだけの期間で世界中に広まったのは、ひとえに豊富な花色を産みだすことができたパンジーの遺伝的な多様性にほかならない。野に咲く小さな花は、まずは欧州で注目され、スイスやアメリカで花壇苗としてのパフォーマンスを高め、そして日本において秋から春にかけて長く咲く特性に磨きをかけられ、世界中に広がっていく。日本はパンジーが世界に広がる道のりの終盤に登場したが、長期間、だれもが気軽に楽しめる花にしたという点で大きな役割を果たしたといえる。

花の好みは時代によって変わることを考えると、現在、トップに位置するパンジーもその例外ではないだろう。創成期の育種家が各地に足を運び、新しい可能性に常に敏感だったように、今後は多様な遺伝資源を探し求める努力が必要になってくる。その中で、花色への感性、実用性を重んじてきた歴史、また育種にとって重要な几帳面さや手先の器用さなど、日本人の特性は今まで以上に大きな役割を果たすはずである。

第18章 アジサイ

工藤暢宏

日本人とアジサイ

梅雨にはアジサイがよく似合う。爽やかな青やパステルカラーの花をつけ、梅雨空を明るく彩るアジサイは、日本人にとって最も人気のある植物の一つである。アジサイは、属名を英語読みした「ハイドランジア」あるいは欧米に由来する「セイヨウアジサイ」と呼ばれることもあり、和洋双方の趣を合わせもつ園芸植物である。

アジサイの名の由来には諸説あるが、一説には、やまと言葉の「青い花が集まって咲く」という意味である「あづ（集）」「さい（真藍）」が語源とされる。アジサイは花の色が日々移り変わることから「七変化」や、花びらが四枚であることから「四葩《よひら》」の別名がある。「あじさい」は、「紫陽花」や「額の花」とともに夏の季語として俳句に詠まれている。

紫陽花や藪を小庭の別座敷（松尾芭蕉）

アジサイと日本人のかかわりは古く、『万葉集』に「味狭藍《あじさい》」や「安治佐為《あじさい》」と表記された二首の和歌が収められており、奈良時代の貴族の屋敷には、アジサイがすでに植えられて花を咲かせていたことが推察できる。また、アジサイの漢字表記に「紫陽花」を当てるのは、中国唐代の詩人、白居易の詩「招賢寺に山花一樹あり　人その名を知るものなし　色は紫色に花は香気を宿し　芳麗にしてまことに愛すべしよりて紫陽花と名づく」による。平安時代に日本最初の漢和辞典『倭名類聚抄《わみょうるいじゅしょう》』（九三一～三八年）を編纂した源順が、この花をアジサイと解釈し、以後広く用いられるようになった。江戸時代を代表する本草学者、貝原益軒が編纂した『大和本草《やまとほんぞう》』においても、「紫陽花」が記載されており、「紫陽花」の漢字を用いることは江戸期にすでに定着していたと考えられる。今日の中国では、アジサイには「綉球花」あるいは「繡球花」が用いられる。

室町末期からアジサイは辻が花（室町〜江戸時代初期に盛んだった絞り染めの技法）や能衣裳のデザインとして用いられ、安土桃山時代には小袖の縫箔《ぬいはく》や摺箔《すりはく》などにもアジサイが描かれている。

江戸時代になると「あじさい文様」が発達し、能衣裳だけなく舞衣・肩衣・友禅染めなど多方面で描かれるようになった。江戸のあじさい文様の工芸には、色鍋島「色絵紫陽花図皿」、木製漆塗「紫陽花蒔絵螺鈿硯箱」や絹「紫地紫陽花雲模様舞衣」などの名品がある。絵画では、俵屋宗達（「四季草花図屏風」）や葛飾北斎（「北斎花鳥画集　紫陽花に燕」）（**図1**）など、日本を代表する絵師によりアジサイが描かれている。特に、酒井抱一はアジサイを好んで描いたといわれており、「十二ヶ月花鳥図　六月　立葵紫陽花に蜻蛉」（**図2**）が残されている。加えて、園芸家の伊藤伊兵衛が著した『花壇地錦抄《かだんちきんしょう》』（一六九五年）巻三の「山椒《さんせう》るひ」に、「紫陽《あぢさい》　花形手鞠のごとく、色あさぎ、あか、ふぢ色あり」や「がく　あぢさいのひとへ也。色、白と浅黄」と記されている。

日本では、花色の変化が嫌われたという理由で、アジサイには「日陰者のイメージ」があると広く信じられている。[1] しかしながら、アジサイは古より日本人に親しまれてきた植物であることは間違いない。

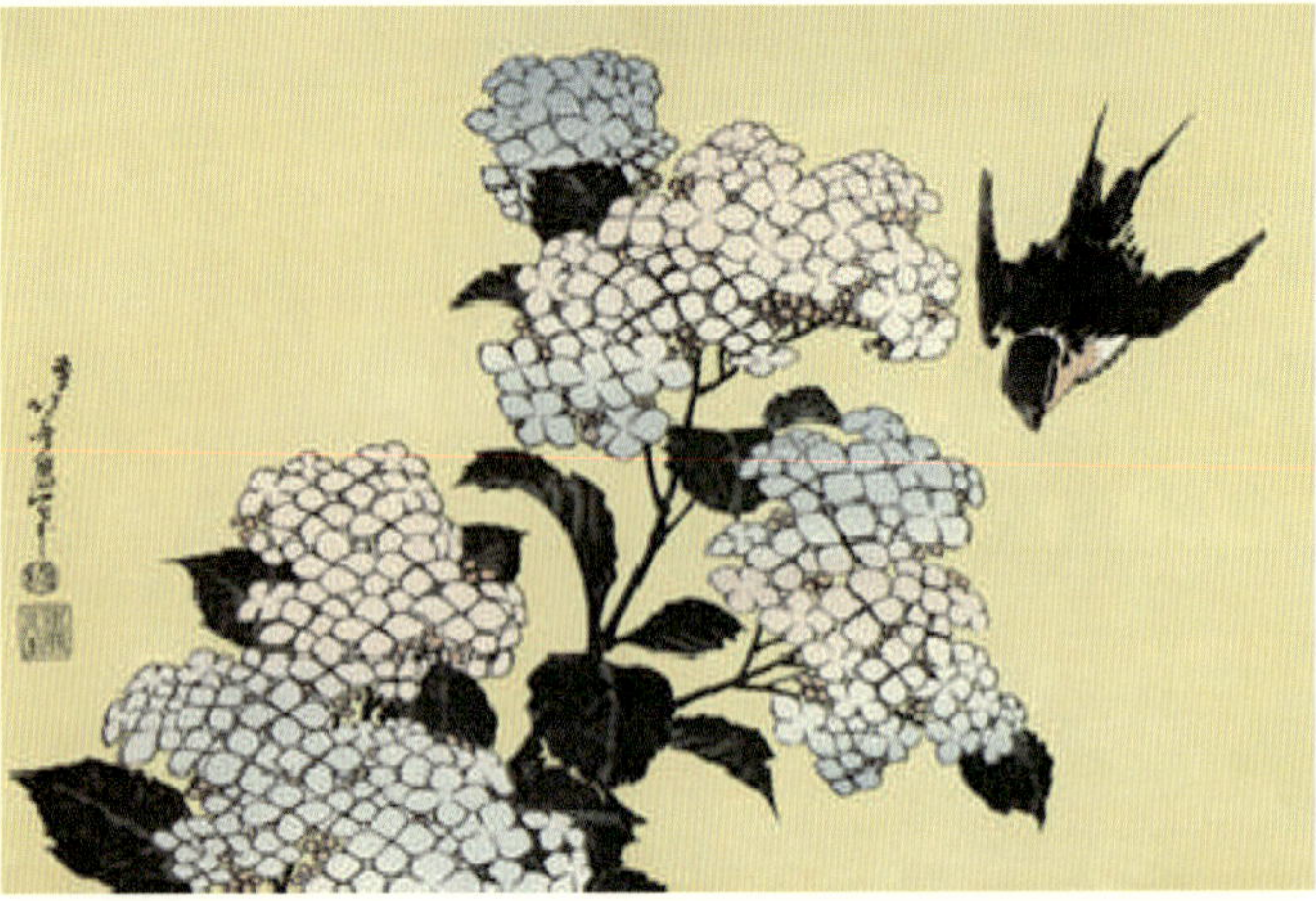

図 1.「紫陽花に燕」（葛飾北斎・画）

図 2.「十二ヶ月花鳥図」
（紫陽花・立葵に蜻蛉。酒井抱一・画）
宮内庁三の丸尚蔵館所蔵

図 3. ガクアジサイ

アジサイ属の分類と分布

アジサイはアジサイ科（Hydrangeaceae）アジサイ属（*Hydrangea*）の低木またはつる性の植物であり、属名の *Hydrangea* は、「水」と「容器」を意味する hydor と angeion を結び合わせたギリシア語起源のラテン語で、果実の形状を「水がめ」に例えたものである。

従来のエングラーによる分類体系ではユキノシタ科アジサイ属とされていたが、クロンキストによる分類体系ではユキノシタ科から木本の属を分離させアジサイ科としている。アジサイの花序は複集散状または密錐状で、卵形または披針形の苞葉がある。稔性のある両性花の他に、観賞価値が高いが稔性の低い装飾花を有する種が多い。装飾花の花弁様の

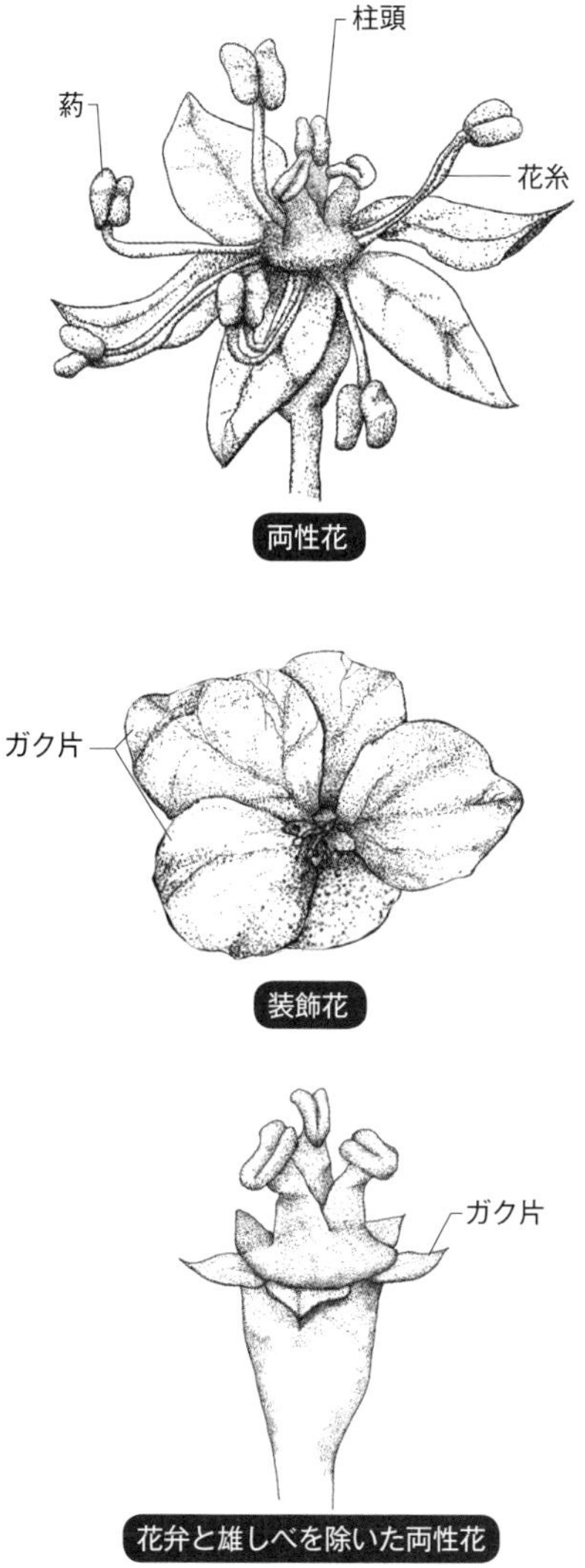

図 4. 花器の構造（ガクアジサイ）

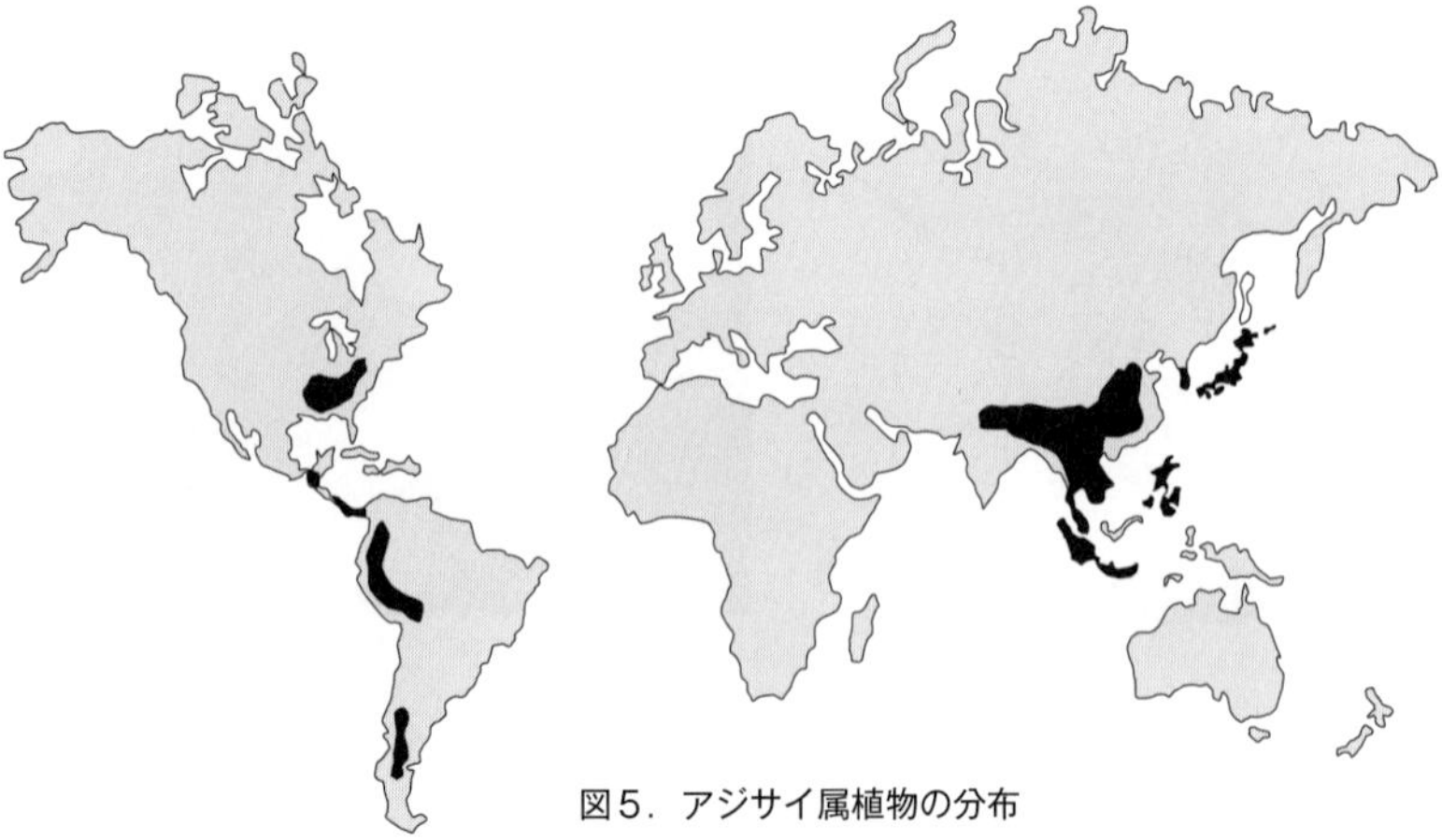

図5．アジサイ属植物の分布

部位は、萼片が変化したものである（図3）（図4）。

サンフランシスコにあるカリフォルニア科学アカデミーのマクリントック[2]によると、アジサイ属には、世界に二三種あるとされ、東アジアからフィリピン、スマトラ島、ジャワ島を含む大スンダ列島の他、南・北アメリカに隔離分布している（図5）。そのうち、落葉性・半常緑性の種はアジアで、常緑性の種は中央・南アメリカで、それぞれ多様化している。本属は、ヨーロッパ、アフリカ及びオセアニアには分布しない。アジサイ属は植物分類学上、アジサイ（Hydranega）節とクスノハアジサイ（Cornidia）節に二大別される。アジサイ節には、アメリカノリノキ（Americanae）亜節、タマアジサイ（Asperae）亜節、ノリウツギ（Heteromallae）亜節、アジサイ（Macrophyllae）亜節、コアジサイ（Petalanthe）亜節、そして、ツルアジサイ（Calyptranthe）亜節が含まれている。一方、クスノハアジサイ節には、モノセギア（Monosegia）亜節とポリセギア（Polysegia）亜節が含まれる。今日、園芸植物として利用されている品種の多くが、アジサイ節に属している。

北アメリカでは、大西洋側のアパラチア山脈だけに野生種が自生するが、米国のアラスカ州やカリフォルニア州などでアジサイ属と同定される化石が産出するため、現生種の分布パターンと合わせると、アジサイ属は被子植物の中では比較的起源の古い植物群であると考えられている。

日本に分布するアジサイ属の野生種は、①ガクアジサイ、ヤマアジサイ（アジサイ亜節）、②コアジサイ、ガクウツギ、コガクウツギ（コアジサイ亜節）、③ツルアジサイ（ツルアジサイ亜節）、④ノリウツギ（ノリウツギ亜節）、⑤タマアジサイ、ヤハズアジサイ（タマアジサイ亜節）の九種であるが、本章では、アジサイ園芸品種となった、ガクアジサイとヤマアジサイを中心に記述を進めたい。

ガクアジサイ（*Hydrangea macrophylla*）は、房総半島から三浦半島、伊豆半島、伊豆諸島の海岸に自生する日本固有のアジサイであり、海岸近くの樹林に群生することから「ハマアジサイ」の別名がある。アジサイから派生した品種のように扱われる場合があるが、アジサイの基本形はガクアジサイである。ガクアジサイの名称は装飾花が額縁状につくことに由来する。ガクアジサイの花序全体が装飾花に変化し、半球状や球状の手鞠状に咲いたものが、いわゆる「アジサイ」である。ガクアジサイの自生地では、装飾花の色や数、花序に大きな変異が見出されており、観賞価値の高い野生株が数多く見出されており、山採りにより園芸的に利用されてきた。その中でも、装飾花が八重咲きとなった**伊豆の華**や**城ヶ崎**（**図6**）が現在でも利用されている。また、伊豆諸島には、一年中開花する**ミヤケトキワ**など、固有の変種が自生する。

ヤマアジサイ（*Hydrangea serrata*）は、北海道から九州まで全国に広く分布し、朝鮮半島南部にも自生する。山間の谷間や林床に生え、「サワアジサイ」とも呼ばれる。ガクアジサイにくらべて全体に小づくりで、枝も細く、葉の光沢が乏しい。装飾花は白または淡青色で、紅色を帯びるものもある。ヤマアジサイは非常に多形で、エゾアジサイやアマチャなどさまざまな変種に分化している。花序がほとんど装飾花だけになった品種が「マイコアジサイ」と呼ばれ、まれに自生地が発見される。また、装飾花が重弁化した

図6. 城ヶ崎

「シチダンカ（七段花）」や装飾花が菱円形で花色が紅色になる「ベニガク」は珍重され、江戸時代より栽培されてきた。ヤマアジサイの変種「アマチャ」は本州の中部に分布し、葉には甘茶の成分であるフィロズルチン配糖体が多く含まれる。甘茶をつくるには葉を乾燥させて発酵させたものを使い、四月八日の灌仏会《かんぶつえ》で誕生仏に甘茶を注ぐ行事に用いられる。

その他、ヤマアジサイの変種には、北海道南部から東北、北陸地方の豪雪地帯に自生するエゾアジサイや九州の山地の沢筋に生えるヒュウガアジサイなどがある。エゾアジサイは北海道から本州の日本海側に分布しており、葉や蒴果が大きく、装飾花の花色が鮮やかな青や紫となり、自生地ごとの変異が大きい。エゾアジサイの花序全体が装飾花に変化した「ヒメアジサイ（別名ニワメアジサイ）」は、江戸時代から栽培されている。

海を渡ったアジサイと園芸品種の成立

豊かな自然に恵まれた日本と異なり、氷河期に植物の大半が絶滅したヨーロッパでは、植物資源が極めて貧弱で、園芸に利用できる植物の数が極端に少なかった。そのため、アジアから新奇の植物を導入することに熱心であり、一九世紀初頭からアジアに派遣された西欧人は、江戸時代末期の日本を訪れ、本国に数多くの植物を持ち帰った。

一七九〇年頃、イギリスの富豪で科学界のパトロンであるジョセフ・バンクスが日本から中国に渡っていたアジサイを王立キュー植物園に導入した。一七九二年、ジェームズ・スミスがこれに学名を与えて学会に発表した。このアジサイは、ヨーロッパで「東洋のバラ」と呼ばれ、たいへんな評判となった。

日本の植物を利用して、ヨーロッパの園芸に大きな変革をもたらそうと考えたのが、ドイツ出身の医師のフィリップ・フォン・シーボルトである。[3] シーボルトは、一八二三（文永六）年に長崎出島のオランダ商館付き医師として派遣され、日本に最新の西洋医学を伝えるともに、生物学や民俗学、地理学に関するさまざまな事物を日本で収集し、オランダへ発送した。シーボルトがオランダへ送った植物標本は一万二〇〇〇点に達し、それにもとづき、ミュンヘン大学教授のヨーゼフ・ツッカリーニと共著で『フロラ・ヤポニカ（日本植物誌）』を刊行した。シーボルトには、日本の植物を用いてヨーロッパの庭園を大改良するという事業的野心があった。

図7．シーボルトのアジサイ・**オタクサ**（『日本植物誌』）

シーボルトは、一八三〇年に日本から帰国する際、さまざまな日本の植物をヨーロッパに導入した。その中でも、とりわけアジサイには大きな関心を寄せており、『フロラ・ヤポニカ』を著した際、アジサイ属植物一四種を新種として記載した。その中でも、園芸的な価値が高いアジサイに「オタクサ（*Hydrangea otaksa*）」（**図7**）という学名を付けている。オタクサとは、彼の妻、楠本滝に因んだ名前であると推測されている。

江戸時代末から明治時代にかけて、多くのアジサイが日本で見出されヨーロッパに渡った。一八八〇年頃、イギリスの苗物商ヴィーチ商会により日本に派遣されたプラントハンター、チャールズ・マリーズが、**マリエシィ**と**ロゼア**を持ち帰った。**マリエシィ**は装飾花の多いガクアジサイである。また、**ロゼア**はアルカリ性土壌のイギリスで紅色の手まり咲きの花を咲かせたため、バラにならって**ロゼア**と名付けられた。**ロゼア**は、日本の酸性土壌では鮮やかな青い花を咲かせる**ヒメアジサイ**のことである。**ヒメアジサイ**はアジサイ寺やアジサイ公園に集団で植えられており、現代でも人気のあるアジサイの一つである。

ハーバード大学アーノルド植物園の植物学者アルフレッド・レーダーは、著名なプラントハンター、アーネスト・ウィルソンに依頼して、日本をはじめとするアジアから多様な植物を導入した。そのウィルソンは日本での調査にもとづき、ガクアジサイとヤマアジサイとの関係を考察する報告書を残している。レーダーはウィルソンが収集した大量な標本にもとづき、多数のアジサイ属の新種を記載した。後年、マクリントックはレーダーが残した膨大な標本を整理して、アジサイ属植物の分類体系を一九五七年に発表した。マクリントックの分類体系は、現在でも採用されている。

日本のアジサイ栽培化の歴史は明らかではないが、イギリスやフランスに日本のアジサイが導入される遙か昔から栽培化は進行していたと考えられる。イネやムギなどの主要作物では、栽培化の過程において種子の質や量、脱粒性など、さまざまな形質が順を追って選抜されており、野生種と栽培種を比較すると多数の形質が蓄積していることがわかる。しかし、花や葉を観賞する園芸植物では、主要作物ほどの複雑な栽培化の過程を経ずに、原種に起こった花や葉の色や形に関する少数の突然変異を組み合わせただけで品種として成立している場合が多い。おそらく、ツツジなどの日本の古典園芸植物と同様、アジサイは、変異体の採取や、偶発実生、芽条変異の選抜により、多様な品種が育成されてきたと考えられる。

日本から導入したアジサイをもとに、いちはやく品種改良が始まったのは一九〇〇年代初頭のフランスで、エミール・ムイエールとビクトール・ルモワンヌによりトーマスホッグやロゼア、オタクサを交配親として繰り返し交配され、今日の園芸種の祖となる品種が多数育成された。[4] その後はドイツやオランダ、ベルギー、アメリカでも品種改良が積極的に進められ、導入から第二次世界大戦の開始までの約四〇年の間に、三五〇以上の品種が育成された。そのほとんどは手まり咲きであり、育成品種の大半は鉢物用であった。欧米に渡ったアジサイは、「花のより大きな」、「花色がより鮮明な」、「より強健な」品種へと改良され、コントラストの強いピンクや赤に発色する、花序や株の大きな品種がつぎつぎと育成された。一九五〇年代になると、スイスの連邦園芸研究所で、大型かつ強健で、花色の鮮やかなテラーシリーズが育成された。テラーシリーズは、鳥や羽のある昆虫に因んだ名前が付けられた額咲きで、ひときわ大型のブラウメーゼやアイスフォーゲル、ファザン、タウベなどは三倍体である。[5] その他、ドイツではホルスタイン、ハンブルクなど、アメリカにおいてはメリットシュープリームなどの三倍体が育成されてきた。基本的にアジサイは二倍体（2n = 36）であり、[6] 四倍体の存在は報告されていない。そのため、三倍体の出現は、二倍体どうしの還元配偶子（n）と非還元配偶子（2n）の接合によると考えられている。

アジサイは種子を播いてから実生が開花するまで二〜三年を要するが、栄養繁殖が容易なため、交雑実生から優れた表現型を示す個体を選抜することができれば、遺伝的固定が必要な種子繁殖性作物とくらべると比較的短期間に優れた品種が育成できる。欧米の多くの国で、日本から導入したアジサイを親として大規模な育種に取り組み、さまざまな品種が現在でも生み出されている。二〇〇四年に出版された『Encyclopedia of hydrangeas』には、約六〇〇の品種が記載されるにいたっている。[7] 海を渡った日本のアジサイは、欧米人の手により飛躍的に多彩となり、国際的な園芸作物としての地位を確立したのである。

図8. アジサイ研究家・山本武臣

日本への里帰りと新品種の育成

明治時代になると、欧米で品種改良されたさまざまな洋種花きが日本に輸入されるようになった。大正時代になると、欧米で品種改良されたアジサイは、「洋種アジサイ」という名前で、わずかながら輸入されるようになり、昭和初期には種苗商のカタログにも掲載されるようになったが、一般に普及しなかった。

第二次世界大戦後、日本が敗戦から復興し経済的に豊かになると、花きの需要が爆発的に増加し、シクラメンなどの鉢花の営利栽培が始まった。アジサイの鉢物生産が本格化したのは、一九六〇年代からである。鉢物生産には欧米で育成された品種が用いられ、セイヨウアジサイやハイドランジアという戦略的な名称で販売されて人気を博した。ただ、アジサイが日本を代表する花として広く認知されるようになったのは、アジサイ研究家・山本武臣（図8）と、植物分類学者・大場秀章の業績によるところが大きい。山本と大場はまさにアジサイ界の巨人であり、その魅力を紹介する書籍・論文を次々と著すことを通して、アジサイがもっていた日陰者のイメージを払拭した。彼らの熱意が今日の鉢物アジサイ消費の基盤を築いたといえる。日本の花き産業が急速に拡大する中、鉢物アジサイもよりオリジナリティの高い多様な品種が求められるようになり、篤農家・坂本正次や海老原廣、谷田部元照の手によって鉢物アジサイの育種が開始された。

図 9. ミセスクミコ

坂本正次は一九四九年に埼玉県東松山市で生まれた。大学卒業後の一九七四年、妻・久美子とともに群馬県勢多郡黒保根村（現・桐生市黒保根町）に入植し、ヨーロッパからアジサイの苗を仕入れ鉢物栽培を始めた。坂本が実際に栽培してみると、ヨーロッパから導入された品種には発色の不安定さなどの欠点が目に付いた。坂本は自分が満足のいく品種を育成するため、一九七七年からセイヨウアジサイを親としたアジサイの交雑育種に取り組んだ。坂本がアジサイの育種を開始した当時、アジサイの育種手法は一般に公開されてなく、手引き書も存在しなかった。そのため、毎日が試行錯誤の繰り返しであった。

坂本はセイヨウアジサイの**マダムプルムコック**と**グリュンヘルツ**を交配し、桜色で花弁に切れ込みがある大形花序の個体を選抜し、妻の名をとり、**ミセスクミコ**（**図9**）と名付けた。**ミセスクミコ**はアジサイの分野で日本初となる種苗法登録品種（一九八八年品種登録）になった。**ミセスクミコ**は透明感のある桜色の大きな装飾花をもつ手まり咲きの品種で、従来のセイヨウアジサイに日本の繊細な美を添えた優美な品種であった。**ミセスクミコ**に続き、一九九〇年、栃木県の篤農家・海老原廣が**フラウノブコ**などのフラウシリーズを、谷田部元照が**レディエツコ**を育成した。

坂本の**ミセスクミコ**、海老原育成の**フラウレイコ**、そして谷田部育成の**ピーチ姫**が、一九九二年、オランダ、ズーダーメアで開催された国際園芸博覧会フロリアード１９９２に出品されて非常に高い評価を獲得した。当時のオランダ女王ベアトリクスが、坂本らが育成したアジサイを見て賞賛の声を上げたとの逸話が残されている。オランダでの大成功によって、日本では「鉢物アジサイ」が脚光を浴びるようになった。アジサイは日本を代表する重要鉢物品目に位置づけられるようになり、鉢物アジサイはカーネーションと並び、「母の日」に贈る花として大量に流通するようになった。

坂本ら三名の先駆的育種家は、日本のアジサイの花色やスタイルに飛躍的な変化をもたらし、鉢物アジサイの需要拡大に大きく貢献した。その結果、新奇性の高い、色鮮やかなさまざまな品種がつぎつぎと育成されるようになった。

坂本は**ミセスクミコ**を育成後、**ピンクダイヤモンド**、**ブルーダイヤモンド**などをつぎつぎと育種し、装飾花が八重咲きで、手まり咲きになる**ポージィブーケ**シリーズの育種にも成功した。また、八重咲きのガクアジサイ・**城ヶ崎**をもとに交配を重ね、花形が額咲きから手まり咲きに変化する**フェアリーアイ**を育成した。**フェアリーアイ**は日本フラワー・オブ・ザ・イヤー2006で最優秀賞を受賞している。**フェアリーアイ**はピンクからオータムカラーへの花色が変化する品種で、「秋色あじさい」としても出荷されており、鉢物アジサイの花色の常識を破る品種であった。**フェアリーアイ**の登場により、アジサイの花色変化を積極的に楽しむ方向へ消費者の嗜好が変化し、観賞価値を維持したまま、花色が経時的に変化する品種が育成されるようになった。

海老原や矢田部も育種への意欲は衰えをみせず、つぎつぎと新品種を発表し続けており、日本のアジサイ育種の大きな牽引力になっている。海老原は**フラウニューカツコ**で、二〇〇八年、ジャパンフラワーセレクションのモーストジョイ特別賞を受賞している。矢田部は、日本に自生する**清澄沢アジサイ**を改良して**リップル**を育成し、フロリアード2002で金賞一席を受賞した。**未来**と**ラブユーキッス**も同時に金賞を受賞している。

日本での鉢物アジサイの人気が高まるにつれ、地域の特産物として公立の試験研究機関が育種に参入するようになった。群馬県では**ラブリーハートピンク**を、福岡県では**筑紫手鞠**など七品種を登録している。元来変異の大きかったヤマアジサイのさまざま品種が生み出されてきた（**図10**）。また、民間育種家や篤農家による育種も活発で、埼玉県の塩原茂夫が育成した**舞姫**（**図11**）はピンクと紅色の複色で、これまでの鉢物

図 10. ヤマアジサイ品種・**富士の滝**

図 11. **舞姫**

図 12. 冬あじさい、**スプリングエンジェル　ピンクエレガンス**

アジサイでは類をみない絞り咲きの品種である。農林水産省の品種登録のホームページによると、二〇一五年三月現在、二七九件のアジサイ品種が種苗登録されている。

アジサイ育種の新展開——種間雑種・属間雑種育成の取り組み

アジサイの品種改良において、野生種から形質を導入する遠縁交雑（種間・属間交雑：Wide Hybridization）の取り組みは、日本で始まった。すでに述べたように、鉢物として利用されているセイヨウアジサイは、欧米で育種され日本へと逆輸入された品種群である。セイヨウアジサイは花色変異が豊富で園芸的価値が高い。しかしながら、限られた遺伝資源をもとに品種改良が進められたため、特性が似通った品種が多く、開花習性や樹形などに関するバリエーションは乏しかった。そのため、鉢物農家や市場、消費者からは、花色変異以外の多様な形質が付与された新品種の育成が強く求められていた。アジサイ属には園芸品種の成立に関与していない多くの野生種があり、変異拡大のため、野生種の形質を活用すべきであると、育種家のあいだでは考えられるようになった。

このようなアジサイ育種の閉塞状況を打破するため、一九九五年、群馬県園芸試験場（現・群馬県農業技術センター）に所属中の筆者が、アジサイの種間雑種を育成するさまざまな方法の検討を始めた。研究を開始した当初、アジサイ属植物の遠縁交雑に関する研究はほとんど行なわれてなく、世界的にも未開拓な分野であった。

毎週のように黒保根村の坂本の温室に通い、坂本から直接、アジサイの交配技術を学んだ。それと同時に、国内外のアジサイ属植物を収集し特性を評価して、種間雑種の育成に取り組んだ。筆者は効果的な交配技術と雑種胚救済技術を開発し、精力的にアジサイ属の種間雑種を育成した。

一九九九年、筆者はセイヨウアジサイに耐寒性を導入する目的で、セイヨウアジサイとアメリカノリノキ[8]（*H. arborescens*）、セイヨウアジサイとカシワバアジサイ[9]、およびセイヨウアジサイとノリウツギ[10]との種間雑種を育成した。それと並んで、セイヨウアジサイにつる性を付与するため、セイヨウアジサイとツルアジサイとの種間雑種を育成した[11]。しかしながら、作出した種間雑種は、いずれも生育が弱勢で観賞価値に乏しく、園芸品種になる可能性が低い個体ばかりであった。研究の打ち切りが勧告される中、筆者は粘り強く挑戦を続け、カラコンテリギ（*H. chinensis*）とセイヨウアジサイとの種間雑種を作出した[12]。胚珠培養で多くの雑種個体を生み出し、その中から園芸的価値が高い極大輪で冬咲きの三個体を選抜し、冬あじさい・**スプリングエンジェル**シリーズと名付け、二〇〇七年、三品種を登録した[13]。**スプリングエンジェル**シリーズには、八重変化咲きの**ピンクエレガンス**（**図12**）とパステルブルーの花色の**ブルーエレガンス**、花弁（ガク片）にフリンジの入る**フリルエレガンス**があり、いずれも常緑性で、温室栽培すると厳寒期に大輪の花を咲かせる特性がある。

スプリングエンジェルシリーズは、二〇〇七年一月より首都圏へと出荷されたが、「厳寒期に鉢物アジサイを出荷することは、季節感を無視した無謀な行為である」と、厳しい批判を浴びた。ところが、その希少性ゆえか、消費者から熱烈に支持され、冬あじさい・**スプリングエンジェル**シリーズは首都圏や中京圏の小売店で銘柄販売されるようになった。日本最大級の花展覧会である関東東海花の展覧会（二〇〇七年、第五六回）において、**スプリングエンジェル　フリルエレガンス**は農林水産大臣賞（金賞第一席）を受賞している。それ以降、**スプリングエンジェル**は、関東東海花の展覧会で四回の金賞に輝く、常勝品種に成長した。

二〇〇三年、京都府立桂高校教諭の片山一平は、アジサイとジョウザン（*Dichroa febrifuga*）との属間雑種を育成した。驚くべきことに、片山は胚培養等の細胞工学的操作を施さずに、通常の交配によって属間雑種を作出している。雑種は両親種とほぼ中間の形態を示し、**桂夢衣**《かむい》と名付けられ品種登録された。ジョウザンは、中国、ネパールから東南アジアに分布する常緑性の低木で、中国では若い葉や根を解熱剤として利用する。花序は両性花のみで構成され、美しい金属光沢のある青紫の花弁をもつ。果実は球形の液果となり、熟すと青紫色になり観賞できる。*Dichroa* 属は東南アジアを中心に分布する一二種があり、今後、アジサイの品種改良における有用な遺伝子資源になる可能性がある。

育種家は目標を立て品種改良を始めるが、実際は目標通りの品種ができることは稀である。目標に届かない品種もあるし、予想を超えた素晴らしい品種になることもある。育種家にとっての楽しみや喜びはそこにある。素晴らしい品種は天の采配であろう。

アジサイ育種の未来

一九九〇年代中頃から、ＤＮＡマーカー研究が世界的に盛んになり、さまざまな農作物の育種で利用されるようになった。また、アジサイ需要は世界的に増大しており、新品種の育成が求められている。そのため、日本だけでなく欧米各国でアジサイの品種改良が始まり、育種方法の研究が進められている。最近のＤＮＡ解析技術の進歩により、葉緑体ＤＮＡの特定配列をマーカーとして、アジサイ科植物の詳細な類縁関係が明らかにされており[14]、ＤＮＡレベルの類縁性にもとづいた、アジサイ属遠縁交雑における橋渡し種が提案されている[15]。最近では新たな知見がつぎつぎと発表され、技術の進歩がこれからの育種を大きく変革するであろう。しかしながら、ＤＮＡ技術を用いれば、誰でも育種家になれるわけではない。すなわち、育種は経験と知識の依拠した芸術だからである。

終わりに、品種を生み出したすべての人々と、創出されたすべての品種に敬意を表すとともに、これから品種改良に挑戦する未来の育種家に心からエールを送りたい。

第19章

青い花

中村典子・田中良和

青い花の魅力

「幸せの青い鳥」や結婚式に新婦が身に付けるサムシングブルーに代表されるように、青は幸せのシンボルカラーである。また、好まれる色としても青は必ず上位に入る。官位十二階では青は紫に次いで二番目に位が高く、高貴さも兼ね備えている。

自然界には青い花は数多くあるが、重要な園芸植物、とりわけ、バラ、カーネーション、キク、ユリなどの切り花として重要な種や、チューリップなどの種には青い品種がない。これらの青い花は実在はしないものの、デザインのモチーフなどとしては広く用いられてきた。これらの種で青い花を実現できると、きっと世の中に受け入れられ、人々を幸せな気持ちにできる、という思いで青い花の開発に取り組んできた。ここでは青い花の開発について、一九九〇年からオーストラリアのフロリジン社と取り組んできた筆者らの結果に加え、他の研究チームの結果も含めて紹介をしたい。

花の色の成分

花の色の成分には、主にフラボノイド、カロテノイド、ベタレインの三種類の化合物群がある。[1] フラボノイドは、アミノ酸の一種であるフェニルアラニンから合成されるC6-C3-C6（Cは炭素）の構造をもつ化合物で、植物の代表的な二次代謝化合物である。フラボノイドが担う色は、淡い黄色、オレンジ色、赤、紫、青など豊富で、なかでも、赤、紫、青といったさまざまな色を呈する化合物はアントシアニンと総称される。アントシアニンは果実や種子の色の成分でもある。アントシアニンの発色団（アントシアニンをたとえば塩酸加水分解した後の有色成分）をアントシアニジンと呼ぶ（**図1**）。

カロテノイドはイロプレン（C5）ユニットが八単位分重合した化合物群で、黄色（バラ、キク）や赤（ポピー）の花や実（トマト、カボチャなど）に含まれる。ベタレインはチロシンから合成される窒素元素を含む化合物で、ナデシコ目のナデシコ科、イソマツ科、ザクロソウ科を除く植物（サボテン、オシロイバナ、ポーチュラカなど）に含まれ、赤や黄を発色する。興味深いことに、ベタレインとアントシアニンは同じ植物には存在せず、これは植物学上のミステリーとされている。

青い色の発色機構

花が青くなる仕組みは日本の研究者を中心に古くから研究されてきた[2][3][4]。その代表的な仕組みを以下に紹介しよう。

花の色はアントシアニジンの種類に大きく左右されるが、主要なものに次のものがある（**図1**）。

①シアニジン——赤や紅色の花に含まれることが多い。バラ、キクなどの主要色素。
②ペラルゴニジン——鮮やかな赤色の花に含まれることが多い。カーネーションやサルビアなど。
③デルフィニジン——青や紫色の花に含まれることが多い。リンドウ、ラベンダーなど。

これらのアントシアニジンの色は、B環の水酸基数が増えると青くなる。なお、植物はアントシアニジンを蓄積することは稀で、アントシアニジンに糖やアシル基が結合したアントシアニンとして液胞に蓄積する。芳香族アシル基が複数結合すると、リンドウに代表されるように安定した青い色を生じる（**図2**）。

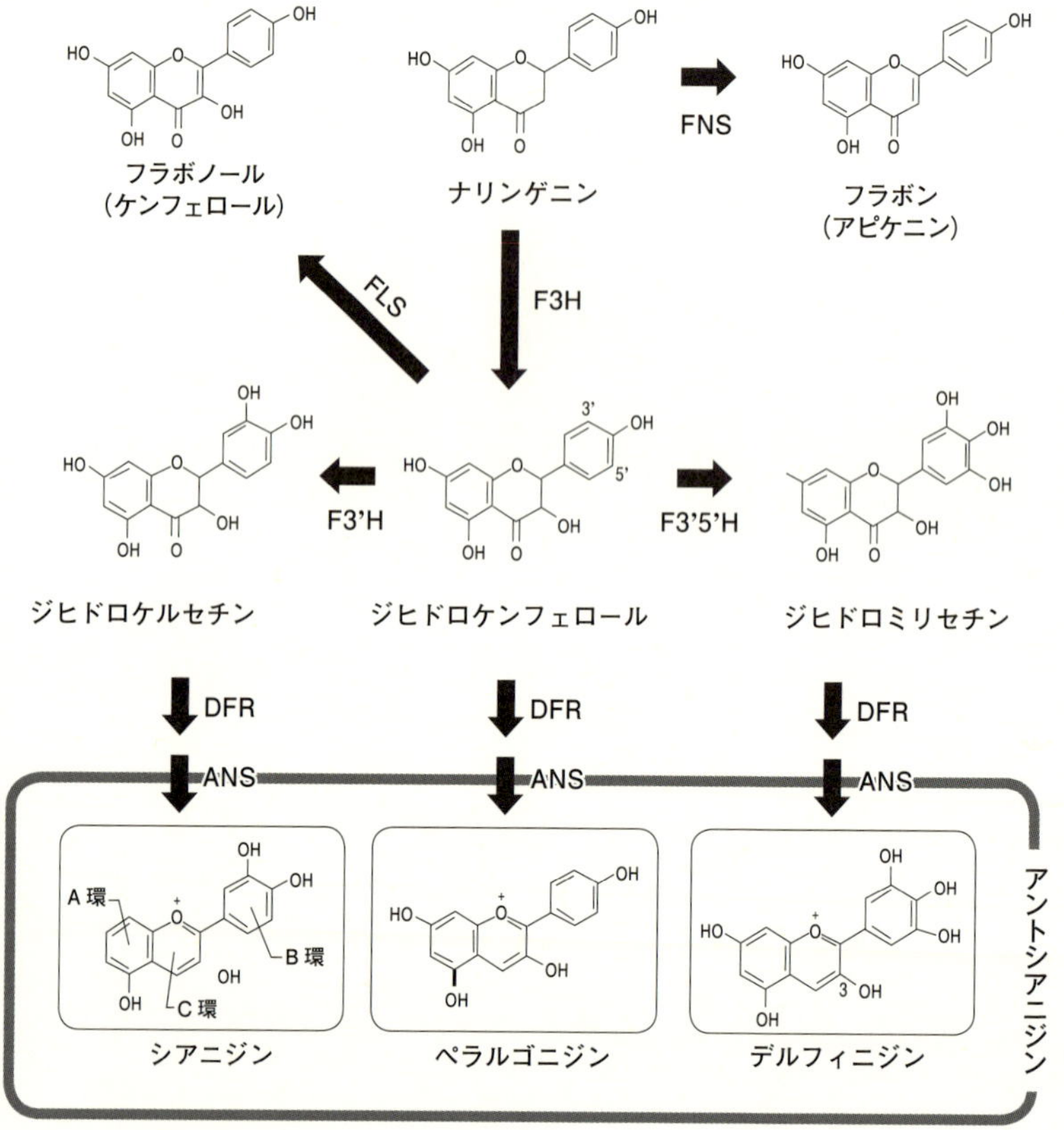

ANS：アントシアニジン合成酵素
DFR：ジヒドロフラボノール 4−還元酵素
F3'H：フラボノイド 3'−水酸化酵素
F3'5'H：フラボノイド 3'5'−水酸化酵素
F3H：フラバノン 3−水酸化酵素
FNS：フラボン合成酵素
FLS：フラボノール合成酵素

図 1. フラボノイド生合成経路の一部と主なフラボノイド
多くの青い花は、デルフィニジンを合成するために必要な F3'5'H をもつが、バラやカーネーションなどは、F3'5'H をもたないため、デルフィニジンを合成できない。青い花から得た F3'5'H 遺伝子を導入するとデルフィニジンが合成され、花色が青く変化する。

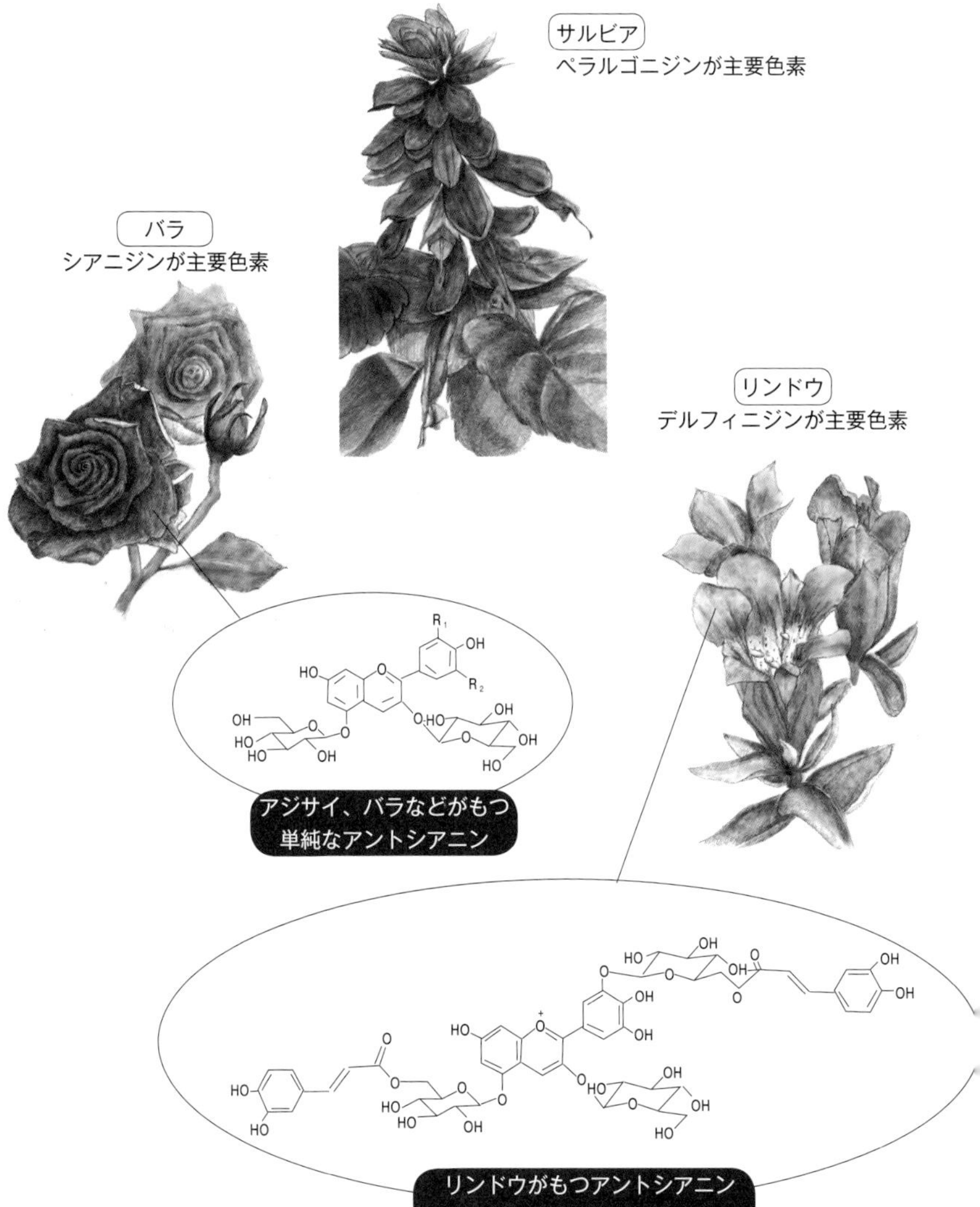

図 2. 花の色とアントシアニンの関係および構造式

なお、バラ、カーネーション、キク、ユリなどに青い品種がないのは、デルフィニジンを蓄積できないからとされている。

アントシアニンはフラボン（特にフラボンC-グルコシド）やフラボノールなどが共存すると青くなることが知られ、ハナショウブではフラボンC-グルコシドによる青色化が示されている。両者はコピグメント（補助色素）と呼ばれ、青みを増したり、色を濃くしたりする効果をもつ。また、鉄やアルミニウムのイオンはアントシアニンを青くする強い効果があり、アジサイなどに顕著に見られる。ちなみに、友禅の下絵用のアントシアニンの原料として用いられるツユクサの青は、アントシアニンとコピグメントと金属イオン（鉄、マグネシウム、カルシウム）が安定した青い複合体を形成していることによる。またアントシアニンは先述のように液胞に蓄積されているが、液胞内の状態（pHの度合い）はアントシアニンの色に大きく影響を与える。つまり、液胞のpHが高い（中性に近い）と青くなる。

シアニジンに由来するアントシアニンであっても、液胞のpHが高かったり（アサガオ）、フラボンや金属イオンと安定な複合体を形成したり（ヤグルマギク）すると、青い色になる。逆にデルフィニジンがあっても、液胞のpHが低く単純なアントシアニンしか合成しない場合は青くならない（ゼラニウムなど）。

青い花を咲かせる植物はこのような仕組みを組み合わせることにより、自らに適したやり方で青い花を咲かせている。ほとんどの場合、どのような色の花を咲かせるかは遺伝的に、つまり生まれつき決まっているので、交配による品種改良では青い品種をつくれなかった。

青い花をつくるための基本戦略

コラム　F3'5'Hの進化

シアニジンを合成するために必要なF3'Hと、デルフィニジンを合成するために必要なF3'5'Hは、アミノ酸配列の類似性にもとづくチトクロームP450の分類では、同じファミリー（CYP75）の中の異なるサブファミリー（多くの植物ではそれぞれCYP75B、CYP75A）に属する。分子系統樹を書いてみると、これらは顕花植物の誕生の以前に分化していたことが示唆される。興味深いことに、キク科のサイネリア、アスターなどは構造的にはCYP75Bに属するにもかかわらず、F3'5'H活性を示す酵素をもつ。進化の過程でキク科の祖先はいったんCYP75A型のF3'5'H遺伝子を失ったが、サイネリア、アスターなどではCYP75B遺伝子の重複によりF3'5'Hを獲得し、デルフィニジンを再び構成できるようになったと推察される。

アスター

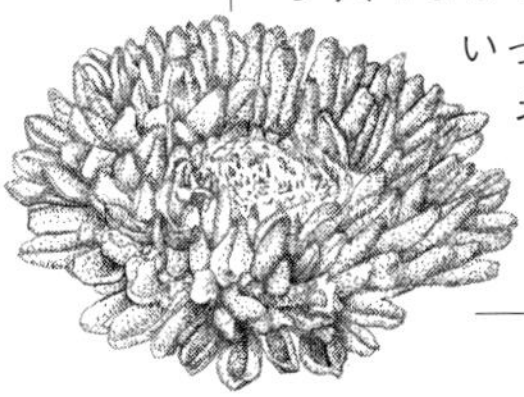

では、青い花をつくるにはどのような戦略を採用すればよいか？　交配可能な青い近縁種があればそれと交配すればよいのだが、バラやカーネーションの場合には青い近縁種がないので、遺伝子組換えの手法を用いて青い花を咲かせるための遺伝子を導入する必要がある。

多様な青い色の発色機構のうち、生化学的に、あるいは遺伝学的によく理解されていて、青色化の効果が大きいのは、B環の水酸基を増やし、デルフィニジンを蓄積させることである。水酸基を増やすために必要な酵素は、フラボノイド3',5'-水酸化酵素（F3'5'H）と呼ばれる（図1参照）。筆者らが青いバラの開発を始めた一九九〇年ごろには、F3'5'H遺伝子をバラなどで発現させることができれば青い花ができると考えた研究グループは、世界でも日本でも多かったようだ。

青いバラやカーネーションを作出するにはF3'5'H遺伝子の取得の他に、バラやカーネーションに遺伝子を入れて遺伝子組換え植物を作製する方法（形質転換法）の開発も必要であった。当時はタバコやペチュニアなどのナス科の植物の形質転換は可能であったが、他の植物についての成功例は少なかった。

F3'5'H遺伝子を得る

F3'5'H遺伝子を単離するための植物としてはペチュニアが用いられた。ペチュニアは花色の遺伝学の研究分野ではモデル植物とされ、花弁にはマルビジン（デルフィニジンの3'位と5'位がメチル化されたもの）が主に蓄積し、F3'5'Hを含む花色にかかわる多くの遺伝子座が知られていた。また、バーベナなどの研究からF3'5'Hは、チトクロームＰ４５０（Ｐ４５０）ファミリーに属する酵素であることも知られていた。Ｐ４５０は動物で発見され、肝臓で外来物質の解毒などの機能を担っているとされていた。一九九〇年当時は動物のＰ４５０が数個、植物のものが一種のアミノ酸配列が判明していたにすぎなかった。ただ、これらのアミノ酸配列を比較すると、ヘム鉄に配位するシステイン残基付近のアミノ酸配列が比較的保存されていたことがわかっていた。

この配列をもとにして設計した合成ヌクレオチドを用いて、ＰＣＲという手法により、ペチュニア花弁からＰ４５０遺伝子断片を単離した。得られた情報をもとに設計をやり直してＰＣＲを繰り返したり、花弁のｃＤＮＡライブラリーをスクリーニングしたりすることにより、Ｐ４５０遺伝子を多数取得した。当時はなぜこれほど種類が多いのか不思議であったが、一つの植物には二五〇以上の分子種があることがゲノム解析から後日判明した。

この中から、F3'5'H遺伝子は花弁のみで働くこと、花弁が開き始める時（アントシアニンの合成が盛んな時）に転写量が高いこと、デルフィニジンをつくるペチュニア品種では転写物があり、つくらない品種では転写物がないことなどを手がかりに、F3'5'H遺伝子の候補を絞りこんだ。候補Ｐ４５０を発現させた酵母（単細胞生物であるが細胞のつくりは高等植物と同じく真核生物）から調製した膜画分に放射標識したフラボノイドを与えると、B環が水酸化されたフラボノイドが検出された。すなわち、F3'5'H活性をコードする遺伝子の同定に成功し、特許を出願した。

デルフィニジンをつくらないペチュニアにこの遺伝子を導入すると、デルフィニジン（正確にはデルフィニジンが修飾されたマルビジン）が合成されるようになり、花弁や花粉の色が青くなり、F3'5'H活性を示すことが証明された。[5]

コラム　ペラルゴニジンを蓄積するペチュニア

デルフィニジンを蓄積しない植物がある一方で、ペラルゴニジンを蓄積しないために、鮮やかな赤からオレンジ色の品種がない植物もある。ペチュニアがその代表的な例である。これはペチュニアのDFRがジヒドロケンフェロールを還元できないためで、同様の理由でアイリスやリンドウにもペラルゴニジンが蓄積しないと思われる。ジヒドロケンフェロールを還元できるトウモロコシ、ガーベラ、バラなどのDFR遺伝子をペチュニアで発現させることで、ペラルゴニジンを蓄積するオレンジ系のペチュニアが作出されている。

青いカーネーションをつくる

カーネーション（*Dianthus caryophyllus*）はナデシコ科ナデシコ属に属し、地中海が原産地である。切り花としては、一茎一花のスタンダードタイプと一茎多花のスプレータイプがある。国内では三〜四番目に生産額が多い花きである。

F3'5'H遺伝子の単離と並行して別のチームがカーネーションの形質転換の方法を開発した。植物細胞に遺伝子を導入する方法としては、アグロバクテリウムという細菌を感染させて導入する方法を用いた。

得られたペチュニアのF3'5'H遺伝子を赤いカーネーション（ペラルゴニジンを蓄積）に導入したところ、色はやや濃く変化し、デルフィニジンも蓄

コラム　花に関わる知的財産権

産業上有用で、新規性と進歩性が認められた遺伝子は特許権で保護することができる。保護期間は出願から20年で、同じ発明に対しては出願が早い出願人の権利となる。権利化された遺伝子を含む植物も保護の対象となりうるので、後代にも権利が及ぶ。

植物の新品種の保護に関する国際条約（UPOV条約）にもとづく種苗法が定める品種登録制度により、植物新品種の育成者の権利保護が図られている。この仕組みでは作出された植物そのものを保護することができる。区別性・均一性・安定性が特性審査の要件となり、対照品種と比較した外見が評価される。草本は25年、木本は30年の保護期間がある。コストが特許よりも安価なこと、保護期間が長いこともあり、園芸業界では種苗登録制度を利用することが多い。ただ、交配後代には及ばないので、権利範囲は狭い。

積したが、新品種として販売できるレベルではなかった。これはペラルゴニジンが等量程度存在していたこと、この品種の液胞のpHがおそらく低かったことなど、青の発色には適さない形質を宿主がもっていたことが理由と推察された。

デルフィニジンの含有率を高めるには、導入するF3′5′H由来の経路がカーネーションの内在性のアントシアニン合成経路に打ち勝つ必要がある。ペチュニアがデルフィニジンを効率よく蓄積する理由の一つは、ペチュニアがもつジヒドロフラボノール4－還元酵素（DFR）が、デルフィニジンのもとになるジヒドロミリセチンを効率よく代謝するが、ペラルゴニジンのもとになるジヒドロケンフェロールは代謝しないからである。DFR遺伝子が欠損している白いカーネーション（スプレータイプのある品種）に、ペチュニアのF3′5′H遺伝子とDFR遺伝子を導入すると、デルフィニジン含有率が一〇〇パーセントに近い遺伝子組換えカーネーションが得られた。色も従来にはない青みを帯びていた[6]。

これらから生育特性が良く色が安定している系統を選抜し、**Moondust**という商品名で一九九六年からオーストラリアにて生産・販売した。これが遺伝子組換え花きの世界初の販売であった。日本ではオーストラリアから空輸した切り花を**ムーンダスト**（花言葉、永遠の幸福）として、翌九七年に販売を開始した。この系統はアントシアニン量が低く淡い色であった。パンジーのF3'5'H遺伝子とペチュニアのDFR遺伝子を同じ宿主に導入すると、アントシアニン量が増加し、濃い青紫色の系統が得られた。その後、スタンダードタイプのDFR遺伝子欠損カーネーションを宿主として同様に、青紫色の系統を得た。アントシアニンの量により花色の濃淡があり、現在スタンダードタイプは四品種が販売されている[6]（図3）。

その後の技術開発により、DFR欠損の白い品種を用いなくても、①内在性のDFR遺伝子の発現をRNAiという手法（二本鎖RNAを転写させることにより、目的遺伝子の発現を効率よく抑制できる方法）で抑制する、②ペチュニアF3'5'Hへ電子を伝達するチトクローム b5を共発現するという工夫によりデルフィニジンの含有率を高め、花色を青紫色に変えることができる。このような手法でも四品種が開発されて[6]て、うち二品種は日本でも販売されている。これらのカーネーションは、赤道直下の高地で年中春のような気候のため、カーネーションやバラの生産に適しているコロンビア、エクアドルといった国の農家で委託栽培をし、欧米日豪、アジアへ輸出されている。（図4）。

遺伝子組換え植物の生産・販売に必要な手続き

日本において遺伝子組換え植物を野外で生産・販売するには、「遺伝子組換え生物等の使用等の規制による生物の多様性の確保に関する法律（通称カルタヘナ法）」にもとづく手続きが必要である。農林水産省のホームページによれば、「カルタヘナ法は遺伝子組換え生物等が我が国の野生動植物等へ影響を与えないよう管理するための法律」で、遺伝子組換え生物の使用による生物多様性への悪影響を防止することを目的としている。遺伝子組換えカーネーションの国内における販売や切り花の輸入には、この法律にもと

カーネーション（**ムーンダスト**）

バラ

キク（右が遺伝子組換えキク）

図 3. デルフィニジンを蓄積しているさまざまな遺伝子組換えの花

図 4. カーネーションの生産農家
（コロンビア、エクアドル）

隔離圃場におけるカーネーションの栽培

遺伝子組換えバラの周囲に野生バラを配置し、遺伝子拡散の有無と程度を評価

隔離圃場におけるバラの交雑試験

栽培バラと交雑試験を行なったオオタカネバラ

図5. カルタヘナ法にもとづく生物多様性影響評価

づく認可を主務省である農林水産大臣と環境大臣から得る必要がある。

ムーンダストシリーズの場合（**図5**）、花粉がないか、あっても稔性が低いことなどにもとづき、生物多様性影響がないと判断され、認可を得ている。なお、遺伝子組換え植物に関する規制は国や地域によって大きく異なる。

青いバラをつくる

栽培バラ（*Rosa hybrida*）は、九種の野生バラを交配することで誕生したとされる。たとえばバラの四季咲き性は中国のもの（*Rosa chinensis*）を、黄色は野生バラ（*Rosa foetida*）を利用することでつくられた[7]。Roses are red. Violets are blue. という韻詩に代表されるように、バラは赤いものとされてきた。青い色のバラをつくる試みは古くからされてきたができなかったため、blue roseには「不可能、ありえないもの、できない相談」という意味がある。バラが花の女王であるためか、ロシアのおとぎ話では青いバラのお茶を飲むと不老不死になる、などの青いバラに関する話題には事欠かない。

交配により作出された青系のバラ（**ブルームーン**、**青竜**など）は、アントシアニジンとしてはシアニジンを低濃度で含むが、デルフィニジンは含まない。カーネーションの場合と同様、デルフィニジンをつくれないことが青い品種がない理由とされてきた。後日、バラにはロザシアニンと呼ばれる青い色を呈するシアニジン誘導体が存在することが判明したが、(8) 複雑な構造をしている上に微量であり、またその生合成経路も不明であるので、これを蓄積することにより青いバラを作出することはまだ難しい。

1　バラの花弁でのデルフィニジン蓄積

ペチュニアのF3′5′H遺伝子を構成的プロモーターに連結したコンストラクトをバラに導入し、多数の系統を開花させたがデルフィニジンは全く検出されず、花色も変化しなかった。さまざまなフラボノイド合成酵素遺伝子のプロモーターを用いた場合にも、やはりデルフィニジンは検出されなかった。デルフィニジンを蓄積している花（リンドウ、チョウマメ、サルビア、ラベンダー、サンシキスミレなど）からF3′5′H遺伝子を取得しバラに導入したところ、サンシキスミレのF3′5′H遺伝子を導入した場合に高レベルのデルフィニジンの蓄積が観察された。しかしながら、宿主はシアニジンを高蓄積する濃い赤いバラであったので、デルフィニジンを蓄積しても青くは見えなかった（**図6**）。

2　バラの青色化

バラの品種は多様なので、デルフィニジンが生産されると青く見える可能性が高いバラ（液胞のpHが相対的に高い、シアニジンを多くは溜めない、コピグメントとしての機能が期待できるフラボノールを蓄積する、切り花として販売できる品種）を京成バラ園芸（株）の品種を中心に宿主として選抜した。結果として淡いピンク系の品種が多く選ばれた。これらにサンシキスミレのF3'5'H遺伝子を導入したところ、数品種でデルフィニジンの含有率が九五パーセント以上になり、花色が従来のバラにはない青紫色の品種になったものが得られた[9]。これらの中から大輪の系統を販売のために生物多様性影響評価に供した。

F3'5'H遺伝子を高発現させるだけでは、限られた品種でしかデルフィニジンが優先的に蓄積しない。どのようなバラ品種でもデルフィニジン含有率が上がるように、二〇〇〇年ごろに一般化したRNAi法を用いてバラのフラボノイド合成経路を改変することにした。すなわち、F3'5'H遺伝子の発現に加え、バラ内在性のDFRのRNAi法による抑制とアイリスのDFR発現を行なったところ、含有率はほぼ一〇〇パーセントとなり、品種によっては青紫色の花となった（**図7**）。その後代のバラでも含有率はほぼ一〇〇パーセントとなった[9]。しかし、残念ながらこのコンストラクトを導入したバラは生育が不良になったことから、商業化は見送った。これらのバラは発売前から注目を集め、各地で展示を行なった（**図8**）。

3　遺伝子組換えバラの生物多様性影響評価

ムーンダスト同様、遺伝子組換えバラの生産や販売には生物多様性影響評価が必要である。カーネーションと異なり、遺伝子組換えバラには稔性のある花粉があること、国内には栽培バラの作出にも利用されたノイバラなどの野生のバラがあることから、野生バラとの交雑の可能性の有無の検証に力点をおいた

図 6. デルフィニジンをつくっているが青くないバラ

図 7. 青く色は変わったが販売に至らなかったバラ。ピンクは宿主。

評価が行なわれた。なお、栽培バラは四倍体であるが、日本の野バラは四倍体のものがあるオオタカネバラ（**図5参照**）を除くと二倍体である。

バラ園やバラ農家の周辺に自生する野バラの種子や、遺伝子組換えバラと近接して栽培した野バラの種子をＤＮＡ鑑定したところ、栽培バラに特徴的な遺伝子は検出されなかったこと、四倍体のオオタカネバラと宿主バラは人工交配でも種子が得られなかったこと、遺伝子組換えバラは導入遺伝子がL1層には入っているが生殖細胞となるL2層には入っていないキメラであること、といったことがわかり、遺伝子組換えバラを栽培しても国内の野バラに影響はないことが示されたとして、二〇〇八年一月三一日に認可を得ることができた。[10][11]

この後、自治体や関係者の了承を得たのち、国内の切り花生産者で生産を行なっている。二〇〇九年からブランド名**サントリーブルーローズアプローズ**（通称「**アプローズ**」。意味は喝采、花言葉は「夢かなう」）として国内で販売されている。**アプローズ**も**ムーンダスト**同様、花色は青紫色（なぜ純粋な青にならないかは後述）であるので、「青くない」とのご批判もいただくが、今までになかったものを作出できた故に、夢や希望をもたらす象徴として、結婚式やプロポーズなどの特別なオケージョンを含め、市場や消費者の方には認知されている。

2005年9月9日～11月20日(福岡市)

2007年3月24日～6月17日
(東京・国立科学博物館)

図8. 発売前のバラの展示。カルタヘナ法を遵守しながら展示を行なった

青いキクの開発

キクもやはりデルフィニジンを合成しないため、青い系統の品種がない。キクの場合は遺伝子を導入してもその遺伝子が機能しない、または当初は機能しても次第に機能しなくなるという現象が見られた。理由は不明であるが、サイレンシングと呼ばれる。Ｆ3′5′Ｈ遺伝子の導入を確認できても、そのｍＲＮＡやデルフィニジンが検出できないことが一〇年ほど続いた。Ｆ3′5′Ｈ遺伝子の転写に利用するプロモーターの選択と、おそらくは組織培養系の改善により、現在では二つのグループからデルフィニジンを生産するキクの報告が出されている。キクの場合にはＦ3′Ｈの活性が常にあるため、アントシアニジンとしてはシアニジンのみが蓄積することが知られている。カーネーションの場合のようなＤＦＲ欠損の白い品種は見出されなかったため、ピンク色の品種が宿主として選ばれている。

バラのカルコン合成酵素プロモーターにパンジーのＦ3′5′Ｈ遺伝子を連結したコンストラクトを導入すると、デルフィニジンの含有率は二〇～五〇パーセント程度となり、花の色も青い方にシフトした。さらにＦ3′Ｈ遺伝子のＲＮＡｉによる抑制により八〇パーセント程度になり、かなり青い品種が得られた[12]（**図6参照**）（フロリジン社とサントリーの共同研究）。

また、野田らによれば、キクのフラバノン3-水酸化酵素遺伝子のプロモーターとタバコのアルコールデヒドロゲナーゼ由来の翻訳エンハンサーを、カンパニュラという花のＦ3′5′Ｈ遺伝子の発現に用いたところ、デルフィニジンの含有率がほぼ一〇〇パーセントとなり、花色も青く変化した[13]（農研機構花き研究所とサントリーの共同研究）。

デルフィニジンを蓄積するキクは、同様のバラやカーネーションにくらべるとかなり青く見える。これは、キクの液胞のpHが高め、あるいはコピグメント効果のあるフラボンをキクが含むためと思われるが詳細は不明である。ただ、キクの場合は日本に野生キクが数種あり、栽培ギクとも容易に交雑することから、不稔の品種でない限り国内での販売は難しいのではないかと思われる。

他の植物の開発例

ユリに関しては、F3'5'H遺伝子の発現と内在性の合成酵素遺伝子の発現を抑制することによりデルフィニジンを蓄積させ、花色が青みを帯びた系統が作出されている（新潟県とサントリーの共同研究）。コチョウランとダリアにかんしては、千葉大学と石原産業の研究チームが、ツユクサのF3'5'H遺伝子を用いてデルフィニジンを生産させ、花色を青くした[14]。遺伝子組換えダリアの後代もやはり青い色を呈し、育種素材としても有効であることが示された[14]。これらの研究開発の詳細はまだ報告されていない。

もっと青くするための研究

開発された「青い花」は、それぞれの種の中では「青い」と呼んで差支えないが、色そのものは青紫色である。前述のようにデルフィニジンの生産だけで花の色を青くすることはできない。さらに青くするには、①アントシアニンの修飾、②コピグメントの存在、③金属イオンの存在、④液胞のpH上昇、が考えられる。アントシアニンの修飾に関しては、芳香族のアシル基の転移酵素遺伝子が得られている。最近では、デルフィニウムなどから液胞内で機能するアシル基や糖の転移酵素も得られている。

フラボン合成酵素やフラボノール合成酵素遺伝子を発現することにより、フラボンやフラボノールを合成させることはできるが、際立った青色化にはいたっていない。アントシアニンとの適切な量比や修飾が必要なのかもしれない。

花色にかかわる鉄やアルミニウムのトランスポーターの遺伝子もクローニングされていて、これらの利用も可能かもしれない。チューリップの品種の中には花弁の付け根の内側が青い色を呈するものがある。この青い部分では、液胞への鉄イオントランスポーターが強く働き[15]、あわせて鉄蓄積タンパク質であるフェリチンの発現が抑制されることにより、液胞の鉄イオン濃度が高くなっていることが報告されている[16]。これを利用した青いチューリップの開発が富山県で行なわれている。トルコの皿などにも描かれている青いチューリップの誕生が待たれる。

アサガオの場合、開花の直前に、細胞膜にあって分子やイオンを輸送する機構（カリウムプロトンアンチポーター）が高発現し、液胞のpHを上昇させている[17]。また、ペチュニアではプロトンATPaseという酵素が液胞のpH低下に寄与していて、この変異が生じると液胞のpHが上昇し花色が赤紫から青紫色になることがわかっている[18]。近年販売されるようになった青いシクラメンはアントシアニンの構造が変化しているのではなく、pHが上昇によることを香川大学の高村武二郎教授が明らかにしているが、原因遺伝子は不明である。

(18) Faraco, M., Spelt, C., Bliek, M., Verweij, W., Hoshino, A., Espen, L., Prinsi, B., Jaarsma, R., Tarhan, E., de Boer, A. H., Di Sansebastiano, G. P., Koes, R., Quattrocchio, F. M. (2014) Hyperacidification of vacuoles by the combined action of two different P-ATPases in the tonoplast determines flower color. Cell Rep, 6, 32-43.

Matsuda, Y., Furuichi, K., Yoshimoto, M., Matsunaga, A., Ishiguro, K., Tanaka, Y. (2011) Environmental risk assessment and field performance of rose (*Rosa* × *hybrida*) genetically modified for delphinidin production Plant Biotechnol, 28 : 251-261.

(11) Nakamura, N., Tems, U., Fukuchi-Mizutani, M., Chandler, S., Matsuda, Y., Takeuchi, S., Matsumoto, S., Tanaka, Y. (2011) Molecular based evidence for a lack of gene-flow between *Rosa* × *hybrida* and wild *Rosa* species in Japan. Plant Biotechnol, 28 : 245-250.

(12) Brugliera, F., Tao, G. Q., Tems, U., Kalc, G., Mouradova, E., Price, K., Stevenson, K., Nakamura, N., Stacey, I., Katsumoto, Y., Tanaka, Y., Mason, J. G. (2013) Violet/blue chrysanthemums--metabolic engineering of the anthocyanin biosynthetic pathway results in novel petal colors. Plant Cell Physiol, 54 : 1696-1710.

(13) Noda, N., Aida, R., Kishimoto, S., Ishiguro, K., Fukuchi-Mizutani, M., Tanaka, Y., Ohmiya, A. (2013) Genetic engineering of novel bluer-colored chrysanthemums produced by accumulation of delphinidin-based anthocyanins. Plant Cell Physiol, 54 : 1684-95.

(14) Mii, M. (2012) Interspecific hybridization, somatic hybridization and genetic transformation. Acta Hort, 953 : 43-54.

(15) Momonoi, K., Yoshida, K., Mano, S., Takahashi, H., Nakamori, C., Shoji, K., Nitta, A., Nishimura, M. (2009) A vacuolar iron transporter in tulip, TgVit1, is responsible for blue coloration in petal cells through iron accumulation. Plant J, 59 : 437-47.

(16) Shoji, K., Momonoi, K., Tsuji, T. (2010) Alternative expression of vacuolar iron transporter and ferritin genes leads to blue/purple coloration of flowers in tulip cv. 'Murasakizuisho'. Plant Cell Physiol, 51 : 215-24.

(17) Yamaguchi, T., Fukada-Tanaka, S., Inagaki, Y., Saito, N., Yonekura-Sakakibara, K., Tanaka, Y., Kusumi, T., Iida, S. (2001) Genes encoding the vacuolar Na+/H+ exchanger and flower coloration. Plant Cell Physiol, 42 : 451-61.

wide hybridization in *Hydrangea* s. l. cultivars: A phylogenetic and marker-assisted breeding approach. Molecular Breeding 32: 233-239.

◉ 19章『青い花』

（1）Tanaka, Y., Sasaki, N., Ohmiya, A.（2008）Plant Pigments for coloration: Anthocyanins, betalains and carotenoids. Plant J, 54：733-749.

（2）Yoshida, K., Mori, M., Kondo, T.（2009）Blue flower color development by anthocyanins: from chemical structure to cell physiology. Natural Product Reports, 26：857-974.

（3）岩科司（2008）『花はふしぎ』講談社.

（4）田中良和（2008）花の色のバイオテクノロジー．蛋白質核酸酵素 53 1166-1172.

（5）Holton, T. A., Brugliera, F., Lester, D. R., Tanaka, Y., Hyland, C. D., Menting, J. G. T., Lu, C. Y., Farcy, E., Stevenson, T. W., Cornish, E. C.,（1993）Cloning and expression of cytochrome P450 genes controlling flower colour. Nature 366：276-279.

（6）Tanaka, Y., Brugliera, F.（2013）Flower colour and cytochromes P450. Phil. Trans. R. Soc. B, 368, 20120432.

（7）福井博一（2010）バラ　鵜飼保雄・大澤良編『品種改良の世界史・作物編』悠書館.

（8）Fukui, Y., Nomoto, K., Iwashita, T., Masuda, K., Tanaka, Y., Kusumi, T.,（2006）Two novel blue pigments with ellagitannin moiety, rosacyanins A1 and A2, isolated from the petals of *Rosa hybrida*. Tetrahedron, 62：9661-9670.

（9）Katsumoto, Y., Mizutani, M., Fukui, Y., Brugliera, F., Holton, T., Karan, M., Nakamura, N., Yonekura-Sakakibara, K., Togami, J., Pigeaire, A., Tao, G.-Q., Nehra, N., Lu, C.-Y., Dyson, B., Tsuda, S., Ashikari, T., Kusumi, T., Mason, J., Tanaka, Y.（2007）Engineering of the rose flavonoid biosynthetic pathway successfully generated blue-hued flowers accumulating delphinidin. Plant Cell Physiol. 48：1589-1600.

（10）Nakamura, N., Fukuchi-Mizutani, M., Katsumoto, Y., Togami, J., Senior, M.,

(４) コリン・マレー（大場秀章・太田哲英訳）(2009)『アジサイ図鑑』アボック社.

(５) Jones, K. D., Reed, S. M. (2007) Analysis of ploidy level and its effects on guard cell length, pollen diameter, and fertility in *Hydrangea macrophylla*. HortScience 42:483-488.

(６) Cerbah, M., Mortreau, E., Brown, S., Siljak-Yakovlev, S., Bertrand, H., Lambert, C. (2001) Genome size variation and species relationships in the genus *Hydrangea*. Theor. Appl. Genet. 103: 45-51.

(７) van Gelderen, C. J., van Gelderen, D. M. (2004) Encyclopedia of hydrangeas. Timber Press, Portland, Ore.

(８) Kudo, N., Niimi, Y. (1999) Production of Interspecific hybrid plants through cotyledonary segment culture of embryos derived from crosses between *Hydrangea macrophylla* f. *hortensia* (Lam.) Rehd. and *H. arborescens* L. J. Japan. Soc, Hort, Sci 68:803-809.

(９) 工藤暢宏・木村康夫・新美芳二（2002）胚珠培養によるセイヨウアジサイとカシワバアジサイとの種間雑種の作出．園芸学研究　1：9-12.

(10) 工藤暢宏・木村康夫・新美芳二（2003）胚珠培養によって得られたセイヨウアジサイとノリウツギとの種間雑種における致死性の発現．園芸学会雑誌　72：275.

(11) 工藤暢宏・木村康夫・新美芳二（2002）胚珠培養により得られたセイヨウアジサイとツルアジサイの種間雑種の特性．園芸学会雑誌　71：183.

(12) Kudo, N., Matsui, T., Okada, T. (2008) A novel interspecific hybrid plant between *Hydrangea scandens* ssp. *chinensis* and *H. macrophylla* via ovule culture. Plant biotechnology 25: 529-533.

(13) 工藤暢宏・木村康夫・岡田智行（2011）冬あじさい「スプリングエンジェル」シリーズの育成．群馬県農業技術センター研究報告　83-88.

(14) Samain, M.-S., Wanke S., Goetghebeur, P. (2010) Unraveling extensive paraphyly in the genus *Hydrangea* s. l. with implications for the systematics of tribe Hydrangeeae. Systematic Botany 35:593-600.

(15) Mendoza, C. G., Wanke, S., Goetghebeur, P., Samain, M.-S. (2013) Facilitating

コスモス：日本の秋を彩るメキシコ生まれの花．NHK趣味の園芸10月号 144, 145.
(29) 橋本昌幸（1985）黄花コスモス．NHK趣味の園芸8月号　36-41.
(30) 河野玉樹（1986）花に生きる30　キバナコスモスと橋本昌幸さん．『朝日園芸百科』朝日新聞出版，30：133.
(31) 岩手県紫波町（2001）里山に群れ咲くキバナコスモスが人気を集めています．紫波町刊「紫波ネット」 809：2-7.
(32) 奥隆善（2014）『コスモスの謎　色も香りもチョコそっくり！？　チョコレートコスモス大研究』誠文堂新光社，p.128.
〔コラム　倍数性育種〕
(1) 鵜飼保雄（2003）Ⅲ-9・2植物進化と倍数性，9・4倍数性育種 『植物育種学：交雑から遺伝子組換えまで』東京大学出版会，228-238, 244-251.
(2) 鵜飼保雄・藤巻宏（1984）28　染色体を操作する 『遺伝と育種1　植物改良の原理　下』培風館，91-106.

◉17章　パンジー

〔主要参考文献〕
(1) Fuller, R (1990) Pansies, violas and violettas: The Complete Guide, Crowood Press.
(2) Cuthbertson, W (1910) Pansies, violas & violets.
(3) 柳宗民（1964）『パンジーとプリムラ』誠文堂新光社.
(4) 大場秀章編著（2009）『植物分類表』アボック社.
(5) 長岡求監修（2007）『日本花名鑑4』日本花名鑑刊行会.
(6) サカタのタネ（2013）『サカタのタネ：100年のあゆみ』サカタのタネ.

◉18章　アジサイ

(1) 山本武臣（1979）『グリーンブックス53：アジサイ』ニューサイエンス社.
(2) McClintock, E. (1957) A monograph of the genus *Hydrangea*. Proc. California Acad. Sci. 29:147-256.
(3) 大場秀章（2007）『植物学とオランダ』八坂書房.

(14) 三宅驥一・今井喜孝・田淵清雄（1926）コスモスノ遺傳．植物学雑誌 40：592-598.
(15) 社団法人日本種苗協会花き品種委員会（1977）コスモス、きばなコスモス『花き品種名鑑』社団法人日本種苗協会，35, 36.
(16) 稲津厚生（2007）佐俣淑彦（1916～1984）世界初の黄色コスモス『図録：特別展　花　FLOWER　～太古の花から青いバラまで～』朝日新聞社，113-114.
(17) 佐俣淑彦（1961）コスモスの花型の遺伝．遺伝　15（10）：9-13.
(18) 稲津厚生（1990）特集・コスモス　花形と花色に関する遺伝分析のすすめ．採集と飼育　52：422-430.
(19) 菊地賢・稲津厚生（2002）花型に特徴のあるコスモス品種における花型の均一度と均一性を高める育苗法．日本植物園協会誌　36：108-115.
(20) 農林水産省新事業創出課（2014）農林水産植物品種登録迅速化総合電子化システム登録品種データベース：*Cosmos* Cav.，*Cosmos sulphureus* Cav..
(21) 奥隆善（2010）コスモス最新事情．NHK 趣味の園芸 9 月号　10-19.
(22) 佐俣淑彦・稲津厚生（1983）コスモスの新花色の育種．玉川学園学術教育研究所共同研究報告　3：1-39.
(23) 佐俣淑彦（1983）特集・最近の花卉園芸　新花色の育種．遺伝　37（11）：口絵①，37-42.
(24) 稲津厚生（1993）コスモス（*Cosmos bipinntus* Cav.）におけるイエロー花色品種の成立に関する生化遺伝学的研究．玉川大学農学部研究報告 33：75-140.
(25) 稲津厚生（2002）コスモスにおける花色遺伝子型の多様化．生物教育 43（2）：表 1 図版，表 2.
(26) 稲津厚生・國師美歩・飯沼友鹿（2009）玉川大学におけるコスモス属（*Cosmos*）の研究とこれに由来する園芸品種の育成および普及．育種学研究　11（別 1）：282.
(27) 井上正一（1988）コスモス〔属〕*Cosmos* Cav.『園芸植物大事典』小学館，2：260-262.
(28) 三好正人・NHK 趣味の園芸編集部（2000）20 世紀を飾った花たち 7・

（6）塚本洋太郎（1995）『園芸の世紀1　花をつくる：戦後の生産が増えた多年草および一・二年草』八房書房，259-261.
（7）大屋寛高（1994）ストック．藤田政良編『育種と栽培』トリゾミックストック「ジャパンハイダブル」誠文堂新光社．47-48.

◉ 16章　コスモス

(1) 稲津厚生（2003）美しい景観植物：コスモスの育成．農林水産技術研究ジャーナル　26（3）45-48.
(2) 稲津厚生（2003）コスモス．自分好みのオリジナルのコスモスを咲かせませんか？．NHK趣味の園芸9月号　6-13.
(3) 稲津厚生（1998）風にそよぐ花　コスモス．NHK趣味の園芸9月号　4-11.
(4) 平塚靖司・長美穂子・稲津厚生（2001）品種分化および遺伝の法則に基づくコスモスの花壇展示．日本植物園協会誌　35：112-119.
(5) 小山博滋・稲津厚生・矢野勇（1997）コスモス『朝日百科　植物の世界』朝日新聞社，1：132-134.
(6) 稲津厚生（1996）コスモス人物記．大学と学生　379：60-63.
(7) 塚本洋太郎（1979）コスモス（*Cosmos bipinnatus* Cav.）きく科『原色園芸植物図鑑』保育社，Ⅰ：37, 38, 第19図版.
(8) 斎藤清（1969）第4章6：人為倍数体の作出，第5章2 Aコスモス．『花の育種』誠文堂新光社，142-154, 194-198.
(9) 佐俣淑彦（1980）コスモスの花型の遺伝と育種『玉川学園創立50周年記念論文集Ⅱ別刷』玉川大学　1-17.
(10) 奥隆善（2009）秋空に映えるチョコレートコスモス．NHK趣味の園芸10月号　46-51.
(11) 岩井英明（1976）*Cosmos* Cav. コスモス属『最新園芸大辞典』誠文堂新光社，2：518-519.
(12) 岩佐亮二（1981）特異な展開をした江戸時代の園芸　日本園芸史年表．『園芸大百科事典』講談社，9：192-196.
(13) 土屋五雲（1914）コスモス．日本園藝雑誌　266：17-19.

(13) Sando, C. E. (1925) Anthocyanin Formation in *Helianthus annuus*, J. Biol. Chem. 64: 71-74.

(14) Leclercq, P. (1968) Une sterilite male cytoplasmique chez le tounesol. Ann. Amelior. Plantes. 19: 99-106.

〔その他の参考文献〕

(1) Balfour, A. P. (1954) Annuals and Biennials Flowers, Penguin Book.

(2) Mansfield, T. C. (1949) Annuals in colour and cultivation, Collins.

(3) Martin, T. (1999) Heirloom Flowers, Gaia Books.

(4) Peel, L. (1997) The Ultimate Sunflower Book, Harper Collins.

(5) コーツ, A. M.（白幡洋三郎・白幡節子訳）(1989)『花の西洋史』八坂書房.

(6) 瀧本敦（1979)『花ごよみ花時計』中央公論社.

(7)『農業技術大系　作物編』(1997) 第7巻. 追録第19号. 農文協.

(8) Albert, A., Schneiter (ed.) (1997) Sunflower Technology and Production, The American Society of Agronomy. No. 35: 1-19 (10).

(9) Heiser, C. B. (1976) The Sunflower, Norman.

(10) Wein, H. C. (2014) Screening Ornamental Sunflowers in the Seedling Stage for Flowering Reaction to Photoperiod. Horttechnology. 24(5): 575-579.

(11) Weiss, E. A. (1983) Oilseed crops. Sunflower. 402-462.

◉15章　ストック

（1）鶴島久男（2008）ストック　育種と栽培の発達小史 『最新花き園芸ハンドブック』養賢堂，423-424.

（2）藤田政良（1994）ストック　花芽分化可能な限界高温．育種と栽培　誠文堂新光社　62-63.

（3）藤田政良（1994）ストック　わが国における育種の開始．育種と栽培　誠文堂新光社．25-26.

（4）林角郎（2001）青い花への追憶：浅山英一先生を偲ぶ　千葉のストック生産に対する功績．花葉会別冊　20：40-41.

（5）岩佐吉純（2001）青い花への追憶：浅山英一先生を偲ぶ　戦後のストックの園芸品種．花葉会別冊　20：48-49.

Physiological Genetics. 2nd. Ed. : The Genus Petunia, pp. 1-28.
(3) USDA, NASS (2005-2014), Floriculture Crops Summary.
(4) History of U. S. Floriculture (1999) Greenhouse Grower Magazine.
(5) 坂田正之（1985）『種子に生きる（坂田武雄追想録）』坂田種苗株式会社.
(6) 角田房子（1994）『わが祖国（禹博士の運命の種）』新潮文庫.
(7) 瀧井利彌（1990）『タネの歩み』タキイ種苗株式会社.

◉ 14章　ヒマワリ

〔主要参考文献〕

(1) USDA name search (2014/12 access) http://plants.usda.gov/java/nameSearch
(2) Cronn, R., Brothers, M., Klier, K., Bretting, P. K., Wendel, J. F. (1997) Allozyme variation in domesticated annual sunflower and its wild relatives. Theor. Appl. Genet. 95: 532-545.
(3) Heiser, C. B. (1951) The Sunflower among the North American Indians. Am. Phl. Soc. Vol. 95: 432-448.
(4) Heiser, C. B. (1978) Taxonomy of *Helianthus* and Origin of Domesticated Sunflower. Sunflower Science and Technology. Agron. 19: 31-35.
(5) Smith, B. D. (2014) The domestication of *Helianthus annuus* L. Veget. Hist. Archaeobot. 23: 57-74.
(6) Schilling, E. E., Heiser, C. B. (1981) Infrageneric classification of *Helianthus*. Taxon. 30: 393-403
(7) Heiser, C. B. (1955) The Origin and Development of the Cultivated Sunflower. The American Biology Teacher. 17(5): 161-167.
(8) 春山行夫（1958）『花の文化史』中央公論社.
(9) 春山行夫 (1980)『花の文化史』講談社.
(10) Goldring, W. (1896) The Garden. 49: 327.
(11) Cockerell, T. D. A. (1912) The Red Sunflower, Popular Sc. Monthly, Vol. 80: 373.
(12) Cockerell, T. D. A. (1913) A Wine-Red Sunflower, Science, Vol. 38: 312-313.

(76) 岩槻邦男（2013）日本人の桜への想い．『桜がなくなる日』平凡社新書，149-180.
(77) 農林水産省品種登録ホームページ（http://hinsyu.maff.go.jp）2016年4月5日情報　品種登録／出願公表データ、出願公表、登録品種
(78) 横山敏孝（2010）多摩森林科学園のサクラ保存林．永田洋ら編『さくら百科』丸善出版，83-87.
(79) 荻沼一男（1981）サクラ 核型とソメイヨシノの由来．田村道夫『日本の植物研究ノート』培風館.
(80) 阿部菜穂子（2016）『チェリー・イングラム』岩波書店.

◉ 12章　トルコギキョウ

（1）大川清（2003）実践花き園芸技術　トルコギキョウ．誠文堂新光社，20-27.
（2）中曽根尚次郎（1997）トルコギキョウ（ユーストマ）　農業技術大系　花卉　第5巻　育種（育種の着眼点と実際）　227-233.
（3）福田直子・羽田野昌二・秋元徹・大澤良（2010）トルコギキョウ花弁における覆輪着色面積率の環境変異と選抜効果．園芸学研究　9:255-261.
（4）日本たばこ産業株式会社　植物開発センター（2003）花卉種苗．植物開発センター記念誌　10-18.
（5）福田直子（2011）トルコギキョウの基部着色型覆輪花色の温度反応と基部着色型覆輪に由来する純白品種の発見．花き研究所研究報告　11：1-8.
（6）佐瀬昇（2004）変形雌ずいを有するユーストマおよびその育種方法　公開特許公報（A）：特開2004-103（P2004-103A）.
（7）湯本弘子（2009）トルコギキョウ（*Eustoma grandiflorum*(Raf.)Shinn.）切り花の品質保持に関する研究．花き研究所研究報告　9:91-135.

◉ 13章　ペチュニア

(1) Ando, T., Hashimoto, G. (1998) Two new species of Petunia from Southern Rio Grande do Sur, Brazil. Brittonia 50, 483-492.
(2) Stehmann, J. R., et al., (2009) Petunia: Evolutionary, Developmental and

(58) Ann McClellan (2013)『The Cherry Blossom Festival』Banker Hill Publishing USA.
(59) 賀集九平 (1976)『世界の日本ザクラ』誠文堂新光社.
(60) 栗村康雄 (2010) 世界と桜. 永田洋他編『さくら百科』丸善, 135-144.
(61) 小泉源一 (1912) そめゐよしのざくらノ自生地. 植物学雑誌 320 : 395.
(62) 小泉源一 (1932) 染井吉野桜の天生地分明す. 植物分類・地理 1 (2): 177-179.
(63) Y. K. T(竹中要のイニシャル)(1958) 染井吉野というサクラ. 遺伝 12 (11) : 41-46.
(64) 竹中要 (1959) ソメイヨシノの起原　遺伝 13 (4) : 47.
(65) 竹中要 (1962) ソメイヨシノの合成　遺伝 16 (4) : 26-31.
(66) 竹中要 (1962) サクラの研究 (第 1 報) ソメイヨシノの起原　Bot. Mag. Tokyo 75 : 278-287.
(67) 竹中要 (1965) サクラの研究 (第 2 報) 続ソメイヨシノの起原　Bot. Mag.Tokyo 78 : 319-331.
(68) 岩崎文雄 (1996) サクラ. 日本人が作りだした動植物企画委員会『日本人が作りだした動植物』裳華房 : 93-98.
(69) 岩崎文雄 (1999)『染井吉野の江戸・染井発生説』文協社.
(70) 中村郁郎ら (2007) *PolA1* 遺伝子解析によるサクラの類縁関係――ソメイヨシノの起源. 日本育種学会 111 (講演会).
(71) 中村郁郎 (2015) ソメイヨシノ誕生の秘密 (平成 26 年度第 2 回 樹木医実践講座資料) 日本樹木医会.
(72) 向井譲 (2010) 野性の桜における遺伝子の乱れ. 永田洋ら編『さくら百科』丸善出版, 62-67.
(73) 竹内将俊・田村正人・飯嶋一浩 (2005)『桜をめぐる生きものたち』東京農業大学出版会.
(74) 農林水産省品種登録ホームページ (http://hinsyu.maff.go.jp) 2016 年 4 月 5 日情報　種苗別審査基準　サクラ属 (PDF) 3 審査基準 25-53.
(75) 日本さくらの会 (2000)『日本のサクラ――20 世紀の研究成果』日本さくらの会.

(36) 三好學（1929）浴恩園の桜に就いて．櫻 11：13-18.
(37) 中井貞（2014）（大森文庫所蔵）三好學「京都離宮ノ櫻」記載の桜調査，日本植物園協会誌第 49：48-54.
(38) 佐野藤右衛門（1973）『桜花抄』誠文堂新光社.
(39) 京都園芸倶楽部（1968）『さくら』（京都園芸第 57 輯　桜特輯号）.
(40) 中尾佐助（1986）『花と木の文化史』岩波書店，118-127, 130, 137-143.
(41) 齋藤清（1975）『花の育種学』二十一世紀書房，1-36, 37-54.
(42) 渡辺光太郎（1974）サクラの実の秘密．本田正次・林弥栄『日本のサクラ』誠文堂新光社，110-122.
(43) 横山敏孝（2011）文献紹介・サクラの倍数体．櫻の科学 15：24-27.
(44) 写真 野呂希一・解説 浅利政俊（1995）『北国の桜』ノースランド.
(45) 松前町（2011）『松前さくら図鑑』松前町.
(46) 浅利政俊（2015）松前における桜の研究　第 5 回さくらセミナー in 松前講演資料.
(47) 浅利政俊（2015）さくらの品種　第 6 回さくらセミナー in 松前講演資料.
(48) 角田春彦（1976）熱海の桜と本県自生の桜.『桜』静岡県さくらの会，40-60.
(49) 村田治重（1997）伊豆の早咲きザクラ．静岡農試研報 42：67-75.
(50) 埼玉県花植木センター（1999）埼玉県花卉成績書.
(51) 東京都（2011）『ポトマックの桜』近代日本の創造史懇談会.
(52) 石田三雄（2011）『ポトマックの桜』近代日本の創造史懇談会.
(53) 熊谷八十三（1952）創立初期.『興津園芸試験場五十年小史』農林省東近農試園芸部：1-12.
(54) 雍和堂（熊谷八十三の雅号）（1912）日本櫻の米国渡航記．日本園芸雑誌 24（8）：19-24.
(55) 外崎克久（1996）ポトマックの桜秘史.『エリザ・シドモアの愛した日本』トップロ.
(56) 外崎克久（1998）『ポトマックの桜物語』鳥影社.
(57) E. R. シッドモア（恩地光夫訳）（1986）『日本・人力車旅情』有隣堂.

(18) 湯浅浩史 (1996) 園芸植物．日本人が作りだした動植物企画委員会『日本人が作りだした動植物』裳華房，75-77.
(19) 湯浅浩史 (2006) サクラ文化の形成．ツリードクター 13：8-9.
(20) 豊田武司 (1997) 桜．柏岡精三・荻巣樹徳監修『絵で見る伝統園芸植物と文化』アボック社，63-70.
(21) 豊田武司 (2006) 花見の始まりとサクラ品種の誕生．ツリードクター 13：64-65.
(22) 勝木俊雄 (2006) サクラの分類におけるDNAの利用．ツリードクター 13：27-28.
(23) 勝木俊雄編 (2015)『サクラの絵本』農文協.
(24) 白幡洋三郎 (2000)『花見と桜』PHP新書.
(25) 君塚仁彦 (1995) 伊藤伊兵衛『花壇地錦抄』.『日本農書全集54　近世園芸文化の発展』農文協，3-23.
(26) 君塚仁彦 (1995) 伊藤伊兵衛『花壇地錦抄』.『日本農書全集54　桜の品種』農文協，145-149.
(27) 松岡玄達 (1891)『怡顔齋櫻品（上下）』(復刻版) 文求堂.
(28) 川崎哲也 (1993) 台湾に栽培されている重弁のカンヒザクラのふたつの型について．櫻の科学 3：32-38.
(29) 小笠原左衛門尉亮軒 (2008)『江戸の花競べ』青幻社.
(30) 平野恵 (2006)『十九世紀日本の園芸文化』思文閣出版，42-131，351-353.
(31) 三好学 (1916) Die Japanischen Bergkireschen, ihre Wildformen und Kulturrassen. 東京帝国大学.
(32) 豊島区郷土資料館 (1985) 染井吉野と染井の植木屋．『駒込・巣鴨の園芸史料』豊島区教育委員会，116-117.
(33) 豊島区郷土資料館 (2003) 伊藤伊兵衛とソメイヨシノ，『伊藤伊兵と江戸の園芸』豊島区教育委員会，15.
(34) (財) 造幣局泉友会 (1996)『通り抜け　その歩みと桜』創元社.
(35) Wilson, E. H. (1916)『The Cherries of Japan』Cambridge Printed at The University Press：16.

研究　4．アメリカ品種群について．園芸学研究　13（別 2）：507.
（26）冨野耕治（1967）『花菖蒲』泰文館，13-36, 58-65, 67-84.
（27）冨野耕治（1990）『ハナショウブ』日本放送出版協会．113-126.

◉ 11 章　サクラ

〔主要参考文献〕

（1）サクラの品種に関する調査研究報告書編集委員会（1982）『日本のサクラ種・品種マニュアル』日本花の会.
（2）川崎哲也解説（1993）『日本の桜』山と渓谷社.
（3）大場秀章他解説（2003）『新日本の桜』山と渓谷社.
（4）写真野呂希一・解説浅利政俊（2008）『さくら』 青菁社.
（5）永田洋ら編（2010）『さくら百科』丸善出版.
（6）本田正次・林弥栄（1974）『日本のサクラ』誠文堂新光社.
（7）原寛・林弥栄（1983）サクラ．『最新園芸大辞典 10 S』誠文堂新光社，18-49.
（8）長村祐次・麓二郎・妻鹿加年雄・岩佐亮二（1988）サクラ属．『園芸植物大辞典 2』小学館，332-350.
（9）上原敬二（1959）さくら属．『樹木大図説 II』有明書房，1 -101.
（10）遺伝学研究所監修（1997，2013）『遺伝研の桜』遺伝学普及会.
（11）吉丸博志・勝木俊雄・岩本宏二郎編集（2014）『サクラ保存林ガイド』森林総合研究所多摩森林科学園.
（12）勝木俊雄（2015）『桜』岩波書店.
（13）本田正次（1978）サクラ．『朝日園芸百科・世界の植物 5』朝日新聞社，1234-1257.
（14）三好學（1935）『桜』冨書房.
（15）山田孝雄（1941）『櫻史』櫻書房.

〔その他の参考・引用文献〕

（16）染郷正孝（2000）『桜の来た道』信山社，1-95
（17）秋山忍（2003）さくら．大場秀章・秋山忍『ツバキとサクラ』岩波書店，83-149

ニュースレター 64 号：2-7.
(14) 田淵俊人（2004）園芸と文化　松井孝編『生活と園芸』玉川大学出版部　22-34.
(15) 田淵俊人・平松渚・中村泰基・坂本瑛恵（2008）日本伝統の園芸植物，ハナショウブの特性に関する研究　3. 明治神宮の花菖蒲園（林苑）における土壌，および水質について．園芸学研究　7（別 2）：578.
(16) 田淵俊人・忠 将人・坂本瑛恵・平松 渚・市川祐介・中村泰基（2007）ノハナショウブの変異性に関する研究（第 5 報）ノハナショウブの多弁花形成に関与する内花被の発達過程．園芸学研究　6（別 2）：579.
(17) Tabuchi,T., Kobayashi, K., Hiramatsu, N., Matsushita, Y., Suzuki, S., Watanabe, C., Tomizuka, Y., Hashimoto, N. (2008) Japanese iris 'Hana-syoubu' in the *Ukiyo-e* pictures. Acta Hortic. 769:421-426.
(18) Tabuchi, T., Hiramatsu, N., Matsushita, Y., Tomizuka, Y., Watanabe. C. (2008) Morphological characterization in the perianth of wild japanese iris in Lowland Hokkaido in Japan. Acta Hotic. 769:427-432.
(19) 田淵俊人（2009）デンジソウ　農文協編『最新　農業技術　花卉 vol. 1.』農文協，311-318.
(20) 田淵俊人（2009）ノハナショウブ　農文協編『最新　農業技術　花卉 vol. 1.』農文協，319-324.
(21) 田淵俊人・矢口雅希・萬代由紀・定延葉子・平松渚・中村泰基・松本和浩（2009）ノハナショウブの変異性に関する研究（第 17 報）外花被片の形態の定量的評価．園芸学研究　9（別 1）：438.
(22) 田淵俊人（2010）園芸作物の形態　金浜耕基編『園芸学』文永堂出版，47-70.
(23) 田淵俊人（2011）植物の構造・含有物と物性のかかわり　西津貴久編『農産物性科学―構造的特性と熱・力学的特性―』コロナ社，32-36.
(24) Tabuchi, T., Komine, A., Kobayashi, T. (2014) Histological structure of the 'Crepe-like' structure of the outer perianth in the Ise type cultivar in the japanese irises. International Symposium on Diversifying Biological Resources. 46-47.
(25) 田淵俊人（2014）日本伝統の園芸植物．ハナショウブの特性に関する

77-79, 189.
(2) 原襄（1994）『植物形態学』朝倉書店，149-150.
(3) 平尾秀一・加茂元照（1981）『最新花菖蒲ハンドブック』誠文堂新光社. 5, 73, 127, 142.
(4) 平松渚・渡邉千春・松下芳子・田淵俊人（2007）ノハナショウブの変異性に関する研究（第2報）長野県入笠山湿原におけるノハナショウブの外部形態に関する特性評価. 園芸学研究　6（別1）：455.
(5) 平松渚・中村泰基・田淵俊人（2008）ノハナショウブの変異性に関する研究（第8報）花色変異系統を用いた，外花被片を構成する細胞の形状および色素分布の組織学的な特徴. 園芸学研究　7（別2）：576.
(6) 平松渚・中村泰基・田淵俊人（2009）ノハナショウブの変異性に関する研究（第13報）茎頂部が花柱枝化し，花被片が形成・発達する移行過程の外部形態と，細胞構造の推移に関する仮説. 園芸学研究　8（別2）：581.
(7) 松下芳恵・椎野昌宏・賎機高康・田邉孝・田淵俊人（2006）日本の伝統的な園芸植物，ハナショウブの外部形態に関する特性調査　1. 大船育成品種について. 園芸学会雑誌　75（別1）：387.
(8) 宮澤文吾（1936）花菖蒲の品種改良成績. 神奈川県農事試験場　農事試験成績，第64報：1-32.
(9) 中村泰基・田淵俊人・平松渚（2008）日本伝統の園芸植物，ハナショウブの特性に関する研究2. 伊勢系ハナショウブの外花被片に特徴的な「縮緬状構造」の組織学的構造に関する研究. 園芸学研究　（別2）：577.
(10) 農林水産省・生産局・種苗課（2005）『アイリス　あやめ類特性表』31-41.
(11) 大滝末男（1989）『日本産アヤメ科植物　いずれアヤメかカキツバター』ニューサイエンス社，66-68，95-98，102-112.
(12) 定延葉子・田淵俊人（2012）ノハナショウブの変異性に関する研究（第31報）神奈川県箱根における国指定の特別天然記念物地区に自生する，ノハナショウブの外部形態と花色の変異に関する研究. 園芸学研究　11（別1）：417.
(13) 椎野昌宏（2009）花菖蒲と桜草　世界の窓を開いたシーボルト. 園芸

wild tree peonies gave rise to the'King of flowers', *Paeonia suffruticosa* Andrews. Proc. Biol. Sci. 281: 20141687 (http://dx.doi.org/10.1098/rspb.2014.1687).
(2) 喩衡（1980）1 牡丹由来発展．菏澤牡丹　1-5．山東科学技術出版社．
(3) 橋田亮二（1983）ぼたん栽培の歴史をたどる．植物と自然　17（5）：8-12.
(4) 王蓮英・袁涛編（2003）品種花型分類．牡丹花　41-54．中国建築工業出版社．
(5) 橋田亮二（1986）古典の中に牡丹の歴史をたどる．牡丹百花集　62-92．誠文堂新光社．
(6) 塚本洋太郎（1998）ぼたん．花の美術と歴史　p93-103．京都書院．
(7) 磯野直秀（2007）明治前園芸植物渡来年表．慶應義塾大学日吉紀要（自然科学）42:27-58.
(8) 宮澤文吾（1978）ボタン．花木園芸（復古版）32-46．八坂書房．
(9) Hosoki, T., Hamada, M., Kando, T., Moriwaki, R. Inaba K., (1991) Comparative study of anthocyanins in tree peony flowers. J. Japan. Soc. Hort. Sci. 60: 395-403.
(10) 宮澤文吾（1956）ぼたん．石井勇義（編）園芸大辞典 5 巻　2232-2239．誠文堂新光社．
(11) Wister, J. C., Wolfe, H. E. (1962) 2. Histories of the tree peonies. pp.155-173. In The peonies (Wister, JC. ed.). Amer. Hort. Soci. Inc. Wasington DC.
(12) 染井孝熙（1979）外国種のぼたん　66-71．ダフニス交配ボタン　p.142．ぼたんしゃくやく（カラーブック 456）．保育社．
(13) The Daphnis hybrids-Paeonia (www.paeonia.ch/portrate/Nasso2e.htm)
(14) 久保輝幸（2011）牡丹・芍薬の名物学的研究（1）：牡丹とヤブコウジ属植物の比較．薬史学雑誌　46(2) 83-90.
(15) 橋田亮二（1990）牡丹・芍薬の品種解説　4-8．牡丹花銘の歴史　242-246．日本ぼたん協会編『現代日本の牡丹・芍薬大図鑑』講談社．

◉ 10 章　ハナショウブ

(1) 北村四郎・村田源・小山鐵男（1964）『原色日本植物図鑑（下)』保育社．

(4) Anderson, E. (1949) Introgressive Hybridization. John Wiley & Sons, Inc., Chapman & Hall, Limited.

(5) 大庭脩 (1980)『江戸時代の日中秘話』東方書店.

(6) Tanaka, T. (1988b) Cytogenetic studies on the origin of *Camellia* × *vernalis*. IV. Introgressive hybridization of *C. sasanqua* and *C. japonica*. J. Japan. Soc. Hort. Sci. 57 : 499-506.

(7) Tanaka, T., Hakoda, N., Uemoto, S. (1986) Cytogenetic studies on the origin of *Camellia* × *vernalis*. II. Grouping of *C. vernalis* cultivars by the chromosome numbers and the relationships between them. J. Japan. Soc. Hort. Sci. 55 : 207-214.

(8) Tanaka, T., Kirino, S., Hakoda, N., Fujieda, K., Mizutani, T.(2001) Studies on the origin of *Camellia wabiske*. Proc.Sch. of Agri., Kyushu Tokai Univ. 20 : 1-7.

(9) Tanaka, T., Mizutani, T., Shibata, M., Tanikawa, N., Parks, C. R. (2005) Cytogenetic studies on the origin of *Camellia* × *vernalis*. V. Estimation of the seed parent of *C.* × *vernalis* that evolved about 400 years ago by cpDNA analysis. J. Japan. Soc. Hort. Sci., 74 : 464-468.

(10) 田中孝幸・鈴木和代 (2013) ツバキ. 京都大学所蔵の幻の絵巻物『百色椿』日本ツバキ協会誌　51：14-28.

(11) 田中孝幸 (2012)『品種論』東海大学出版会.

(12) 田中孝幸 (2012)『園芸と文化』熊本日日新聞.

(13) 岸川慎一郎・田中孝幸・久保輝幸 (2015) 古典籍資料から読み取れるツバキの品種文化. 椿 (日本ツバキ協会誌)　53：83-92.

(14) 久保輝幸 (2011) 牡丹・芍薬の名物学的研究 (１)　牡丹とヤブコウジ属植物の比較. 薬史学雑誌 46 (2)：83-90

(15) 久保輝幸 (2015) 中国における接ぎ木の略史. 園芸学研究 14 (別１)：248.

◉９章　ボタン

(1) Zhou, S. L., Zou, X. H., Zou, Z. Q., Liu J., Xu, C., Yu, J., Wang, Q., Zhang, D. M., Wang, X. Q., Ge. S., Sang, T., Pan, K. Y., Hong, D. Y. (2014) Multiple species of

(27) Miyajima, I., Ureshino, K., Kobayashi, N., Akabane, M. (2000) Flower color and pigments of intersubgeneric hybrid between white-flowered evergreen and yellow-flowered deciduous azaleas. Journal of the Japanese Society for Horticultural Science 69: 280-282.
(28) Ureshino, K. (2008) Study of cross incompatibility between evergreen and deciduous azaleas. Journal of the Japanese Society for Horticultural Science 77:1-6.
(29) 小林伸雄・森田智広・宮崎まどか・足立文彦・伴琢也（2010）常緑性ツツジにおける根系の特性について――定植苗の根系発達特性．園芸学研究 9：1-5.
(30) 宮澤文吾（1940）『花木園芸』養賢堂.
(31) 田村輝夫（1963）平戸ツツジに関する研究　その成立について．園芸試験場報告 D（久留米） 1: 155-185.
(32) 熊沢三郎（1970）平戸ツツジの由来と現況．新花卉“サツキ・ツツジ”特集 65 号：3-6.
(33) 国重正昭（1983）ツツジ品種についての考察．園芸学会昭和 58 年度秋季大会シンポジウム講演要旨 : 100-109.
(34) Sakata, Y., Arisumi, K., Miyajima, I. (1991) Some morphological and pigmental characteristics in *Rhododendron kaempferi* Planch., *R. kiusianum* Makino and *R. eriocarpum* Nakai in southern Kyushu. Journal of the Japanese Society for Horticultural Science 60: 669-675.
(35) Kobayashi, N. (2013) Evaluation and application of evergreen azalea resources of Japan. Acta Horticulturae 990:213-219.

◉ 8 章　ツバキ

(1) 箱田直紀・武永順次・松本正雄（1974）サザンカの品種分化に関する史的考察．東京農工大農場研究報告　第 6 号別冊.
(2) 津山尚・二口善雄（1966）『日本椿集』平凡社.
(3) 渡邉光夫・岸川慎一（2007）『江戸椿大系』コーベ・カメリア・ソサエティ.

(14) 倉重祐二・小林伸雄 (2009) 石川県能登地方に分布する江戸キリシマ系ツツジの古木群について. 園芸学研究 8：267-271.
(15) 倉重裕二・小林伸雄 (2015)『のときりしまツツジガイドブック』島根大学植物育種学研究室.
(16) 牧野富太郎 (1917) きりしまつつじ霧島山こ無クうんぜんつつじ温泉岳二産セズ. 植物研究雑誌 1：172-175.
(17) 宮澤文吾 (1918) きりしまつつじノ起源. 植物学雑誌 32：318-331.
(18) 中井猛之進 (1922) きりしまノ産地. 植物学雑誌 36：104.
(19) Kobayashi, N., Handa, T., Yoshimura, K., Tsumura, Y., Arisumi, K., Takayanagi, K. (2000) Evidence for introgressive hybridization based on chloroplast DNA polymorphisms and morphological variation in wild evergreen azalea populations in the Kirishima Mountains, Japan. Edinburgh Journal of Botany, 57: 209-219.
(20) Mizuta, D., Nakatsuka, A., Ban, T., Miyajima, I. Kobayashi, N. (2014) Pigment composition patterns and expression of anthocyanin biosynthesis genes in *Rhododendron kiusianum, R. kaempferi*, and their natural hybrids on Kirishima mountain mass, Japan. Journal of the Japanese Society for Horticultural Science 83:156-162.
(21) 赤司喜次郎 (1919)『久留米躑躅誌 (第四版)』赤司廣樂園.
(22) Wilson, E. and A. Rehder (1921) A monograph of azaleas, University Press. Cambridge.
(23) 水野忠敬 (1829)『草木錦葉集』近世歴史資料集成第Ⅴ期 第7巻園芸【1】近世歴史資料研究会訳編 (2008) 科学書院
(24) 読売新聞社宇都宮支局 (1973)『心の花 銭の花――サツキの魔力を探る』月刊さつき研究社.
(25) 鈴木耕作ほか (1985)『植木発祥の地 百年のあゆみ 植木発祥の地記念碑建立記念誌』(三重県) 植木発祥の地記念碑建設委員会.
(26) Kobayashi, N., Matsunaga, M., Nakatsuka, A., Mizuta, D., Shigyo, M., Akabane, M. (2013) Chimeric inheritance of organelle DNA in variegated leaf seedlings from inter-subgeneric crossing of azalea. Euphytica, 191:121-128.

(1)～(4). 農業および園芸　69(1): 59-62, 69(2): 311-314, 69(3): 407-410, 69(4): 504-508.
(12) 浦嶋修 (2002) 日本のチューリップ育種. 農業技術　57(6):259-263.
(13) 渡邉祐輔 (2010) 新潟県におけるオリジナルチューリップ品種の育成. 園芸学会北陸支部会研究発表要旨・シンポジウム講演要旨　6-10.

◉7章　ツツジ

(1) 山崎敬・山崎富佐子 (1976) ツツジ栽培の歴史 『ツツジ　その種類と栽培 (ガーデンシリーズ)』誠文堂新光社, 42-48.
(2) 小林伸雄・倉重祐二 (2013)「津ゝし絵本にみるツツジ栽培と品種改良の歴史　倉重祐二ら編『「津ゝじ絵本」解説』島根大学生物資源科学部・(財) 新潟県立植物園, 103-110.
(3) ガーデンライフ編 (1979)『日本の園芸ツツジ』誠文堂新光社.
(4) 赤羽勝 (1988)『皐月の発達史』日本放送協会学園.
(5) 飛田範夫 (2002)『日本庭園の植栽史』京都大学学術出版会.
(6) 伊藤伊兵衛三之丞 (1692)『錦繍枕』(1976 年復刻版) 青青堂出版.
(7) 柳亭種彦 (1783～1842) 足薪翁記　日本随筆大成編輯部 (1994)『日本随筆大成　第 2 期 14 巻』吉川弘文館.
(8) 君塚仁彦 (1995) 近世園芸文化の発展：その背景と担い手たち　佐藤常雄ら編『日本農書全集 54　花壇地錦抄』農山漁村文化協会.
(9) 倉重祐二・小林伸雄・秋山伸一 (2013)『「津ゝじ絵本」解説』島根大学生物資源科学部・(財) 新潟県立植物園.
(10) 豊島区立郷土資料館 (1985)『豊島区立郷土資料館調査報告書第一集：駒込・巣鴨の園芸資料』豊島区教育委員会.
(11) 秋山伸一 (2013)『津ゝし絵本』解題　倉重祐二ら編『「津ゝじ絵本」解説』島根大学生物資源科学部・(財) 新潟県立植物園, 97-102.
(12) 太田南畝 (1818) 奴師労之 (やっこだこ)　日本随筆大成編輯部 (1994)『日本随筆大成　第 2 期 14 巻』吉川弘文館.
(13) 館林市史編さん委員会 (2004)『館林市史　特別編第 1 巻　館林とツツジ』館林市.

(12) Doi, H., Hoshi, N., Yamada, E., Yokoi, S., Nishihara, M., Hikage, T., Takahata, Y. (2013) Efficient haploid and doubled haploid production from unfertilizered ovule culture of gentians (*Gentiana* spp.) Breed. Sci. 63:400-406.

(13) Nakatsuka, T., Yamada, E. Saito, M., Hikage, T., Ushiku Y., Nishihara M., (2012a) Construction of the first genetic linkage map of Japanese gentian (Gentianaceae). BMC Genomics 13: 672-687.

(14) Nakatsuka, T., Saito, M., Sato-Ushiku, Y., Yamada, E., Nakasato, T., Hoshi, N., Fujiwara, K., Hikage, T., Nishihara, M. (2012b) Development of DNA markers that discriminate between white- and blue-flowers in Japanese gentian plants. Euphytica 184:335-344.

(15) 農林水産省品種登録ホームページ『品種登録出願公表データ』

◉6章　チューリップ

(1)Diana Everett (2013) The Genus Tulipa Tulips of The World, Kew Publishing.

(2) 萩屋薫 (1972) チューリップの種間雑種による育種. 育種学最近の進歩 12:71-81

(3) 萩屋薫 (1987) わが国で育成されたチューリップの新品種. 新花卉　136:9-13.

(4)Hall, A. D. (1940) The Genus *Tulipa*, Royal Horticultural Society.

(5) 木村敬助 (2002) チューリップ・鬱金香 『歩みと育てた人たち』農文協.

(6) 講談社編 (2004) 週刊花百科　チューリップ1　チューリップ史. p.12.

(7) 農林水産技術会議事務局、富山県農業試験場編 (1966) チューリップ育成新品種ならびに既存品種の特性について　指定試験（チューリップ育種）第1号.

(8)The Royal General Bulbgrowers'Association (1987) Classified List and International Register of Tulip Names.

(9) 筒井澄 (1982) チューリップ属における栽培種の起源とその育種. 育種学最近の進歩　23:68-77.

(10) 浦嶋修 (1987) 富山県で育成されたチューリップ. 新花卉　136:14-21.

(11) 浦嶋修 (1994) 公的機関における花き育種　チューリップの品種育成

◉５章　リンドウ

（1）米澤信道・河野昭一（1989）日本産リンドウ属リンドウ節植物の変異性と分類学的位置．Acta. Phytotax. Geobot. 40:13-30.

（2）吉池貞蔵（1992）『リンドウ：花専科　育種と栽培』誠文堂新光社，6-26.

（3）高橋由衣・日影孝志・若田目圭祐・斎藤靖史・堤賢一（2014）エゾリンドウ（*Gentiana triflora* var. *japonica*）と亜種エゾオヤマリンドウ（*G. triflora* var. *japonica* f. *montana*）の地域集団間の形態的変異．育種学研究　16：1-6.

（4）Toyokuni, H.（1963）CONSPECTUS GENTIANACEARUM JAPONICARUM：A general view of the Gentianaceae indigenous to Japan. Fac. Sci. Hokkaido Univ. ser. V Botany, 7:137-259.

（5）久保田宗良（1973）新キリシマリンドウの鉢栽培．農耕と園芸　28（9）207.

（6）吉池貞蔵・横山温（1984）リンドウの育種に関する研究　第二報　一代雑種の利用．岩手県園芸試験場報告　5：109-116.

（7）佐藤光子（1986）組織培養による福島県リンドウの大量増殖と新系統育成　第１報　組織培養苗の冬至芽形成について．園芸学会雑誌　東北支部　59-60.

（8）日影孝志（2009）八幡平市の花き（りんどう）の振興策．岩手経済研究　324:6-15.

（9）日影孝志・高橋武己・山田則行・佐々木恒・小野孝之・長田勉・立野岡誠・穴井俊博・窪田英樹・濱田靖弘（2010）年間低温培養雪冷房システムと導水路型雪氷熱交換器の有効性：岩手県八幡平市りんどう培養施設．空気調和・衛生工学　84: 560-561.

（10）Doi, H., R. Takahashi, Hikage, T., Takahata, Y.（2010）Embryogenesis and doubled haploid production from anther culture in gentian（*Gentiana triflora*）. Plant Cell, Tissue & Organ Culture 102: 27-33.

（11）Doi, H., Yokoi, S., Hikage,, T. Nishihara, M., Tsutsumi, K., Takahata, Y.（2011）Gynogenesis in gentians（*Gentiana triflora*, G.*scabra*): production of haploids and doubled haploids. Plant Cell Rep. 30: 1099-1106.

新花卉　123：9-17.
(11) 星野尹 (2004)『ほりのうち：花のあゆみ』北魚沼農業協働組合.
(12) Pfeiffer, N. E. (1966) Great names in lilies: II Early explorers in Japan. 5-57. In "North American Lily Society, Lily Year Book".
(13) 小林正芳 (1969)『沖永良部におけるテッポウユリ栽培65年史』永良部ユリ生産者組合.
(14) 松川時晴 (1966) 最近におけるテッポウユリの品種と過去の品種. 新花卉　51:31-39.
(15) ユリ栽培百周年記念誌編纂委員会編 (1999) えらぶゆり栽培100周年記念誌
(16) 小林正芳 (1975) 指定試験の歩みと実績. 農業技術　30(11)：511-512.
(17) 阿部定夫・田村輝夫 (1955) カノコユリの自然突然変異に関する研究『輸出球根に関する研究』誠文堂新光社, 95-144.
(18) Emsweller, S. L., Stewart, M. B. (1944) The origin of *Lilium testaceum*. J Hered 35: 301-308.
(19) 阿部定夫・川田穰一 (1966) カノコユリ・ヤマユリ系を中心とした種間交雑について. 新花卉　51:21-25.
(20) Watts, V. M. (1967) Influence of intrastylar pollination on seed set in lilies. Proc Amer. Soc. Hort. Sci. 91:660-663.
(21) 浅野義人 (1977) ユリの遠縁種間交雑に関する研究 (第1報) 花柱切断法による交配. 園芸学会雑誌　46:59-65.
(22) 浅野義人 (1977) ユリの遠縁種間交雑に関する研究 (第2報) 交雑幼胚の培養. 園芸学会雑誌　46:267-273.
(23) 浅野義人 (1978) ユリの遠縁種間交雑に関する研究 (第3報) 胚培養により作出された遠縁種間雑種について. 園芸学会雑誌　47:401-414.
(24) 浅野義人 (1980) ユリの遠縁種間交雑に関する研究 (第4報) 長さ0.3～0.4mmの微小交雑幼胚の培養. 園芸学会雑誌　49: 114-118.
(25) 清水基夫 (1960) ゆりの品種改良. 新花卉 27: 5-10.
(26) ユリ品種の新しい取り組み. 農耕と園芸 (2012) 3月号. 26-37.

103-121.
（4）最相葉月（2001）『青いバラ』小学館，p.511.
（5）中野孝夫（1998）横浜の薔薇 in 明治初期．ばらだより　48：24-33.
（6）中野孝夫（1999）横浜のばら in 明治後期．ばらだより　49：49-59.
（7）中野孝夫（2005）『明治薔薇年表』オールドローズとつるばらのクラブ，p.126.
（8）野村和子（2000）『Mr. Rose 鈴木省三　僕のバラが咲いている』成星出版，p.127.
（9）御巫由紀・帯金葉子・野村和子（2013）『ばらの夢を未来につないで　鈴木省三生誕100年記念』鈴木省三生誕100年記念祭実行委員会，p.100.

◉4章　ユリ

(1) 近藤米吉 (1975)『百合』泰文館.
(2) 清水基夫 (1971)『日本のユリ』誠文堂新光社.
(3) 野田昭三（1987）日本列島への“ユリの道” 清水基夫編著『日本のユリ：原種とその園芸種』誠文堂新光社，98-100.
(4) 清水基夫編著 (1987)『日本のユリ：原種とその園芸種』誠文堂新光社.
(5) Nishikawa, T., Okazaki, K., Uchino, T., Arakawa, K., Nagamine, T. (1999) A molecular phylogeny of *Lilium* in the internal transcribed spacer region of nuclear ribosomal DNA. J Mol Evol 49: 238-249.
(6) Hayashi, K., Kawano, S. (2000) Molecular systematics of *Lilium* and allied genera (Liliaceae): phylogenetic relationships among *Lilium* and related genera based on the *rbcL* and *mat*K gene sequence data. Plant Species Biology 15: 73-93.
(7) 熊沢正夫・木村資生（1946）透百合園芸品種及びその近似種の核型．生物 I（2） 73-84.
(8) 新潟県園試花き育種グループ (1984) スカシユリの品種改良．農業技術 39 (11) 501-504.
(9) 沼田甚吉 (1966) 北海道の花ゆり育種．新花卉　51:15-20.
(10) 大川清 (1984) スカシユリおよびスカシユリ系交雑品種の生産と栽培.

(40) 松川時晴（1970）ポットカーネーション．新花卉　67: 63-68.
(41) 高木誠（1974）支柱のいらないわい性カーネーション・ピカデリー．農耕と園芸 29（9）: 47.
(42) 米村浩次（1980）わい性カーネーション・ピカデリーの開花促進と草姿の調節．愛知県農業総合試験場研究報告　12: 101-108.
(43) 八代嘉昭（2003）ポットカーネーションの栽培『農業技術体系　花卉編　第 7 巻追録第 5 号』農文協.
(44) Yagi, M., T. Kimura, T. Yamamoto and T. Onozaki. (2009) Estimation of ploidy levels and breeding backgrounds in pot carnation cultivars using flow cytometry and SSR markers. J. Japan Soc. Hort. Sci. 78: 335-343.
(45) 農林水産省大臣官房統計部（2016）平成 27 年産花きの作付（収穫）面積及び出荷量．農林水産統計　1-27.
(46) 農林水産省植物防疫所（2016）植物検疫統計 2015 年輸入植物品目別・国別検査表（切花）〈http://www.maff.go.jp/pps/j/tokei/index.html〉

◉ 3 章　バラ

〔主要参考文献〕

（1）荻巣樹徳（1994）コウシンバラの歴史を探る．新花卉　164：50-52.
（2）岡本勘治郎（1955）我国におけるバラ栽培史『朝日バラ年鑑』朝日バラ協会，41-71.
（3）青木正久（1989）文献にみる日本のバラ小史：明治・大正・昭和のバラ．ばらだより　40：7-27.
（4）浅見均（1993）ローテローゼの土壌栽培における良品質切花生産のポイント．新花卉　158：32-36.
（5）水戸喜平・乾正嗣（1993）切花バラの品種動向．新花卉　158：24-30.

〔その他の参考文献〕

（1）上田善弘（印刷中）艶やかなるつるバラの世界『照葉樹林文化論の現代的展開　Ⅱ』北海道大学出版会.
（2）大瀧克己・青木正久・野村忠夫（1955）『ばら』鎌倉書房，p.300.
（3）岡本勘治郎（1956）徳川時代のバラ『朝日バラ年鑑』朝日バラ協会，

67.
(28) 林角郎（1982）エンゼル系カーネーション　農耕と園芸編『切り花栽培技術の新技術　宿根草上巻』誠文堂新光社，8-15.
(29) 林角郎（1995）エンゼル系カーネーション　農耕と園芸編『切り花栽培技術の新技術　改訂宿根草上巻』誠文堂新光社，19-22.
(30) 伊藤秋夫（1989）ダイアンサス類　松尾孝嶺監修『植物遺伝資源集成 3』講談社サイエンティフィック，977-980.
(31) 土屋行夫・水上武幸・鍵渡徳治（1965）カーネーションの萎ちょう細菌病．日本植物病理学会報　30: 268.
(32) 中村秀雄・森田儔（1976）カーネーション立枯性病害防除に関する研究．静岡県有用植物園研究報告　2: 33-50.
(33) 小野崎隆・池田広・山口隆・姫野正己・天野正之・柴田道夫（2002）萎凋細菌病抵抗性中間母本‘カーネーション農1号’の育成とその特性．園芸学研究　1: 13-16.
(34) Onozaki, T., N. Tanikawa, M. Taneya, K. Kudo, T. Funayama, H. Ikeda and M. Shibata. (2004) A RAPD-derived STS marker is linked to a bacterial wilt (*Burkholderia caryophylli*) resistance gene in carnation. Euphytica 138: 255-262.
(35) 八木雅史・小野崎隆（2011）DNA マーカー育種による萎凋細菌病抵抗性カーネーションの作出．化学と生物　49: 542-548
(36) 八木雅史・小野崎隆・池田広・谷川奈津・柴田道夫・山口隆・棚瀬幸司・住友克彦・天野正之（2010）萎凋細菌病抵抗性カーネーション'花恋ルージュ'の育成経過とその特性．花き研究所研究報告　10: 1-10.
(37) 小野崎隆・池田広・柴田道夫・谷川奈津・八木雅史・山口隆・天野正之（2006）花持ち性の優れるカーネーション農林1号‘ミラクルルージュ’および同2号‘ミラクルシンフォニー’の育成経過とその特性．花き研究所研究報告　5: 1-16.
(38) 千葉県農林技術会議（2001）カーネーション「アクアレッド」、「アクアイエロー」栽培技術資料　1-19.
(39) 岡村正愛（2006）量子ビームによる突然変異育種技術の開発と花き新品種の育成．Gamma Field Symposia　45: 77-89.

園芸学研究　7 (別 2) : 68-69.
(12) 石井勇義（1930）『カーネーション・スイートピーの作り方』誠文堂.
(13) 鈴木譲（1934）温室カーネーションの生産特に其の実際経営に就て．農業及び園芸　9（1）: 313-334.
(14) 鈴木昭（1988）『花屋さんが書いた花の本』三水社.
(15) 鈴木昭（2009）カーネーションへの思い：私のひと言　（社）日本花き生産協会カーネーション部会編『カーネーション生産の歴史』226-227.
(16) 肥田和夫（1974）品種の変遷と育種の方向　農耕と園芸編『カーネーションの切り花生産』誠文堂新光社，96-100.
(17) 宇田明（2009）カーネーション生産 100 年史　（社）日本花き生産協会カーネーション部会編『カーネーション生産の歴史』5-80.
(18) 細谷宗令（2009）我が国の栽培品種の変遷 100 年小史　（社）日本花き生産協会カーネーション部会編『カーネーション生産の歴史』81-108.
(19) 石井勇義（1950）カーネーションの新品種コーラル．農耕と園芸，5（2）: 巻頭カラー
(20) 林勇（2012）『もうすぐ 80 年　秦野のカーネーション歴史散歩』秦野市農業協同組合.
(21) 神奈川新聞．1984 年 10 月 6 日 1・19 面，同年 10 月 14 日 2 面，同年 11 月 4 日 1 面.
(22) 米村浩次（1990）生産の歴史と現況　米村浩次編『切り花栽培の新技術　カーネーション　上巻』誠文堂新光社，2-9.
(23) 小沢博（1974）カーネーションの特色と栽培の歴史　農耕と園芸編『カーネーションの切り花生産』誠文堂新光社，22-27.
(24) 小西国義（1995）カーネーション栽培の変化　塚本洋太郎編『園芸の世紀 1　花をつくる』八坂書房，81-85.
(25) 武田恭明（1974）茎頂培養によるカーネーション無病苗の育成と実用化に関する研究．滋賀県農業試験場特別報告　11: 1-124.
(26) 鶴島久男（2003）切り花用栄養繁殖性花き苗の生産・流通・利用の現状と技術課題（9)．農業および園芸　78(12) : 1325-1331.
(27) 西村進（1951）新品種——西村カーネーション．農耕と園芸　6（3）:

(17) Ohmiya A., Kishimoto S., Aida R., Yoshioka S., Sumitomo K. (2006) Carotenoid cleavage dioxygenase (CmCCD4a) contributes to white color formation in chrysanthemum petals. Plant Physiology 142:1193–1201.
(18) Trehane, P. (1995) Proposal to conserve *Chrysanthemum* L. with a conserved type (Compositae). Taxon 44:439-441.
(19) Higuchi Y., Narumi T., Oda A., Nakano Y., Sumitomo K., Fukai S., Hisamatsu T. (2013) The gated induction system of a systemic floral inhibitor, antiflorigen, determines obligate short-day flowering in chrysanthemums. PNAS 110: 17137-17142.

◉2章　カーネーション

(1) 伊藤秋夫・武田恭明・塚本洋太郎・富野耕治（1989）ナデシコ属．塚本洋太郎編『園芸植物大辞典　第3巻』小学館，455-462.
(2) 牛尾亜由子・小野崎隆・柴田道夫（2002）フローサイトメーターによる *Dianthus* 属遺伝資源の倍数体測定．花き研究所研究報告　2：21-26.
(3) Balao, F., R. Casimiro-Soriguer, M. Talavera, J. Herrera and S. Talavera (2009) Distribution and diversity of cytotypes in *Dianthus broteri* as evidenced by genome size variations. Ann. Bot. 104: 965-973.
(4) 山口雅篤（1989）カーネーション（*Dianthus caryophyllus* L.）の花色育種に関する基礎的研究．南九州大園芸学部研究報告　19: 1-78.
(5) 八木雅史・藤田祐一・吉村正久・小野崎隆（2007）フローサイトメトリーによるカーネーション栽培品種の倍数性の網羅的推定．花き研究所研究報告　7: 9-16.
(6) 武田恭明（1995）カーネーションの品種　塚本洋太郎編『園芸の世紀1 花をつくる』八坂書房，86-93.
(7) 斉藤清（1969）『花の育種』誠文堂新光社.
(8) 安田勲（1982）『花の履歴書』東海大学出版会.
(9) 土倉龍次郎・犬塚卓一（1936）『カーネーションの研究』修教社書院.
(10) 最相葉月（2001）『青いバラ』小学館.
(11) 宇田明（2008）カーネーション研究の歩みと生産活性化のための提言.

chrysanthemum cultivars for cut flower. Development of new technology for identification and classification of the tree and ornamentals. Fruit Tree Research Station. MAFF. 41-45

(5) Shibata, M. and Kawata, J. (1986) Chimerical structure of the 'Marble'sports series in chrysanthemum. Development of new technology for identification and classification of the tree and ornamentals. Fruit Tree Research Station. MAFF. 47-52

(6) 北村四郎（1975）キク『週刊朝日百科．世界の植物．第4号』朝日新聞社.

(7) 丹羽鼎三（1932）『原色菊花圖譜』三省堂.

(8) 丹羽鼎三（1929）日本栽培菊の起原に関する考察（一）．日本園芸雑誌 41(5):1-17.

(9) 丹羽鼎三（1929）日本栽培菊の起原に関する考察（二）．日本園芸雑誌 41(6):1-17.

(10) 岩佐亮二・北村四郎・塚本洋太郎（1984）江戸にルーツをもつ古典草花．『キク－古典　草花．朝日園芸百科　宿根草編－Ｉ』朝日新聞社.

(11) 小笠原亮（1999）『江戸の園芸　平成のガーデニング』小学館.

(12) 北村四郎・石井勇義・穂坂八郎・岡田正順（1965）キク．『最新園芸大辞典　第3巻』誠文堂新光社，1337-1355.

(13) 岡英樹（1981）『これからのキクの営利栽培』農業図書.

(14) 川田穣一・豊田努・宇田昌義・沖村誠・柴田道夫・亀野貞・天野正之・中村幸男・松田健雄（1987）キクの開花期を支配する要因．野菜・茶業試験場研究報告　A1：187-222.

(15) 柴田道夫（1997）夏秋ギク型スプレーギクの温度・日長反応と育種に関する研究．野菜・茶業試験場研究報告　A12:1-71.

(16) 柴田道夫・川田穣一・天野正之・亀野貞・山岸博・豊田努・山口隆・沖村誠・宇田昌義（1988）イソギク（*Chrysanthemum pacificum* Nakai）とスプレーギク（*C. morifolium* Ramat.）との種間交雑による小輪系スプレーギク新品種'ムーンライト'の育成経過とその特性．野菜・茶業試験場研究報告　A2: 257-277.

参考文献

◉はじめに

（1）リュシアン・ギヨー，ピエール・ジバシエ（串田孫一訳）（1965）『花の歴史』白水社.

（2）農林水産省「花きの振興に関する法律」について
（http://www.maff.go.jp/j/seisan/kaki/flower/pdf/kanpou_hpkeisai.pdf）

（3）湯浅浩史（2014）花卉の歴史.『花の園芸事典』朝倉書店.

（4）荻原勲（2006）『図説園芸学』朝倉書店.

（5）小笠原亮（1999）『江戸の園芸　平成のガーデニング』小学館．東京.

（6）農林水産省品種登録ホームページ　統計資料（平成 27 年 3 月 31 日版）
品種登録の状況（http://www.hinsyu.maff.go.jp/tokei/tokei.html）

（7）農林水産省農林水産技術会議事務局　遺伝子組換え技術に関する情報
「遺伝子組換え農作物」について（平成 28 年 5 月改訂）
（http://www.s.affrc.go.jp/docs/anzenka/information/information.htm）

◉第 1 章　キク

（1）農林水産省平成 25 年産花き生産出荷統計より
（http://www.e-stat.go.jp/SG1/estat/List.do?lid=000001127467）

（2）Kitamura, S.（1978）*Dendranthema* et *Nipponanthemum*. Acta Phytotaxonomica et Geobotanica 29:165-170.

（3）Oda A, Narumi, T., Li, T., Kando, T., Higuchi, Y., Sumitomo, K., Fukai, S. and Hisamatsu, T.（2012）*CsFTL3*, a chrysanthemum *FLOWERING LOCUS* T-like gene, is a key regulator of photoperiodic flowering in chrysanthemums. J.Exp. Bot. 63:1461–1477.

（4）Shibata, M. and Kawata, J.（1986）Chromosomal variation of recent

マ行

ヤ行

ラ行

ワ行

サ行

タ行

ナ行

ハ行

ヤ行

ラ行

ワ行

事 項

欧文

ア行

カ行

カ行

サ行

タ行

ナ行

ハ行

マ行

ラ行

ワ行

人名

ア行

マ行

ヤ行

ナ行

ハ行

タ行

サ行

カ行

索　引

品種名

欧文

ア行

稲津厚生　いなづ・あつお　1942年生まれ。玉川大学農学部卒業。博士（農学）。玉川学園高等部の理科教諭、玉川大学農学部助手、教授等を歴任。専門は花きの育種学および園芸学。主にコスモスの新花色品種の育成とその材料を用いた遺伝生化学および花色育種学の研究に従事。著書に『自然のなかのあそび』（1981年）、『コスモス手帳』（1988年）など。日本育種学会功労賞受賞（2009年）。国営昭和記念公園等のコスモスによる修景に協力。

荒川　弘　あらかわ・ひろし　1946年生まれ。新潟大学農学部卒業。坂田種苗（現・サカタのタネ）入社。三郷試験場長、研究本部長、専務取締役などを経て、現在は同社顧問。育成品種は多数。花の万博でグランプリを受賞したトルコギキョウ「キング オブ スノー」をはじめ、パンジー、アスター、また世界初の無花粉切り花用F_1ヒマワリ「かがやき」など多品目にわたる。2002年にパンジーとトルコギキョウの育成と普及への貢献が認められ、農林水産大臣賞受賞。

工藤暢宏　くどう・のぶひろ　1965年生まれ。新潟大学大学院自然科学研究科修了。博士（農学）。群馬県農業技術センターなどを経て、現在は群馬県農政部蚕糸園芸課補佐（花き係長）。群馬県農業技術センターでは、アジサイ科植物の遠縁交雑とその後代植物の園芸的利用について研究。育成品種に冬あじさい「スプリングエンジェル ピンクエレガンス」など3品種がある。著書に『最新農業技術 花卉 vol.4』（共著、2012年）など。

田中良和　たなか・よしかず　1959年生まれ。大阪大学理学部生物学科卒業。同大学院理学研究科修士課程修了。理学博士。サントリー株式会社入社、現在はサントリーグローバルイノベーションセンター株式会社上席研究員。この間、大阪大学、福山大学客員教授他。バイオテクノロジー分野の開発に従事。育成品種にバラ「アプローズ」がある。著書に『アントシアニンの科学』（共著、2009年）、『植物の分子育種学』（共著、2011年）など。日本農学賞などを受賞。

中村典子　なかむら・のりこ　1975生まれ　京都薬科大学卒業。博士（工学）。サントリー株式会社入社、現在はサントリーグローバルイノベーションセンター株式会社主任研究員。主に遺伝子組換え花きの開発に従事。著書に『救え！　世界の食糧危機』（共著、2009年）がある。日本植物細胞分子生物学会論文賞などを受賞。

田淵俊人　たぶち・としひと　1959年生まれ。東京農工大学大学院農学研究科修士課程修了。東北大学大学院農学研究科、博士（農学）。玉川大学農学部助手、同講師、同助教授を経て、現在は同教授。専門は園芸学。著書に『野菜園芸学』（共著、2007年）、『園芸学』（共著、2009年）、『最新農業技術　花卉　ノハナショウブ、デンジソウ』（共著、2009年）、『農産物性科学（1）』（共著、2011年）、『鑑賞園芸学』（共著、2013年）など。

水戸喜平　みと・きへい　1941年生まれ。静岡大学農学部卒業。静岡県農業試験場で、花卉生産技術研究（バラ、トルコギキョウ、花壇苗、南伊豆地域の自生植物、早咲きサクラ等）や普及事業に携わる。著書に『トルコギキョウ栽培管理と開花調節』（共著、2003年）、『フラワービジネスの時代』（2002年）など。

福田直子　ふくだ・なおこ　1964年生まれ。東京農工大学農学部卒業。農学博士。農林水産省北陸農業試験場、農研機構花き研究所を経て、現在は農研機構野菜花き研究部門主席研究員。トルコギキョウの栽培生理研究や技術開発に広く従事。著書に『トルコギキョウの低コスト冬季計画生産の考え方と基本マニュアル』（web版、編著、2012年）、『花の園芸事典』（共著、2014年）など。

須田畯一郎　すだ・しゅんいちろう　1943年生まれ。東京農工大学農学部農学科卒業。株式会社サカタのタネ代表取締役専務を経て、現在は株式会社大田花き社外取締役。著書に『昭和農業技術発達史　第6巻』（共著、1997年）、『世界を制覇した植物たち』（共著、1997年）、『昭和農業技術史への証言　第6集』（共著、2008年）など。

羽毛田智明　はけた・ともあき　1956年生まれ。千葉大学園芸学部卒業。タキイ種苗株式会社研究農場花卉育種グループ長、研究農場次長、長野研究農場長を経て、現在は引続き研究農場次長。育成品種に、ヒマワリ「サンリッチ」、デルフィニウム「オーロラ」、パンジー「ナチュレ」、ビオラ「ビビ」など。2007年、フラワービジネス大賞。2013年、農林水産技術開発功労者表彰。2014年、大日本農会農事功績者表彰。

黒川　幹　くろかわ・みき　1963年生まれ。静岡大学農学部園芸学科卒業。2010年、株式会社クロカワストックを設立、現在は代表取締役。1989年よりストックの品種改良に取り組み、育成品種は70品種以上。そのうち現在の登録品種は56品種。主な育成品種に「アイアンシリーズ」、「カルテットシリーズ」のうちの15品種、「スパークシリーズ」、「ベイビーシリーズ」などがある。

日影孝志　ひかげ・たかし　1956年生まれ。岩手大学農学部農学科卒業。東北大学大学院農学研究科修士課程修了。農学博士。高校教諭を経て、安代町花き開発センターでリンドウの育種に従事。現在は八幡平市花き研究開発センター所長。リンドウの品種育成、育種方法の改善、輸出や海外展開に取り組む。育成品種に「安代の秋空」、「恋紅」などがある。日本育種学会賞（育成グループ代表）、農業技術功労者表彰を受賞。

浦嶋　修　うらしま・おさむ　1955年生まれ。新潟大学大学院農学研究科卒業。富山県農林水産総合技術センター園芸研究所にて長らくチューリップ育種に従事。現在は富山県高岡農林振興センター主任専門員。「黄小町」、「紫水晶」、「初桜」、「白雲」、「夢の紫」など、30近い品種の育成に携わった。

小林伸雄　こばやし・のぶお　1968年生まれ。筑波大学第二学群農林学類卒業。筑波大学博士課程農学研究科修了。博士（農学）。群馬県館林市つつじ研究所、JICA専門家（アルゼンチン園芸開発計画プロジェクト）、京都大学助手、島根大学助教授などを経て、現在は島根大学生物資源科学部教授。育成品種にツツジ「花山姫」・「乙女心」、出雲おろち大根「スサノオ」など。著書に『津ゝし絵本』解説（共編著、2013）、「のとキリシマツツジガイドブック」（共編著、2015）など。

田中孝幸　たなか・たかゆき　1951年生まれ。九州大学農学部農学科卒業。九州大学大学院農学研究科農学専攻。農学博士。現在は東海大学教授、国際ツバキ協会理事、園芸学会九州支部支部長、伝統園芸研究会代表。著書に『熊本発地球環境読本』（共著、1992年）、『最新農業技術・シダ植物（西表島）』（共著、2009年）、『品種論』（2012年）、『園芸と文化』（2012年）、『日本の花卉園芸・光と影』（共著、2016年）。その他、論文多数。

細木高志　ほそき・たかし　1947年生まれ。京都大学農学部農学科卒業。京都大学大学院農学研究科修士課程修了。ハワイ州立大学園芸学科博士課程修了（ph.D, 学術博士）。京都大学農学部助手。島根大学農学部助教授、同農学部（生物資源科学部）教授、現在は島根大学名誉教授。組織培養による園芸植物の大量増殖・遺伝子組み換え研究。園芸植物の休眠打破研究。ボタン、シャクヤク、サクラ、クレマチス、グラジオラス、マクワウリの品種分類と育成過程の歴史研究。著書に『ボタン』（1985）など。

筆者略歴（執筆順）

【編者】

柴田道夫　しばた・みちお　1956年生まれ。東京大学農学部農業生物学科卒業。博士（農学）。農林水産省、農研機構花き研究所を経て、現在は東京大学大学院農学生命科学研究科教授。育成品種にキク「スプリングソング」、「ムーンライト」、ツバキ「春待姫」、「姫の香」など12品種がある。著書に『植物育種学各論』（共著、2003年）、『花の園芸事典』（編集・共著、2014年）、『日本の花卉園芸　光と影　歴史・文化・産業』（共著、2016年）など。

【執筆者】

小野崎　隆　おのざき・たかし　1966年生まれ。京都大学農学部農学科卒業。博士（農学）。農林水産省野菜・茶業試験場花き部、農研機構花き研究所を経て、現在は農研機構野菜花き研究部門花き遺伝育種研究領域・品質育種ユニット長。カーネーションの育種研究に22年間、研究企画に3年間従事。2014年からダリア、トルコギキョウの育種研究に取り組む。著書に『最新農業技術　花卉 vol.8』（共著、2016年）、『花卉園芸学の基礎』（共著、2015年）など。

上田善弘　うえだ・よしひろ　1956年生まれ。千葉大学園芸学部園芸学科卒業。大阪府立大学大学院農学研究科修士課程修了。博士（農学）。千葉大学園芸学部助教授、同環境健康フィールド科学センター助教授、岐阜県立国際園芸アカデミー教授を経て、現在は同学長。この間、30年以上に渡り、バラの遺伝、育種に関する研究を続けている。著書に『バラ大図鑑』（共編著、2014年）、『観賞園芸学』（共著、2013年）、『栽培植物の自然史Ⅱ』（共著、2013年）、『「中尾佐助の照葉樹林文化論」を読み解く──多角的視座からの位置づけ』（共著、2016年）など。

岡崎桂一　おかざき・けいいち　1959年生まれ。新潟大学農学部卒業。東北大学大学院農学研究科修了。農学博士。富山県農業技術センター野菜花き試験場（現・富山県農林水産総合技術センター園芸研究所）を経て、現在は新潟大学自然科学系（農学部）教授。著書に『品種および品種改良―ユリ　花専科・育種と栽培』（共著、1993年）、『花の品種改良入門』（共著、2003年）、『植物育種学辞典』（共著、2005年）など。

カラー版
花の品種改良の日本史
匠の技術で進化する日本の花たち

2016 年 6 月 30 日　初版第 1 刷

編　著　　柴田 道夫
発行者　　長岡 正博
発行所　　悠 書 館
〒 113-0033　東京都文京区本郷 2-35-21-302
TEL 03-3812-6504　FAX 03-3812-7504
URL http://www.yushokan.co.jp/

印刷・製本：（株）シナノ印刷

ISBN978-4-86582-013-3

定価はカバーに表示してあります。